普通高等教育"十四五"规划教材

冶金工业出版社

# 材料分析原理与应用

多树旺　谢冬柏　编著

北　京
冶金工业出版社
2022

# 内 容 提 要

本书详细介绍了金属和无机非金属材料常用的 X 射线分析、电子显微分析、光学金相显微分析设备和实验的基本原理，并用实例对具体方法进行了说明。本书从分析仪器的结构和工作原理出发，介绍分析方法的原理和适用范围，强调理论的实际应用，以方便学生在学习过程中对方法的掌握，使学生能学会从晶体学原理将所介绍的材料微观分析方法应用到实际分析中。同时注重与分析测试技术发展的前沿相结合，并将科研工作中的实际问题作为案例。

本书可作为高等院校材料科学与工程专业及机械类专业的教学用书，也可供其他相关专业师生和从事材料研究及分析检测方面的技术人员参考。

**图书在版编目（CIP）数据**

材料分析原理与应用/多树旺，谢冬柏编著. —北京：冶金工业出版社，2021.6（2022.9重印）

普通高等教育"十四五"规划教材

ISBN 978-7-5024-8803-1

Ⅰ.①材…　Ⅱ.①多…　②谢…　Ⅲ.①工程材料—分析方法—高等学校—教材　Ⅳ.①TB3

中国版本图书馆 CIP 数据核字（2021）第 069620 号

材料分析原理与应用

| | | | |
|---|---|---|---|
| 出版发行 | 冶金工业出版社 | 电　话 | （010）64027926 |
| 地　址 | 北京市东城区嵩祝院北巷 39 号 | 邮　编 | 100009 |
| 网　址 | www. mip1953. com | 电子信箱 | service@ mip1953. com |

责任编辑　俞跃春　刘林烨　美术编辑　郑小利　版式设计　禹　蕊
责任校对　王永欣　责任印制　禹　蕊
北京印刷集团有限责任公司印刷
2021 年 6 月第 1 版，2022 年 9 月第 2 次印刷
787mm×1092mm　1/16；21.5 印张；519 千字；327 页
定价 69.00 元

投稿电话　（010）64027932　投稿信箱　tougao@cnmip. com. cn
营销中心电话　（010）64044283
冶金工业出版社天猫旗舰店　yjgycbs. tmall. com
（本书如有印装质量问题，本社营销中心负责退换）

# 前　言

　　材料的微观结构是影响材料性能的本质原因，材料微观结构分析是进行材料学学习和研究要掌握的基本技能，它不但是材料学，也是机械学科学生必须掌握的基础知识之一。

　　现代科学技术的发展使材料分析技术快速更新，但所遵循的分析原理并未改变。本书对材料分析中必备的基本原理进行了分析和介绍，并用实例对使用方法进行了说明。书中所讲述内容的目的是要使学生掌握经典的材料分析原理，在此基础上介绍实验方法及其应用技术。本书在编写过程中对理论的讲述简明扼要，从分析仪器的结构和工作原理出发，介绍分析方法的原理和适用范围，针对具体分析实例并与实践教学相结合，强调理论的实际应用，以方便学生在学习过程中对方法的掌握，使学生学会将材料微观分析方法应用到材料的实际分析中。

　　本书介绍了X射线分析、电子显微分析、光学金相显微分析的原理、设备及试验方法，主要内容分为3篇，共18章，内容分别为X射线的物理基础、X射线衍射的晶体学基础、X射线的衍射强度、电子的衍射、X射线衍射的分析方法、X射线的物相分析、应力的测定、点阵常数的精确测定、能谱分析技术、电子探针显微分析、扫描电子显微镜、透射电子显微镜、探针电子显微镜分析技术、其他显微分析技术、光谱分析技术、传统光学显微镜、先进光学显微镜技术和金相的定量分析及附录。书中的实例分析注重引入材料微观组织结构分析方面的新成果。

　　本书的绪论和第1~8章由江西科技师范大学多树旺编写，第9~16章由潍坊科技学院谢冬柏编写，第17章和18章由潍坊科技学院李强编写，江西科技师范大学洪昊和南通理工学院蔚福强同学绘制了书中的部分插图。本书得到江西科技师范大学教材出版基金资助，在此表示感谢。

　　由于编者水平所限，书中不妥之处，希望读者批评指正。

作　者
2020 年 9 月

# 目　录

## 第一篇　X 射线分析

# 第二篇　电子显微分析

# 第一篇

# X 射线分析

固体材料微观结构分析首先选用 X 射线衍射，因其对样品无破坏、分析迅速且得到的信息比较全面，所以成为目前材料微观结构分析的最基本方法。本篇主要内容有：

（1）详细介绍 X 射线的本质和产生，以及 X 射线与物质相互作用的机理与规律；

（2）通过劳厄方程和布拉格方程解决 X 射线衍射方向问题，给出衍射方程的厄瓦尔德图解，并介绍获得 X 射线衍射的基本方法；

（3）讨论了晶体 X 射线衍射的强度来源，推导多晶体 X 射线衍射线积分强度的定量表达及相关影响因素，并介绍结构因子及消光规律；

（4）通过对 X 射线点阵常数测量原理的讨论，阐述测量方法，分析误差源，并对不同织构的表征方法进行说明；

（5）介绍粉末多晶体 X 射线仪、俄歇电子能谱、X 射线光电子能谱和 X 射线荧光光谱检验的相关内容；

（6）介绍电子探针分析仪、能谱分析和波谱分析的原理、设备结构及使用方法，同时还介绍不同分析方法的特点和样品的制备。

# *0* 绪 论

材料的性能虽然与其成分相关，但同一成分微观结构不同材料的性能会有很大差异，由此可见，材料的组织结构是决定其性能的根本因素。在认识了材料的组织结构与性能之间的关系，以及微观结构形成的条件与过程机理的基础上，可以通过一定的方法控制其微观结构形成条件，使其形成预期的组织结构，从而具有所希望的性能。例如：在加工齿轮时，预先将钢材进行退火处理，使其硬度降低，从而满足容易车、铣等加工工艺性能要求；加工好后再进行渗碳淬火处理，使其强度、硬度提高，从而满足耐磨损等使用性能要求。由此可见，对材料微观结构的研究是材料使用的前提。

目前应用的固体材料大多数属于晶体，晶体材料的周期性分布规律能够得到实际晶体中千差万别的结构，进而形成了材料的宏观特性。"材料分析原理与应用"是关于材料分析测试理论及技术的一门课程，通过对材料成分和结构进行精确表征原理和方法的学习，准确了解成分和结构与加工和性能之间的关系，深入理解材料性能的本质，从而实现对性能进行控制。

## 0.1 材料分析的主要内容

材料分析不仅是对材料整体成分的分析，还包括形貌分析、表面与界面分析、微区分析等内容。例如，采用化学分析方法测定钢的成分只能给出一块试样整体的平均成分（所含每种元素的平均含量），并可以达到很高的精度，但不能给出所含元素分布情况（如偏析，同一元素在不同相中的含量不同）。光谱分析给出的结果也是样品的平均成分，而实际上元素在钢中的分布不是绝对均匀的，即在微观上是不均匀的，恰恰是这种微区成分的不均匀性造成了微观组织。从分析材料所使用的仪器来看，光学显微镜是最常用的，也是最简单的观察材料显微组织的工具。它能直观地反映材料样品的微观组织形态。但由于其分辨率低（约200nm）、放大倍率低（约1000倍），因此只能观察到100nm尺寸级别的组织结构，而对于更小的组织形态与单元（如位错、原子排列等）则无能为力。同时，由于光学显微镜只能观察表面形态而不能观察材料内部的组织结构，更不能对所观察的显微组织进行同位微区成分分析，而目前材料研究中的微观组织结构分析已深入到原子的尺度。

材料分析已成为材料研究和使用的重要环节，广泛用于解决材料理论和工程实际问题。主要有以下三方面内容：

（1）表面和内部组织形貌包括材料的外观形貌、晶粒大小与形态、界面（表面、相界、晶界）的分析。

（2）材料成分及晶体的结构类型及晶体常数、相组成、各种相的尺寸与形态、含量与分布、位向关系、晶体缺陷、夹杂物的分析。

（3）价键（电子）及分子结构包括宏观和微区化学成分、同种元素的不同价键类型有机物分子结构等的研究。

相应地，材料分析方法可以分为形貌分析、成分及物相分析、价键及分子结构分析三大类。此外，基于其他物理性质或电化学性质与材料的特征关系而建立的色谱分析、质谱分析、电化学分析及热分析等方法也是材料分析的重要方法。

# 0.2　材料分析的主要原理

尽管材料分析方法很多，但它们也具有共同之处。除了个别研究方法（如扫描探针显微镜）以外，材料分析方法基本上都是利用入射电磁波或物质波（X射线、电子束、可见光、红外光）与材料作用，产生带有样品信息的各种出射电磁波或物质波，通过对这些出射信号的探测、分析和处理，即可获得材料的组织、结构、成分、价键等信息。下面对四类常见的分析方法作简单介绍。

## 0.2.1　组织形貌微观结构分析

对组织形貌和微观结构的分析对于理解材料的本质至关重要。组织形貌分析借助各种显微技术，探索材料的微观结构。表面形貌分析技术经历了光学显微镜（OM）、电子显微镜（SEM）、扫描探针显微镜（SPM）的发展过程，现在已经可以直接观测到原子的图像。

## 0.2.2　晶体物相分析

利用衍射的方法测出晶格类型和晶胞常数，确定物质的相结构。主要的晶体物相分析方法有X射线衍射（XRD）和电子衍射（ED），其共同的原理是：利用电磁波或运动电子束等与材料内部规则排列的原子作用产生相干散射，获得材料内部原子排列的信息，从而重组出物质的结构。

## 0.2.3　成分和价键（电子）结构分析

大部分成分和价键（电子）结构分析方法都是基于核外电子的能级分布反映原子的特征信息这一原理。利用不同的入射波激发核外电子，使之发生层间跃迁，在此过程中产生元素的特征信息。按照出射信号的不同，成分分析方法可以分为X光谱和电子能谱，出射信号分别是X射线和电子。X光谱包括X射线荧光光谱（XRF）和电子探针X射线显微分析（EPMA）两种，而电子能谱包括X射线光电子能谱（XPS）、俄歇电子能谱（AES）、电子能量损失谱（EELS）等。

## 0.2.4　分子结构分析

分子结构分析的基本原理是利用电磁波与分子键、原子核的作用，获得分子结构信息。红外光谱（IR）、拉曼光谱（Raman）、荧光光谱（PL）等是利用电磁波与分子键作用时的吸收或发射效应，而核磁共振（NMR）则是利用原子核与电磁波的作用来获得分子结构信息。

随着科学技术的进步，现代材料分析方法也获得了快速发展，新型的材料研究手段日益精密，并向综合化和大型化发展。例如新型的场发射透射电子显微镜，除了具备原子分辨水平的结构分析功能之外，通常配备成分分析附件（EDS）和电子结构分析附件（EELS），从而具备了全面的分析功能。同时，单一的分析方法已经不能满足人们对于材料分析的要求，在一个完整的研究工作中，常常需要综合利用组织形貌分析、晶体物相分析、成分和价键分析才能获得丰富而全面的信息。

## 0.3　本书的结构和特点

本书主要分为三篇，主要内容包括 X 射线分析、电子显微分析和光学金相显微分析。本书讲述的是材料微观组织结构的原理、设备及试验方法，编者对材料分析中必备的基本原理进行了分析和介绍，并用实例对使用方法进行了说明。书中讲述内容的目的是要使学生掌握经典的材料分析原理，在此基础上介绍实验方法及其应用技术。本书的编者来自科研和教学的第一线，具有丰富的材料分析和仪器使用经验，依照材料研究方法的基本原理，将各种分析手段按照材料研究的本质分类，使知识的系统性大大提高。此外，编者还提炼出每一类分析方法共同的本质，对共同的原理进行深入分析和介绍，便于学生从本质上理解基本原理。本书还对分析方法进行有选择的介绍。本书首先精选出最常规和广泛使用的分析方法，其次着重从每种分析方法的分析原理上介绍，避免对仪器细节和公式推导的过多重复，从而有助于学生抓住重点，获得明晰的认识。本课程还是一门试验方法课，编者使用典型研究成果作为范例，使学生对于仪器的使用效果产生直观的认识，有助于将来的实际运用。

# 1　X射线的物理基础

德国维尔茨堡大学校长兼物理研究所所长伦琴（W. C. RÖntgen）教授（1845~1923年），1895年在从事阴极射线的研究时，发现了X射线。自伦琴发现X射线后，许多物理学家都在积极地研究和探索。1905年，巴克拉（Barkla）发现X射线的偏振现象，但对X射线究竟是一种电磁波还是粒子仍不清楚。1912年，德国物理学家劳厄（M. von Laue）发现了X射线通过晶体时产生衍射现象，证明了X射线的波动性和晶体内部结构的周期性。

## 1.1　X射线的性质

X射线是一种波长很短的电磁波，这在1912年由劳厄所做的著名衍射实验所证实。同时，晶体的衍射实验成功揭示了物质内部原子所具有的规则排列特征。在电磁波谱中，X射线处于紫外线与γ射线之间，如图1-1所示。用纳米（nm，$1nm = 10^{-9}m$）作为波长的单位时，X射线的波长一般为0.01~10nm，用于进行衍射分析的X射线波长为0.05~0.25nm。X射线的本质为电磁波，其磁场分量在与物质的相互作用中效应很弱，可只考虑它的电场分量A。一束沿$y$轴方向传播的波长为$\lambda$的X射线波的方程为：

$$A = A_0 \cos 2\pi \left( \frac{y}{\lambda} - \nu t \right) \tag{1-1}$$

式中　$A_0$——电场强度振幅；

　　　$\nu$——频率$\left( \dfrac{c}{\lambda} \right)$；

　　　$c$——光速；

　　　$t$——时间。

若以$\varphi$表示其相位，即$\varphi = 2\pi y / \lambda$，令$\omega = 2\pi\nu$，则式(1-1)可写成：

$$A = A_0 \cos(\Phi - \omega t) \tag{1-2}$$

其指数式为：

$$A = A_0 e^{i(\Phi - \omega t)} \tag{1-3}$$

当$t = 0$时，$A = A_0 e^{i\Phi}$，$e^{i\Phi}$称为相位因子。

与所有的基本粒子一样，X射线具有波粒二相性。由于其波长较短，它的粒子性往往表现突出，故X射线也可视为一束具有一定能量的光量子流。每个光量子的能量$E$和动量$P$的计算式分别为：

$$E = h\nu = \frac{hc}{\lambda} \tag{1-4}$$

$$P = \frac{h}{\lambda} = \frac{h\nu}{c} \qquad (1\text{-}5)$$

式中　$h$——普朗克常量（Planck's Constant），$h = 6.626 \times 10^{-34}\text{J} \cdot \text{s}$（常用常数见附录1）。

　　X射线既具有粒子性，又具有波动性。粒子性表现为以光子形式辐射和吸收时具有的一定的质量、能量和动量，遵守能量守恒定律和动量守恒定律。X射线与光一样，也可看成是和光子相似的粒子流。在与物质进行相互作用时会有能量交换，比如：光电效应，产生二次电子等。X射线光子不带电，因此不受电场和磁场的作用，即不能用电场或磁场来改变它的运动方向，使其会聚或发散。同时，X射线又具有波动性，它的表现形式会以一定的波长和频率在空间传播，具有干涉、衍射、偏振等特性。使用晶体作衍射光栅可观察到X射线的衍射现象，即证明了X射线的波动性。一般将波长短的X射线称为硬X射线，反之，则称为软X射线。所谓硬、软是对其穿透物质的能力而言的。

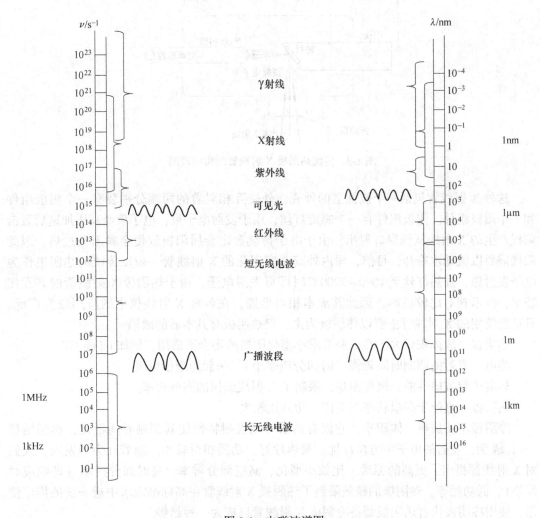

图1-1　电磁波谱图

# 1.2 X 射线的产生

产生 X 射线的核心部件是 X 射线管，不同种类的 X 射线仪采用相应类别的 X 射线管。X 射线管质量性能的优劣决定着 X 射线仪的性能。按 X 射线管的不同应用途径，X 射线管分为玻璃壳体 X 射线管、金属陶瓷壳体 X 射线管、医疗诊断 X 射线管、衍射 X 射线管、荧光分析 X 射线管等。X 射线管还可分为充气管和真空管两类。充气型 X 射线管功率小、寿命短、控制困难，现已很少应用。目前所使用的主要是真空型 X 射线管，它是一种真空电子器件。真空型 X 射线管目前主要以传统直热式螺旋钨丝作为阴极，阳极为金属靶，阴极发射出的电子经数万至数十万伏高压加速后撞击靶面产生 X 射线。传统热阴极 X 射线管的结构原理图如图 1-2 所示。

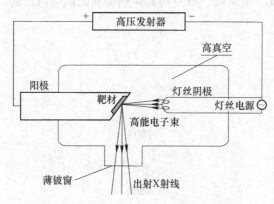

图 1-2 传统热阴极 X 射线管结构原理图

这种 X 射线管包括一个被抽空的外壳，外壳互相对着的两端分别装有一个阴极组件和一个阳极组件。阴极组件有一个螺旋灯丝，用于发射电子束，电子束经高压加速后轰击阳极产生的 X 射线从侧窗口射出。由于电子持续轰击金属阳极致使金属阳极过热，因此阳极需要以流动水冷却。目前，国内外商业实用化的 X 射线管一般以传统的热阴极作为电子发射源，加热灯丝至 1000~2000℃ 时即可发射电子。由于热阴极 X 射线管的开发比较早，技术相对比较成熟，因此其成本相对低廉，在各种 X 射线仪中的应用较为广泛。目前所使用的 X 射线管主要以热阴极为主，但热阴极有其本质的缺陷。

热阴极一般体积较大，在一些要求小型化阴极的场合不适用，例如 micro CT。

热电子发射的调制时间较慢（时间分辨率小），一般为毫秒量级。

热电子束方向性差，聚焦困难，限制了 X 射线成像的高分辨率。

热阴极一直处于高温状态下工作，功耗比较大。

冷阴极不需加热，体积小，它固有的瞬时场发射特性使其调制时间极短，达到纳秒（ns）级别，发射的电子束方向性优，聚焦性好，功耗相对较小。随着社会的发展，人们对 X 射线源提出了更高的标准，比如小型化、高空间分辨率、高时间分辨率（即响应时间快）、低功耗等。热阴极的缺陷限制了热阴极 X 射线管在高标准需求中进一步的推广使用，使用冷阴极代替热阴极制备冷阴极 X 射线管已成为一种趋势。

# 1.3 X 射 线 谱

X 射线强度与波长的关系曲线称为 X 射线谱。当管电压很低时，射线从最小的 $\lambda_{swl}$（短波限）向长波方向伸展，强度在 $\lambda_m$ 处有一最大值。这种强度随波长连续变化的谱称为连续 X 射线谱。

## 1.3.1 连续 X 射线谱

高速带电粒子在靶物质的原子核电场作用下，改变运动方向和速度，所损失的动能中有一部分转化为光子辐射出去。由于各带电粒子与原子核相互作用情况不同，辐射出的 X 射线光子能量也不一样，具有连续的能谱分布（称为连续 X 射线谱）。连续谱的强度取决于 $U$、$i$、$Z$ 三个因素，其中 $U$ 为管电压，$i$ 为管电流，$Z$ 为阳极原子序数，其计算式为：

$$I_{连} = \int_{\lambda_{swl}}^{\infty} I(\lambda)\,d\lambda = K_1 i Z U^2 \tag{1-6}$$

其中，$K_1$ 为常数。当 X 射线管仅产生连续谱时，其效率 $\eta = I_{连}/(iU) = k_1 Z U$。由此可见，管电压越高，阳极靶材的原子序数越大，X 射线管的效率越高。但由于 $K_1$ 是个很小的数（$1.1\times10^{-9} \sim 1.4\times10^{-9}\mathrm{V}^{-1}$），即使是使用钨阳极（$Z = 74$），管电压为 100kV 时，其效率仍很低（$\eta \approx 1\%$）。碰撞阳极的电子束能量大部分都耗费在使阳极靶发热，因而阳极靶多使用高熔点金属制造，如 W、Ag、Mo、Cu、Ni、Co、Fe、Cr 等，且 X 射线管在工作时要一直通水来使靶冷却。

用量子力学的观点可以解释连续谱的形成和短波限的存在。在管电压 $U$ 的作用下，电子到达阳极靶材时的动能为 $eU$，若一个电子在与阳极靶碰撞时，把全部能量给予一个光子，这就是一个光量子所可能获得的最大能量，即 $h\nu_{max} = eU$，此光量子的波长即为短波限 $\lambda_{swl}$，即：

$$\nu_{max} = \frac{eU}{h} = \frac{c}{\lambda_{swl}} \tag{1-7}$$

绝大多数到达阳极靶面的电子经过多次碰撞消耗其能量。每次碰撞产生一个光量子，其能量均小于短波限，从而产生的波长大于 $\lambda_{swl}$ 的不同波长的辐射，构成连续谱。连续谱受 $U$、$i$、$Z$ 作用时，相互关系有以下实验规律：随管电压 $U$ 的提高，各波长 X 射线的强度都提高，短波限 $\lambda_{swl}$ 和强度最大值对应的 $\lambda_m$ 减小，如图 1-3（a）所示；当管电压恒定，提高管电流 $i$，各波长 X 射线的强度一致提高，但 $\lambda_{swl}$ 和 $\lambda_m$ 不变，如图 1-3（b）所示；相同的管电压管电流，阳极靶材的原子序数越大，连续谱的强度越大，如图 1-3（c）所示。

## 1.3.2 特征 X 射线谱

高速电子撞击靶材后，在靶材表面内层电子形成空位，外层电子向空位跃迁会辐射 X 射线。不同靶材发出的 X 射线波长不同，某一靶材会发出具有特定的波长的 X 射线称为特征 X 射线，又可称为标识谱，如图 1-4 所示。特征谱的波长取决于阳极靶元素的原子序数，且只有当管电压超过某一特定值 $U_k$ 时，在连续谱的某些特定波长位置上，会出现一

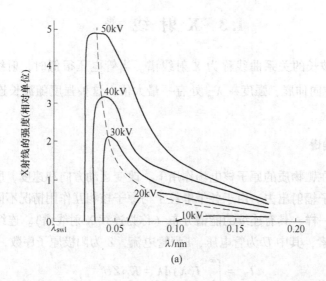

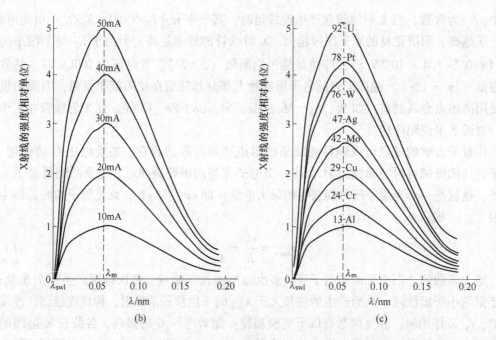

图 1-3　管电压、管电流和阳极靶原子序数对连续谱的影响

（a）管电压的影响；（b）管电流的影响；（c）阳极靶的原子序数的影响

系列强度很高、波长范围很窄的线状光谱，即产生特征 X 射线谱，它们的波长对一定材料的阳极靶有严格恒定的数值，此波长可作为阳极靶材的标志或特征。布拉格（W. H. Bragg）发现了特征谱，莫塞莱（H. G. J. Moseley）对其进行了系统研究，得出特征谱波长 λ 和阳极靶的原子序数 Z 之间的关系，即莫塞莱定律。其计算式为：

$$\sqrt{\frac{1}{\lambda}} = K_2(Z - \sigma) \tag{1-8}$$

其中，$K_2$、$\sigma$ 都是常数，由式(1-8)可见，阳极靶材的原子序数越大，相应于同一系的特征谱波长越短。

依据经典的原子模型，当阴极射线的电子流轰击到靶面，如果能量足够高，靶内一些原子的最内层电子会被轰出，使原子处于能级较高的激发态。图1-5 表示的是原子的基态和 K、L、M、N 等激发态的能级图，K 层电子被击出称为 K 激发态，L 层电子被击出称为 L 激发态，依次类推。若自由电子的能量为零，则各层上电子能量的表达式为：

$$E_n = -\frac{2\pi m e^4}{h^2 n^2}(Z-\sigma)^2 \qquad (1-9)$$

式中　$E_n$——主量子数为 $n$ 的壳层上电子的
　　　　　　能量；

　　　$n$——主量子数；

　　　$m$——电子质量；

其他符号意义同式(1-8)。

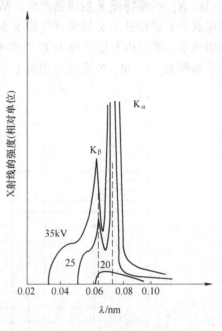

图1-4　X 射线特征谱

原子的激发态是不稳定的，寿命不超过 $10^{-8}$s，此时内层轨道上的空位将被离核更远轨道上的电子所补充，从而使原子能级降低。这时，多余的能量便以光量子的形式辐射出来，特征谱的发射过程示意图如图1-5 所示。所有跃迁到 K 层空位所辐射的特征 X 射线，称为 K 特征 X 射线。K 系谱线里又分为 $K_\alpha$，$K_\beta$，$K_\gamma$，…谱线，分别对应于由 L，M，N，…壳层跃迁到 K 层所产生的 X 射线。同样，L，M，N，…壳层电子被激发后，也将有

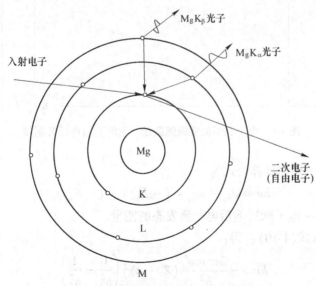

图1-5　特征谱的发射过程示意图

L，M，N，…系特征 X 射线谱产生。从理论上讲，由 M 层跃迁入 K 层所产生的 X 射线强度应高于 L 层跃迁入 K 层所产生的 X 射线强度；但由于 L 层与 K 层的距离较 M 层与 K 层的距离小，所以由 L 层填补 K 层的概率大。因此 $K_\alpha$ 的强度比 $K_\beta$ 高，其比值约为 5：1。原子核外 K，L，M，N 壳层分别由 1 个、3 个、5 个和 7 个子能级构成，如图 1-6 所示。

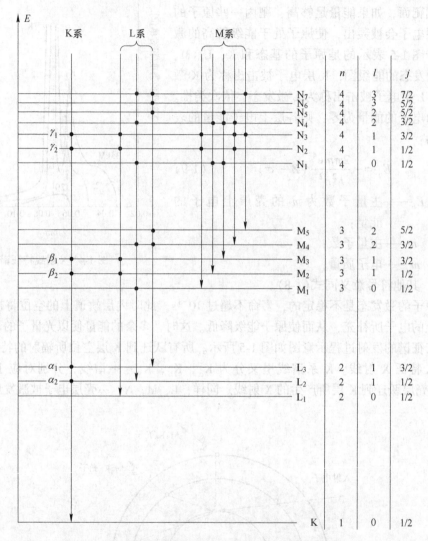

图 1-6　电子在不同能级间跃迁产生的不同特征 X 射线

所辐射的特征谱频率计算公式为：

$$h\nu = \omega_{n_2} - \omega_{n_1} = (-E_{n_2}) - (-E_{n_1}) \tag{1-10}$$

式中　$\omega_{n_2}$，$\omega_{n_1}$——电子跃迁前后电子激发态的能量。

将式(1-9)代入式(1-10)，得：

$$h\nu = -\frac{2\pi^2 m e^4}{h^2}(Z-\sigma)^2\left(\frac{1}{n_2^2} - \frac{1}{n_1^2}\right) \tag{1-11}$$

若 $n_2 = 1$（即 K 层），$n_1 = 2$（即 L 层），发射的 $K_\alpha$ 谱波长 $\lambda_{K_\alpha}$ 为：

$$\sqrt{\frac{1}{\lambda_{K_\alpha}}} = K_2(Z - \sigma) \tag{1-12}$$

其中

$$K_2 = \sqrt{\frac{me^4}{8\varepsilon_0^2 h^3 c}\left(\frac{1}{n_2^2} - \frac{1}{n_1^2}\right)} = \sqrt{R\left(\frac{1}{n_2^2} - \frac{1}{n_1^2}\right)}$$

式中，$R$ 为里德伯常数，在国际单位制中，$R = \dfrac{me^4}{8\varepsilon_0^2 h^3 c} = 1.0974 \times 10^7 \text{m}^{-1}$。

根据 Moseley 定律得出 $h\nu_{K_\alpha} < h\nu_{K_\beta}$，即 $\lambda_{K_\alpha} > \lambda_{K_\beta}$。由于在 K 激发态下，L 层电子向 K 层跃迁的概率远大于 M 层跃迁的概率，所以 $K_\alpha$ 谱线的强度约为 $K_\beta$ 的 5 倍。由 L 层内不同亚能级电子向 K 层跃迁所发射的 K 谱线和 K 的关系是 $\lambda_{K_{\alpha_1}} < \lambda_{K_{\alpha_2}}$，$I_{K_{\alpha_1}} \approx 2I_{K_{\alpha_2}}$（$I$ 表示辐射强度）。各元素的特征谱波长和 K 系谱线的特征波长见附录 2。特征谱的强度随管电压（$U$）和管电流（$i$）的提高而增大，其关系实验公式为：

$$I_特 = K_3 i(U - U_n)^m \tag{1-13}$$

式中，$K_3$ 为常数，$U_n$ 为特征谱的激发电压，对 K 系 $U_n = U_k$，$m$ 为常数（K 系 $m = 1.5$，L 系 $m = 2$）。在多晶材料的衍射分析中总是希望应用特征谱为主的单色光源，即有尽可能高的 $I_特 / I_连$。由式(1-12)和式(1-13)可推得对 K 系谱线，当 $U/U_K = 4$ 时，$I_特/I_连$ 可获得最大值。所以 X 射线管适宜的工作电压 $U \approx (3 \sim 5)U_K$。表 1-1 列出的是几种常用阳极靶材料 X 射线管的适宜工作电压及特征谱波长等数据。

表 1-1　几种常用阳极靶材料的特征谱参数

| 阳极靶元素 | 原子序数 $Z$ | K 系特征谱波长/nm | | | | K 吸收限 $\lambda_K$/nm | $U_k$/kV | $U_{适宜}$/kV |
| --- | --- | --- | --- | --- | --- | --- | --- | --- |
| | | $\lambda_{K_{\alpha_1}}$ | $\lambda_{K_{\alpha_2}}$ | $\lambda_{K_\alpha}$ | $\lambda_{K_\beta}$ | | | |
| Cr | 24 | 0.228970 | 0.2293606 | 0.229100 | 0.208487 | 0.20702 | 5.43 | 20~25 |
| Fe | 26 | 0.1936042 | 0.1939980 | 0.1937355 | 0.175661 | 0.174346 | 6.4 | 25~30 |
| Co | 27 | 0.1788965 | 0.1792850 | 0.1790260 | 0.162079 | 0.160815 | 6.93 | 30 |
| Ni | 28 | 0.1657910 | 0.1661747 | 0.1659189 | 0.1200135 | 0.148807 | 7.47 | 30~35 |
| Cu | 29 | 0.1540562 | 0.1544390 | 0.1541838 | 0.1392218 | 0.138059 | 8.04 | 35~40 |
| Mo | 42 | 0.070930 | 0.0713590 | 0.0710730 | 0.0632288 | 0.061978 | 17.44 | 50~55 |

注：$\lambda_{K_\alpha} = (2\lambda_{K_{\alpha_1}} + \lambda_{K_{\alpha_2}})/3$。

# 1.4　X 射线与物质的相互作用

X 射线照射到物质上时，如果物质不是很厚，一部分可能沿原入射线方向继续向前传播，其余的将与物质交互作用。在许多复杂物理过程中被衰减吸收，其能量转换和产物如图 1-7 所示。本节将对这些物理现象产生的原理进行介绍。

### 1.4.1　X 射线的散射现象

物质对 X 射线的散射主要是电子与 X 射线交互作用的结果，物质中的核外电子有两类，相应产生如下两种散射。

#### 1.4.1.1　相干散射

相干散射也称为经典散射。当入射线与原子内受核束缚较紧的电子相遇，光量子能量不足以使原子电离，但电子可在 X 射线交变电场作用下发生受迫振动，这样的电子就成为一个电磁波的发射源，向周围辐射与入射 X 射线波长相同的辐射。各电子所散射的射线波长相同，有可能相互干涉，故称为相干散射。

汤姆逊（J. J. Thomson）用经典方法研究了此现象，推导出表明相干散射强度的 Thomson 公式。若将 Thomson 公式用于质子或原子核，由于质子的质量是电子的 1840 倍，则散射强度只有电子的 $1/1840^2$，可忽略不计，所以物质对 X 射线的散射可以认为只是电子的散射。相干散射波虽然只占入射能量的极小部分，但由于它的相干特性而成为 X 射线衍射分析的基础。

晶体结构的特点是原子在空间规则排列，所以把原子看成一个个分立的散射源有利于分析晶体的衍射。原子中的电子在其周围形成电子云，当散射角 $2\theta=0°$ 时，各电子在这个方向的散射波之间没有光程差，它们的合成振幅为 $A_a$，一个电子相干散射波的振幅为 $A_e$，原子散射因数为：

$$f = \frac{A_a}{A_e} = \int_v \rho(r)\,e^{i\Phi}\,dV$$

若原子中电子云是对原子核呈球形对称分布，用量子力学方法计算可得到原子散射因子，见附录 3。

X 射线的产生及其与物质的相互作用如图 1-7 所示。

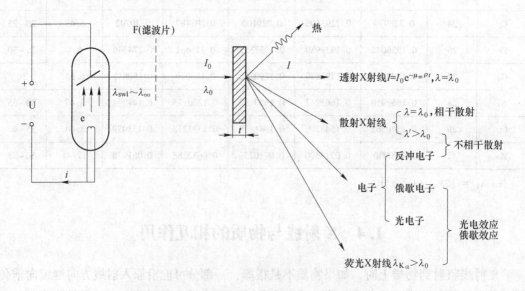

图 1-7　X 射线的产生及其与物质的相互作用

### 1.4.1.2　不相干散射（Incoherent Scattering，亦称为量子散射）

在偏离原来入射束方向上，不仅有与原射线波长相同的相干散射波，还有波长变长的不相干散射波。这一现象是美国物理学家康普顿（A. H. Compton）在 1923 年发现的，我国物理学家吴有训参加了此工作，做了大量卓有成效的实验，故此现象称为康普顿—吴有训效应。他们用 X 射线光量子与自由电子碰撞的量子理论解释这一现象。如图 1-8 所示，能量为 $h\nu$ 的光子与自由电子或者受核束缚较弱的电子碰撞，将一部分能量给予电子，使其动量提高，成为反冲电子；光子损失了能量，并且改变了运动方向，能量减少为 $h\nu'$，显然 $\nu' < \nu$，这就是不相干散射。根据能量和动量守恒定律，推得不相干散射的波长变化 $\Delta\lambda$ 为：

$$\Delta\lambda = \lambda' - \lambda = 0.00243(1 - \cos2\theta) \tag{1-14}$$

式中　　$\lambda'$——散射线波长，nm；

　　　　$\lambda$——入射线波长，nm。

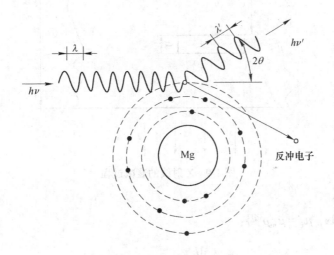

图 1-8　康普顿—吴有训效应

非弹性散射不能在晶体中参与衍射，只会在衍射图像上形成强度随 $\sin\theta/\lambda$ 增加而增大的连续背底，从而给衍射分析工作带来不利的影响。入射 X 射线波长越短、被照物质元素越轻，则非相干散射越明显。

### 1.4.2　X 射线的真吸收和衰减

当与物质相遇时，X 射线具有与可见光相比极强的穿透能力，并可使荧光物质发光，使气体或其他物质电离，这是 X 射线应用的基础。X 射线与物质相遇时的相互作用原理已被深入认识，入射的 X 射线主要分为穿透和吸收两部分。

X 射线穿过被照射物体时，因为散射、光电效应和热损耗的影响，出现强度衰减的现象，此现象称为 X 射线的吸收。其衰减的程度与所经过物质的厚度成正比，也与入射 X 射线强度和物质密度相关。这一衰减过程如图 1-9 所示。强度为 $I_0$ 的入射 X 射线穿过厚度为 $\Delta x$ 的物质后，强度衰减为 $I$，则：

$$\frac{I_0 - I}{I_0} = \frac{\Delta I}{I_0} = -\mu_i \Delta x \qquad (1\text{-}15)$$

式中，$\mu_i$ 为被照射物体的线吸收系数或衰减系数（$cm^{-1}$），它相当于单位厚度物质对 X 射线的吸收。当 $\Delta x$ 很小时，$\Delta x \approx dx$，$\Delta I \approx dI$，则 $dI/I = -\mu_i dx$。$\mu_i$ 不但与物质的原子序数 $Z$ 以及 X 射线波长有关，还与物质的密度相关，为消除线吸收系数随吸收体物理状态不同而改变的困难，通常用 $\mu_m$ 代替 $\mu_i$，即：

$$\mu_i = \mu_m \rho \qquad (1\text{-}16)$$

式中，$\mu_m$ 为质量吸收系数，单位为 $cm^2/g$，它与物质密度无关，表示单位质量对 X 射线的吸收程度，附录4列出了不同元素的质量吸收系数。

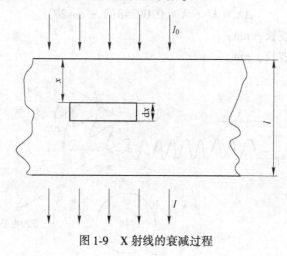

图 1-9　X 射线的衰减过程

由 $\dfrac{dI}{I} = -\mu_i dx$，$\mu_i = \mu_m \rho$ 得：

$$\frac{dI}{I} = -\mu_m \rho dx$$

积分后得到：

$$I = I_0 e^{-\mu_m x \rho} \quad \text{或} \quad \frac{I}{I_0} = e^{-\mu_m x \rho}$$

其中，$I/I_0$ 称为透射系数或透过率。对于多种元素构成的固溶体、金属间化合物等复杂物质，其质量吸收系数取决于各元素的质量吸收系数 $\mu_{m_i}$ 及各元素的质量分数 $\omega_i$，$\mu_m$ 为各元素的加权平均值，即：

$$\mu_m = \omega_1 \mu_{m_1} + \omega_2 \mu_{m_2} + \omega_3 \mu_{m_3} + \cdots \qquad (1\text{-}17)$$

任一元素的质量吸收系数 $\mu_m$ 是 X 射线波长 $\lambda$ 和原子序数 $Z$ 的函数，其值约为：

$$\mu_m \approx K\lambda^3 Z^3 \qquad (1\text{-}18)$$

式中，$K$ 为系数。

实验证明，连续 X 射线穿过物质时的质量吸收系数相当于一个称为有效波长 $\lambda_{有效}$ 的波长值所对应的质量吸收系数，有效波长 $\lambda_{有效}$ 与连续 X 射线的短波限 $\lambda_0$ 的关系为：

$$\lambda_{有效} = 1.35\lambda_0 \qquad (1\text{-}19)$$

　　从式(1-18)来看,$\mu_m$ 与 $\lambda$ 应该是连续变化,但实际上如图 1-10 所示,随 X 射线波长的降低 $\mu_m$ 并不是连续变化,而是在某些波长位置上突然增加 7~10 倍,然后又随 $\lambda$ 的减小而减小。这些突变点的波长称为吸收限 (Absorption Edge),这种带有特征吸收限的吸收系数曲线称为该物质的吸收谱。吸收限产生的根源与光电效应相关。

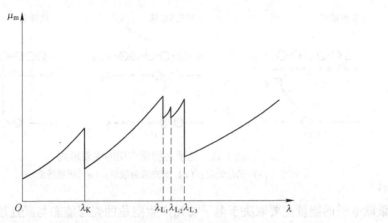

图 1-10　质量吸收系数 $\mu_m$ 随入射波长的变化 ($Z$ 一定)

### 1.4.3　X 射线的吸收方式

　　X 射线经过物体后减弱是由两种过程产生的:一种是射线被物体吸收;另一种是被散射。物质对 X 射线的吸收,是指 X 射线通过物质时光子的能量变成了其他形式的能量。而光电效应所造成的入射能量消耗与 X 射线穿过物质时所引起的热效应即为 X 射线的真吸收。X 射线的衰减主要是真吸收造成的,散射仅占很小一部分。当 X 射线与物质相遇时,会产生一系列的效应。光子与物质作用主要有三种形式,分别为光电效应 (Photoelectric Effect)、荧光辐射效应 (Fluorescent Radiation) 和俄歇效应 (Auger Effect),下面分别进行介绍。

　　当入射 X 射线光子的能量等于或略大于吸收体原子某壳层电子结合能时,此光子就很容易被电子吸收,获得能量的电子从内层逸出成为自由电子,称为光电子。原子也处于相应的激发态。这种光子击出电子的现象即为光电效应。此效应消耗大量入射能量,表现为吸收系数突增,对应的入射波长即为吸收限。当入射 X 射线光子的能量足够大时,可以将原子内层电子击出产生光电效应[见图 1-11(a)],被击出内层电子的原子则处于激发态,随之将发生外层电子向内层跃迁的过程,还会辐射出一定波长的特征 X 射线。这种由 X 射线激发产生的特征辐射为二次特征辐射。二次特征辐射本质上属于光致发光的荧光现象,也称为荧光辐射[见图 1-11(b)]。在 X 射线衍射分析中,荧光辐射是有害的,因为它会增加衍射花样的背底,但在元素分析过程中,它又是 X 射线荧光光谱分析的基础。俄歇效应与荧光效应 (Fluorescence Effect) 均是伴随着光电子产生。在发生光电效应后,这两种过程均能发生,只是发生的概率不同。俄歇效应是原子发射的一个电子导致另一个或多个电子 (俄歇电子) 被发射出来,而非辐射 X 射线 (不能用光电效应解释),使原子、分子成为高价离子的物理现象,伴随一个电子能量降低的同时,另一个 (或多个)

电子能量增高。其能量通常以发射光子的形式释放，但也可以通过发射原子中的一个电子来释放，这种被发射的电子称为俄歇电子[见图 1-11(c)]。X 射线通过物质时产生的光电效应、俄歇效应和荧光效应，使入射 X 射线的能量变成光电子、俄歇电子和荧光 X 射线（入射 X 射线所激发出来的特征 X 射线）的能量，使入射 X 射线的强度被衰减。

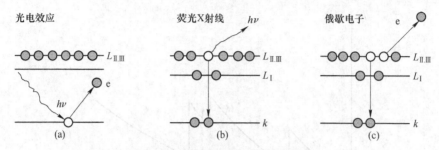

图 1-11　光子与物质作用的主要形式
（a）光电效应；（b）荧光辐射效应；（c）俄歇效应

俄歇电子的能量主要取决于电子初始产生空位的壳层能态与跃迁层能态，以及逸出电子所处壳层的终止能态之差，与入射 X 射线的波长无关，仅与产生俄歇效应的物质元素种类有关。俄歇电子能量较低，一般只有几百电子伏特，只有表面几层电子所产生的俄歇电子才能逃逸出物质表面，所以俄歇电子谱仪是典型的表面成分分析设备。实验表明，轻元素产生俄歇电子的概率要比产生荧光 X 射线的概率大，所以轻元素的俄歇效应比重元素强烈。荧光辐射用于重元素（$Z>20$）的成分分析，俄歇效应用于表面轻元素的分析。除上述过程外，当 X 射线照射到物质表面时，可导致电子运动速度或原子振动速度加快，部分入射 X 射线能量将变为热能，从而产生热效应。

## 练习题

1-1　试述 X 射线的定义和性质，连续 X 射线和特征 X 射线的产生及有何应用？

1-2　讨论 X 射线散射、衍射和反射的差异性。

1-3　产生 X 射线需要哪些条件？

1-4　影响 X 射线管有效焦点大小的因素有哪些？

1-5　影响 X 射线能谱的因素有哪些？

1-6　5mm 厚的铝将 X 射线强度衰减到 46.7%。试求该光子束强度减弱到初始值的一半时所需要的铝厚度。

1-7　已知入射光子的能量为 $h\nu$，散射角为 $\varphi$。试求散射光子的能量，并分析低能入射和高能入射光子在 90° 方向上光子散射的情况。（电子的静止能量为 $m_e c^2$）

1-8　若空气中各组分含量（质量分数）为氮 75%、氧 23.2%、氩 1.3%。试计算在能量为 20keV 光子作用下，空气的质量衰减系数。（已知氮、氧、氩的质量衰减系数分别为 $0.36m^2/kg$、$0.587m^2/kg$ 和 $8.31m^2/kg$）

# 2　X射线衍射的晶体学基础

衍射的本质是相干散射波在空间发生干涉的结果，X射线衍射分析是以X射线在晶体中的衍射现象作为基础，晶体的衍射包括衍射束在空间的方向和强度。本章主要就这两个方面展开讨论，所介绍的布拉格（Bragg）方程是阐明衍射方向的基本理论，而倒易点阵与爱瓦尔德（Ewald）图解则是解决衍射方向的有力工具。晶体几何结构是更为基础的知识，在讨论上述内容之前最好有所了解。有关点阵、晶胞、晶系以及晶向指数、晶面指数等在某些课程中可能已涉及，为适应衍射分析的需要，本章首先对此内容进行简要介绍。

## 2.1　晶体的结构

### 2.1.1　晶体与非晶体

物质是由原子构成的，根据原子在物质内部排列方式的不同，通常可将固态物质分为晶体与非晶体两大类。凡内部原子或分子呈规则排列的物质称为晶体，如常见的固态金属都是晶体；凡内部原子或分子无规则排列的物质称为非晶体，如松香、玻璃、沥青等都是非晶体。非晶体也称为过冷液体，在液体中，原子亦处于紧密聚集的状态，但不存在长程的周期性排列。非晶体内部原子的聚集状态虽然类似液体，但其物理性质不同于通常的液体。非晶体又称为玻璃体，从液态到非晶态固体的转变是逐渐过渡的，没有明显的凝固点（反之无明显的熔点）。而液体转变为晶体则是突变的，有一定的凝固点和熔点。非晶体的另一特点是沿任何方向测定其性能，所得的结果都是一致的，不因方向而异，故称为各向同性或等向性；晶体就不是这样，沿着一个晶体的不同方向所测得的性能并不相同（如导电性、导热性、热膨胀性、弹性、强度、光学数据以及外表面的化学性质等），表现出或大或小的差异，故称为各向异性或异向性。晶体的异向性是因其原子的规则排列而造成的。晶体与非晶体的不同点在于，晶体具有一定的熔点（如纯铁的熔点为1538℃），其性能具有各向异性的特点；非晶体没有一定的熔点，它的性能在各个方向上是相同的（即各向同性）。

自然界的许多晶体虽然具有规则的外形（如天然金刚石、结晶盐、水晶等），但是晶体的外形不一定都是规则的。这与晶体的形成条件有关，如果条件不具备，其外形也就变得不规则。所以，区分是晶体还是非晶体，不能仅根据它们的外观，而应从其内部的原子排列情况来确定。在晶体中，原子（或分子）在三维空间做有规则的周期性重复排列，而非晶体就不具有这一特点，这是两者的根本区别。

由一个核心（晶核）生长而成的晶体称为单晶。在单晶体中，原子都是按同一取向排列的。一些天然晶体，如金刚石、水晶等都是单晶体。现在也能够人工培育制造出多种单晶体，如半导体工业用的单晶硅和锗、激光技术中用的红宝石和镱铝石榴石及金属或合金单晶等。金属材料通常是由许多不同位向的小晶体所组成，故称为多晶体。这些小晶体往往呈颗粒状，不具有规则的外形，故称为晶粒。多晶体材料一般不显示各向异性，这是因为它包含大量的彼此位向不同的晶粒。虽然每个晶粒都有异向性，但整块金属的性能则是它们性能的平均值，故表现为各向同性，这种情况为伪各向同性或假等向性。在某些条件下，如定向凝固、特定轧制及退火等，使各晶粒的位向趋于一致，其异向性又会显示出来。

## 2.1.2 晶体结构与空间点阵

金属中原子的排列是有规则的，而不是杂乱无章的。金属的性能不仅决定于其组成原子的本性和原子间结合键的类型，同时也取决于原子的排列方式。原子的排列规律不同，则其性能也不同，因而必须研究金属的晶体结构，即原子的实际排列情况。为了方便起见，首先把晶体当作没有缺陷的理想晶体来研究。

晶体中原子（或离子）在空间呈规则排列。规则排列的方式即称为晶体结构。研究金属晶体结构时，为了讨论方便，通常把在晶体中不停振动的原子，看成是一个个在平衡位置上静止不动的小刚球。于是，金属的晶体结构便可以用许多小刚球紧密堆垛的模型表示，如图 2-1(a) 所示。晶体中所有原子都在三维空间按一定的几何形式作有规则地重复排列。为了进一步清晰地描述原子排列的几何规律，设想用一些直线穿过原子中心将它们连接起来，抽象为一个空间格架。这种描述原子排列规律的空间格架，称为结晶格子，简称晶格，如图 2-1(b) 所示。晶格的结点即为原子的平衡位置。

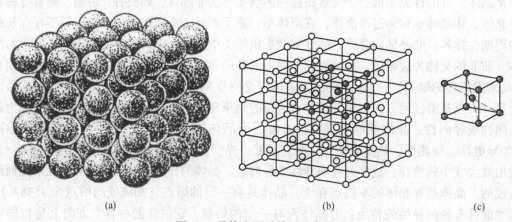

图 2-1 晶体中原子排列示意图
(a) 原子堆垛模型；(b) 晶格；(c) 晶胞

由图 2-1(b) 可见，晶体中原子排列具有周期性的特点。因此，为了方便，可以从晶格中选取一个能够完全反映晶格特征的最小几何单元来研究晶体结构，这个最小的几何单元称为单位晶胞，如图 2-1(c) 所示。如图 2-2 所示，为了描述单位晶胞的大小和形状，以单位晶胞角上的某一阵点为原点，以该单位晶胞上过原点的 3 个棱边为 3 个坐标轴 $X$、$Y$、$Z$（称为晶轴），则单位晶胞的大小和形状就由这 3 条棱边的长度 $a$、$b$、$c$（称为晶格常数或点阵常数）及棱边之间夹角 $\alpha$、$\beta$、$\gamma$（称为轴间夹角）一共 6 个参数完全表达出来。

习惯上，分别以原点的前、右、上方定为 *X*、*Y*、*Z* 轴的正方向，反之为负方向。通常 *α*、*β* 和 *γ* 分别表示 *Y-Z* 轴、*Z-X* 轴和 *X-Y* 轴之间的夹角。

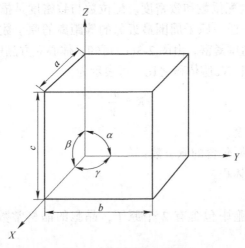

图 2-2　单位晶胞的描述

### 2.1.3　三种典型的金属晶体结构

金属元素有 80 多种，但是常见的金属晶格类型只有三种，分别为体心立方晶格、面心立方晶格和密排六方晶格。

#### 2.1.3.1　体心立方晶格

体心立方晶格的晶胞模型如图 2-3 所示。晶胞的三个棱边长度相等，三个轴间夹角均为 90°，构成立方体。除了在晶胞的八个角上各有一个原子外，在立方体的中心还有一个原子。具有体心立方结构的金属有 α-Fe、Cr、V、Nb、Mo、W 等 30 多种。

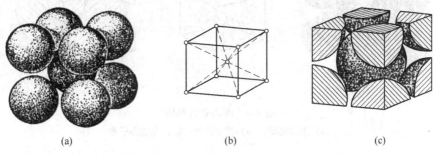

(a)　　　　　　　　　(b)　　　　　　　　　(c)

图 2-3　体心立方晶胞
(a) 刚球模型；(b) 质点模型；(c) 晶胞原子数

（1）原子半径。在金属学中，定义最近邻的两原子间距离的一半为原子半径。体心立方晶胞中，棱边上的原子彼此互不接触，只有体心立方晶胞体对角线上的原子紧密地接触，如图 2-3(a) 所示。设晶体的点阵常数为 *a*，则立方体对角线的长度为 $\sqrt{3}a$，等于 4 个原子半径，所以体心立方晶胞中的原子半径 $r = \sqrt{3}a/4$。

（2）体心立方晶格的原子数。由图 2-3(c) 可知，在体心立方晶胞中，角顶上的每个原子被与其相邻的 8 个晶胞所共有，故只有 1/8 个原子属于这个晶胞，晶胞中心的那个原子为这个晶胞所独有，所以体心立方晶胞中的原子数为 8 × 1/8 + 1 = 2(个)。

（3）体心立方晶格的配位数和致密度。配位数与致密度是描述晶格中原子排列紧密程度的参数。在晶体中，任一原子周围最近邻的等距离的原子数称为配位数。配位数越大，表示晶体中原子排列越紧密。由图 2-3(c)可知，体心立方晶格的配位数为 8。致密度是指晶胞中原子所占体积与晶胞体积之比，可表示为：

$$K = \frac{nv}{V}$$

式中　$K$——晶体的致密度；

　　　$n$——一个晶胞实际包含的原子数；

　　　$v$——一个原子的体积；

　　　$V$——晶胞的体积。

体心立方晶格的晶胞中包含有 2 个原子，晶胞的晶格常数为 $a$，原子半径为 $r = \sqrt{3}\,a/4$，其致密度为：

$$K = \frac{nv}{V} = \frac{2 \times \frac{4}{3}\pi r^3}{a^3} = \frac{2 \times \frac{4}{3}\pi \left(\frac{\sqrt{3}}{4}a\right)^3}{a^3} \approx 0.68$$

此值表明，在体心立方晶格中，有 68% 的体积为原子所占据，其余 32% 为间隙体积。

### 2.1.3.2　面心立方晶格

面心立方晶格的晶胞如图 2-4 所示。除由 8 个原子构成立方体外，在立方体 6 个表面的中心还各有一个原子。γ-Fe、Cu、Ni、Al、Ag 等约 20 种金属具有这种晶体结构。

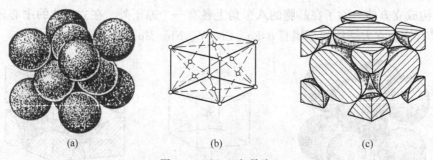

(a)　　　　　　　　(b)　　　　　　　　(c)

图 2-4　面心立方晶胞

（a）刚球模型；（b）质点模型；（c）晶胞原子数

面心立方晶胞中，每个表面中心的原子为相邻两个晶胞所共有，因此，面心立方晶胞的原子数为 $n = 8 \times 1/8 + 6 \times 1/2 = 4$(个)。由图 2-4(c)可知，在面心立方晶胞中，面对角线上的原子彼此相切，排列最紧密，因此，原子半径 $r = \sqrt{2}\,a/4$。

从图 2-5 可以看出，以面中心那个原子为例，与之最近邻的是它周围顶角上的 4 个原子，这 5 个原子构成了一个平面，这样的平面共有 3 个。3 个面彼此相互垂直，结构形式相同，所以与该原子最近邻、等距离的原子共有 4×3 = 12(个)，因此面心立方晶格的配位数为 12。

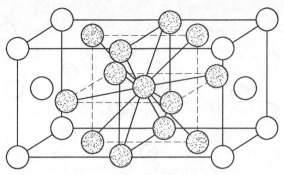

图 2-5　面心立方晶格的配位数

由于面心立方晶胞中的原子数和原子半径是已知的，因此它的致密度为：

$$K = \frac{nv}{V} = \frac{4 \times \frac{4}{3}\pi r^3}{a^3} = \frac{4 \times \frac{4}{3}\pi \left(\frac{\sqrt{2}}{4}a\right)^3}{a^3} \approx 0.74$$

此值表明，在面心立方晶格中，有 74% 的体积为原子所占据，其余 26% 为间隙体积。

### 2.1.3.3　密排六方晶格

密排六方晶格的晶胞如图 2-6 所示。由 12 个原子构成一个正六方柱体，在其上、下底面的中心各有 1 个原子，在正六方柱体的中心还有 3 个原子。具有密排六方晶格的金属有 Zn、Mg、Be、α-Ti、α-Co、Cd 等。

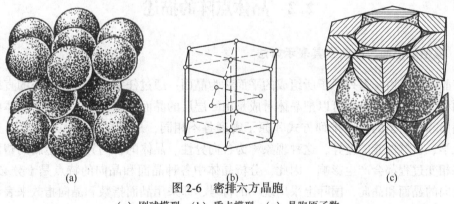

(a)　　　　　　　　(b)　　　　　　　　(c)

图 2-6　密排六方晶胞

（a）刚球模型；（b）质点模型；（c）晶胞原子数

晶胞中的原子数可参照图 2-6(c)计算如下：六方柱每个角上的原子均属 6 个晶胞所共有，上、下底面中心的原子同时为两个晶胞所共有，再加上晶胞内的 3 个原子，故晶胞中的原子数为 1/6×12+1/2×2+3=6。

密排六方晶格的晶格常数有两个：一是正六边形的边长 $a$；另一个是上、下两底面之间的距离 $c$。$c$ 与 $a$ 之比称为轴比。在典型的密排六方晶格中，原子刚球十分紧密地堆垛排列，如晶胞上底面中心的原子，它不仅与周围 6 个角上的原子相接触，而且与其下面的 3 个位于晶胞之内的原子以及与其上相邻晶胞内的 3 个原子相接触（见图 2-7），故配位数为 12，此时的轴比 $c/a = \sqrt{8/3} \approx 1.633$。但是，实际的密排六方晶格金属，其轴比或大或小地偏离这一数值，在 1.57~1.64 波动。

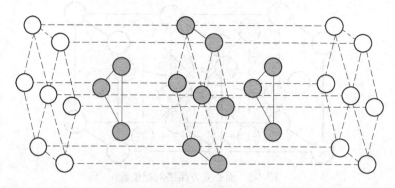

图2-7 密排六方晶格的配位数

对于典型的密排六方晶格金属，其原子半径为 $a/2$，致密度为：

$$K = \frac{nv}{V} = \frac{6 \times \frac{4}{3}\pi r^3}{\frac{3\sqrt{3}}{2}a^2 \sqrt{\frac{8}{3}}a} = \frac{6 \times \frac{4}{3}\pi \left(\frac{a}{2}\right)^3}{3\sqrt{2}a^3} = \frac{\sqrt{2}}{6}\pi \approx 0.74$$

密排六方晶格的配位数和致密度均与面心立方晶格相同，说明这两种晶格晶胞中原子的紧密排列程度相同。

## 2.2　晶体点阵的描述

### 2.2.1　晶格的晶面、晶向及其表示方法

在晶体中，由一系列原子所组成的平面称为晶面；通过任意两个原子中心的直线所指的方向称为晶向。于是，可以把晶体看成是由一层层的晶面堆砌而成。在同一晶体中，不同的晶面和晶向上的原子排列方式和原子密度各不相同，从而造成晶体不同方向上的物理、化学、机械性能的差异，这种现象称为各向异性。晶体的各向异性对金属的塑性变形和固态相变过程都会产生影响，因此，分析晶体中各种晶面和晶向的特点是十分必要的。各种位向的晶面和晶向，国际上采用统一的符号，即采用晶面指数和晶向指数来表示。

#### 2.2.1.1　晶向指数

晶向指数的确定步骤如下：

（1）选定任一结点为空间坐标系的原点。以晶格的三条棱边为空间坐标轴 $OX$、$OY$、$OZ$。

（2）过坐标原点作一平行于欲求晶向的直线。

（3）求出该直线上任一结点的空间坐标值。

（4）将空间坐标的三个值按比例化为最小整数。

（5）将化好的整数记在方括号内，不用标点分开。

通常以 $[uvw]$ 表示晶向指数的普遍形式，若晶向指向坐标的负方向时，则坐标值中出现负值，这时在晶向指数的这一数字之上冠以负号。

现以图2-8中 *AB* 方向的晶向为例说明。通过坐标原点引一平行于待定晶向 *AB* 的直线 *OB′*，点 *B′* 的坐标值为(−1，1，0)，故其晶向指数为 [$\bar{1}$10]。

应当指出，从晶向指数的确定步骤可以看出，晶向指数所表示的不仅仅是一条直线的位向，而是一族平行线的位向，即所有相互平行的晶向，都具有相同的晶向指数。

立方晶胞中一些常用的晶向指数示于图2-9中，现作简要说明。如 *X* 轴方向，其晶向指数可用点 *A* 的坐标来确定，点 *A* 坐标为(1，0，0)，所以 *X* 轴的晶向指数为[100]。同理，*Y* 轴的晶向指数为[010]，*Z* 轴的晶向指数为[001]。点 *D* 的坐标(1，1，0)，所以 *OD* 方向的晶向指数为[110]。点 *F* 的坐标为 (1，1，1)，所以 *OF* 方向的晶向指数为[111]。点 *H* 的坐标为 (1，1/2，0)，所以 *OH* 方向的晶向指数为[210]。

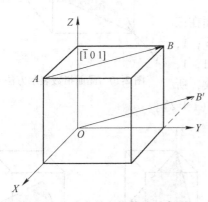

图2-8　确定晶向指数的示意图

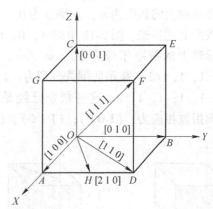

图2-9　立方晶系中一些常用的晶向指数

同一直线有相反的两个方向，其晶向指数的数字和顺序完全相同，只是符号相反，它相当于用−1乘晶向指数中的三个数字，如[123]与 [$\bar{1}\bar{2}\bar{3}$]方向相反。

原子排列相同但空间位向不同的所有晶向称为晶向族。在立方晶系中，[100]，[010]，[001]以及方向与之相反的[$\bar{1}$00]，[0$\bar{1}$0]，[00$\bar{1}$] 共六个晶向上的原子排列完全相同，只是空间位向不同，属于同一晶向族，用<100>表示。同样，<110>晶向族包括：[110]，[101]，[011]，[$\bar{1}$10]，[$\bar{1}$01]，[0$\bar{1}$1]，以及方向与之相反的晶向 [$\bar{1}\bar{1}$0]，[$\bar{1}$0$\bar{1}$]，[0$\bar{1}\bar{1}$]，[1$\bar{1}$0]，[10$\bar{1}$]，[01$\bar{1}$] 共12个晶向。

应当指出，只有对于立方结构的晶体，改变晶向指数的顺序，所表示的晶向上的原子排列情况才完全相同，这种方法对于其他结构的晶体则不一定适用。

### 2.2.1.2　晶面指数

晶面指数的确定步骤如下：

（1）选定不在欲定晶面上的晶格中的任一结点为空间坐标系的原点，以晶格的三条棱边为空间坐标轴 *OX*、*OY*、*OZ*。

（2）以晶格常数 *a*、*b*、*c* 分别为 *OX*、*OY*、*OZ* 轴上的长度度量单位，求出欲定晶面在三个轴上的截距。

（3）取欲定晶面的三轴上截距的倒数。

（4）将三截距的倒数化为三个最小整数。

（5）把倒数化好的三整数写在圆括号内，整数之间不用标点分开。

晶面指数的一般表示形式为（$h\,k\,l$）。如果所求晶面在坐标轴上的截距为负值，则在相应的指数上加一负号，如（$\bar{h}\,k\,l$），（$h\,\bar{k}\,l$）等。

现以图 2-10 中的晶面为例予以说明。该晶面在 $X$、$Y$、$Z$ 坐标轴上的截距分别为 1、1/2、1/2，取其倒数为 1、2、2，故其晶面指数为（1 2 2）。

在某些情况下，晶面可能只与两个或一个坐标轴相交，而与其他坐标轴平行。当晶面与坐标轴平行时，就认为在该轴上的截距为∞，其倒数为 0。

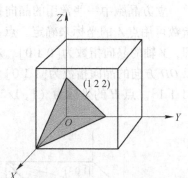

图 2-10　晶面指数表示方法

按照上述步骤，图 2-11 中的 A、B、C、D 晶面在三个坐标轴上的截距相应为：1，∞，∞；1，1，∞；1，1，1；1，1，1/2。截距的倒数分别为：1，0，0；1，1，0；1，1，1；1，1，2。这些数字已经是最小整数，所以晶面指数相应为：（1 0 0），（1 1 0），（1 1 1），（1 1 2）。

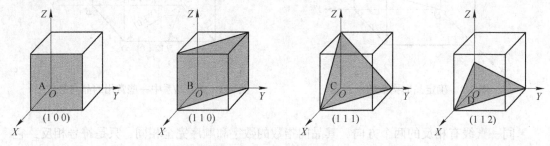

图 2-11　立方晶系的（1 0 0），（1 1 0），（1 1 1），（1 1 2）晶面

与晶向指数相似，某一晶面指数并不只代表某一具体晶面，而是代表一组相互平行的晶面，即所有相互平行的晶面都具有相同的晶面指数。这样一来，当两个晶面指数的数字和顺序完全相同而符号相反时，这两个晶面相互平行，它相当于用−1 乘以某一晶面指数中的各个数字。例如，（1 0 0）晶面平行于（$\bar{1}$ 0 0）晶面，（$\bar{1}$ 1 1）与（1 $\bar{1}$ $\bar{1}$）平行等。

在同一种晶体结构中，有些晶面虽然在空间的位向不同，但其原子排列情况完全相同，这些晶面均属于一个晶面簇，其晶面指数用大括号 {$h\,k\,l$} 表示。例如，在立方晶系中：

{1 0 0}＝（1 0 0）＋（0 1 0）＋（0 0 1）

{1 1 1}＝（1 1 1）＋（$\bar{1}$ 1 1）＋（1 $\bar{1}$ 1）＋（1 1 $\bar{1}$）

{1 1 0}＝（1 1 0）＋（1 0 1）＋（0 1 1）＋（$\bar{1}$ 1 0）＋（$\bar{1}$ 0 1）＋（0 $\bar{1}$ 1）

{1 1 2}＝（1 1 2）＋（1 2 1）＋（2 1 1）＋（$\bar{1}$ 1 2）＋（1 $\bar{1}$ 2）＋（1 1 $\bar{2}$）＋（$\bar{1}$ 2 1）＋
（1 $\bar{2}$ 1）＋（1 2 $\bar{1}$）＋（$\bar{2}$ 1 1）＋（2 $\bar{1}$ 1）＋（2 1 $\bar{1}$）

从上面的例子可以看出，在立方晶系中，{$h\,k\,l$} 晶面簇所包括的晶面可以用 $h$、$k$、$l$

数字的排列组合方法求出，但这一方法不适用于非立方晶系的晶体。

### 2.2.1.3　六方晶系的晶面指数和晶向指数

对于六方晶系，可以用上述的三指数（即米勒指数）方法表示晶面和晶向，但这样可能会出现同一晶面簇中一些晶面的指数不一样的情况，因而很不方便，晶向也是如此。所以对于六方晶系，一般都采用四指数（即米勒—布拉维指数）方法表示晶面和晶向。

四指数表示法是水平坐标轴选取互相成 120° 夹角的三坐标轴 $a_1$、$a_2$ 和 $a_3$，垂直轴为 $c$ 轴（见图2-12）。这样，晶面指数表示为 ($h\,k\,i\,l$)，晶面簇为 $\{h\,k\,i\,l\}$；晶向表示为 $[u\,v\,t\,w]$，晶向簇为 <$u\,v\,t\,w$>。为了使等同晶面与等同晶向各具有同一组指数，四指数中的前三个之间应保持 $i = -(h+k)$，$t = -(u+v)$ 的关系。$h$、$k$、$l$ 以及 $u$、$v$、$w$ 等指数的求法与前述三指数的相同，且前面三指数可改变次序和符号，第四个指数位置不变但符号可变，而 $i$ 和 $t$ 按上述关系式确定。六方晶系的几个主要晶面和晶向的表示方法如图2-12 所示。

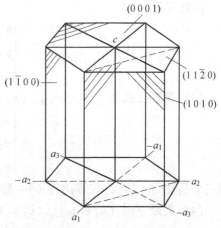

图 2-12　六方晶系一些晶面的指数

## 2.2.2　晶带

在空间点阵中，所有相交于某一晶向直线或平行于此直线的晶面构成一个晶带，此直线称为晶带轴，用晶向指数表示，所有的这些平面称为晶带面。由平面几何关系可知，晶带轴 $[u\,v\,w]$ 与该晶带的晶面 ($h\,k\,l$) 满足以下关系：

$$hu + kv + lw = 0 \tag{2-1}$$

通常把式(2-1)称为晶带定律。凡是满足此关系的晶面都属于以 $[u\,v\,w]$ 为晶带轴的晶带，由此定律可以根据已知的晶带或晶面来求另外一些晶带或晶面，也可以判断三轴是否共面、三面是否共晶带等。在分析时一般会使用以下几条规律：

（1）已知两个不平行晶面 ($h_1\,k_1\,l_1$) 和 ($h_2\,k_2\,l_2$) 可确定由其决定的晶带轴指数 $[u\,v\,w]$。由晶带定律可知：

$$\begin{cases} h_1 u + k_1 v + l_1 w = 0 \\ h_2 u + k_2 v + l_2 w = 0 \end{cases} \tag{2-2}$$

即

$$u : v : w = \begin{vmatrix} k_1 & l_1 \\ k_2 & l_2 \end{vmatrix} : \begin{vmatrix} l_1 & h_1 \\ l_2 & h_2 \end{vmatrix} : \begin{vmatrix} h_1 & k_1 \\ h_2 & k_2 \end{vmatrix} \tag{2-3}$$

由此可得：

$$\begin{cases} u = k_1 l_2 - k_2 l_1 \\ v = l_1 h_2 - l_2 h_1 \\ w = h_1 k_2 - h_2 k_1 \end{cases} \tag{2-4}$$

（2）已知两个不同晶带 $[u_1\,v_1\,w_1]$ 和 $[u_2\,v_2\,w_2]$ 可确定由其决定的晶面的指数 ($h\,k\,l$)。由晶带定律可知：

$$\begin{cases} u_1h + v_1k + w_1l = 0 \\ u_2h + v_2k + w_2l = 0 \end{cases} \tag{2-5}$$

即

$$h : k : l = \begin{vmatrix} v_1 & w_1 \\ v_2 & w_2 \end{vmatrix} : \begin{vmatrix} w_1 & u_1 \\ w_2 & u_2 \end{vmatrix} : \begin{vmatrix} u_1 & v_1 \\ u_2 & v_2 \end{vmatrix} \tag{2-6}$$

由此可得：

$$\begin{cases} h = v_1w_2 - v_2w_1 \\ k = w_1u_2 - w_2u_1 \\ l = u_1v_2 - u_2v_1 \end{cases} \tag{2-7}$$

（3）判断三晶轴 $[u_1\, v_1\, w_1]$、$[u_2\, v_2\, w_2]$、$[u_3\, v_3\, w_3]$ 是否共面。若

$$\begin{vmatrix} u_1 & v_1 & w_1 \\ u_2 & v_2 & w_2 \\ u_3 & v_3 & w_3 \end{vmatrix} = 0$$

则三个晶轴同一晶面，否则不在同一晶面。

（4）判断三面 $(h_1\, k_1\, l_1)$、$(h_2\, k_2\, l_2)$、$(h_3\, k_3\, l_3)$ 是否共晶带。若

$$\begin{vmatrix} h_1 & k_1 & l_1 \\ h_2 & k_2 & l_2 \\ h_3 & k_3 & l_3 \end{vmatrix} = 0$$

则三个晶面属于同一晶带；否则不属于同一晶带。

（5）判断两晶轴 $[u_1\, v_1\, w_1]$、$[u_2\, v_2\, w_2]$ 是否垂直。若

$$u_1u_2 + v_1v_2 + w_1w_2 = 0$$

则两晶轴垂直，否则不垂直。

（6）判断立方晶系两晶面 $(h_1\, k_1\, l_1)$、$(h_2\, k_2\, l_2)$ 是否垂直。若

$$h_1h_2 + k_1k_2 + l_1l_2 = 0$$

则两晶面垂直，否则不垂直。

### 2.2.3 晶面间距

空间点阵必可选择 3 个不相平行的连结相邻两个点阵点的单位矢量 $a$、$b$、$c$，它们将点阵划分成并置的平行六面体单位（称为晶面间距，用 $d_{hkl}$ 表示）。以简单立方为例，设 $ABC$ 为距原点最近的晶面，晶面指数为 $(h\, k\, l)$，在坐标轴 $abc$ 上的截距分别为 $a/h$、$b/k$、$c/l$，则法线 $ON$ 的长度即为晶面间距，设法线与三个坐标轴的夹角为 $\alpha$、$\beta$、$\gamma$，则有：

$$d_{hkl} = \frac{a}{h}\cos\alpha = \frac{b}{k}\cos\beta = \frac{c}{l}\cos\gamma \tag{2-8}$$

即

$$d_{hkl}^2\left[\left(\frac{h}{a}\right)^2 + \left(\frac{k}{b}\right)^2 + \left(\frac{l}{c}\right)^2\right] = \cos^2\alpha + \cos^2\beta + \cos^2\gamma \tag{2-9}$$

在直角坐标系中，

$$\cos^2\alpha + \cos^2\beta + \cos^2\gamma = 1 \tag{2-10}$$

如图 2-13 所示，直角坐标系晶系晶面间距为：

$$d_{hkl} = \cfrac{1}{\sqrt{\left(\cfrac{h}{a}\right)^2 + \left(\cfrac{k}{b}\right)^2 + \left(\cfrac{l}{c}\right)^2}} \tag{2-11}$$

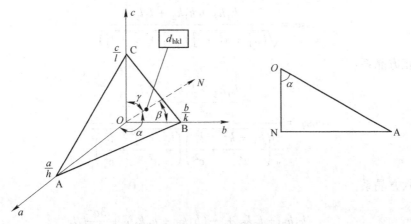

图 2-13　直角坐标系晶系晶面间距

对简单立方晶系有 $a=b=c$，故式(2-11)可化简为：

$$d_{hkl} = \cfrac{a}{\sqrt{h^2 + k^2 + l^2}} \tag{2-12}$$

要注意的是，式(2-12)仅适用于简单晶胞，对于复杂晶胞则要考虑附加面的影响。晶体中不同位向的晶面由于原子排列结构的差异，相邻两个平行晶面之间的距离各不相同。通常情况下，低晶面指数的晶面间距较大，而高晶面指数的晶面间距较小；晶面间距越大，该晶面上原子排列越密集。面心立方和体心立方晶体有以下规律：

（1）面心立方晶体（FCC）晶面间距与点阵常数 $a$ 之间的关系为：若 $h$、$k$、$l$ 均为奇数（或偶数），则：

$$d_{hkl} = \cfrac{a}{\sqrt{h^2 + k^2 + l^2}}$$

反之有附加面，如(1 0 0)，(1 1 0)，则：

$$d_{hkl} = \cfrac{1}{2} \cfrac{a}{\sqrt{h^2 + k^2 + l^2}} \tag{2-13}$$

（2）体心立方晶体（BCC）晶面间距与点阵常数 $a$ 之间的关系为：若 $h+k+l=$ 偶数，则：

$$d_{hkl} = \cfrac{a}{\sqrt{h^2 + k^2 + l^2}}$$

若 $h+k+l=$ 奇数，有附加面(1 0 0)、(1 1 1)面，则：

$$d_{hkl} = \cfrac{1}{2} \cfrac{a}{\sqrt{h^2 + k^2 + l^2}}$$

### 2.2.4 晶面夹角

两晶面之间的夹角称为晶面夹角。设两晶面的晶面指数为 $(h_1\ k_1\ l_1)$ 和 $(h_2\ k_2\ l_2)$，根据立体几何原理，可得到不同晶系中两晶面间夹角 $\varphi$。其计算公式如下。

（1）立方晶系（附录5给出不同晶面的夹角）：

$$\cos\varphi = \frac{h_1h_2 + k_1k_2 + l_1l_2}{\sqrt{(h_1^2 + k_1^2 + l_1^2)(h_2^2 + k_2^2 + l_2^2)}} \tag{2-14}$$

（2）正方晶系：

$$\cos\varphi = \frac{\dfrac{h_1h_2 + k_1k_2}{a^2} + \dfrac{l_1l_2}{c^2}}{\sqrt{\left(\dfrac{h_1^2 + k_1^2}{a^2} + \dfrac{l_1^2}{c^2}\right)\left(\dfrac{h_2^2 + k_2^2}{a^2} + \dfrac{l_2^2}{c^2}\right)}} \tag{2-15}$$

（3）六方晶系：

$$\cos\varphi = \frac{h_1h_2 + k_1k_2 + \dfrac{1}{2}(h_1k_2 + h_2k_1) + \dfrac{3a^2}{4c^2}l_1l_2}{\sqrt{\left(h_1^2 + k_1^2 + h_1k_1 + \dfrac{3a^2}{4c^2}l_1^2\right)\left(h_2^2 + k_2^2 + h_2k_2 + \dfrac{3a^2}{4c^2}l_2^2\right)}} \tag{2-16}$$

（4）正交晶系：

$$\cos\varphi = \frac{\dfrac{h_1h_2}{a^2} + \dfrac{k_1k_2}{b^2} + \dfrac{l_1l_2}{c^2}}{\sqrt{\left(\dfrac{h_1^2}{a^2} + \dfrac{k_1^2}{b^2} + \dfrac{l_1^2}{c^2}\right)\left(\dfrac{h_2^2}{a^2} + \dfrac{k_2^2}{b^2} + \dfrac{l_2^2}{c^2}\right)}} \tag{2-17}$$

（5）菱方晶系：

$$\cos\varphi = \frac{a^4 d_1 d_2}{V^2}\left[\sin^2\alpha(h_1h_2 + k_1k_2 + l_1l_2) + (\cos^2\alpha - \cos\alpha)\cdot \right. $$
$$\left. (k_1l_2 + k_2l_1 + l_1h_2 + l_2h_1 + h_1k_2 + h_2k_1)\right] \tag{2-18}$$

（6）单斜晶系：

$$\cos\varphi = \frac{d_1 d_2}{\sin^2\beta}\left[\frac{h_1h_2}{a^2} + \frac{k_1k_2\sin^2\beta}{b^2} + \frac{l_1l_2}{c^2} - \frac{(l_1h_2 + l_2h_1)\cos\beta}{ac}\right] \tag{2-19}$$

（7）三斜晶系：

$$\cos\varphi = \frac{d_1 d_2}{V^2}\left[S_{11}h_1h_2 + S_{22}k_1k_2 + S_{33}l_1l_2 + S_{23}(k_1l_2 + k_2l_1) + \right. $$
$$\left. S_{13}(l_1h_2 + l_2h_1) + S_{12}(h_1k_2 + h_2k_1)\right] \tag{2-20}$$

其中，

$$\begin{cases} S_{11} = b^2c^2\sin^2\alpha \\ S_{22} = a^2c^2\sin^2\beta \\ S_{33} = a^2b^2\sin^2\gamma \\ S_{12} = abc^2(\cos\alpha\cos\beta - \cos\gamma) \\ S_{23} = a^2bc(\cos\beta\cos\gamma - \cos\alpha) \\ S_{13} = ab^2c(\cos\gamma\cos\alpha - \cos\beta) \end{cases}$$

## 2.3  晶体的各向异性

如前所述，各向异性是晶体的一个重要特性，是区别于非晶体的一个重要标志。晶体具有各向异性的原因，是由于在不同晶向上的原子紧密程度不同所致。原子的紧密程度不同，意味着原子之间的距离不同，从而导致原子之间的结合力不同，使晶体在不同晶向上的物理、化学和机械性能不同。例如，具有体心立方晶格的 α-Fe 单晶体，<1 0 0>晶向的原子密度（单位长度的原子数）为 $1/a$（$a$ 为晶格常数），<1 1 0>晶向为 $0.7/a$，而<1 1 1>晶向为 $1.16/a$，所以<1 1 1>为最大原子密度晶向，其弹性模量 $E = 290\text{GPa}$，<1 0 0>晶向的 $E = 135\text{GPa}$，前者是后者的两倍多。同样，沿原子密度最大的晶向的屈服强度、磁导率等，也显示出明显的优越性。

在工业用金属材料中，通常见不到这种各向异性特征。如上所述，α-Fe 的弹性模量，不论方向如何，$E$ 均在 210GPa 左右。这是因为，一般固态金属均是由很多晶粒所组成。凡由两颗以上晶粒所组成的晶体称为多晶体，只有用特殊的方法才能获得单个的晶体，即单晶体。由于多晶体中晶粒位向是任意的，晶粒的各向异性被互相抵消，因此，在一般情况下整个晶体不显示各向异性（称为伪等向性）。如果用特殊的加工处理工艺，使组成多晶体的每个晶粒的位向大致相同，那么就表现出各向异性，这点已在工业生产中得到了应用。

## 2.4  倒 易 点 阵

晶体是原子（或离子、分子、原子团等）在三维空间内呈周期性规则排列而形成的物质，这种三维周期性分布可以概括地用点阵平移对称来描述，这种点阵称为晶体点阵。倒易点阵是一个假想的点阵，将空间点阵（真点阵或实点阵）经过倒易变换，从而得到倒易点阵，倒易点阵的外形也是点阵，但其结点对应真点阵的晶面，倒易点阵的空间称为倒易空间。通常把晶体点阵（正点阵）所占据的空间称为正空间。正点阵和倒易点阵是在正、倒两个空间内相互对应的，它们互为倒易而共存。这一表达方法是在 1860 年由法国结晶学家布拉菲（Auguste Bravais）提出并作为空间点阵理论的一部分，当时缺乏实际应用。1921 年，德国物理学家埃瓦尔德把倒易点阵引入衍射领域，此后，倒易点阵成了研究各种衍射问题的重要工具。倒易点阵能十分巧妙、正确地反映晶体点阵周期性的物理本质，是解析晶体衍射的理论基础，是衍射分析工作不可缺少的工具。

### 2.4.1　倒易点阵的定义

如图 2-14 所示，设正点阵的基本矢量为 $a$、$b$、$c$，定义相应的倒易点阵基本矢量为 $a^*$、$b^*$、$c^*$，则有：

$$a^* = \frac{b \times c}{V}, \quad b^* = \frac{c \times a}{V}, \quad c^* = \frac{b \times a}{V} \tag{2-21}$$

式中，$V$ 是正点阵单胞的体积，$V = a \cdot (b \times c) = b \cdot (a \times c) = c \cdot (b \times a)$。

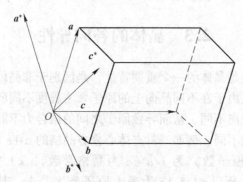

图 2-14　倒易点阵

倒易点阵基本矢量按照矢量运算法则，根据式(2-21)有：

$$a^* \cdot b = a^* \cdot c = b^* \cdot a = b^* \cdot c = c^* \cdot a = c^* \cdot b = 0 \tag{2-22}$$

由式(2-22)可知，正、倒点阵异名基矢点乘积为 0，由此可确定倒易点阵基本矢量的方向，则有：

$$a^* \cdot a = b^* \cdot b = c^* \cdot c = 1 \tag{2-23}$$

由此可见，正、倒点阵同名基本矢量点乘积为 1，由此可确定倒易点阵基本矢量的大小，即

$$a^* = \frac{1}{a\cos(a^*, \; a)}, \quad b^* = \frac{1}{b\cos(b^*, \; b)}, \quad c^* = \frac{1}{c\cos(c^*, \; c)} \tag{2-24}$$

### 2.4.2　倒易点阵矢量

如图 2-15 所示，在倒易空间内，由倒易原点 $O^*$ 指向坐标为 $h_1$ 的阵点矢量称为倒易点阵矢量，记为 $g_{hkl}$，即：

$$g_{hkl} = ha^* + kb^* + lc^* \tag{2-25}$$

倒易矢量 $g_{hkl}$ 与正点阵中的 $(h\,k\,l)$ 晶面之间的几何关系为：

$$g_{hkl} \perp (h\,k\,l), \quad |g_{hkl}| = \frac{1}{d_{hkl}} \tag{2-26}$$

显然，用倒易矢量 $g_{hkl}$ 可以表征正点阵中的 $(h\,k\,l)$ 晶面的特性（方位和晶面间距）。倒易点阵中的一个点代表的是正点阵中的一组晶面。

### 2.4.3　倒易球（多晶体倒易点阵）

由以上讨论从图 2-16 可知，单晶体的倒易点阵是由三维空间规则排列的阵点（倒易

矢量的端点）所构成的，它与相应正点阵属于相同晶系。而多晶体是由无数取向不同的晶粒组成，所有晶粒的同簇 {h k l} 晶面（包括晶面间距相同的非同簇晶面）的倒易矢量在三维空间任意分布，其端点的倒易阵点将落在以 $O^*$ 为球心、以 $1/d_{hkl}$ 为半径的球面上，故多晶体的倒易点阵由一系列不同半径的同心球面构成。显然，晶面间距越大，倒易矢量的长度越小，相应的倒易球面半径就越小。

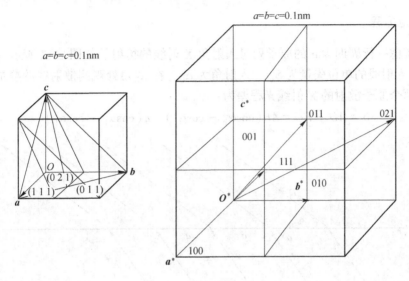

图 2-15  倒易点阵矢量

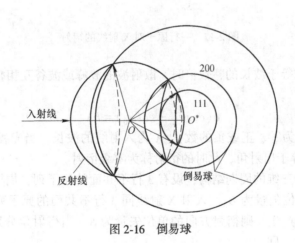

图 2-16  倒易球

## 2.5  衍射的几何条件

X 射线入射晶体时，作用于束缚较紧的电子，电子发生晶格振动，向空间辐射与入射波频率相同的电磁波（散射波），该电子成了新的辐射源。所有电子的散射波均可看成是由原子中心发出的，这样每个原子就成了发射源，它们向空间发射与入射波频率相同的散射波。由于这些散射波的频率相同，在空间中将发生干涉，在某些固定方向得到增强或减弱甚至消失，产生衍射现象，形成了波的干涉图案，即衍射花样。因此，衍射花样的本质是相干散射波在空间发生干涉的结果。当相干散射波为一系列平行波时，形成增强的必要条件是这些散射波具有相同的相位，或光程差为零或光程差为波长的整数倍。联系X射线衍射方向与晶体结构之间关系的方程有两个，即劳厄（Laue）方程和布拉格（Bragg）方程。前者基于直线点阵，而后者基于平面点阵，这两个方程实际上是等效的。

### 2.5.1　劳厄方程

首先考虑一行周期为 $a$ 的原子列对入射角X射线的衍射。如图 2-17 所示（忽略原子的大小），入射线的单位矢量为 $S_0$，入射角为 $\alpha_0$，在 $\alpha_h$ 角处观测散射线的叠加强度。相距为 $a$ 的两个原子散射的X射线光程差为：

$$\delta = AD - BC = AB(\cos\alpha_h - \cos\alpha_0) = a(\cos\alpha_h - \cos\alpha_0) \tag{2-27}$$

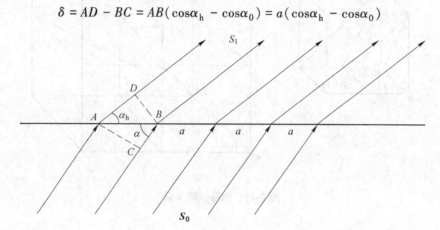

图 2-17　一行原子对 X 射线的衍射

当光程差为零或等于波长的整数倍时，散射波的波峰或波谷互相叠加，强度达到极大值，则有：

$$a(\cos\alpha_h - \cos\alpha_0) = h\lambda \tag{2-28}$$

式中，$h$ 是整数（可为零、正或负的数），$\lambda$ 为入射线的波长。当光程差为零时，干涉最强，此时入射角 $\alpha_0$ 等于出射角，此时的衍射称为零级衍射。

晶体结构是一种三维的周期结构，设有 3 行不共面的原子列，周期大小分别为 $a$、$b$、$c$，入射X射线的单位矢量为 $S_0$，入射X射线同 3 行不共面的原子列的交角分别为 $\alpha_0$、$\beta_0$、$\gamma_0$，若有衍射线产生，则衍射方向的单位矢量为 $S$。当衍射角分别为 $\alpha_h$、$\beta_k$、$\gamma_1$ 时，则必定满足下列条件，即

$$\begin{cases} a(\cos\alpha_h - \cos\alpha_0) = h\lambda \\ b(\cos\beta_k - \cos\beta_0) = k\lambda \\ c(\cos\gamma_1 - \cos\gamma_0) = l\lambda \end{cases} \tag{2-29}$$

式中，$h$、$k$、$l$ 为整数（可为零、正或负），$a$、$b$、$c$ 为三晶轴方向的点阵常数。式(2-29)是晶体产生X射线衍射的条件，称为劳厄方程。衍射指标 $h$、$k$、$l$ 的整数性决定了晶体衍射方向的分立性，每一套衍射指标规定了一个衍射方向。

### 2.5.2　布拉格方程

#### 2.5.2.1　布拉格方程的推导

晶体的空间点阵可划分为一簇平行且等间距的平面点阵（$hkl$），或者称晶面。同一晶面不同指标的晶面在空间的取向不同，晶面间距 $d_{hkl}$ 也不同。设有一组晶面，间距为 $d_{hkl}$，一束平行 X 射线射到该晶面组上，入射角为 $\theta$。对于每一个晶面散射波的最大干涉强度的条件应该是入射角和散射角的大小相等，且入射线、散射线和平面法线三者在同一平面内（类似镜面对可见光的反射条件）。如图 2-18 所示，图中入射线 $S_0$ 在 $P$、$Q$、$R$ 处的相位相同，而散射线 $S$ 在 $P'$、$Q'$、$R'$ 处仍是同相位。

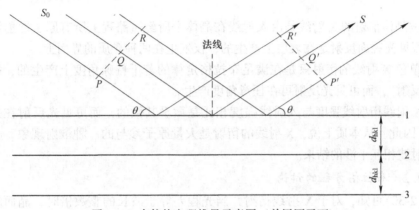

图 2-18　布拉格方程推导示意图（单层原子面）

现考虑相邻平行晶面（晶面簇）产生衍射的条件。如图 2-19 所示的晶面 1，2，3，…，间距为 $d_{hkl}$，相邻两个晶面上的入射线和散射线的光程差为 $MB+BN$。如图 2-19 所示的几何关系可看出，$MB=BN=d_{hkl}\sin\theta_n$，因而光程差 $MB+BN=2d_{hkl}\sin\theta_n$。当光程差为波长 $\lambda$ 的整数倍时，相干散射波就能互相加强，从而产生衍射。由此得晶面簇产生衍射的条件为：

$$2d_{hkl}\sin\theta_n = n\lambda \tag{2-30}$$

式中，$n$ 为 1，2，3，…，$\theta_n$ 对应某一 $n$ 值的衍射角，$n$ 也可认为是衍射级数。式(2-30)即

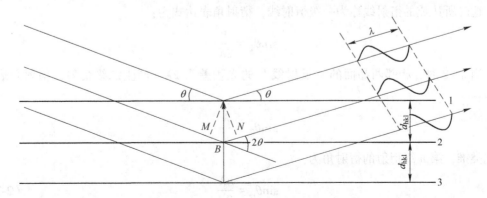

图 2-19　布拉格方程推导示意图（双层原子面）

为布拉格方程。根据此方程，每当观测到一束衍射线，就能得到产生这个衍射的晶面簇的取向，并可计算出晶面的间距（当实验波长也是已知时），这就是结构分析（衍射分析）。用已知波长的 X 射线去照射未知结构的晶体，通过衍射角的测量求得晶体中各晶面的间距 $d$，从而揭示晶体的结构。还可用已知晶面间距的晶体来反射从样品发射出来的 X 射线，通过衍射角的测量求得 X 射线的波长，这就是 X 射线光谱学。该法除了可进行光谱结构的研究外，还可以从 X 射线波长确定试样的组成元素。电子探针就是按照这一原理设计的。

根据布拉格方程，可以把晶体对 X 射线的衍射看作反射。这是因为晶面产生衍射时，入射线、衍射线和晶面法线的关系符合镜面对可见光的反射定律。但两者之间有以下区别：

（1）被晶体衍射的 X 射线是由入射线在晶体中所经过路程上所有原子散射波干涉的结果，而可见光镜面反射是在表层上产生的，仅发生在两种介质的界面上。

（2）单色 X 射线的衍射只是在满足布拉格定律的若干特殊角度上产生的，故又常称为"选择反射"，而可见光反射可在任意角度产生。

（3）X 射线衍射线强度与入射线强度相比是微乎其微的，而可见光反射在晶面上可达 100%。因此，从本质上说，X 射线的衍射是大量原子参与的一种散射现象，也可以说是原子散射波相互干涉的结果。

### 2.5.2.2　布拉格方程的讨论

由式(2-30)可知，对于 X 射线衍射，当光程差等于波长的整数倍时，晶面的散射线将加强。布拉格方程是 X 射线在晶体产生衍射时的必要条件而非充分条件。有些情况下晶体虽然满足布拉格方程，但不一定出现衍射，下面分别对布拉格方程中的参数进行分析说明。

#### A　衍射方向

通常将入射线与衍射线的交角 $2\theta$ 称为衍射角，而将式(2-30)中的 $\theta$ 角称为半衍射角或布拉格角，如图 2-19 所示。

#### B　衍射级数

在布拉格方程中，当衍射级数 $n=1$ 时，相邻两晶面的"反射线"的光程差为一个波长，这时所达成的衍射线称为一级衍射线，衍射角表达式为：

$$\sin\theta_1 = \frac{\lambda}{2d}$$

当 $n=2$ 时，相邻两晶面的"反射线"的光程差为 $2\lambda$，产生二级衍射，衍射角表达式为：

$$\sin\theta_2 = \frac{\lambda}{d}$$

依此类推，第 $n$ 级衍射的衍射角为：

$$\sin\theta_n = \frac{n\lambda}{2d} \tag{2-31}$$

但是 $n$ 可取的数值不是无限的，因为 $\sin\theta$ 的值不能大于 1，即

$$\sin\theta = \frac{n\lambda}{2d} \ll 1$$

所以

$$n \ll \frac{2d}{\lambda}$$

C　干涉面指数

由布拉格方程可知，一组（h k l）晶面随 n 值的不同，可能产生 n 个不同方向的反射线，该反射线分别称为该晶面的一级、二级、…、n 级反射。为了使用方便，将布拉格方程写为：

$$2\frac{d_{hkl}}{n}\sin\theta_n = \lambda \tag{2-32}$$

这样，可将面间距为 d 的（h k l）面的 n 级反射，变成为面间距 $d_{hkl}/n$ 的假想晶面（nh nk nl）的一级反射。令 $H=nh$、$K=nk$、$L=nl$，（H K L）称为反射面或干涉面，H、K、L 称为干涉指数。

布拉格方程可以简化表达为：

$$2d\sin\theta = \lambda \quad \left(d = \frac{d_{hkl}}{n}\right) \tag{2-33}$$

式(2-33)的意义是，将面间距为 $d_{hkl}$ 晶面（h k l）的 n 级反射转化为面间距为 $d = d_{hkl}/n$ 干涉面（H K L）的一级反射。

干涉指数与晶面指数的区别在于，干涉面为假想的晶面，干涉面指数中有公约数，晶面指数是互质的整数，干涉面指数是广义的晶面指数，常将 HKL 和 hkl 混用来讨论问题。立方与六方晶体可能出现的反射方向和条件在附录6中给出。

D　晶面间距 d 和入射 X 射线波长 λ

在确定的晶体点阵中可以找到许多晶面簇，但是对于一定入射波长的 X 射线而言，晶体中能产生衍射的晶面数是有限的。根据布拉格方程 $\sin\theta = \lambda/2d$，因为 $\sin\theta$ 的取值不能大于1，故有：

$$\frac{\lambda}{2d} \ll 1$$

即

$$d \gg \frac{\lambda}{2} \tag{2-34}$$

由此可知，只有晶面间距不小于 λ/2 的晶面才能产生衍射。对于一定的晶面间距 d 而言，所用 X 射线的波长 λ < 2d。但 λ 不能太小，否则衍射角也会很小，衍射线将集中在出射光路附近很小的角度范围内，无法进行观测。晶面间距一般取 10Å 以内。此外，考虑到在空气中波长大于 2Å 的 X 射线衰减很严重，所以在晶体衍射工作中常用的 X 射线波长范围与晶格常数相差不多，一般为 0.5~2Å。

在一般情况下，一个三维晶体对一束平行的单色入射 X 射线是不会发生衍射的。如果要发生衍射，则至少要求有一组晶面的取向恰好能满足布拉格方程。对此，采用以下两种方法实现单晶的衍射：

（1）用一束平行的单色 X 射线照射一颗静止的单晶，这样对于任何一组晶面总有一个可能的波长能够满足布拉格方程；

（2）用一束平行的单色 X 射线照射不断旋转的晶体，在晶体旋转的过程中各个取向的晶面都有机会通过满足布拉格方程的位置，此时晶面与入射 X 射线所成的角度就是衍射角。

对无结构的多晶样品，当使用单色的 X 射线作为入射光时，总能够产生衍射。这是由于在样品中，晶粒存着多取向，任意一种取向的晶面总是能有可能在某几颗取向恰当的晶粒中处于能产生衍射的位置，这就是多晶衍射实验所采用的方法（称为角度色散方法）。对于多晶样品采用单色 X 射线照射，在固定的角度位置上观测，则只有某些波长的 X 射线能产生衍射，依据此时的角度大小和产生衍射的 X 射线波长就能计算出相应的晶面间距大小，这就是能量色散多晶 X 射线衍射方法。

### 2.5.3　爱瓦尔德图解法

爱瓦尔德图解法是布拉格定律的几何表达形式，是倒易点阵的另一个应用，通过爱瓦尔德图解法可以直观的描述入射束、衍射束和衍射晶面之间的相对关系。爱瓦尔德图解和布拉格方程是描述 X 射线衍射几何的等效表达方法，当进行衍射几何理论分析时，利用爱瓦尔德图解法，既简单又直观，比较方便。但若须进行定量的数学运算时，则必须利用布拉格方程。

以下为爱瓦尔德球的作图方法（见图 2-20）：

（1）画出衍射晶体的倒易点阵。

（2）以入射 X 射线波长的倒数（$1/\lambda$）为半径做一个球，样品置于球心 $C$ 处，使入射 X 射线经过球心穿出球面的点刚好在倒易圆点 $O^k$ 处。

（3）若有倒易阵点 $G$（指数 $hkl$）正好落在爱瓦尔德球面上，则由反射球心 $C$ 指向该点的矢量 $k'/\lambda$ 必满足布拉格方程。

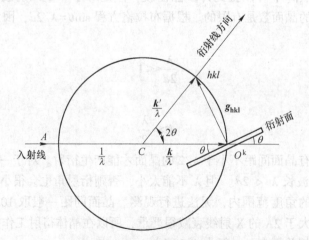

图 2-20　爱瓦尔德图解法示意图

在爱瓦尔德球上，被照晶体对应其倒易点阵，凡倒易点落在反射球面上的干涉面均可能发生衍射，衍射线的方向由反射球心指向该倒易点，$k'$ 与 $k$ 之间的夹角即为衍射角 $2\theta$。

爱瓦尔德图解法直观地用几何图形表达了布拉格方程。爱瓦尔德球内的三个矢量 $k$、$k'$、$g_{hkl}$，清楚地描述了入射束、衍射束和衍射晶面之间的相对关系。落在球面上的倒易阵点代表了参与衍射的晶面，同时也是衍射斑点的直观反映。因此，倒易点阵是电子衍射斑点的直观反映，每个衍射斑点代表一个倒易阵点，而一个倒易阵点代表正点阵中的一组晶面。根据衍射斑点的排列方式，通过坐标变换，可推测出正空间中各衍射晶面间的相对方位，从而得该晶体的晶体结构，这就是电子衍射斑点的标定。

练 习 题

2-1　试述晶体与非晶体的定义以及晶体与非晶体的区别。

2-2　辨析点阵与晶体结构的关系。

2-3　何为倒易矢量，它的基本性质是什么？

2-4　为什么衍射线束的方向与晶胞的形状和大小有关？

2-5　当波长为 $\lambda$ 的 X 射线照射到晶体并出现衍射线时，相邻两个 $(h\,k\,l)$ 反射线的光程差是多少，相邻两个 $(H\,K\,L)$ 反射线的光程差又是多少？

2-6　$\alpha$-Fe 为立方系晶体，点阵常数 $a = 0.2866\text{nm}$。若用 Cr $\lambda_{K\alpha} = 0.22909\text{nm}$ 进行摄照，求 $(1\,1\,0)$ 和 $(2\,0\,0)$ 面的衍射布拉格角。

2-7　Cu $K_\alpha$ 射线（$\lambda_{K\alpha} = 0.154\text{nm}$）照射 Cu 样品。已知 Cu 的点阵常数 $a = 0.361\text{nm}$。试分别用布拉格方程与爱瓦尔德图解法求其 $(2\,0\,0)$ 方向的反射 $\theta$ 角。

2-8　Cu $K_\alpha$ 辐射（$\lambda = 0.154\text{nm}$）照射 Ag（属于面心立方点阵）样品，测得第一衍射峰的位置 $2\theta = 38°$。试求 Ag 样品第一衍射峰的 $d$ 值和 Ag 的点阵常数。

2-9　NaCl 的立方晶胞参数为 $a = 5.62\text{Å}$，求 $d(2\,0\,0)$、$d(2\,2\,0)$。以 Cu $K_\alpha$（$\lambda = 1.54\text{Å}$）射线照射 NaCl 表面，当 $2\theta = 31.7°$、$2\theta = 45.5°$ 时记录到反射线，在这两个角度之间未记录到反射线（选择反射），解释这种现象发生的原因。

2-10　是否所有满足布拉格条件的晶面都能产生衍射光束，原理是什么？

# 3　X射线的衍射强度

在第 2 章中所讨论的劳厄方程、布拉格方程和爱瓦尔德图解，只能解决 X 射线的衍射方向问题，并在波长一定的情况下可以求得晶面间距。要反映晶体中原子种类和坐标位置，就需要应用衍射的强度理论，建立起衍射线束的强度和晶体结构中原子的种类和位置之间的定量关系。影响衍射强度的因素有多种，本章主要分析这些影响因素的来源和对衍射强度的影响规律。因此从一个电子到一个原子，再到一个晶胞讨论衍射强度，最后归纳出粉末多晶体的衍射强度及其影响因素。

## 3.1　单个电子对 X 射线的散射

假定一束 X 射线沿 $OX$ 方向传播，在 $O$ 点处碰到一个自由电子，这个电子在 X 射线的振动频率下产生强迫振动，振动频率与原 X 射线的振动频率相同。如图 3-1 所示，讨论点 $P$ 的散射强度。

令观测点 $P$ 到电子 $O$ 的距离 $OP=R$，原 X 射线的传播方向 $OX$ 与散射方向 $OP$ 之间的散射角为 $2\theta$。为了讨论问题的方便，在引入坐标系时，取 $O$ 点为坐标原点，并使 $Z$ 轴与 $OP$、$OX$ 共面，即 $P$ 点在 $OXZ$ 平面上。由于原子 X 射线的电场 $E_0$ 垂直 X 射线的传播方向，所以，$E_0$ 应分布在 $OYZ$ 平面上。电子在 $E_0$ 的作用下所获得的加速度应为 $a=eE_0/m$，$P$ 点的电磁波场强为：

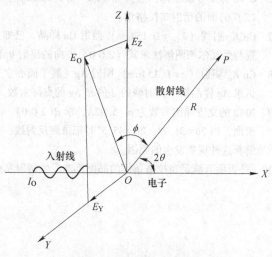

图 3-1　单个电子的散射

$$E_e = \frac{ea}{c^2R}\sin\phi = \frac{e^2 E_0}{mc^2R}\sin\phi \qquad (3-1)$$

式中　$e$——电子的电荷；

　　　$m$——电子的质量；

　　　$c$——光速；

　　　$\phi$——散射线方向与 $E_0$ 之间的夹角。

由于辐射强度与电场的平方成比例，因此 $P$ 点的辐射强度 $I_p$ 与原 X 射线的强度 $I_0$ 的比为：

$$\frac{I_p}{I_0} = \frac{E_e^2}{E_0^2} = \frac{e^4}{m^2 c^4 R^2} \sin^2 \phi$$

则有：

$$I_p = I_0 \frac{e^4}{m^2 c^4 R^2} \sin^2 \phi \qquad (3\text{-}2)$$

由于 X 射线管中发出 X 射线是非偏振的，所以入射线的电场强度振幅 $E$ 的方向是随时改变的，而且角也会相应改变。如图 3-1 所示，$OP$ 位于 $XOZ$ 平面内，现将 $E_0$ 分解成沿 $Y$ 轴的分量 $E_Y$ 和沿 $Z$ 轴的分量 $E_Z$。因 $E$ 在各个方向出现的概率是相等的，故 $E_Y = E_Z$，显然有：

$$\begin{cases} E^2 = E_Y^2 + E_Z^2 = 2E_Y^2 = 2E_Z^2 \\ I_0 = I_{OY} + I_{OZ} = 2I_{OY} = 2I_{OZ} \end{cases}$$

即

$$I_{OY} = I_{OZ} = \frac{1}{2} I_0 \qquad (3\text{-}3)$$

在 $P$ 点的衍射强度也可以分解成两个分量，从图 3-1 显然可以看出，$E_Z$ 与 $OP$ 的夹角为 $90° - 2\theta$，$E_Y$ 与 $OP$ 的夹角为 $90°$。因此，在 $E_Z$ 作用下，电子在 $P$ 点的散射强度为 $I_{PZ}$ 为：

$$I_{PZ} = I_{OZ} \left( \frac{e^4}{m^2 c^4 R^2} \right) \sin^2 \left( \frac{\pi}{2} - 2\theta \right) = \frac{1}{2} I_0 \left( \frac{e^4}{m^2 c^4 R^2} \right) \cos^2 2\theta \qquad (3\text{-}4)$$

在 $E_Y$ 作用下，电子在 $P$ 点的衍射强度 $I_{PY}$ 为：

$$I_{PY} = I_{OY} \left( \frac{e^4}{m^2 c^4 R^2} \right) \sin \frac{\pi}{2} = \frac{1}{2} I_0 \frac{e^4}{m^2 c^4 R^2} \qquad (3\text{-}5)$$

所以在入射线的作用下，电子在 $P$ 点散射强度为：

$$I = I_{PY} + I_{PZ} = I_0 \left( \frac{e^4}{m^2 c^4 R^2} \right) \frac{1 + \cos^2 2\theta}{2} \qquad (3\text{-}6)$$

式(3-6)称为汤姆逊公式，它表明一束非偏振的入射 X 射线经过电子衍射后，其衍射强度在各个方向是不同的。沿原方向的强度（当 $2\theta = 0°$ 或 $2\theta = \pi$ 时）比垂直原 X 射线方向的强度（$2\theta = \pi/2$ 时）大一倍。这说明，一束非偏振的 X 射线经电子散射后，散射线被偏振化了，偏振化的程度取决于散射角 $2\theta$ 的大小，所以把 $(1 + \cos^2 2\theta)/2$ 项称为偏振因子。然而一个电子对 X 射线的衍射本领是很小的，在实验中观察的衍射线，是大量电子散射波干涉叠加的结果，相对于入射的 X 射线强度，电子衍射仍然是很弱的。

## 3.2 单个原子对 X 射线的散射

当一束 X 射线与一个原子相遇时，既可以使原子系统中的所有电子发生受迫振动，也可以使原子核发生受迫振动。由于原子核的质量与电子质量相比是极其庞大的，从汤姆逊公式得知，散射强度与散射粒子质量平方成反比。因此，在计算原子的散射时，可以忽略原子核对 X 射线的散射，而只考虑核外电子的散射 X 射线的结果。如果入射 X 射线的波长比原子的直径大得多，则原子序数为 $Z$ 的原子周围的 $Z$ 个电子可以看成集中在一点，

它们的总质量为 $Z_m$，总电量为 $Z_e$，它们产生的散射 X 射线是同相的，因此，该原子散射 X 射线也是同相的，故这个原子散射 X 射线的强度 $I_a$ 为一个电子散射强度的 $Z^2$ 倍，即 $I_a = Z^2 I_e$。但是如果用于衍射分析的 X 射线波长与原子尺度为同数量级，而且实际原子中的电子是按电子云状态分布在核外空间，那么不同位置电子散射波间存在相位差（见图 3-2），并且这个相位差是不可忽略的。

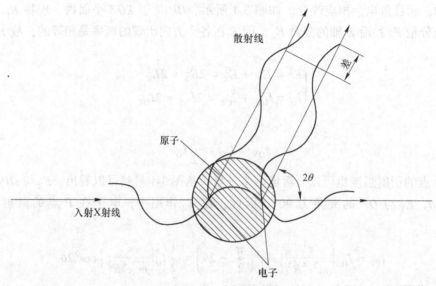

图 3-2　单个原子的散射

在不同的散射方向上，不可能产生波长的整数倍的位相差，因此会导致电子波合成要有所损耗，即原子散射波强度 $I_a \leqslant Z^2 I_e$。为评价原子对 X 射线的散射本领，引入系数 $f$，系数 $f$ 称为原子散射因子（Atomic Scattering Factor），它是考虑了各个电子散射波的位相差之后原子中所有电子散射波合成的结果，即：

$$I_a = f^2 I_e$$

$f$ 为一个原子散射的相干散射波振幅除以一个电子散射的相干散射波振幅，即有：

$$f = \frac{A_a}{A_e}$$

则：

$$f = \frac{A_a}{A_e} = \sqrt{\frac{I_a}{I_e}} \tag{3-7}$$

## 3.3　单个晶胞对 X 射线的散射

在简单晶胞中，每个晶胞只由一个原子组成，这时单胞的散射强度与一个原子的散射强度相同，即各简单点阵的衍射方向应该是完全相同的。而在复杂晶胞中，可假设是由几类等同点分别构成的几个简单点阵的穿插，它的衍射情况则是由各简单点阵相同衍射方向的衍射线相互干涉决定的。单胞中所有原子散射的合成振幅不可能等于各原子散射振幅的简单相加，为此需要引入一个称为结构因子 $F_{HKL}$ 的参量来表征单胞的相干散射与单电子散射之间的对应关系，即有：

$$F_{HKL} = \frac{一个单胞内所有原子的相干散射振幅}{一个电子散射的相干散射振幅} = \frac{A_b}{A_e} \quad (3-8)$$

### 3.3.1 结构因子公式的推导

分析单胞内原子的相干散射，以便导出结构因子的一般表达式。如图3-3所示，假定 $O$ 为晶胞的一个顶点，同时取其为坐标原点，$A$ 为晶胞中任一原子 $j$，因此两原子的散射波程差为：

$$\boldsymbol{\delta}_j = OB - AC = \overset{\scriptscriptstyle\vee}{\boldsymbol{r}_j}\overset{\scriptscriptstyle\vee}{\boldsymbol{S}} - \overset{\scriptscriptstyle\vee}{\boldsymbol{r}_j}\overset{\scriptscriptstyle\vee}{\boldsymbol{S}_O}$$

式中　$\boldsymbol{r}_j$——A 原子的位置矢量，且 $\boldsymbol{r}_j = X_j\overset{\scriptscriptstyle\vee}{\boldsymbol{a}} + Y_j\overset{\scriptscriptstyle\vee}{\boldsymbol{b}} + Z_j\overset{\scriptscriptstyle\vee}{\boldsymbol{c}}$，此时相位差为：

$$\phi_j = \frac{2\pi}{\lambda}|\boldsymbol{\delta}_j| = 2\pi|\overset{\scriptscriptstyle\vee}{\boldsymbol{r}_j}|\frac{|\overset{\scriptscriptstyle\vee}{\boldsymbol{S}}| - |\overset{\scriptscriptstyle\vee}{\boldsymbol{S}_O}|}{\lambda}$$

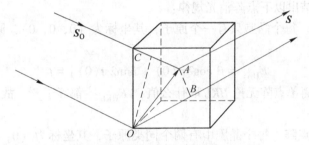

图 3-3　单胞内任何两个原子的相干射线

由衍射矢量方程可知，当满足干涉加强时有：

$$\frac{\overset{\scriptscriptstyle\vee}{\boldsymbol{S}} - \overset{\scriptscriptstyle\vee}{\boldsymbol{S}_O}}{\lambda} = \boldsymbol{r}^* = H\overset{\scriptscriptstyle\vee}{\boldsymbol{a}}^* + K\overset{\scriptscriptstyle\vee}{\boldsymbol{b}}^* + L\overset{\scriptscriptstyle\vee}{\boldsymbol{c}}^*$$

从而得出：

$$\phi_j = 2\pi(X_j\overset{\scriptscriptstyle r}{\boldsymbol{a}} + Y_j\overset{\scriptscriptstyle r}{\boldsymbol{b}} + Z_j\overset{\scriptscriptstyle r}{\boldsymbol{c}})(H\overset{\scriptscriptstyle\vee}{\boldsymbol{a}}^* + K_j\overset{\scriptscriptstyle\vee}{\boldsymbol{b}}^* + L_j\overset{\scriptscriptstyle\vee}{\boldsymbol{c}}^*) = 2\pi(X_jH + Y_jK + Z_jL)$$

若晶胞内各原子的原子散射因子分别为 $f_1$, $f_2$, $\cdots$, $f_j$, $\cdots$, $f_n$，各原子的散射波与入射波的相位差分别为 $\phi_1$, $\phi_2$, $\cdots$, $\phi_j$, $\cdots$, $\phi_n$，则晶胞内所有原子相干散射的复合波振幅为：

$$A_b = A_e(f_1e^{i\phi_1} + f_2e^{i\phi_2} + \cdots + f_je^{i\phi_j} + \cdots + f_ne^{i\phi_n}) = A_e\sum_{j=1}^{n}f_je^{i\phi}$$

从而得到：

$$F_{HKL} = \frac{A_b}{A_e} = \sum_{j=1}^{n}f_je^{i\phi} = \sum_{j=1}^{n}f_je^{2\pi i(HX_j+HY_j+HZ_j)} \quad (3-9)$$

根据欧拉公式，得：

$$e^{i\phi} = \cos\phi + i\sin\phi$$

式(3-9)可写成如下三角函数形式：

$$F_{HKL} = \sum_{j=1}^{n} f_j \left[ \cos 2\pi (HX_j + KY_j + LZ_j) + i\sin 2\pi (HX_j + KY_j + LZ_j) \right] \tag{3-10}$$

因为衍射 $I_{HKL}$ 正比于振幅 $|F_{HKL}|$ 的平方，故一个晶胞的散射强度为：

$$I_{HKL} = I_e |F_{HKL}|^2 \tag{3-11}$$

式中，$|F_{HKL}|^2$ 被称为结构因子，它表征了晶胞内原子种类、原子个数、原子位置对 $(HKL)$ 晶面衍射方向上的衍射强度的影响。

### 3.3.2 结构因子与系统消光

在复杂阵胞中，由于面心或体心上有附加阵点或者每个阵点代表两类以上等同点的复杂结构，会使某些 $(HKL)$ 反射的 $F_{HKL}=0$。虽然这些方向仍然满足衍射条件，但由于衍射强度等于 0 而观察不到衍射线，把因 $F_{HKL}=0$ 而使衍射线消失的现象称为系统消光。系统消光包括点阵消光和结构消光。

在复杂点阵中，由于面心或体心上有附加点面引起的 $F_{HKL}=0$ 称为点阵消光。通过结构因子计算可以总结出以下点阵消光规律：

（1）简单点阵。每个晶胞只有一个原子，其坐标为 $(0,0,0)$，原子散射因子为 $f$，根据式(3-10)可得：

$$F_{HKL} = f \left[ \cos 2\pi(0) + i\sin 2\pi(0) \right] = f \tag{3-12}$$

结果表明，对简单点阵无论 $HKL$ 取什么值，$|F_{HKL}|^2$ 都等于 $f^2$，故所有晶面都能产生衍射。

（2）体心立方点阵。每个晶胞中有两个同类原子，其坐标为 $(0,0,0)$，$(1/2, 1/2, 1/2)$，原子散射因子为 $f$，其结构因子为：

$$F_{HKL} = f \left[ \cos 2\pi(0) + \cos 2\pi \left( \frac{H}{2} + \frac{K}{2} + \frac{L}{2} \right) \right] + f \left[ i\sin 2\pi(0) + i\sin 2\pi \left( \frac{H}{2} + \frac{K}{2} + \frac{L}{2} \right) \right]$$

$$= f \left[ 1 + \cos(H + K + L)\pi \right] \tag{3-13}$$

当 $H+K+L$ 为偶数时，$|F_{HKL}|^2 = 4f^2$；当 $H+K+L$ 为奇数时，$|F_{HKL}|^2 = 0$。即体心立方点阵只能在 $H+K+L$ 为偶数的晶面产生衍射强度。

（3）面心立方点阵。每个晶胞有 4 个原子，其坐标为 $(0,0,0)$，$(1/2, 1/2, 0)$，$(1/2, 0, 1/2)$，$(0, 1/2, 1/2)$，原子散射因子为 $f$，其结构因子为：

$$F_{HKL} = f \left[ \cos 2\pi(0) + \cos 2\pi \left( \frac{H+K}{2} \right) + \cos 2\pi \left( \frac{H+L}{2} \right) + \cos 2\pi \left( \frac{K+L}{2} \right) \right] +$$

$$f \left[ i\sin 2\pi(0) + i\sin 2\pi \left( \frac{H+K}{2} \right) + i\sin 2\pi \left( \frac{H+L}{2} \right) + i\sin 2\pi \left( \frac{K+L}{2} \right) \right]$$

$$= f \left[ 1 + \cos 2\pi \left( \frac{H+K}{2} \right) + \cos 2\pi \left( \frac{H+L}{2} \right) + \cos 2\pi \left( \frac{K+L}{2} \right) \right] \tag{3-14}$$

当 $H$、$K$、$L$ 同为奇数或同为偶数时，$|F_{HKL}|^2 = 16f^2$；当 $H$、$K$、$L$ 奇偶混杂时，$|F_{HKL}|^2 = 0$，即面心立方点阵只有 $(111)$，$(200)$，$(220)$，$(311)$，$(222)$，…，这些同奇同偶的晶面产生结构消光。由两类以上等同点构成的复杂晶体结构，除遵循其所属的点阵消光外，还有附加的消光条件（称为系统结构消光）。例如，氯化钠晶体结构由两类原子构成，每个晶胞中有 4 个 Na 原子和 4 个 Cl 原子，其坐标分别为：

$$Na：0\ 0\ 0，\frac{1}{2}\ \frac{1}{2}\ 0，\frac{1}{2}\ 0\ \frac{1}{2}，0\ \frac{1}{2}\ \frac{1}{2}$$

$$Cl：\frac{1}{2}\ \frac{1}{2}\ \frac{1}{2}，0\ 0\ \frac{1}{2}，0\ \frac{1}{2}\ 0，\frac{1}{2}\ 0\ 0$$

所以

$$F_{HKL} = f_{Na}\left[1 + e^{\pi i(H+K)} + e^{\pi i(K+L)} + e^{\pi i(L+H)}\right] + f_{Cl}\left[e^{\pi i(H+K+L)} + e^{\pi iL} + e^{\pi iK} + e^{\pi iH}\right]$$

$$= \left[1 + e^{\pi i(H+K)} + e^{\pi i(K+L)} + e^{\pi i(L+H)}\right]\left[f_{Na} + f_{Cl}e^{\pi i(H+K+L)}\right]$$

式中，第一项反映了面心点阵系统消光，因此：

（1）当指数奇偶混杂时，

$$|F_{HKL}|^2 = 0$$

（2）当指数奇偶不混杂时，

$$F_{HKL} = 4\left[f_{Na} + f_{Cl}e^{\pi i(H+K+L)}\right]$$

（3）当 $H+K+L$ 为偶数时，

$$|F_{HKL}|^2 = 16\left(f_{Na} + f_{Cl}\right)^2$$

（4）当 $H+K+L$ 为奇数时，

$$|F_{HKL}|^2 = 16\left(f_{Na} - f_{Cl}\right)^2$$

不难看出，虽单位晶胞的原子数目已超过 4 个，但它仍属面心点阵。由于存在两类原子，只能使某些晶面的强度减弱而不能使它们完全消失，这就属于系统结构消光。各种点阵的结构因数见附录7。

## 3.4　理想小晶体的衍射强度

理想小晶体是由有限个晶胞在三维方向上有规律地重复排列而成，将每个晶胞看成是个散射源。假设小晶体是一个平行六面体的晶体点阵，沿点阵基矢 $a$、$b$、$c$ 方向上分别含有 $N_1$、$N_2$ 和 $N_3$ 个晶胞，小晶体的边长分别为 $N_{1a}$、$N_{2b}$ 和 $N_{3c}$，这个小晶体所包含的总晶胞数为 $N = N_1N_2N_3$，小晶体完全处于入射光束之中。

与结构因子推导类似，以小晶体中每一晶胞的任一角顶作为坐标点，则对应晶胞的单位矢量 $\breve{r} = m\breve{a} + n\breve{b} + p\breve{c}$。设有一束平行的单色 X 射线投射到这个晶体点阵上发生散射，一个晶胞相干散射的振幅为 $F_{HKL}A_e$，这里 $A_e$ 是一个电子按经典理论计算的散射振幅。各个晶胞所散射的波相对于原点上晶胞的散射波的相位差却不相同。如图 3-4 所示，$S_o$ 和 $S$ 分别表示沿入射方向和散射方向的 X 射线波矢的单位矢量。处在 $Q$ 点的晶胞与处于原点 $O$ 的晶胞两者所产生的散射波的相位差为：

$$\varphi_{mnp} = \frac{2\pi}{\lambda}(ON - MQ) = 2\pi\breve{r} \cdot \frac{\breve{S} - \breve{S}_o}{\lambda} \tag{3-15}$$

由整个晶体产生的散射波振幅（晶体中各晶胞散射波的叠加）为：

$$A_c = A_e F_{HKL} \sum_{Q=0}^{N-1} e^{i2\pi\breve{s} \cdot \breve{r}} \tag{3-16}$$

式(3-16)求和包含组成晶体的所有 $N$ 个晶胞，将 $\breve{r} = m\breve{a} + n\breve{b} + p\breve{c}$ 代入，简化得：

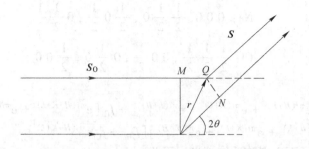

图 3-4　晶胞的散射

$$A_c = A_e F_{HKL} \frac{e^{i2\pi N_1 \overset{\vee}{S} \cdot \overset{\vee}{a}} - 1}{e^{i2\pi \overset{\vee}{S} \cdot \overset{\vee}{a}} - 1} \frac{e^{i2\pi N_1 \overset{\vee}{S} \cdot \overset{\vee}{b}} - 1}{e^{i2\pi \overset{\vee}{S} \cdot \overset{\vee}{b}} - 1} \frac{e^{i2\pi N_1 \overset{\vee}{S} \cdot \overset{\vee}{c}} - 1}{e^{i2\pi \overset{\vee}{S} \cdot \overset{\vee}{c}} - 1} \tag{3-17}$$

理想小晶体的散射强度 $I_c$ 与一个电子散射强度 $I_e$ 之间的关系为：

$$\frac{A_c}{A_e} = \sqrt{\frac{I_c}{I_e}}$$

故整个晶体的强度为：

$$I_c = I_e \frac{\sin^2(\pi N_1 \overset{r}{S} \cdot \overset{r}{a})}{\sin^2(\pi \overset{r}{S} \cdot \overset{r}{a})} \frac{\sin^2(\pi N_1 \overset{r}{S} \cdot \overset{r}{b})}{\sin^2(\pi \overset{r}{S} \cdot \overset{r}{b})} \frac{\sin^2(\pi N_1 \overset{r}{S} \cdot \overset{r}{c})}{\sin^2(\pi \overset{r}{S} \cdot \overset{r}{c})} \tag{3-18}$$

## 3.5　实际小晶粒的衍射强度

实际小晶粒不同于理想小晶体，小晶粒内部包含许多方位差很小（小于1°）的亚晶结构。具有亚晶结构的实际晶体的衍射强度，除在布拉格角位置出现峰值外，在偏离布拉格角的一个小范围内也有一定的衍射强度，其原因与亚晶块尺度并非足够的大、入射线并非严格单色，也不严格平行相关。此外，在进行衍射实验时，为了增加衍射发生的概率，往往会令晶体转动，因此，当晶体通过某个（$h\,k\,l$）晶面的布拉格反射位置时，取向合适的晶粒内，微有取向差的各个亚晶块就会在某个范围内有机会参加反射，并且随晶体的转动，各个亚晶的反射晶面将在这个小角度范围由弱到强，再到弱地产生衍射线。因此在布拉格角附近记录到的将是取向合适的晶粒内，各个亚晶块的晶面产生衍射的总能量，即它们的积分强度。如图3-5所示的衍射峰的面积描绘的正是这一积分强度。

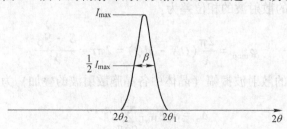

图 3-5　实际晶体的衍射强度

# 3.6　粉末多晶衍射的积分强度

上述影响 X 射线的衍射强度的因素是与晶体本身的性质有关的因素，还有一些影响 X 射线的衍射强度的因素与实验有关。不同的实验方法对衍射强度的影响是不同的。在粉末多晶体中，影响衍射强度的因素除结构因子外，还包括多重性因子、洛仑兹因子、吸收因子及温度因子。

### 3.6.1　参加衍射的晶粒数目对积分强度的影响

由于多晶试样内各晶粒取向不定，各晶粒中具有相同晶面指数的 $(HKL)$ 的晶面的倒易矢量端点的集合，将布满一个倒易球面。不同的晶面指数其倒易矢量的大小是不同的，因而构成了直径不同的倒易球，这一系列直径不同的球与反射球相交，就形成了以入射线为公共轴线，以反射球心为公共顶点的衍射圆锥，它们都是从倒易球心指向这些交线圆的方向，形成满足布拉格条件的反射晶面的法线圆锥。

如前所述，实际发生衍射时，除了与入射线呈严格的布拉格角的晶面外，如果略偏离一个小角度 $\Delta\theta$ 的晶面也可以参加衍射，因此实际参加衍射的晶面的法线圆锥是在倒易球面上具有一定宽度的环带。只要晶面法线指向这个环带的晶粒都能参加衍射，而晶面法线指向环带外面的晶粒则不能参加衍射。粉末晶体中参加衍射的晶粒数的百分比可用圆环面积与倒易球的表面积之比，参加衍射晶粒百分数为：

$$\frac{2\pi r^* \sin(90° - \theta)r^* \Delta\theta}{4\pi r^{*2}} = \frac{\cos\theta}{2}\Delta\theta \tag{3-19}$$

式中　$r^*$——倒易球半径。

### 3.6.2　多重性因子

在粉末衍射法中，样品是由极多的晶粒组成的。对入射的 X 射线，凡是满足布拉格方程的晶面都产生衍射线。因此，衍射线的强度正比于参与衍射的晶面数目。参与衍射的晶面数目又取决于两个因素，即晶粒的数目和一个晶粒中具有相同面间距的晶面的数目。由于晶体的对称性不同，一个晶体中具有相同晶面间距的晶面数目是不同的。例如，与 $(100)$ 面的晶面间距、晶面大小等特征完全相同的晶面在立方点阵中有 6 个，即 $(100)$，$(010)$，$(001)$，$(\bar{1}00)$，$(0\bar{1}0)$ 和 $(00\bar{1})$；而在四方点阵中有 4 个，在斜方点阵中只有两个。晶体中晶面间距、晶面上的原子排列规律相同的晶面称为等同晶面，这样一组晶面称为一个晶面簇。显然，晶粒数目相同的情况下，立方点阵的 {100} 晶面簇参与衍射的概率是正方点阵的 3/2 倍，是斜方点阵的 3 倍。也可以看作是，立方晶系的 100 衍射线实际上是 6 条衍射线的叠加，四方晶系是 4 条衍射线的叠加，斜方是 2 条衍射线的叠加。因此，立方晶系的 100 衍射线最强，四方次之，而斜方最弱。

把等同晶面个数对衍射强度的影响因子称为多重性因子，用 $P$ 来表示。各晶系、各晶面簇的多重性因数见附录 8。晶面的多重性因子大，参与衍射的概率就大，它们对衍射强度的贡献就大。式(3-20)已给出一个晶粒的积分强度，考虑多重性因素，再乘以多晶试样实际参加衍射晶粒数目，即可得到整个衍射环的积分强度公式：

$$I_{环} = I_e \frac{1}{\sin 2\theta} \frac{\lambda^3}{V_{胞}^2} |F_{HKL}|^2 VP \frac{\cos\theta}{2}$$

$$= I_e \frac{\lambda^3}{V_{胞}^2} \frac{1}{4\sin\theta} |F_{HKL}|^2 VP \tag{3-20}$$

### 3.6.3　单位弧长的积分强度

在多晶衍射分析中，数量极大、取向任意的晶粒中晶面指数相同晶面的衍射线构成一个衍射圆锥。在实际测量中，并不测量整个圆环的总积分强度，而是测定单位弧长的积分强度。图3-6可以看出，若衍射圆环至试样距离为 $R$，则衍射圆环的半径为 $2\pi R\sin 2\theta$，因此单位弧长的积分强度为：

$$I_{单位} = \frac{I_{环}}{2\pi R\sin\theta}$$

一个电子的强度为：

$$I = I_0 \frac{\lambda^3}{32\pi R} \left(\frac{e^2}{mc^2}\right)^2 \frac{V}{V_{胞}^2} P \frac{1+\cos^2 2\theta}{\sin^2\theta\cos\theta} \tag{3-21}$$

式中，$(1+\cos^2 2\theta)/(\sin^2\theta\cos\theta)$ 被称为角因数。它由两部分组成：$(1+\cos^2 2\theta)/2$ 是研究电子散射时引入的偏振因子；$1/(\sin^2\theta\cos\theta)$ 是晶块尺寸、参加衍射晶粒个数对强度的影响以及计算单位弧长上的积分时引入的三个角有关的参数。把这些参数归并起来一起成为洛伦兹因数。角因数也称为洛伦兹—偏振因数，它随 $\theta$ 角变化的曲线如图3-7所示。不同角度对应的角因数值见附录9。

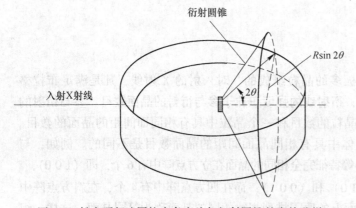

图3-6　粉末照相法圆柱窄条底片与衍射圆锥的交接花样

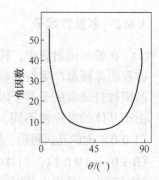

图3-7　角因数与 $\theta$ 角关系

### 3.6.4　温度因数

晶体中的原子（或离子）只要不是在绝对零度都始终会围绕其平衡位置振动，其振动的幅度随温度升高而加大。由于这个振幅与原子间距相比是不可忽略的，所以原子的热振动使晶体点阵原子排列的周期性受到破坏，这使原来严格满足布拉格条件的相干散射产生附加的相位差，从而使衍射强度减弱。

例如，在室温下，铝原子偏离平衡位置可达 0.017nm，这一数值相当于原子间距的 6%。为了能更准确地表达衍射强度的大小，就要考虑实验温度给衍射强度的影响，并在积分强度公式中乘以温度因数 $e^{-2M}$。温度因数是由德拜提出后经瓦洛校正，其物理意义是一个在温度 $T$ 下热振动的原子的散射因数（散射振幅）等于该原子在绝对零度下原子散射因数的 $e^{-M}$ 倍。由固体物理理论导出：

$$M = \frac{6h^2}{m_a k \Theta}\left[\frac{\phi(\chi)}{\chi} + \frac{1}{4}\right]\frac{\sin^2\theta}{\lambda^2} \tag{3-22}$$

式中   $h$——普朗克常数；

   $m_a$——原子的质量；

   $k$——玻尔兹曼常数；

   $\Theta$——以热力学温度表示的晶体的特征温度；

$\phi(\chi)$——德拜函数。

常用材料的值可由附录 10 得到，平均值 $\chi$ 是特征温度与实验时试样热力学温度之比。

为计算方便，附录 11 给出了 $\phi(\chi)/\chi + 1/4$ 的数值，$\theta$ 是半衍射角，$\lambda$ 是 X 射线波长。

由式(3-22)可以看出，当反射晶面的面间距越小或衍射级数 $n$ 越大时，温度因数的影响也越大，即是说，在一定温度下当半衍射角 $\theta$ 越大时，由于热振动使衍射强度的降低也越大。

### 3.6.5  吸收因子

在以上对 X 射线衍射强度的分析中还没有考虑到试样本身对 X 射线的吸收。实际上，由于试样的形状和衍射方向不同，衍射线在晶体中穿行的路径不同，试样对 X 射线的吸收不同，对衍射线的影响当然也不同。吸收因子 $A(\theta)$ 表示这个因素。吸收因子的大小依实验的方法和样品的形状不同而异。

#### 3.6.5.1  圆柱状试样的吸收因子

圆柱形试样的形状和 X 射线照射试样时的情形如图 3-8 所示。设试样的半径为 $r$，吸收系数为 $\mu$。一般情况下，入射 X 射线仅穿透一定的深度就吸收殆尽，只有圆柱体表面一层薄的物质参与衍射。衍射线穿过试样也同样受到吸收，因此，透射衍射线被强烈吸收，而背射衍射线被吸收较弱。

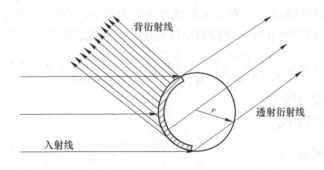

图 3-8  圆柱试样衍射

显然，吸收因子 $A(\theta)$ 与布拉格角、试样的线吸收系数 $\mu_1$ 和试样圆柱体的半径有关。对某一试样而言，$\mu$ 和 $r$ 是固定的。$A(\theta)$ 随着 $\theta$ 值的增大而增加，在 $\theta = 90°$（$2\theta = 180°$）有最大值，一般定为 $I$ 或 100。对不同 $u_r$ 试样而言，在同上角处，$u_r$ 越大，$A(\theta)$ 越小。

### 3.6.5.2 平板状试样的吸收因子

平板状的试样主要在衍射仪中采用，是目前最常用的实验方法。由于其独特的光学设计，使得试样在任何位置上入射线与反射线均在同一侧，入射角与反射角均相等。当入射角较小时，X射线照射试样的面积较大，深度较浅；反之，当入射角较大时，照射试样的面积较小而深度较深。所以试样中受照射试样的面积大体相当，或者说参与衍射的试样体积相同，如图3-9所示。因此，吸收因子与 $\theta$ 角无关。吸收因子与试样吸收系数之间的关系为：

$$A(\theta) \propto \frac{1}{2u} \tag{3-23}$$

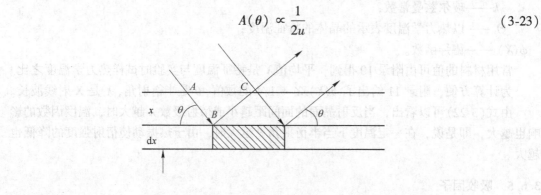

图3-9 平板试样的衍射

试样对X射线的吸收越大，X射线衍射线的强度越小。不同物质对X射线的吸收是不同的。所以其衍射强度也有所不同。另外，对同一试样的不同衍射线而言，其吸收因子是相同的，所以在考虑相对强度时，可以忽略吸收的影响。

## 3.7 多晶体衍射的积分强度公式

综合前面各节所述，将多晶体衍射的积分强度公式总结如下：

若以波长为 $\lambda$、强度为 $I_0$ 的X射线，照射到单位晶胞体积为 $V_{胞}$ 的多晶（粉末）试样上，被照射晶体的体积为 $V$，在与入射线方向夹角为 $2\theta$ 方向上产生了指数为（$HKL$）晶面衍射，则在距试样为 $R$ 处记录到的单位长度上衍射线的积分强度公式为：

$$I = I_0 \frac{\lambda^3}{32\pi R}\left(\frac{e^2}{mc^2}\right)\frac{V}{V_{胞}}P \, |F_{HKL}|^2 \frac{1 + \cos^2 2\theta}{\sin^2\theta\cos\theta}A(\theta)e^{-2M} \tag{3-24}$$

式中　　$P$——多重性因子；

$|F_{HKL}|^2$——结构因子；

$\dfrac{1 + \cos^2 2\theta}{\sin^2\theta\cos\theta}$——角因数；

$A(\theta)$——吸收因子；

$e^{-2M}$——温度因子。

式(3-24)中表示了各种因素对入射束强度在透过实验时的影响，是绝对积分强度。在实际晶体分析时无须测量 $I_0$ 值，通常只考虑强度的相对值。对同一衍射花样中的同一物相的各衍射线相互比较时，可以看出 $I_0 \dfrac{\lambda^3}{32\pi R} \dfrac{e^2}{mc^2} \dfrac{V}{V_{\text{胞}}}$ 相同时，它们的相对积分强度为：

$$I_{\text{相对}} = P \, |F_{\text{HKL}}|^2 \frac{1 + \cos^2 2\theta}{\sin^2\theta\cos\theta} A(\theta) \, e^{-2M} \tag{3-25}$$

若比较的是同一衍射花样中不同物相的衍射线，则还要考虑各物相的被照射体积和它们的单胞积，即 $V/V_{\text{胞}}^2$。

## 练 习 题

3-1 "一束 X 射线照射一个原子列（一维晶体），只有镜面反射方向上才有可能产生衍射"。分析说明此说法是否正确。

3-2 某斜方晶体晶胞含有两个同类原子，坐标位置分别为(3/4, 3/4, 1)和(1/4, 1/4, 1/2)，该晶体属何种布拉维点阵？写出该晶体(100)，(110)，(211)，(221)晶面反射的 $F^2$ 值。

3-3 "衍射线在空间的方位仅取决于晶胞的形状与大小，而与晶胞中的原子位置无关；衍射线的强度则仅取决于晶胞中原子位置，而与晶胞形状及大小无关"。分析说明此说法是否正确。

3-4 Cu $K_\alpha$ 射线（$nk = 0.154\text{nm}$）照射 Cu 样品。已知 Cu 的点阵常数 $a = 0.361\text{nm}$，试用布拉格方程求其(200)反射的 $\theta$ 角。

3-5 简述布拉格公式 $2d_{\text{HKL}}\sin\theta = \lambda$ 中各参数的含义，以及该公式有哪些应用。

3-6 简述影响 X 射线衍射方向的因素。

3-7 多重性因子的物理意义是什么？某立方系晶体，其 {100} 的多重性因子是多少？如该晶体转变成四方晶系，这个晶面簇的多重性因子会发生什么变化，为什么？

3-8 写出 X 射线强度的计算公式，并说明各符号的实际意义。

# 4 电子的衍射

电子衍射的原理和 X 射线的衍射相似，均是以满足（或基本满足）布拉格方程作为产生衍射的必要条件。两种衍射技术所得到的衍射花样在几何特征上也大致相似，多晶体的电子衍射花样可以由一系列不同直径的同心圆环构成，单晶体的衍射花样可以由规律排列的许多斑点组成，非晶态相的衍射花样只有一个漫散的光晕，如图 4-1 所示。本章在讨论 X 射线和电子衍射差别的基础上，从原理上来阐述电子衍射的基本原理和应用，并举例说明。

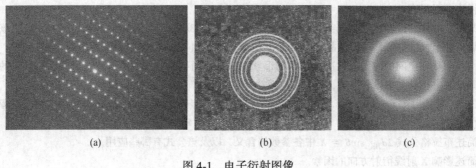

|     |     |     |
|:---:|:---:|:---:|
| (a) | (b) | (c) |

图 4-1 电子衍射图像

（a）单晶；（b）多晶；（c）非晶

## 4.1 电子衍射的特点

电子衍射与 X 射线衍射的主要不同之处在于电子波的波长比 X 射线的短得多。当相同的晶面满足布拉格条件时，电子衍射的衍射角 $2\theta$ 很小，约为 $10^{-2}$rad，而 X 射线发生衍射的衍射角最大可接近 $180°$。电子衍射使用的是薄晶样品，薄样品的倒易阵点会沿着样品厚度方向变异成杆状，结果使略微偏离布拉格条件的电子束也能发生衍射，电子波的波长短。晶体的电子衍射花样宛如晶体倒易点阵的一个二维倒易截面在底片上的放大投影，从底片上的电子衍射花样可以直观地辨认出一些晶体的结构和取向关系，使晶体结构的研究比 X 射线衍射简单。原子对电子的散射能力远高于对 X 射线光子的散射能力（约高出 4 个数量级），故电子衍射的强度较大。电子衍射的强度有时几乎与透射束相当，以至于两者间会产生交互作用，使电子衍射花样的强度分析变得复杂，不能像 X 射线衍射那样可以通过测量衍射强度来对物相进行定量计算、原子占位分析等。电子的散射强度很高，导致电子的透射能力有限，因此要求试样做成薄膜状，这就使试样的制备工作远较 X 射线衍射的样品制备复杂。

电子衍射在材料分析技术中的一个重要应用就是透射电子显微镜，可同时实现对样品进行显微组织形貌观察与晶体结构分析。当透射电子显微镜中间镜的物平面与物镜的像平面重合时，观察屏上可得到反映样品组织形态的形貌图像，而当中间镜的物平面与物镜的背焦面重合时，观察屏上就可得到反映样品晶体结构的衍射斑点图像。

## 4.2 电子衍射的原理

### 4.2.1 选区电子衍射

如图4-2所示为选区电子衍射的原理。入射电子束通过样品后，透射束和衍射束将汇集到物镜的背（或后）焦面上形成衍射花样，然后各斑点经干涉后重新在物镜像平面上成像。如果在物镜的像平面处加入一个选区光阑，那么只有能够通过选区光阑的成像电子才能继续通过中间镜，并最终在荧光屏上形成背焦面上斑点放大后的衍射花样。若物镜放大倍数为50倍，则选用直径为50μm的选区光阑就可以套取样品上直径为1μm区域的结构细节。选区光阑的水平位置在透射电子显微镜中是固定不变的，因此在进行正确的选区操作时，物镜的像平面和中间镜的物平面都必须和选区光阑的水平位置平齐。图像和光阑孔边缘都聚焦清晰，说明它们在同一个平面上。如果物镜的像平面和中间镜的物平面重合于光阑的上方或下方，在荧光屏上仍能得到清晰的图像，但因所选的区域发生偏差而使衍射斑点不能与图像一一对应。

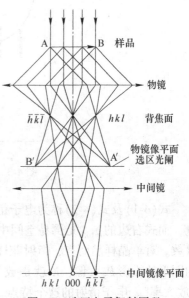

图4-2 选区电子衍射原理

### 4.2.2 理论相机常数

选区电子衍射操作实质就是把倒易点阵的图像进行空间转换并在正空间中记录下来。用底片记录下来的图像称为电子衍射花样。用Ewald球结合倒易点阵解释电子衍射花样形成原理，如图4-3所示。将待测样品安放在Ewald球的球心 $O$ 处，入射电子束和样品内某一组晶面（$h\,k\,l$）相遇并满足布拉格衍射条件，则在 $k'$ 方向上产生衍射束，$g_{hkl}$ 是衍射晶面的倒易矢量，它的末端点位于Ewald球面上。在试样下方距离 $L$ 处放一张底片，就可以把入射束和衍射束同时记录下来。入射束形成的斑点 $O'$ 称为透射斑点或中心斑点。衍射斑点 $G'$ 实际上是 $g_{hkl}$ 端点 $G$ 在底片上的投影。倒易点 $G$ 位于倒易空间，而投影 $G'$ 已经通过转换进入了正空间。$G'$ 和中心斑点 $O'$ 之间的距离为 $R$（可把矢量 $O'G'$ 写成 $R$）。因 $2\theta$ 角非常小，$g_{hkl}$ 接近和入射电子束垂直，可认为 $\triangle OO^*G \sim \triangle OO'G'$。

从样品到底片的距离 $L$ 是已知的，故有 $R/L = g_{hkl}/k$，因 $g_{hkl} = 1/d_{hkl}$，$k = 1/\lambda$，则有：

$$R = L\lambda \frac{1}{d_{hkl}} \tag{4-1}$$

因 $R \mathbin{/\mkern-5mu/} g_{hkl}$，式(4-1)还可写成：

$$R = L\lambda g_{hkl} = Kg_{hkl} \tag{4-2}$$

式中　$K$——电子衍射的相机常数，$K = L\lambda$；

　　　$L$——相机长度。

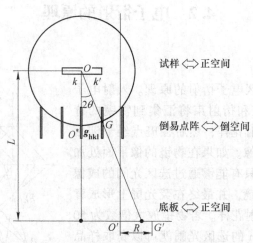

试样 $\Longleftrightarrow$ 正空间

倒易点阵 $\Longleftrightarrow$ 倒空间

底板 $\Longleftrightarrow$ 正空间

图 4-3　衍射花样的形成及衍射几何关系

式(4-1)及式(4-2)称为电子衍射基本公式。在式(4-2)中，左边的 $R$ 是正空间中的矢量，而式右边的 $g_{hkl}$ 是倒易空间中的矢量，因此相机常数 $K$ 是一个协调正、倒空间的比例常数。对单晶样品而言，衍射花样简单地说就是落在 Ewald 球面上的所有倒易点阵所构成的图形的投影放大像，$K$ 就是放大倍数。因此，相机常数 $K$ 有时也被称为电子衍射的"放大率"。电子衍射的这个特点，对于衍射花样的分析具有重要的意义。事实上，仅就花样的几何性质而言，它与满足衍射条件的倒易阵点的图形是完全一致的。单晶花样中的斑点可以直接被看成是相应衍射晶面在背焦面上的倒易阵点。各个斑点的 $R$ 也就是相应的倒易矢量 $g_{hkl}$。

在通过电子衍射确定晶体结构的工作中，往往只凭一个晶带的一张衍射图是不能确定其晶体结构的，而需要同时摄取同一晶体不同晶带的多张衍射斑图（即系列倾转衍射）方能准确地确定其晶体结构。

### 4.2.3　有效相机常数

上节的电子衍射公式 $Rd = L\lambda$ 的推导，是根据三角形相似原理，并直接将 $L$ 定义为样品到底片的距离，这是一种简单的理解，其实质可以用图 4-4 解释。图 4-4 中衍射束通过物镜折射在后焦面上会聚成衍射花样，比如 $B$ 点，最后用底板直接记录衍射花样得到 $B'$ 点。

由图 4-4 可知，$\angle O^*AB = 2\theta$，因此

$$O^*B = r = O^*A\tan2\theta = f_0\tan2\theta \tag{4-3}$$

众所周知，电子衍射操作就是将中间镜的物平面与物镜的后焦面重合，从而将 $O^*B$ 经中间镜放大 $M_I$ 倍，再经投影镜放大 $M_P$ 倍，从而使后焦面上的 $O^*B$ 变成了 $O'B'$，即：

$$R = rM_IM_P = (f_0\tan2\theta)\,M_IM_P \tag{4-4}$$

电子衍射的 $2\theta$ 角很小，因此有 $\tan2\theta \approx 2\theta \approx 2\sin\theta$。结合布拉格方程 $2\sin\theta =$

$\lambda/d$，有：

$$\tan2\theta \approx \lambda/d \qquad (4-5)$$

将式(4-5)代入式(4-4)，最终得到 $R$ 值，即：

$$R = \frac{f_0\lambda}{d}M_{\mathrm{I}}M_{\mathrm{P}} = f_0 M_{\mathrm{I}} M_{\mathrm{P}}\frac{\lambda}{d} \qquad (4-6)$$

令 $L' = f_0 M_{\mathrm{I}} M_{\mathrm{P}}$，有：

$$R = L'\frac{\lambda}{d} \quad \text{或} \quad Rd = L'\lambda \qquad (4-7)$$

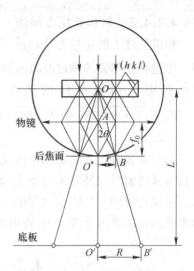

图 4-4　衍射花样的形成
与有效相机常数

显然，式(4-7)与式(4-1)形式上完全相似。而式(4-7)完全是按照电子衍射斑点的产生过程逐步推导得到的，因此 $L' = f_0 M_{\mathrm{I}} M_{\mathrm{P}}$ 真实地反映了电子衍射基本公式中的相机长度 $L$ 的本质，即相机长度实际是对物镜焦距 $f_0$ 放大了 $M_{\mathrm{I}} M_{\mathrm{P}}$ 的结果。定义 $L'$ 为有效相机长度。

式(4-7)也可以写成矢量形式，即：

$$\boldsymbol{R} = L'\lambda \boldsymbol{g_{hkl}} = K'\boldsymbol{g_{hkl}} \qquad (4-8)$$

式中，$K' = L'\lambda$ 为有效相机常数。

式(4-8)与式(4-2)也是相似的。因此，式(4-7)与式(4-8)也都称为电子衍射的基本公式。习惯上，可以不加区别地使用 $L$ 和 $L'$ 这两个符号，并简单地用 $K$ 代替 $K'$，而把电子衍射基本公式都写成式(4-1)和式(4-2)的形式。

在电子衍射操作过程中，因为 $f_0$、$M_{\mathrm{I}}$、$M_{\mathrm{P}}$ 分别取决于物镜、中间镜和投影镜的励磁电流，因而有效相机常数 $K' = \lambda L'$ 也将随之变化。为此，必须在 3 个透镜的电流都固定的条件下，标定它的相机常数。目前的电子显微镜由于电子计算机引入了控制系统，相机常数及放大倍数都可随透镜励磁电流的变化而自动显示出来，并可直接曝光在底片边缘，因此，$L'$ 可以认为是一个常数值，而该值可以简单地理解为是样品到底板的距离。

### 4.2.4　相机常数的测定方法

利用电子衍射对样品进行晶体结构鉴定的原理是利用电子衍射基本公式 $Rd = L\lambda$，通过测试电子衍射花样中斑点的 $R$ 来分析 $d$ 的特征，但前提是知道相机常数 $L\lambda$。测定相机常数 $L\lambda$ 的方法主要有标准物质对照法、相机长度已知法及内标法等。

#### 4.2.4.1　标准物质对照法

在相同的透射电镜电子衍射测试条件下，首先对一些晶体学参数已知的纯物质进行电子衍射，得到其对应的电子衍射花样。由于纯物质是已知的，通过查询 PDF 卡片就可以知道这些物质的晶面间距 $d_i$，然后在电子衍射花样中测出对应晶面间距的 $R_i$ 值，再根据电子衍射基本公式就可以得到每组晶面的 $(L\lambda)_i$ 值。其中，$(L\lambda)_i = R_i d_i$，最后一般取 $3\sim$ 4 个以上的 $(L\lambda)_i$ 的平均值 $\left[L\lambda = \sum\limits_{i=1}^{n}(L\lambda)_i/n\right]$ 作为分析其他电子衍射花样的相机常数。用来测定 $L\lambda$ 的标准物质有 Au、Ti、Al 等，其中以 Au 使用最为普遍。

#### 4.2.4.2　相机长度已知法

相机长度 $L$ 的定量表达式是 $L = f_0 M_I M_P$。因此，当拍摄电子衍射花样时，总是将物镜、中镜和投影镜的励磁电流始终设计为固定值，于是相机长度 $L$ 就成为一个常数值，直接标在电子衍射花样的边缘上。同时，再标注上电子加速电压，根据 $\lambda = 1.226\sqrt{U(1 + 0.9783 \times 10^{-6}U)}$ (nm) 就可以计算出 $\lambda$，于是二者的乘积就是 $L\lambda$。

#### 4.2.4.3　内标法

当对金属基体上的薄膜直接观察时，由于金属基体的含量往往较高，在选择其他物相进行选区衍射时，经常不可避免地包含金属基体的衍射花样。而其衍射花样又是非常熟悉、可以肯定的，晶体学数据也是容易获得的。因此，可以先标定金属基体的衍射斑点，再根据测量的 $R$ 及依据 PDF 查出的 $d$ 值，就可以计算出 $L\lambda$。

# 4.3　电子衍射花样的标定

晶体分为单晶体与多晶体，其中单晶体的标定比较复杂。标定单晶电子衍射花样的目的是确定零层倒易面上各 $g_{hkl}$ 端点（倒易点阵）的指数，定出零层倒易面的法向（即晶带轴 $[uvw]$），并确定样品的物相、点阵类型及位向。标定多晶体的电子衍射花样的目的就是鉴定样品的物相。

## 4.3.1　单晶体衍射花样的标定

#### 4.3.1.1　已知相机常数和样品晶体结构情况下的电子衍射花样标定

在做透射电子显微分析前，一般需要先用 X 射线衍射仪对样品的物相进行分析，知道样品是由哪些可能的物相组成的。另外，还可以借助于扫描电子显微镜等仪器了解样品的微观组织及成分分布等信息，这样便于在 TEM 分析时缩小分析的范围，提高分析效率。

图 4-5 给出了以 50℃/s 速度进行熔体快淬的 $SmCo_{6.9}Hf_{0.1}C_{0.05}$ 薄带的 TEM 图像与对应晶粒的选区电子衍射花样。由 X 射线衍射对薄带样品的物相分析已知，薄带基本上是由单一的 $TbCu_7$ 型六方结构的 $Sm(Co, M)_7$（M-Hf, C）相组成，而由图 4-5(a) 所示的微观组织也看到晶粒间是直接接触，没有晶界相生成。因此等于已经知道了样品的晶体结构，属于简单六方点阵。另外，借助于金属膜的多晶衍射环，也可以计算出在相同测试条件下的 $L\lambda$，即已知了相机常数。对于这种相机常数和样品的晶体结构都已知的情况，标定单晶体的电子衍射花样常用尝试校核法与边比夹角法。

不管采用何种办法，都要选用与测定常数所用图像尺寸相同的图像，同时选择一个由斑点矢量组成的平行四边形单元，并要求尽量满足，平行四边形由最短的两个邻边 $R_1$ 与 $R_2$ 组成，并组成以下序列 $R_1 \leqslant R_2 \leqslant R_3 \leqslant R_4$，$R_3$ 与 $R_4$ 是平行四边形的两个对角线；最短矢量间的夹角规定选择锐角。下面分别来讲述。

A　尝试校核法

尝试校核法标定单晶体电子衍射花样的过程如下：

(1) 测量靠近中心斑的衍射斑点至中心斑点的距离 $R_1$，$R_2$，$R_3$，$R_4$，…，及各衍射斑点之间的夹角 $\varphi_i$，如图 4-6 所示。

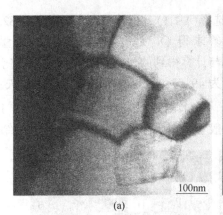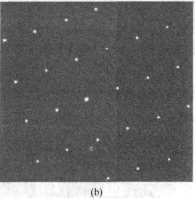

(a)                     (b)

图 4-5    快淬 $SmCo_{6.9}Hf_{0.1}C_{0.05}$ 的 TEM 图像

（a）精细显微镜组织照片；（b）晶粒的选区电子衍射花样

（2）根据衍射基本公式 $R = L\lambda/d$，求出相应的晶面间距 $d_1$，$d_2$，$d_3$，$d_4$，$\cdots$。

（3）根据 $d$ 值定出相应的晶面簇指数 $\{h\,k\,l\}$，即由 $d_1$ 可查出 $\{h_1\,k_1\,l_1\}$，由 $d_2$ 可查出 $\{h_2\,k_2\,l_2\}$，以此类推。

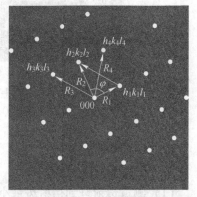

（4）确定离开中心斑点最近衍射斑点（$R_1$）的指数。$R_1$ 斑点的指数可以随机地从 $\{h_1\,k_1\,l_1\}$ 晶面簇中任选一个。

（5）确定第二个斑点（$R_2$）的指数。第二个斑点

图 4-6   单晶体电子衍射花样的标定

的指数不能任选，因为它和第一个斑点间的夹角必须符合晶面夹角公式。对六方晶系来说，晶面间的夹角 $\varphi$ 的计算公式为：

$$\cos\varphi = \frac{\dfrac{4}{3a^2}\left[h_1h_2 + k_1k_2 + \dfrac{1}{2}(h_1k_2 + h_2k_1)\right] + \dfrac{l_1l_2}{c^2}}{\sqrt{\left[\dfrac{4}{3a^2}(h_1^2 + h_1k_1 + k_1^2) + \dfrac{l_1^2}{c^2}\right]\left[\dfrac{4}{3a^2}(h_2^2 + h_2k_2 + k_2^2) + \dfrac{l_2^2}{c^2}\right]}} \tag{4-9}$$

在确定第二个斑点指数时，应进行尝试校核，即只有当 $h_2k_2l_2$ 代入公式求出的 $\varphi$ 角与实测的一致时，($h_2\,k_2\,l_2$) 指数才是有效的，否则必须重新尝试。应该指出的是，$\{h_2\,k_2\,l_2\}$ 晶面簇可供选择的特定 ($h_2\,k_2\,l_2$) 值往往不止一个，因此第二个斑点的指数也带有一定的任意性。

（6）根据矢量运算求得其他斑点。比如 $R_1 + R_2 = R_3$，即 $h_3 = h_1 + h_2$，$k_3 = k_1 + k_2$，$l_3 = l_1 + l_2$。

（7）根据晶带定律求零层倒易面法线的方向（即晶带轴的指数）。以图 4-5（b）为例，当研究图像全幅打在 A4 纸上时，测量得到 $R_1 = 29.3mm$，$R_2 = 40.5mm$，两矢量间的夹角 $\varphi = 82.5°$，于是根据电子衍射基本公式计算得到 $d_1 = 2.90\text{Å}$、$d_2 = 2.10\text{Å}$。而由 $Sm(Co,M)_7$ 的晶体学数据知道，晶面簇$\{1\,0\,1\}$的 $d = 2.90\text{Å}$，晶面簇$\{1\,1\,1\}$的 $d = 2.11\text{Å}$。

从$\{1\,0\,1\}$中选择$(0\,1\,\bar{1})$，对于从$\{1\,1\,1\}$中选择$(1\,1\,1)$，再计算两者间夹角为82.49°，与测量角度吻合得非常好。接着，用矢量运算求得$(h_3\ k_3\ l_3) = (1\,2\,0)$。测量出$R_3 = 53.5$mm，据此求得$d_3 = 1.590$Å。这一结果与计算得到的$(1\,2\,0)$面的$d$值相吻合。$R_3$与$R_1$两者之间夹角的测量值为50°，而计算值为49.5°，这也非常吻合。最后用矢量运算的方法标定出其他所有的斑点，如图4-7所示，并求出其晶带轴$[u\,v\,w] = [2\,\bar{1}\,\bar{1}]$。实际上，斑点的标定没有绝对标准的格式，但一般至少需要标出如图4-7(b)所示的结果。

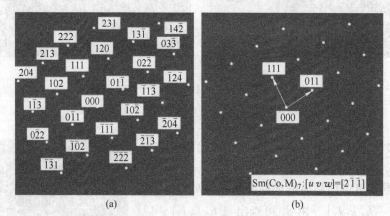

图4-7　对应图4-5(b)的标定结果

(a) 标定所有斑点；(b) 简单标定

**B　边比夹角法**

其过程如下：

(1) 测量透射斑到衍射斑最小半径$R_1$和次小半径$R_2$的长度与它们之间的夹角$\varphi$。

(2) 根据半径长度的比值$R_2/R_1$查表，如按简单立方、体心立方、面心立方、密堆六方等结构逐个查找，核实各种晶型存在的可能性。

(3) 经过查对，确定出相符的某些晶型，再根据表中$d_1$值计算出晶格常数$a$。依据$a$值，逐个核实与查找物相。

(4) 经过查对，确定出某个相符的物相，再标定衍射花样中各斑点的指数$h_i\,k_i\,l_i$和晶带轴$[u\,v\,w]$。

**4.3.1.2　相机常数未知而晶体结构已知情况下的衍射花样标定**

测量多套不同晶带衍射花样上多个斑点（靠近中心斑点，但不在同一直线上）的$R$值，再校核各低指数晶面间距$d_{hkl}$值之间的比值。

由于晶体中同一晶面簇各晶面的晶面间距相等，因而令$h_2^2 + k_2^2 + l_2^2 = N$，$N$值作为代表一个晶面簇的指数。对于立方晶系，其晶面间距$d = a/\sqrt{h^2 + k^2 + l^2} = a/\sqrt{N}$，则有：

$$d^2 \propto \frac{1}{N} \tag{4-10}$$

衍射斑点到中心斑点的距离$R$与对应的晶面间距$d$的关系为：

$$R^2 \propto \frac{1}{d^2} \tag{4-11}$$

综合式(4-10)和式(4-11)可得：

$$R^2 \propto N$$

把测得的不同晶带的所有斑点矢径 $R$ 的平方值按照从小到大的顺序排序，可得：

$$|R_1^2|:|R_2^2|:|R_3^2|:\cdots = N_1:N_2:N_3:\cdots \tag{4-12}$$

根据结构消光原理，对于体心立方点阵，$h+k+l$ 为偶数时才有衍射。因此 $N$ 的比值要满足 $2:4:6:8:\cdots$；而面对于面心立方点阵，$h$、$k$、$l$ 全奇或全偶时才有衍射，故其 $N$ 的比值为 $3:4:8:11:12:\cdots$。因此，只要把测得的各 $R$ 值平方并整理成式(4-12)，便可从式中的 $N$ 值递增规律来验证晶体的点阵类型，而与某一斑点的 $R$ 平方值对应的 $N$ 值则是晶体的晶面簇指数。例如，当点阵类型确认为简单立方时，$N=1$ 即为 $\{1\,0\,0\}$，$N=2$ 即为 $\{1\,1\,0\}$，$N=3$ 即为 $\{1\,1\,1\}$，$N=4$ 即为 $\{2\,0\,0\}$ 等；而为体心立方时，$N=2$ 即为 $\{1\,1\,0\}$，$N=4$ 即为 $\{2\,0\,0\}$，$N=6$ 即为 $\{2\,1\,1\}$，$N=8$ 即为 $\{2\,2\,0\}$ 等；而为面心立方时，$N=3$ 即为 $\{1\,1\,1\}$，$N=4$ 即为 $\{2\,0\,0\}$ 等。

如果晶体不是立方点阵，则晶面簇指数的比值另有规律。例如，对于四方晶体，已知

$$d = \frac{1}{\sqrt{\dfrac{h^2 + k^2}{a^2} + \dfrac{l^2}{c^2}}}$$

故

$$\frac{1}{d^2} = \frac{h^2 + k^2}{a^2} + \frac{l^2}{c^2}$$

令 $M = h^2 + k^2$，根据结构消光条件，四方晶体 $l=0$ 的晶面簇（即 $\{h\,k\,0\}$ 晶面簇）有 $R_1^2:R_2^2:R_3^2:\cdots = M_1:M_2:M_3:\cdots = 1:2:4:5:8:9:10:13:16:17:18:\cdots$。

对于六方晶体，已知

$$d = \frac{1}{\sqrt{\dfrac{4(h^2 + hk + k^2)}{3a^2} + \left(\dfrac{l}{c}\right)^2}}$$

令

$$h^2 + hk + k^2 = P$$

根据结构消光条件，六方晶体 $l=0$ 的 $\{h\,k\,l\}$ 晶面簇有 $|R_1^2|:|R_2^2|:|R_3^2|:\cdots = P_1:P_2:P_3:\cdots = 1:3:4:7:9:12:13:16:19:21:\cdots$。

#### 4.3.1.3　未知晶体结构而已知相机常数情况下衍射花样的标定

在该情况下，衍射花样的标定包括：

（1）测定低指数斑点的 $R$ 值。

注意：应在几个不同的方位摄取电子衍射花样，以保证能测量出最前面的 8 个 $R$ 值。

（2）根据电子衍射基本公式计算出各个 $d$ 值。

（3）按照 X 射线衍射谱分析物相的原理，根据 $d$ 值进行计算机检索，查找到与各 $d$ 值都相符的物相即为待测的晶体。因为电子显微镜的精度有限，很可能出现 $d$ 值相近物相的情况，此时应根据待测晶体的其他材料，如化学成分等来排除不可能出现的物相。

（4）物相的晶体结构确定后，再参照已知相机常数和样品晶体结构标定电子衍射花

样步骤进行斑点指数标定。

#### 4.3.1.4 标准花样对照法

标准花样对照法是一种既简单易行又常用的方法，即将实际观察、记录到的衍射花样直接与标准花样对比，写出斑点的指数并确定晶带轴的方向。标准花样就是各种晶体点阵主要晶带的倒易截面，一个较熟练的透射电子显微镜工作者，对常见晶体的主要晶带标准衍射花样是熟悉的。因此，在观察样品时，一套衍射斑点出现，基本可以判断是哪个晶带的衍射斑点。应该注意的是，在摄取衍射斑点图像时，应尽量将斑点调整对称，即通过倾转使斑点的强度对称均匀，中心斑点的强度与周围邻近的斑点相差无几，以便于和标准花样比较。

### 4.3.2 多晶体衍射花样的标定

#### 4.3.2.1 环状电子衍射花样的产生

通过前面的学习已经知道 Ewald 球与倒易球相交的轨迹线是一个圆，该圆上的每一个倒易点的晶面间距都是相同的，它们属于同一个晶面簇。多晶体试样的特点就是，在每个不同的位向上都存在晶面簇 {h k l} 中的某个满足布拉格条件的 (h k l) 晶面，该晶面形成一个倒易斑点，当多晶体中等同晶面足够多时，于是在不同方位（圆周 360°上的每一个位置）上等间距的晶面的衍射斑点就连成了一个圆，不同的晶面簇就形成了一系列半径 R 不同的同心圆，如图 4-8 所示。另外，当电子束方向一定时，多晶样品中与入射束成 $\theta \pm \Delta\theta$ 交角的所有晶面都能产生衍射。因此，晶面间距相同的 {h k l} 晶面簇，基本符合布拉格衍射条件的晶面所产生的衍射束就构成了入射束为轴、$2(\theta \pm \Delta\theta)$ 为半顶角

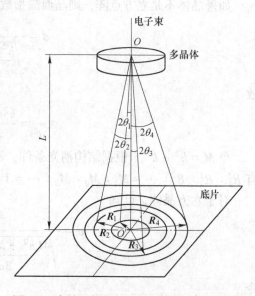

图 4-8　多晶环状电子衍射花样的产生示意图

的圆锥衍射束。根据衍射基本公式，衍射束和底片相交形成圆环。单晶体衍射花样中距中心斑点为 R 的某一衍射斑点，实际上是多晶体同心衍射圆上的一个点。当将许多套不同晶带的单晶电子衍射斑点叠加在一起时，就会形成多晶体的同心圆花样。正因为如此，多晶圆环状电子衍射花样没有确定的晶带轴。当多晶薄膜中的晶粒数目变少时，圆环状花样将出现间断，如图 4-9(b) 所示。

#### 4.3.2.2 多晶体电子衍射花样的标定

对多晶体电子衍射花样进行标定的目的是鉴定该物相的晶体结构。在相机常数 $L\lambda$ 已知的条件下，标定的主要程序如下：

（1）准确测量各衍射圆环的半径 $R_i$ 值。

（2）根据电子衍射基本公式 $Rd = L\lambda$，用测量的 $R_i$ 值求出相应的 $d_i$ 值。

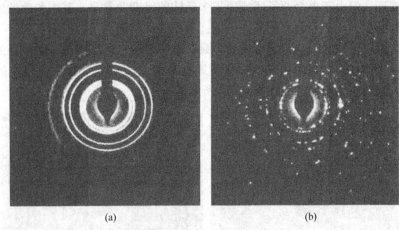

(a)                                  (b)

图 4-9　Ni-Fe 薄膜的多晶衍射环

（a）连续圆环；（b）断续圆环

（3）把最强衍射圆环的强度定义为 100，估测出其他各圆环的相对强度值。

（4）将上述 3 项列表，以图 4-9 为例，已知 $L\lambda$ ，3 项值列在表 4-1 中。

**表 4-1　对应图 4-9 衍射环的参数值**

| 序号 | $R$/mm | $d$/Å | $I/I_1$ |
|---|---|---|---|
| 1 | 11.5 | 2.357 | 100 |
| 2 | 13.3 | 2.038 | 50 |
| 3 | 18.8 | 1.441 | 20 |
| 4 | 22.1 | 1.226 | 30 |
| 5 | 23.1 | 1.173 | 10 |
| 6 | 2.09 | 0.935 | 15 |
| 7 | 2.98 | 0.909 | 15 |

（5）依据表中的 $d$ 与 $I/I_1$ 值，用三强线及八强线检索，查找可能的物相。该过程与 X 射线衍射谱的物相分析过程相同。注意，衍射强度较弱 $\{h\,k\,l\}$ 晶面簇的衍射圆环不易显示。

（6）标定多晶衍射圆环。一般将晶面指数标在对应的衍射圆环上，也可以画出对应的衍射环，并在环上标上对应的衍射指数。

### 4.3.3　非晶体衍射花样的标定

非晶态结构的特点是原子在非常小的范围内有序排布（即短程有序），即每个原子的近邻原子排列具有规律。原子排列的短程有序使得许多非晶态材料中仍然较好地保留着相应晶态结构中所存在的近邻配位情况，可以形成具有确定配位数和一定大小的原子团，如四面体、八面体或其他多面体单元，但不再具有平移周期性，因此也不再有点阵和单胞。

非晶态材料中原子团多面体在空间的取向是随机分布的。由于单个原子团或原子多面体中的原子只有近邻关系，反映到倒空间也只有对应这种原子近邻的一个或两个倒易球面。反射球面与它们相交得到的轨迹都是一个或两个半径恒定的，并且以倒易点阵原点为中心的同心圆环。但由于单个原子团或原子多面体的尺度非常小，其中包含的原子数目非常少，倒易球面也远比多晶材料的厚。所以，非晶态材料的电子衍射图只含有一个或两个非常弥散的衍射环，即除较强的透射束外，只会在透射斑点周围形成一定半径的光晕，如图4-10所示。图4-10（a）是多元Sm-Co-M（其中M为过渡族元素）显微组织的形貌，基体是非晶体，其对应的衍射图如图4-10（b）所示。

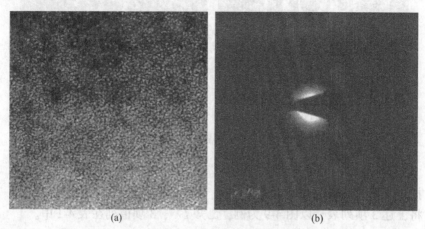

(a)　　　　　　　　　　　　　　　(b)

图 4-10　多元 Sm-Co-M 的非晶 TEM 图像

（a）显微照片；（b）对应非晶体的电子衍射花样

# 4.4　钢中典型组成相的电子衍射花样标定

### 4.4.1　马氏体衍射花样的标定

18Cr2Ni4WA钢经900℃油淬后在透射电子显微镜下拍摄的选区电子衍射花样示意图如图4-11所示。该钢淬火后的显微组织由板条马氏体和在板条间分布的薄膜状残余奥氏体组成。衍射花样中有两套斑点：一套是马氏体斑点；另一套是奥氏体斑点。首先标定马氏体斑点，具体步骤如下：

（1）测定 $R_1$、$R_2$、$R_3$，其长度分别为10.2mm、10.2mm和14.4mm。量得 $R_1$ 和 $R_2$ 之间的夹角为90°，$R_1$ 和 $R_3$ 之间的夹角为45°。

（2）采用两边夹角法进行标定。根据 $R_2/R_1$ 的比值及 $R_1$ 和 $R_2$ 之间的夹角 $\theta$ 查相关手册，可得出其晶带轴为 [0 0 1]；对应 $R_1$ 的晶面 $(h_1\,k_1\,l_1)=(1\,1\,0)$，而对应 $R_2$ 的晶面 $(h_2\,k_2\,l_2)=(\bar{1}\,1\,0)$。

（3）已知相机常数 $L\lambda=2.05$mm·nm。求得 $d_{110}=d_{\bar{1}10}=L\lambda/R_1=2.05/10.2=0.201$nm。比对马氏体的 PDF 卡片（见图4-12），$d_{110}$ 和 $d_{\bar{1}10}$ 显然与马氏体 {110} 的面间距0.20179nm相近。$R_3$ 对应的晶面间距 $d_3=L\lambda/R_3=2.05/14.4=0.14236$nm，此值与马氏体 {200} 的面间距0.14269nm相近。由110和 $\bar{1}$10两个斑点的指数标出 $R_3$ 对应的指数应该是（020），而马氏体的（110）面与（020）面的夹角正好是45°。实测值和卡片值之间相互吻合，验证了所标注斑点来自马氏体的 [0 0 1] 晶带轴。根据矢量运算，可以标

出其他所有斑点的指数，如图 4-13(a) 所示。

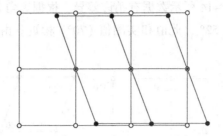

图 4-11　18Cr2Ni4WA 钢 900℃ 油淬后电子衍射花样示意图

00-044-1292                                                                                   Feb 21, 2020 4:01 PM (hhong)

Status  Primary      QM: Calculated (C)    Pressure/Temperature:    Ambient    Chemical Formula:  C0.09 Fe1.91
Empirical Formula:    C0.09 Fe1.91    Weight %:  C1.00 Fe99.00    Atomic %:  C4.50 Fe95.50
Compound Name:   Carbon Iron     Common Name:   martensite

Radiation:  CuKa1    :   1.5406Å    d-Spacing:  Calculated    Intensity:  Calculated    I/Ic:  7.43
Reference:  Calvert, L., Lakes Entrance, Victoria, Australia. Private Communication (1993).

SYS:  Tetragonal     SPGR:  I4/mmm (139)
Author's Cell [ AuthCell a:  2.854Å    AuthCell c:  2.983Å    AuthCell Vol:  24.30Å³    AuthCell Z:  1.00
AuthCell MolVol:  24... ]    Dcalc:  7.364g/cm³    SS/FOM:  F(13) = 119.3(0.0084, 13)
Reference:  Roberts, C. J. Met. 5, 203 (1953).

Space Group:  I4/mmm (139)    Molecular Weight:  107.75
Crystal Data [ XtlCell a:  2.854Å    XtlCell b:  2.854Å    XtlCell c:  2.983Å    XtlCell :  90.00°    XtlCell :  90.00°
XtlCell :  90.00°    XtlCell Vol:  24.30Å³    XtlCell Z:  1.00 ]
Crystal Data Axial Ratio [  a/b:  0.0000    c/b:  1.0452 ]
Reduced Cell [ RedCell a:  2.509Å    RedCell b:  2.509Å    RedCell c:  2.509Å    RedCell :  107.07°
RedCell :  110.69°    RedCell :  110.69°    RedCell Vol:  12.15Å³ ]

Crystal (Symmetry Allowed):   Centrosymmetric

Pearson:  tI2.00    Prototype Structure:   In    Prototype Structure (Alpha Order):   In
Subfile(s):  Inorganic, Metals & Alloys, Primary Pattern    Entry Date:  07/26/1993
Last Modification Date:   01/24/2009

Database Comments:    General Comments: Unit cell reference also gives variation of lattice parameter of austenite as a
function of carbon content.

00-044-1292 (Fixed Slit Intensity) - Cu K1 1.54056Å

| 2 | d(Å) | I | h | k | l | * | 2 | d(Å) | I | h | k | l | * | 2 | d(Å) | I | h | k | l | * |
|---|---|---|---|---|---|---|---|---|---|---|---|---|---|---|---|---|---|---|---|---|
| 43.8818 | 2.061500 | 100 | 1 | 0 | 1 |  | 82.0596 | 1.173400 | 20 | 2 | 1 | 1 |  | 117.1880 | 0.902500 | 5 | 3 | 1 | 0 |  |
| 44.8810 | 2.017900 | 48 | 1 | 1 | 0 |  | 96.6832 | 1.031000 | 6 | 2 | 0 | 2 |  | 134.3250 | 0.835800 | 4 | 2 | 2 | 2 |  |
| 62.2020 | 1.491200 | 7 | 0 | 0 | 2 |  | 99.5182 | 1.009100 | 3 | 2 | 2 | 0 |  | 158.2250 | 0.784400 | 10 | 2 | 1 | 3 |  |
| 65.3435 | 1.426900 | 12 | 2 | 0 | 0 |  | 110.2340 | 0.939000 | 5 | 1 | 0 | 3 |  |  |  |  |  |  |  |  |
| 79.9230 | 1.199300 | 11 | 1 | 1 | 2 |  | 116.4060 | 0.906300 | 5 | 3 | 0 | 1 |  |  |  |  |  |  |  |  |

图 4-12　马氏体的 PDF 卡片

### 4.4.2　残余奥氏体电子衍射花样的标定

从图 4-13(b) 显示的另一套衍射斑点中量得 $R_1$ = 10.0mm、$R_2$ = 10.0mm，以及 $R_1$ 与 $R_2$ 之间的夹角（锐角）$\theta_1$ 接近 70°。根据 $R_2/R_1$ 和 $\theta_1$ 值查手册得出，该套衍射斑点对应为 [0 1 1] 晶带的奥氏体。对应 $R_1$ 的晶面 $(h_1\,k_1\,l_1) = (1\,1\,\bar{1})$，而对应 $R_2$ 晶面 $(h_2\,k_2\,l_2) = (\bar{1}\,1\,\bar{1})$。应用衍射基本公式对面间距进行校核：$d_{11\bar{1}} = d_{\bar{1}1\bar{1}} = 2.05/10.0 = 0.205$nm，此

数值和奥氏体 {1 1 1} 面间距的理论值 0.20888nm 相近。需要注意的是，受奥氏体实际含碳量的影响，计算值与图 4-14 所示数据有稍许差异。根据夹角公式，计算出（1 1 1）和（1 1 1）面之间的夹角是 70.52°，此值和实测值（70°）相近。由此证明了所标注的斑点来自残余奥氏体。

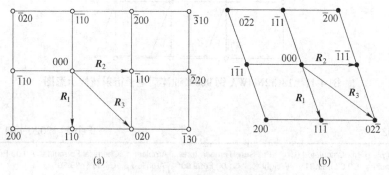

图 4-13　图 4-11 的电子衍射花样标定

（a）马氏体；（b）残余奥氏体

00-052-0512　　　　　　　　　　　　　　　　　　Feb 21, 2020 4:03 PM (hhong)

Status　Primary　　QM: Calculated (C)　　Pressure/Temperature:　Ambient　　Chemical Formula:　C Fe15.1
Empirical Formula:　C Fe15.1　Weight %:　C1.40 Fe98.60　Atomic %:　C6.21 Fe93.79
Compound Name:　Iron Carbon　　Common Name:　austenite, Iron, gamma

d-Spacing:　Calculated　　Intensity:　Calculated　　I/Ic:　7.51
Reference:　Ridley, N., Stuart, H. Met. Sci. J. 4, 219 (1970).

SYS:　Cubic　　SPGR: Fm-3m (225)
Author's Cell [　AuthCell a:　3.618Å　　AuthCell Vol:　47.36Å³　　AuthCell Z:　0.25　　AuthCell MolVol:　189.44 ]
Dcalc:　7.497g/cm³　　SS/FOM:　F(7) = 999.9(0.0001, 7)　　Reference:　Ibid.

Space Group:　Fm-3m (225)　　Molecular Weight:　855.30
Crystal Data [　XtlCell a:　3.618Å　　XtlCell b:　3.618Å　　XtlCell c:　3.618Å　　XtlCell :　90.00°　　XtlCell :　90.00°
XtlCell :　90.00°　　XtlCell Vol:　47.36Å³　　XtlCell Z:　0.25 ]
Crystal Data Axial Ratio [　a/b:　0.0000　　c/b:　0.0000 ]
Reduced Cell [　RedCell a:　2.558Å　　RedCell b:　2.558Å　　RedCell c:　2.558Å　　RedCell :　60.00°
RedCell :　60.00°　　RedCell :　60.00°　　RedCell Vol:　11.84Å³ ]

Crystal (Symmetry Allowed):　Centrosymmetric

Pearson:　cF4.03　Prototype Structure:　Cu　Prototype Structure (Alpha Order):　Cu
Subfile(s):　Inorganic, Metals & Alloys, Primary Pattern　　Entry Date:　08/08/2001
Last Modification Date:　01/24/2009

Database Comments:　Unit Cell Data Source: Single Crystal.

00-052-0512 (Fixed Slit Intensity) - Cu K1 1.54056Å

| 2 | d(A) | I | h | k | l | * | 2 | d(A) | I | h | k | l | * | 2 | d(A) | I | h | k | l | * |
|---|---|---|---|---|---|---|---|---|---|---|---|---|---|---|---|---|---|---|---|---|---|
| 43.2781 | 2.088850 | 999 | 1 | 1 | 1 | | 89.8392 | 1.090870 | 165 | 3 | 1 | 1 | | 136.2560 | 0.830026 | 67 | 3 | 3 | 1 | |
| 50.4032 | 1.809000 | 421 | 2 | 0 | 0 | | 95.0399 | 1.044430 | 45 | 2 | 2 | 2 | | | | | | | | |
| 74.0519 | 1.279160 | 175 | 2 | 2 | 0 | | 116.7740 | 0.904500 | 21 | 4 | 0 | 0 | | | | | | | | |

图 4-14　奥氏体的 PDF 卡片

### 4.4.3　渗碳体电子衍射花样的标定

通过 18Cr2Ni4WA 钢 900℃淬火 400℃回火试样摄得的渗碳体的电子衍射花样示意图如图 4-15 所示。需要指出的是碳化物的晶面间距大，因而对应倒易空间中的 **g** 矢量较短。

测得 $R_1 = 9.8$mm，$R_2 = 10.0$mm，$R_1$ 与 $R_2$ 之间的夹角 $\theta$ 为 95°。根据 $R_2/R_1 = 1.02$ 及 $\theta = 95°$，查手册得出，渗碳体相衍射斑点的晶带轴为 $[1\,2\,\bar{5}]$，而与 $R_1$、$R_2$ 对应的斑点指数分别为 $\bar{1}2\bar{1}$ 和 $\bar{2}10$。在已知相机常数为 2.05mm·nm 下，由衍射基本公式求出 $d$ 值并进行校核：$d_{\bar{1}2\bar{1}} = 2.05/9.8 = 0.210$nm，$d_{\bar{2}10} = 2.05/10 = 0.205$nm，与图 4-16 所示的渗碳体 PDF 卡片中的数据相吻合，最后用矢量相加法标出其他斑点的指数。若没有渗碳体数据表可查时，仍可根据尝试校核法标定，并通过夹角公式验算。

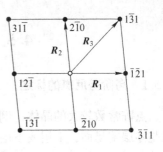

图 4-15　渗碳体的电子衍射花样

01-085-0871                                                              Feb 21, 2020 4:06 PM (hhong)

Status  Alternate      QM: Indexed (I)    Pressure/Temperature:   Ambient    Chemical Formula:    Fe3 C
Empirical Formula:   C Fe3     Weight %:   C6.69 Fe93.31    Atomic %:   C25.00 Fe75.00
Compound Name:   Iron Carbide    Mineral Name:   Cohenite, syn    Common Name:   cementite

Radiation:  CuKα1    :  1.5406Å    d-Spacing:  Calculated    Cutoff:  17.70    Intensity:  Calculated    I/Ic:  1.93
Reference:   "A Study on the Structure of Cementite", Shimura, S. Proc. Jpn. Acad. 6, 269 (1930). Calculated from ICSD using POWD-12++. (1997).

SYS: Orthorhombic    SPGR: Pbnm (62)
Author's Cell [   AuthCell a:   4.513Å    AuthCell b:   5.048Å    AuthCell c:   6.731Å    AuthCell Vol:   153.34Å³
AuthCell Z:  4.00    AuthCell MolVol:   38... ]    Dcalc:  7.777g/cm³    Dstruc:  7.776g/cm³
SS/FOM:  F(30) = 725.2(0.001, 35)    Reference:  Ibid.

Space Group:   Pbnm (62)    Molecular Weight:   179.55
Crystal Data [   XtlCell a:  5.048Å    XtlCell b:  6.731Å    XtlCell :  4.513Å    XtlCell :  90.00°    XtlCell :  90.00°
XtlCell :  90.00°    XtlCell Vol:  153.34Å³    XtlCell Z:  4.00 ]
Crystal Data Axial Ratio [   a/b:  0.7500    c/b:  0.6705 ]
Reduced Cell [   RedCell a:  4.513Å    RedCell b:  5.048Å    RedCell c:  6.731Å    RedCell :  90.00°
RedCell :  90.00°    RedCell :  90.00°    RedCell Vol:  153.34Å³ ]

Crystal (Symmetry Allowed):    Centrosymmetric

Pearson:   oP16.00    Prototype Structure:   Fe3 C    Prototype Structure (Alpha Order):    C Fe3
Subtitle(s):  Alternate Pattern, Common Phase, ICSD Pattern, Inorganic, Metals & Alloys, Mineral Related (Mineral ,Synthetic)
Entry Date:  12/02/2003    Last Modification Date:   07/13/2004

Cross-Ref PDF #'s:   00-003-0989 (Deleted), 00-003-1055 (Deleted), 00-003-1056 (Deleted), 00-006-0688 (Deleted), 00-023-1113 (Deleted), 00-034-0001 (Alternate), 00-035-0772 (Primary), 01-072-1110 (Alternate), 01-073-9833 (Alternate), 01-074-3832 (Alternate), 01-074-3833 (Alternate), 01-074-3834 (Alternate), 01-074-3835 (Alternate), 01-074-3836 (Alternate), 01-074-3837 (Alternate), 01-074-3838 (Alternate), 01-074-3839 (Alternate), 01-074-3840 (Alternate), 01-074-3841 (Alternate), 01-074-3842 (Alternate), 01-074-3843 (Alternate), 01-074-3844 (Alternate), 01-074-3845 (Alternate), 01-074-3846 (Alternate), 01-074-3847 (Alternate), 01-074-3848 (Alternate), 01-074-3849 (Alternate), 01-074-3850 (Alternate), 01-074-3851 (Alternate), 01-074-3852 (Alternate), 01-074-3853 (Alternate), 01-074-3854 (Alternate), 01-074-3855 (Alternate), 01-074-3856 (Alternate), 01-074-3857 (Alternate), 01-074-3858 (Alternate), 01-074-6457 (Alternate), 01-075-0910 (Deleted), 01-075-6850 (Alternate), 01-075-6851 (Alternate), 01-075-6852 (Alternate), 01-077-0255 (Alternate), 01-089-2722 (Alternate), 01-089-2867 (Alternate), 01-089-7271 (Alternate), 03-065-2411 (Primary), 03-065-2412 (Alternate), 03-065-2413 (Alternate), 04-002-0958 (Alternate), 04-002-8218 (Alternate), 04-003-3931 (Alternate), 04-003-4031 (Alternate), 04-003-6492 (Primary), 04-004-3522 (Alternate), 04-006-5565 (Alternate), 04-006-5692 (Alternate), 04-007-0418 (Alternate), 04-007-0422 (Alternate), 04-008-0188 (Alternate), 04-008-1991 (Alternate), 04-010-7452 (Alternate), 04-010-7474 (Alternate)

Database Comments:   Additional Patterns: See PDF 01-085-1317 and PDF 00-034-0001. ICSD Collection Code: 029341. Other Cell: Cell of (Fe, Mn)3 C: 4.504, 5.038, 6.728 (Spiegeleisen). Calculated Pattern Original Remarks: Cell of (Fe,Mn)3 C: 4.504, 5.038, 6.728 (Spiegeleisen). Test from external database: No R value given. At least one TF missing. Minor Warning: No R factor reported/abstracted. No e.s.d. reported/abstracted on the cell dimension.

01-085-0871 (Fixed Slit Intensity) - Cu K1 1.54056Å

| 2 | d(Å) | I | h | k | l | * | 2 | d(Å) | I | h | k | l | * | 2 | d(Å) | I | h | k | l | * |
|---|---|---|---|---|---|---|---|---|---|---|---|---|---|---|---|---|---|---|---|---|
| 23.7168 | 3.748430 | 909 | 1 | 0 | 1 | | 58.4915 | 1.576640 | 162 | 1 | 3 | 0 | | 76.0917 | 1.249860 | m | 3 | 0 | 3 |
| 26.4699 | 3.364480 | 999m | 0 | 0 | 2 | | 58.6852 | 1.571900 | 92 | 1 | 2 | 3 | | 76.7781 | 1.240390 | 2 | 0 | 4 | 1 |
| 26.4699 | 3.364480 | m | 1 | 1 | 0 | | 61.0108 | 1.517440 | 106 | 2 | 1 | 3 | | 78.6585 | 1.215380 | 49 | 1 | 4 | 0 |
| 29.6601 | 3.009460 | 594 | 1 | 1 | 1 | | 61.5689 | 1.505010 | 6m | 1 | 1 | 4 | | 78.8522 | 1.212880 | 50 | 3 | 1 | 3 |
| 35.5383 | 2.524000 | 64 | 0 | 2 | 0 | | 61.5689 | 1.505010 | m | 2 | 2 | 2 | | 79.3632 | 1.206350 | 9 | 3 | 2 | 2 |
| 37.7770 | 2.379410 | 33 | 1 | 1 | 2 | | 63.2929 | 1.468110 | 78 | 3 | 0 | 1 | | 80.1860 | 1.196030 | 2 | 1 | 4 | 1 |
| 38.0442 | 2.363310 | 297 | 0 | 2 | 1 | | 64.5918 | 1.441840 | 19 | 3 | 1 | 0 | | 80.7005 | 1.189700 | 12 | 2 | 2 | 4 |
| 39.9196 | 2.256500 | 40 | 2 | 0 | 0 | | 65.3006 | 1.427140 | 123 | 1 | 3 | 2 | | 80.8552 | 1.187810 | 49 | 0 | 2 | 5 |
| 40.9340 | 2.202890 | 1 | 1 | 2 | 0 | | 66.2419 | 1.409710 | 5 | 3 | 1 | 1 | | 81.3652 | 1.181650 | 3 | 0 | 4 | 2 |
| 43.1745 | 2.093620 | 269 | 1 | 2 | 1 | | 66.7553 | 1.400110 | 22 | 0 | 2 | 4 | | 83.5630 | 1.156070 | 24 | 2 | 3 | 3 |
| 43.9144 | 2.060050 | 204 | 2 | 1 | 0 | | 69.6424 | 1.348960 | 54m | 2 | 3 | 0 | | 84.2225 | 1.148690 | 30 | 1 | 2 | 5 |
| 44.8496 | 2.019240 | 416 | 0 | 2 | 2 | | 69.6424 | 1.348960 | m | 0 | 0 | 6 | | 84.7284 | 1.143120 | 5 | 4 | 0 | 0 |
| 45.0888 | 2.009080 | 490 | 1 | 0 | 3 | | 69.8212 | 1.345940 | 144 | 2 | 2 | 3 | | 86.1133 | 1.128250 | 4 | 4 | 0 | 0 |
| 46.0376 | 1.969860 | 39 | 2 | 1 | 1 | | 70.3426 | 1.337240 | 15 | 1 | 2 | 4 | | 86.7275 | 1.121830 | 58m | 0 | 0 | 6 |
| 48.5337 | 1.874220 | 476 | 2 | 0 | 2 | | 71.0771 | 1.325210 | 58 | 3 | 1 | 2 | | 86.7275 | 1.121830 | m | 4 | 1 | 0 |
| 48.7427 | 1.866670 | 625 | 1 | 1 | 3 | | 71.2376 | 1.322620 | 44 | 3 | 3 | 1 | | 86.9257 | 1.119780 | 66 | 3 | 2 | 3 |
| 49.4057 | 1.843160 | 140 | 1 | 2 | 2 | | 72.4637 | 1.303230 | 2 | 2 | 1 | 4 | | 88.2624 | 1.106240 | 12 | 3 | 1 | 4 |
| 52.0038 | 1.757020 | 129 | 2 | 1 | 2 | | 73.1810 | 1.292220 | 62 | 3 | 2 | 0 | | 88.7844 | 1.101080 | 52m | 2 | 4 | 0 |
| 54.5020 | 1.682240 | 236m | 0 | 0 | 4 | | 73.3277 | 1.289990 | 44m | 1 | 0 | 5 | | 88.7844 | 1.101080 | m | 0 | 4 | 3 |
| 54.5020 | 1.682240 | m | 2 | 2 | 0 | | 73.3277 | 1.289990 | m | 1 | 3 | 3 | | 88.9013 | 1.099940 | 95 | 4 | 1 | 3 |
| 54.6900 | 1.676900 | 160 | 0 | 2 | 3 | | 74.7418 | 1.269050 | 1 | 2 | 2 | 1 | | 89.4278 | 1.094820 | 16 | 3 | 1 | 4 |
| 56.3250 | 1.632040 | 1 | 2 | 2 | 1 | | 76.0917 | 1.249860 | 102m | 1 | 1 | 5 | | | | | | | |

图 4-16　渗碳体的 PDF 卡片

# 4.5   复杂电子衍射花样的标定

### 4.5.1   高阶劳厄斑的标定

点阵常数较大的晶体，倒易空间中倒易面间距较小。因此与 Ewald 球面相接触的并不只是零层倒易面，上层或下层倒易面上的倒易杆均有可能和 Ewald 球面相接触，从而形成高阶劳厄区。如图 4-17 所示，球面和上一层倒易面相交时形成的斑点叫 + 1 阶劳厄斑点，同样还可能有 + 2、+ 3 阶。若入射束 B 和晶带轴 [$uvw$] 不平行，则下层倒易面也有可能和球面相交形成 − 1、− 2 阶劳厄斑点。应注意的是，只有零层倒易面上的 $g$ 与晶带轴垂直。而 ±1、±2 阶倒易面上的斑点和 $O^*$ 点连成的 $g$ 与晶带轴并不垂直，因此高阶劳厄斑点并不构成一个晶带，即 $r \cdot g \neq 0$。对于 [$uvw$] 方向上与零层倒易面 $(uvw)_0^*$ 垂直距离为 $Nd_{uvw}$（ $d_{uvw}$ 为与 [$uvw$] 相垂直的倒易面的间距）的第 $N$ 阶劳厄带，其点阵指数满足广义晶带定律：

$$r \cdot g = N \qquad (N = 0, \pm 1, \pm 2, \cdots)$$

高阶劳厄区的出现使电子衍射花样变得复杂。在标定零层倒易面斑点时应把高阶斑点排除，因为高阶斑点和零层斑点分布规律相同，所以只要求出高阶斑点和零层斑点之间的水平位移矢量，便可对高阶劳厄区斑点进行标定。此外，还可以利用带有高阶劳厄斑点的标准衍射花样和测定的花样进行对比，来标定高阶劳厄斑点。高阶劳厄斑点可以给出晶体更多的信息，比如可以利用高阶劳厄斑点消除 180° 不唯一性和测定薄晶体厚度等。

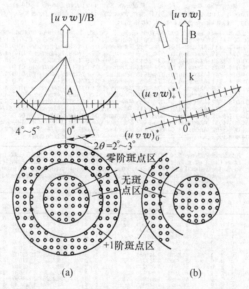

图 4-17   对称入射和不对称入射条件下高阶 Laue 斑点的分布
（a）对称入射；（b）不对称入射

### 4.5.2   超点阵斑点的标定

当晶体内部的原子或离子产生有规律的位移或不同种原子产生有序排列时，将引起其电子衍射结果的变化，使本来应该消光的斑点出现，这种额外的斑点称为超点阵斑点。

  $AuCu_3$ 合金是面心立方固溶体，在一定的条件下发生有序 $\longleftrightarrow$ 无序的转变。在高于 395℃时，合金为无序固溶体，其中 Au 在每个阵点上出现的概率为 25%，Cu 为 75%，遵循面心点阵的消光规律。而在低于 395℃慢冷时，合金形成有序固溶体态（见图 4-18），Au 占据顶角位置 (0，0，0)，Cu 占据面心 (0，1/2，1/2)、(1/2，1/2，0)、(1/2，0，1/2) 位置。$AuCu_3$ 有序相的结构振幅 $F_a' = f_{Au} + f_{Cu}[e^{\pi i(h+k)} + e^{\pi i(h+l)} + e^{\pi i(k+l)}]$。当 $h$、$k$、$l$ 全奇或全偶时，$F_a' = f_{Au} + 3f_{Cu}$；而当 $h$、$k$、$l$ 有奇有偶时，$F_a' = f_{Au} - f_{Cu} \neq 0$，即并不消光。

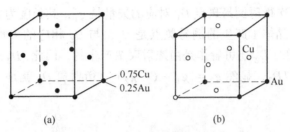

图 4-18  $AuCu_3$ 合金中各类原子点据的位置

（a）无序相 α；（b）有序相 α′

  在对应无序固溶体倒易点阵中的由于权重为零（结构消光）应当抹去的一些阵点，在有序化转变之后结构因子不为零。于是，衍射花样中出现相应的额外斑点称为超点阵斑点。

  图 4-19 显示了 $AuCu_3$ 合金有序化后的超点阵斑点及其指数化结果。它是有序相 α′ 与无序相 α 两相衍射花样的叠加。因为两相点阵参数无大差别，且保持 $\{100\}\alpha$ ∥ $\{100\}\alpha'$ 及 $<100>\alpha$ ∥ $<100>\alpha'$ 的共格取向关系，所以两相共有斑点 $\{200\}$、$\{220\}$ 等重合，花样中 (100)、(010) 及 (110) 等即为有序相的超点阵斑点。由于这些额外斑点的出现，使面心立方有序固溶体的衍射花样看上去和简单立方晶体的一样。特别注意的是，超点阵斑点的强度低。这与结构振幅的计算结果一致。

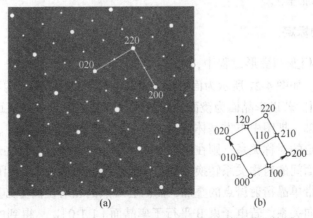

图 4-19  $AuCu_3$ 有序相的超点阵共样及其指数化结果

（a）超点阵花样；（b）指数化结果

### 4.5.3　二次衍射斑点的标定

在两相合金中常发现在正常斑点之外还出现一些附加斑点。这些附加斑点是由一次衍射束和晶面组之间再次产生布拉格衍射时形成的。图 4-20 显示了二次衍射斑点产生的原理，当入射束与一个由两层晶体［相当于两个晶面接近平行，但晶面间距有差别（如 $d_1 < d_2$）的晶体叠在一起］组成的试样相交时，如果第一个晶体的 $(h_1 k_1 l_1)$ 面和入射束正好成布拉格入射角 $\theta_1$，则有一次衍射束 $D_1$ 产生。因 $D_1$ 与第二个晶体的晶面 $(h_2 k_2 l_2)$ 之间也正好符合布拉格入射角 $\theta_2$ 条件，从而产生二次衍射束 $D_2$。

入射束产生的一次衍射倒易斑点 $D_1$ 对应的矢量是 $g_1$，其长度为 $TD_1$。以一次衍射束为入射束时晶体 I，晶体 I 产生的倒易斑点是 $D_2$，与 $D_2$ 相应的矢量记为 $-g_2$，长度为 $D_1 D_2$。从图 4-20 可知，$D_2$ 还可看作是由透射束 $T$ 产生的，因此，$D_2$ 斑点也可以用倒易矢量 $g_3$ 表示，长度为 $TD_3$，显然 $g_3 = g_1 + (-g_2)$。衍射斑 $D_2$ 就是二次衍射引起的附加斑点。

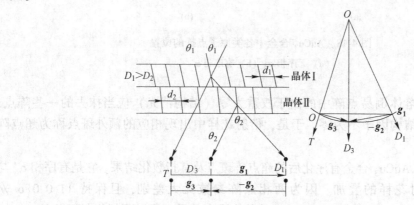

图 4-20　二次衍射斑点示意图

面心立方晶体和体心立方晶体中二次衍射产生的斑点和正常斑点重合，因此它们仅使正常斑点的强度产生变化。但在其他点阵类型的晶体中（如密排六方晶体和金刚石立方晶体）就会出现附加斑点。

### 4.5.4　孪晶斑点的标定

材料在凝固、相变和变形过程中，晶体内的一部分相对于基体按一定的对称关系生长，即形成了孪晶。如图 4-21 所示为面心立方晶体基体 $(1\bar{1}0)$ 面上的原子排列，基体的 $(111)$ 面为孪晶面。若以孪晶面为镜面，则基体和孪晶的阵点以孪晶面作镜面对称。若以孪晶面的法线为轴，把图中下方基体旋转 180° 也能得到孪晶的点阵。既然在正空间中孪晶和基体存在一定的对称关系，则在倒易空间中孪晶和基体也应存在这种对称关系，只是正空间中的面与面间的对称关系转换成倒易阵点之间的对称关系。因而，孪晶的衍射花样应是两套不同晶带单晶衍射斑点的叠加，而两套斑点的相对位向势必反映基体与孪晶之间存在着的对称取向关系。若电子束 B 平行于孪晶面 $[110]_M$，得到的衍射花样如图 4-22 所示。两套斑点呈明显对称性，并与实际点阵的对应关系完全一致，即将基体的斑点以孪晶面（1 1 1）作镜面反映，便与孪晶斑点重合。

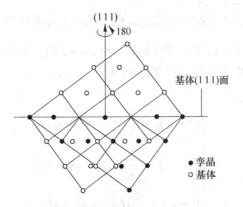

图 4-21　晶体中基体和孪晶的对称关系

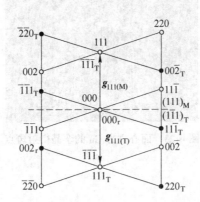

图 4-22　面心立方体（1 1 1）孪晶的衍射花样

如果入射电子束和孪晶面不平行，得到的衍射花样就不能直观地反映出孪晶和基体间取向的对称性，此时可先标定出基体的衍射花样，然后根据矩阵代数导出结果，求出孪晶斑点的指数。

对体心立方晶体可采用下列公式计算，即：

$$
\begin{cases}
h' = -h + \dfrac{1}{3}p(ph + qk + rl) \\[2mm]
k' = -k + \dfrac{1}{3}q(ph + qk + rl) \\[2mm]
l' = -l + \dfrac{1}{3}r(ph + qk + rl)
\end{cases}
\tag{4-13}
$$

其中，$(p\,q\,r)$ 为孪晶面。体心立方结构的孪晶面是 $\{1\,1\,2\}$，共 12 个。$(h\,k\,l)$ 是基体中的晶面，$(h'k'l')$ 是 $(h\,k\,l)$ 晶面产生孪生后形成的孪晶的晶面。例如，孪晶面 $(p\,q\,r) = (\overline{1}\,1\,2)$，

基体的晶面 $(h\,k\,l)=(2\,\bar{2}\,\bar{2})$，代入式(4-13)得 $(h'\,k'\,l')=(\bar{2}\,2\,2)$，即 $(h\,k\,l)$ 面发生孪生后，其位置和基体的 $(\bar{2}\,2\,2)$ 重合。

图 4-23 给出面心立方 Cu 的孪晶衍射斑点。面心立方晶体的孪晶面是 $\{1\,1\,1\}$，共有 4 个。例如，孪晶面为 $(1\,1\,1)$ 时，当 $(h\,k\,l)=(\bar{2}\,4\,4)$ 时，根据式(4-14)计算，$(h'\,k'\,l')=(6\,0\,0)$，即 $(\bar{2}\,4\,4)$ 产生孪生后其位置与基体的 $(6\,0\,0)$ 重合。对于面心立方晶体，其计算式为：

$$\begin{cases} h'=-h+\dfrac{2}{3}p(ph+qk+rl) \\[2mm] k'=-k+\dfrac{2}{3}q(ph+qk+rl) \\[2mm] l'=-l+\dfrac{2}{3}r(ph+qk+rl) \end{cases} \tag{4-14}$$

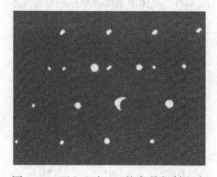

图 4-23　面心立方 Cu 的孪晶衍射斑点

### 4.5.5　菊池衍射花样的标定

如果样品晶体比较厚，而样品内缺陷的密度又较低，则在其衍射花样中，除了规则的斑点以外，还常常出现一些亮、暗成对的平行线条，这就是菊池线或菊池衍射花样。菊池 (S. Kikuchi) 首先发现并对这种衍射现象做了定性的解释，故因此而命名。

菊池衍射花样最重要的几何性质是其线对位置十分灵敏地随晶体的位向而变化，这可以从图 4-24 得到清楚的说明。图 4-24(a) 是对称入射的情况，即 $B\,/\!/\,[\,u\,v\,w\,]$，此时的 $s_{+g}=s_{-g}$，菊池线对正好对称地分布在中心斑点的两侧。在对称入射时，由于 $\beta_1=\beta_2=\theta$，$I_P=I_Q$，$I_{P'}=I_{Q'}$，两边净增和净减均为零，照理不应出现菊池线对，也许是因为"反常吸收效应"的缘故。在相应线对之间常出现暗带（晶体较厚时）或亮带（晶体较薄时），此被称为菊池带。图 4-24(b) 是 $hkl$ 倒易阵点落在 Ewald 球面上（偏离矢量 $s=0$），即精确符合布拉格衍射条件的情况，此时亮线正好通过 $hkl$ 衍射斑点，而暗线通过 000 中心斑点。在晶体样品的衍射衬度成像中，某一组 $(h\,k\,l)$ 晶面在 $s=0$ 的条件下给出特别高的斑点强度，此时，菊池线对的特征位置有助于寻找和确定样品的有利成像条件；而当 $s>0$ 时，菊池线对位于中心斑点的同一侧；当 $s<0$ 时，菊池线对在中心斑点的两侧分布，且亮线靠近 $hkl$ 斑点。

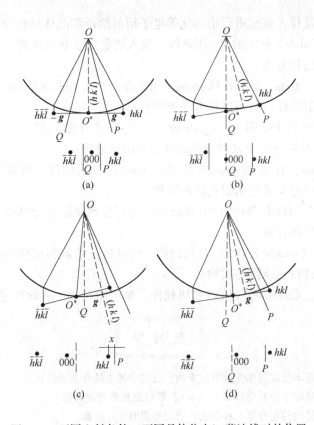

图 4-24　不同入射条件（不同晶体位向）菊池线对的位置
(a) 对称入射；(b) 双光束条件；(c) $s > 0$；(d) $s < 0$

## 4.6　电子衍射的计算机分析

随着微型计算机的普及和发展，它已经广泛地用于处理和分析电子显微数据，如标定电子衍射谱等。用计算机来标定电子衍射谱的优点是：

（1）高效率。人工标定需要花费一定时间，而计算机处理数据极快，可以在很短的时间内，试探许多的指数组合并判断该组合是否合适，从中找出较客观的结果，可以大大提高衍射谱标定的效率。

（2）可分析各种对称性材料。特别是非立方对称性，对于立方晶系材料的电子衍射谱标定，采用人工标定还较简单，但对于非立方晶体材料的电子衍射谱，人工标定的计算量很大也很复杂，采用计算机来标定，优势就很突出。

以下是几种常用的分析电子衍射谱的软件：

（1）ESM（Electron Microscopy Imagine Simulation Software）。PC 用软件，可计算电子显微镜和电子衍射花样，晶体结构。

（2）Desktop Microscopist。Virtural Laboratories 公司的 Macintosh 用软件，可进行电子衍射、会聚束电子衍射花样的分析。

（3）ELD（Commercial Package for Windows）。PC 用软件，与 CRISP 软件组合起来使

用，输入电子衍射花样，就能进行指标化等电子衍射解析和晶体结构分析。

（4）CRISP。Calidris 公司的 PC 用软件，输入透射电子显微镜像，可进行傅里叶变换等图像处理和晶体结构分析。

（5）DIFPACK。Gatan 公司的 Macintosh 用软件，它与 Digital Micrograph 软件组合起来实验，输入电子衍射花样，就可进行电子衍射分析。

（6）Gatan 公司的 PC 用 Macintosh 软件，它可进行慢扫描 CCD 摄像机和过滤器（GIF）的控制，以及透射电子显微镜像的解析和图像处理。

（7）Mac Tempas。Total Resolution 公司的 Macintosh 用软件，它可按照多层法计算高分辨电子显微镜和对电子进行衍射花样的计算。

（8）Mss Win32。JEOL 公司的 PC 用软件，它可按照多层法计算高分辨电子显微镜像和进行电子衍射花样的计算。

（9）TriMerge。Calidris 公司的 PC 用软件，它可将连续倾斜试样得到的一系列电子衍射花样输入进去，进行三维倒易重构。

（10）Tri View。Calidris 公司的 PC 用软件，显示用 TriMerge 软件建立的三维结构。

## 练 习 题

4-1　电子衍射分析的基本公式是如何推导出来的，公式中各项的含义是什么？

4-2　为什么说简单单晶电子衍射花样是 $(u\,v\,w)_0^*$ 零层倒易面的放大像？

4-3　单晶电子衍射花样的标定有哪几种办法？请简要说明标定步骤。

4-4　分析电子衍射与 X 射线衍射有何异同？

4-5　说明多晶、单晶及非晶衍射花样的特征及形成原理。

4-6　图 4-25 为 18Cr2N4WA 经 900℃油淬后在透射电镜下得到的选区电子衍射花样示意图，衍射花样中有马氏体和奥氏体两套斑点，请对其指数斑点进行标定。

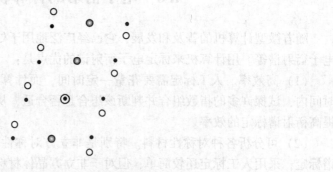

图 4-25　选区电子衍射花样示意图

4-7　图 4-26 为 18Cr2N4WA 经 900℃油淬 400℃回火后在透射电镜下得到的渗碳体选区电子衍射花样示意图，请对其斑点进行标定。

4-8　某面心立方晶体的单晶体电子衍射花样如图 4-27 所示（底片面朝上），已知 $R_1 = 3.1\text{mm}$，$R_2 = 5\text{mm}$，$R_3 = 5.9\text{mm}$，$\theta = 90°$，$L\lambda = 1.87\text{mm}\cdot\text{nm}$。试求：

（1）求各斑点指数和晶带轴指数；

（2）计算点阵常数。

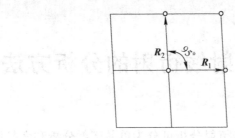

$R_1$=9.8mm，$R_2$=10.0mm，$\theta$=95°，$L\lambda$=2.05mm·nm

**图 4-26　渗碳体选区电子衍射花样示意图**

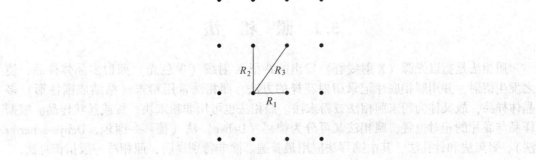

**图 4-27　某面心立方晶体的单晶体电子衍射花样示意图**

4-9　对衍射花样进行分类，并对衍射花样产生的原因及用途进行说明。

4-10　当晶带轴与电子束平行时，为什么说单晶斑点花样即该晶带的衍射花样？

# 5　X射线衍射的分析方法

根据样品的结构特点，X射线衍射分析可分为单晶衍射分析和多晶体X衍射分析两种。单晶衍射分析主要分析晶体的结构、物相、晶体取向以及晶体的完整程度，有劳厄法和周转晶体法两种。多晶体衍射分析主要用于分析多晶体的物相、内应力、织构等，通常有照相法和衍射仪法两种。本章将围绕X射线衍射分析，分别对照相法、衍射仪法、劳厄法、周转晶体法和粉末法进行讲述。

## 5.1　照　相　法

照相法是指以光源（X射线管）发出的特征X射线（单色光）照射多晶体样品，使之发生衍射，并用照相底片记录衍射花样的方法。照相法常用粉末（粘结成圆柱形）多晶体样品，故又称为粉末照相法或粉末法。照相法也可用非粉末块、板或丝状样品。根据样品与底片的相对位置，照相法又可分为德拜（Debye）法（德拜—谢乐，Debye-scherrer法）、聚焦法和针孔法，其中德拜法应用最普遍。除非特别说明，照相法一般指德拜法。

### 5.1.1　照相法原理

多晶体衍射的爱瓦尔德图解如图5-1所示。样品中各晶粒同名$(HKL)$面倒易点集合而成倒易球（面），倒易球与反射球交线为圆环，因而样品各晶粒同名$(HKL)$面衍射线构成以入射线为轴、$2\theta$为半锥角的圆锥体即$(HKL)$衍射圆锥。不同$(HKL)$面衍射角$2\theta$不同，但各衍射圆锥共顶；而等同晶面衍射圆锥则重叠（因$2\theta$角相同）。

若采用垂直于入射线方向的平板底面记录衍射信息（针孔法），则获得的衍射花样是一些同心的衍射圆环即各$(HKL)$衍射圆锥与平板底面的交线。德拜法以圆柱状并与样品同轴安装的底片记录衍射信息，获得的衍射花样是一些衍射弧（对）即各$(HKL)$衍射圆锥与底片的交线，如图5-2所示。

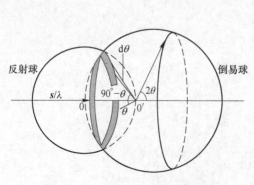

图5-1　多晶体衍射的爱瓦尔德图解

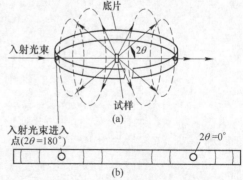

图5-2　德拜法衍射花样

（a）底片对试样及入射光束的关系；（b）底片摊平后的外貌

### 5.1.2  德拜相机

德拜照相装置称为德拜相机，由圆筒形外壳、样品架、前光阑和承光管（后光阑）等部分组成，如图 5-3 所示。照相底片紧贴相机外壳内壁安装（底片曲率半径等于相机外壳内径），常用相机内直径（$D$）为 57.3mm，故底片上每毫米长度对应 2° 圆心角。有时用 $D$ 为 114.6mm 的相机，则底片上每毫米长度对应 1° 的圆心角。样品架在相机中心轴上，并有专门调节装置，以使安装在架上的圆柱形样品与相机中心同轴。光阑的主要作用是限制入射线的发散度（不平行度），固定入射线位置和控制入射线截面（尺寸）的大小。穿透样品后的入射线进入承光管，经过一层黑纸和荧光屏后被铅玻璃吸收（荧光屏可显示入射线与样品的相对位置）。粉末样品制备一般经过粉碎、研磨、过筛（43 ~ 63μm）等过程，最后粘接为细圆柱状，长度约为（直径 0.2 ~ 0.8mm）10 ~ 15mm。经研磨后的材料粉末应在真空或保护气氛下退火，以消除加工应力。

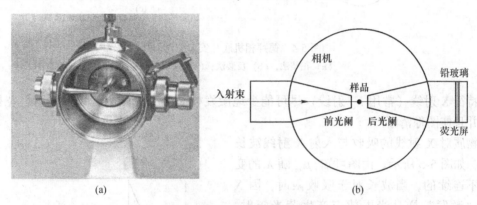

图 5-3  德拜相机及结构示意图

(a) 德拜相机；(b) 德拜相机示意图

#### 5.1.2.1  底片的安装

将双面乳胶专用底片按相机尺寸裁成长方形并在适当位置打孔后紧贴相机内壁安装（光阑或承光管穿过底片圆孔）、压紧，根据底片位置和开口所在位置不同，安装方法为如图 5-4 所示的 3 种。

(1) 正装法。安装底片时正中圆孔穿过承光管，开口在光阑两侧，记录的衍射弧对（有时称衍射线条）按 $2\theta$ 增加的顺序由底片孔中心向两侧展开，如图 5-4(a) 所示。此法常用于物相分析。

(2) 反装法。底片正中圆孔穿过光阑，开口在承光管两侧，衍射线条按 $2\theta$ 增加的顺序逐渐移向底片孔中心，如图 5-4(b) 所示。此法常用于测定点阵常数。

(3) 偏装法（不对称安装法）。底片上两圆孔分别穿过光阑和承光管，开口在光阑和承光管之间，如图 5-4(c) 所示。此法可校正由于底片收缩及相机半径不准确等因素产生的测量误差，适用于点阵常数的精确测定工作。

#### 5.1.2.2  选靶和滤波

选靶和滤波的主要依据是 $\lambda$ 和 $\mu_m$ 的关系。

(1) 选靶。选靶是指选择 X 射线管阳极（靶）所用材料，选靶的基本要求是靶材产

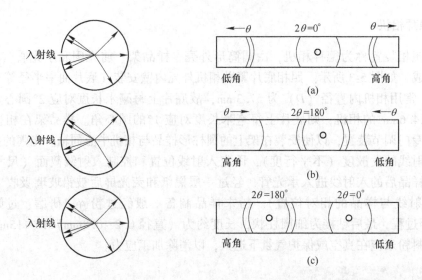

图 5-4　德拜相机底片安装方法
（a）正装法；（b）反装法；（c）偏装法

生的特征 X 射线（常用 $K_\alpha$ 射线）尽可能少地激发样品的荧光辐射，以降低衍射花样背底，并且使图像清晰。

　　物质对 X 射线的吸收与入射 X 射线波长有关，如图 5-5 所示。由图可知，$\mu_m$ 随 $\lambda$ 的变化是不连续的，当波长对于吸收限时，因 X 射线"激发"样品光电效应产生荧光辐射，故 $\mu_m$ 值很大；而在吸收限两侧，$\mu_m$-$\lambda$ 曲线由两根相似的分枝组成，$\mu_m$ 随 $\lambda$ 的减小而减小。

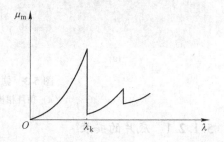

图 5-5　质量吸收系数（$\mu_m$）与波长 $\lambda$ 关系

　　按 $\mu_m$ 与 $\lambda$ 的关系可知，当入射的 $K_\alpha$ 射线波长（$\lambda_{K_\alpha 靶}$）远长于样品的 K 吸收限 $\lambda_{K样}$ 或 $\lambda_{K_\alpha 靶}$ 远短于 $\lambda_{K样}$ 时可避免荧光辐射的产生 ［见图 5-6（a）和（c）］。当 $\lambda_{K_\alpha 靶}$ 稍长于 $\lambda_{K样}$（$\lambda_{K_\beta 靶} < \lambda_{K样} < \lambda_{K_\alpha 靶}$）时，$K_\alpha$ 射线也不会激发样品的荧光辐射 ［见图 5-6（b）］，由 $\mu_m$-$\lambda$ 曲线也可知，$\lambda_{K_\alpha 靶}$ 稍长于 $\lambda_{K样}$ 时，$\lambda_{K_\alpha 靶}$ 处于曲线低谷处，（与 $\lambda_{K_\alpha 靶}$ 远长于 $\lambda_{K样}$ 相比）$K_\alpha$ 射线被样品吸收少，有利于衍射实验。

　　靶材原子序数（$Z_靶$）与样品原子序数（$Z_样$）满足一定关系时，上述 $\lambda_{K_\alpha 靶}$ 与 $\lambda_{K样}$ 的关系成立，即 $Z_靶 < Z_样$ 时，$\lambda_{K_\alpha 靶} > \lambda_{K样}$；$Z_靶 \gg Z_样$ 时，$\lambda_{K_\alpha 靶} \ll \lambda_{K样}$；$Z_靶 = Z_样 + 1$ 时，$\lambda_{K_\beta 靶} < \lambda_{K样} < \lambda_{K_\alpha 靶}$。按 $Z_靶$ 与 $Z_样$ 的关系选靶以避免激发样品荧光辐射的方法称为按样品化学成分选靶。当样品中含有多种元素时，一般按含量较多的几种元素中 $Z$ 最小的元素选靶。选靶时还应考虑其他因素，比如入射线波长对衍射线条多少的影响：由于 $\sin\theta \leqslant 1$，故由布拉格方程可知 $d \geqslant \lambda/2$，即只有满足此条件的晶面才有可能产生衍射，因此 $\lambda$ 越长则越可能产生的衍射线条越少。又比如，通过波长的选择可调整衍射线条的出现位置等。

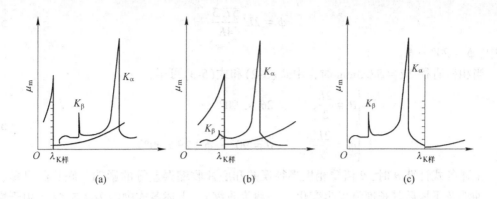

图 5-6　样品的化学成分选靶

（2）滤波。$K$ 系特征辐射包括 $K_\alpha$ 与 $K_\beta$ 射线，因二者波长不同，将使样品产生两套方位不同的衍射花样，使衍射分析工作复杂化。为此，在 X 射线源与样品间放置薄片（称为滤波片）以吸收 $K_\beta$ 射线，从而保证 $K_\alpha$ 射线的纯度，此则称为滤波。

依据 $\mu_m$ 与 $\lambda$ 的关系选择滤波片材料。选择滤片材料，使其 K 吸收限（$\lambda_{K滤}$）处于入射的 $K_\alpha$ 射线与 $K_\beta$ 射线波长之间（$\lambda_{K_\beta靶} < \lambda_{K滤} < \lambda_{K_\alpha靶}$），则 $K_\beta$ 射线因激发滤片的荧光辐射而被滤片吸收。滤片材料原子序数（$Z_滤$）与 $Z_靶$ 满足下述条件时，$\lambda_{K_\beta靶} < \lambda_{K滤} < \lambda_{K_\alpha靶}$：当 $Z_靶 < 40$ 时，$Z_滤 = Z_靶 - 1$；当 $Z_靶 > 40$ 时，$Z_滤 = Z_靶 - 2$。

### 5.1.2.3　拍照参数的选择

拍照参数包括 X 射线管电压、管电流、摄照（曝光）时间等。管电压通常为阳极（靶材）激发电压（$V_K$）的 3~5 倍，此时特征谱对连续谱强度比最大。管电流较大可缩短摄照时间，但以不超过管额定功率为限。摄照时间的影响因素很多，一般在具体实验条件下通过试照确定（德拜法常用拍照时间一般以小时计）。

### 5.1.2.4　衍射花样的测量和计算

主要是通过测量底片上的衍射线条的相对位置来计算 $\theta$ 角（并确定各衍射线条的相对长度）。（$HKL$）衍射弧对与其 $\theta$ 角的关系如图 5-7 所示。由图可知，对于前反射区（$2\theta < 90°$）衍射弧对，有：

$$2L = R \cdot 4\theta \qquad (5-1)$$

式中　$R$——相机半径；

　　　$2L$——衍射弧对间距。

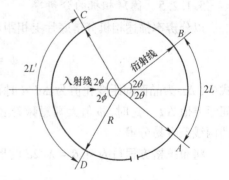

图 5-7　衍射弧与 $\theta$ 角的关系

式(5-1)中，$\theta$ 为弧度，若 $\theta$ 用角度表示，则有：

$$\theta = 2L \frac{57.3}{4R} \qquad (5-2)$$

对于背反射区（$2\theta > 90°$），有 $2L' = R \cdot 4\phi$（$\phi$ 为弧度），若 $\phi$ 用角度表示，则有：

$$\phi = 2L' \frac{57.3}{4R} \tag{5-3}$$

式中，$\phi = 90° - \theta$。

当相机直径 $2R = 57.3\text{mm}$ 时，由式(5-2)和式(5-3)可得：

$$\begin{cases} \theta = \dfrac{2L}{2}, & 2\theta < 90° \\[2mm] \phi = \dfrac{2L'}{2}, & \theta = 90° - \phi \ (2\theta > 90°) \end{cases} \tag{5-4}$$

上述各式计算 $\theta$ 时，$\theta$ 值受相机半径误差和底片收缩误差等的影响。底片经显影、定影、冲洗及干燥后其长度将发生变化（一般为收缩），上述各式中的 $2L$（或 $2L'$）由干燥收缩后的底片测量而来，而各式中视为圆筒状底片曲率半径的相机 $R$ 值却与底片无关，即不能反映因底片收缩导致其曲率半径变化的影响，由此导致的 $\theta$ 值误差称为底片收缩误差。

采用冲洗干燥后的底片（圆）周长（$S$）替换 $\theta$ 计算[式(5-2)和式(5-3)]$R$，并用不对称装片法测量 $S$ 值，即可校正底片收缩误差和相机半径误差对 $\theta$ 值的影响。将 $S = 2\pi R$ 代入式(5-2)和式(5-3)得：

$$\begin{cases} \theta = \dfrac{2L}{4R} \cdot \dfrac{180°}{\pi} = \dfrac{2L}{S} \cdot 90°, & 2\theta < 90° \\[2mm] \phi = \dfrac{2L'}{4R} \cdot \dfrac{180°}{\pi} = \dfrac{2L'}{S} \cdot 90°, & \theta = 90° - \phi, \ 2\theta > 90° \end{cases} \tag{5-5}$$

采用不对称装片法实现对 $S$ 的测量。由图 5-7 可知，因含有底片开口部而无法直接测量的弧段 $DA = BC$，有 $S = AB + BC + CD + DA = AB + 2BC + CD$，可以在冲洗干燥后的底片上通过测量得到。一般可将底片置于内有照明光源的底片测量箱毛玻璃上，通过游标卡尺测量获得 $2L$ 及 $S$ 值。若需精确测量时，则使用更加精密的比长仪。

### 5.1.2.5 德拜相机的分辨率

以分辨率描述相机分辨底片上相距最近衍射线条的本领。分辨率（$\phi$）的表达式为：

$$\phi = \frac{\Delta L}{\Delta d / d} = \frac{d \Delta L}{\Delta d} \tag{5-6}$$

式中，$\Delta L$ 为晶面间距变化值为 $\Delta d / d$ 时衍射线条的位置变化。由式(5-6)可知，当两晶面间距差值 $\Delta d$ 一定时，$\phi$ 值大则意味着底片上两晶面相应衍射线条距离（位置差）$\Delta L$ 大，即两线条容易分辨。

将布拉格方程写为 $\sin\theta = \lambda / 2d$ 的形式，对其微分并整理，有：

$$\Delta\theta = -\tan\theta \left( \frac{\Delta d}{d} \right) \tag{5-7}$$

对式(5-1)微分，有：

$$\Delta L = 2R\Delta\theta \tag{5-8}$$

由式(5-7)和式(5-8)，可得：

$$\phi = -2R\tan\theta \tag{5-9}$$

由式(5-9)可知，$\theta$ 越大则 $\phi$ 越大，背反射衍射线条（较前反射线条）的分辨率高。

### 5.1.3 衍射花样的指数标定

衍射花样的指数标定是确定衍射花样中各线条（弧对）相应晶面（即产生该衍射线条的晶面）的干涉指数，并以之标识衍射线条，又称衍射花样指数化。

#### 5.1.3.1 立方晶系衍射花样指数标定

由立方系晶面间距公式与布拉格方程，可得：

$$\sin^2\theta = \frac{\lambda^2}{4a^2}m \tag{5-10}$$

式中 $m$——衍射晶面干涉指数平方和，即 $m = H^2 + K^2 + L^2$。

由式(5-10)可知，对同一底片同一（物）相各衍射线条的 $\sin^2\theta$（从小到大的）顺序比（因 $\lambda^2/4a^2$ 为常数）等于各线条相应晶面干涉指数平方和（$m$）的顺序比，即：

$$\sin^2\theta_1 : \sin^2\theta_2 : \sin^2\theta_3 : \cdots = m_1 : m_2 : m_3 : \cdots \tag{5-11}$$

立方系不同结构类型晶体因消光规律不同，其产生衍射各晶面的 $m$ 顺序比也各不相同（见表5-1）。表5-1中也同时列出与 $m$ 值相应的晶面干涉指数。由上述所示，通过衍射线条的测量计算同一物相各线条的 $\sin^2\theta$ 顺序比，然后与表5-1中的 $m$ 顺序比相对照，即可确定该物相晶体结构类型及各衍射线条（相应晶面）的干涉指数。

**表 5-1 立方晶系衍射晶面及其干涉指数平方和（$m$）**

| 衍射线顺序号 | 简单立方 | | | 体心立方 | | | 面心立方 | | | 金刚石立方 | | |
|---|---|---|---|---|---|---|---|---|---|---|---|---|
| | HKL | $m$ | $m_i/m_1$ | HKL | $m$ | $m_i/m_1$ | HKL | $m$ | $m_i/m_1$ | HKL | $m$ | $m_i/m_1$ |
| 1 | 100 | 1 | 1 | 110 | 2 | 1 | 111 | 3 | 1 | 111 | 3 | 1 |
| 2 | 110 | 2 | 2 | 200 | 4 | 2 | 200 | 4 | 1.33 | 220 | 8 | 2.66 |
| 3 | 111 | 3 | 3 | 211 | 6 | 3 | 220 | 8 | 2.66 | 311 | 11 | 3.67 |
| 4 | 200 | 4 | 4 | 200 | 8 | 4 | 311 | 1 | 3.67 | 400 | 16 | 5.33 |
| 5 | 210 | 5 | 5 | 310 | 10 | 5 | 222 | 12 | 4 | 331 | 19 | 6.33 |
| 6 | 211 | 6 | 6 | 222 | 12 | 6 | 400 | 16 | 5.33 | 422 | 24 | 8 |
| 7 | 220 | 8 | 8 | 321 | 14 | 7 | 331 | 19 | 6.33 | 333,511 | 27 | 9 |
| 8 | 300,221 | 9 | 9 | 400 | 16 | 8 | 420 | 20 | 6.67 | 440 | 32 | 10.67 |
| 9 | 310 | 10 | 10 | 411,330 | 18 | 9 | 422 | 24 | 8 | 531 | 35 | 11.67 |
| 10 | 311 | 11 | 11 | 420 | 20 | 10 | 333,511 | 27 | 9 | 620 | 40 | 13.33 |

#### 5.1.3.2 正方晶系与六方晶系衍射花样指数标定

正方晶系与六方晶系，其点阵常数不止一个，因而其衍射花样指数标定较立方系情况复杂，常用赫尔—戴维图表进行指数标定。正方晶系晶面间距公式为：

$$d_{HKL} = \frac{a}{\sqrt{(H^2 + K^2) + L^2 / \left(\dfrac{c}{a}\right)^2}} \tag{5-12}$$

将式(5-12)代入布拉格方程，可得：

$$\sin^2\theta = \frac{\lambda^2}{4a^2}\left[(H^2 + K^2) + \frac{L^2}{\left(\dfrac{c}{a}\right)^2}\right] \tag{5-13}$$

对于同一衍射花样同一相物质 $[\lambda^2/(4a)^2$ 为常数$]$ 任意两衍射线条，按式(5-13)可得：

$$(\lg\sin^2\theta_1 - \lg\sin^2\theta_2) = \lg\left[(H_1^2 + K_1^2) + \frac{L_1^2}{\left(\dfrac{c}{a}\right)^2}\right] - \lg\left[(H_2^2 + K_2^2) + \frac{L_2^2}{\left(\dfrac{c}{a}\right)^2}\right] \tag{5-14}$$

由式(5-14)可知，任意两衍射晶面 $(H_1 K_1 L_1)$ 与 $(H_2 K_2 L_2)$ 之 $\sin^2\theta_1$ 与 $\sin^2\theta_2$ 的对数差相应于 $[(H_1^2 + K_1^2) + L_1^2/(c/a)^2]$ 与 $[(H_2^2 + K_2^2) + L_2^2/(c/a)^2]$ 的对数差，且与轴比 $(c/a)$ 有关。此即为赫尔—戴维图表的制作和使用原理。

正方晶系赫尔—戴维图表如图 5-8 所示，其纵坐标为轴比，横坐标为 $(H^2 + K^2) + L^2/(c/a)^2$ [对数坐标，但标出的数字是 $(H^2 + K^2) + L^2/(c/a)^2$ 的值]。对于每一 $(H K L)$，图中绘出一条相应的 $\lg[(H^2 + K^2) + L^2/(c/a)^2]$ 随 $c/a$ 的变化曲线。为叙述方便，将各曲线分别以其相应晶面干涉指数命名，如(001)曲线等。赫尔—戴维图表横坐标上附有 $M\sin^2\theta$ 值的对数分度尺（但标出的是 $M\sin^2\theta$ 值），$M$ 为放大系数，因为 $\sin^2\theta$ 值小于 1，取对数为负数，为使分度方便，故将 $\sin^2\theta$ 乘以 $M$；由 $\lg(M\sin^2\theta_1) - \lg(M\sin^2\theta_2) = \lg\sin^2\theta_1 - \lg\sin^2\theta_2$ 可知，此种方式不影响式(5-14)的成立。

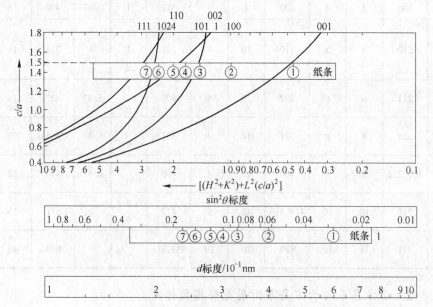

图 5-8 正方晶系赫尔—戴维图表

应用赫尔—戴维图表进行衍射花样指数标定步骤如下：

（1）计算各衍射线条 $\sin^2\theta$ 值并乘以对数分度尺所用的 $M$ 值。

（2）应用 $M\sin^2\theta$ 对数分度尺在纸上标出各衍射线条的 $M\sin^2\theta$ 值。

（3）在赫尔—戴维图表上移动。移动时必须保持各 $M\sin^2\theta$ 标记点的连线（纸条边缘）与横坐标平行（即保证各标记点相应于同一 $c/a$ 值），直到每个标记点都各自与图表上某根（$H K L$）曲线重合，此时，曲线对应的干涉指数（$H K L$）即为相重合标记点相应衍射线条的指数。按式(5-12)，任意两晶面间距（$d_1$ 与 $d_2$）平方之比取对数，可得：

$$2(\lg d_2 - \lg d_1) = \lg\left[(H_1^2 + K_1^2) + \frac{L_1^2}{\left(\frac{c}{a}\right)^2}\right] - \lg\left[(H_2^2 + K_2^2) + \frac{L_2^2}{\left(\frac{c}{a}\right)^2}\right] \tag{5-15}$$

由式(5-15)可知，按各衍射线条 $d$ 值的对数为标记点，也可以赫尔—戴维图表进行衍射花样指数标定，其指数标定步骤与上述用 $\sin\theta$ 为标记点的步骤相似，赫尔—戴维图表也附有 $d$ 值的对数分度尺。

六方晶系晶面间距为：

$$d_{\text{HKL}} = \frac{a}{\sqrt{\frac{4(H^2 + HK + K^2)}{3} + \frac{L^2}{\left(\frac{c}{a}\right)^2}}} \tag{5-16}$$

六方晶系按此公式制作赫尔—戴维图表的原理及衍射花样指数标定过程均与正方晶系相同。

### 5.1.4 聚焦法简介

聚焦法照相，底片与样品处于同一圆周上，以具有较大发散度的单色 X 射线照射样品上较大区域，多晶体样品中同名（$H K L$）及其等同晶面的衍射线在底片下聚焦成一点（或一条细线）。聚焦法照相装置称聚焦相机。塞曼—波林相机是一种聚焦相机，其构造如图 5-9 所示，入射线狭缝光阑（$S$）、样品表面（$AB$）和底片（$MN$）处于相机外壁周围（称聚焦圆）上。相机外壁有槽，以使入射线能照射到样品上和使衍射线能被底片记录。$M$ 与 $N$ 为金属刀口，（照相时）以其在底片上生成的阴影作为测量计算的参考基准。

聚焦法所依据的基本原理为同一圆周上的同弧圆周角相等。如图 5-9 所示，由 S 发出的发散 X 射线与（$H K L$）晶面衍射线夹角（圆周角）均为（$\pi - 2\theta$），故样品各处的（$H K L$）衍射线聚焦于一点（$F$）。

设弧 $SABN = C$，则 $C$ 为常数；又设刀口 $N$ 到某衍射线条 $F$ 的弧长 $NF = L$，则有：

$$4\theta R = L + C \tag{5-17}$$

或

$$\theta = \frac{57.3(L + C)}{4R} \tag{5-18}$$

由底片测量衍射线条的 $L$ 值，即可据此式计算相应的 $\theta$ 角。对式(5-17)及布拉格方程微分，可得聚焦相机的分辨率为：

$$\phi = -4R\tan\theta \tag{5-19}$$

　　当需应用背射（大角度）衍射线条进行分析工作时，可采用对称背射塞曼—波林相机，如图5-10所示。相机狭缝光阑正对样品中心，衍射线对称分布光阑两侧，即可在底片上获得一对对的大角度衍射弧线。一种将弯曲单色器与聚焦相机结合的联合装置称为纪尼叶（A. Guinier）相机。Guinier相机可同时安装4个样品，1次摄照，从而消除了底片处理条件对衍射花样的影响，便于不同样品衍射花样的比较。其工作效率及相机灵敏度均远高于德拜相机。有关Guinier相机的原理、构造与使用等可参见相关参考文献。

　　聚焦法可使用弯曲的（涂在硬纸板上的）粉末样品或整体样品，若使用平板状整体样品，则衍射线聚焦程度差。聚焦法与德拜法相比，具有曝光时间短、分辨率高的特点，但记录的衍射线条较少且衍射线条较宽。

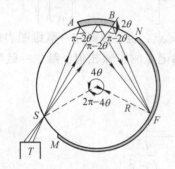 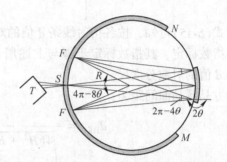

图 5-9　Zeeman-Boring 相机原理　　　　图 5-10　对称背射 Zeeman-Boring 相机原理

# 5.2　衍　射　仪　法

　　X射线（多晶体）衍射仪是以特征X射线照射多晶体样品，并以辐射探测器记录衍射信息的衍射实验装置。X射线衍射仪是以布拉格实验装置为原型，随机械与电子技术等的进步，逐步发展和完善起来。

## 5.2.1　X射线衍射仪成像原理

　　X射线衍射仪成像原理与照相法相同，但记录方式及相应获得的衍射花样［强度（$I$）对位置（$2\theta$）的分布（$I$-$2\theta$曲线）］不同。衍射仪采用的具有一定发散度的入射线，也因同一圆周上的同弧圆周角相等而聚焦，与聚焦（照相）法不同的是，其聚焦圆半径随$2\theta$变化而变化。X射线衍射仪法以其方便、快速、准确和可以自动进行数据处理等特点在许多领域中取代了照相法，已成为晶体结构分析工作中的重要方法。

　　测角仪是X射线衍射仪的核心部分，其结构如图5-11所示。样品台（小转盘H）与测角仪圆（大转盘G）同轴（中心轴$O$与盘面垂直）；X射线管靶面上的线状焦斑（S）与$O$轴平行；接收光阑（F）与计数管（C）共同安装在可绕$O$轴转动的支架上；处于入射线与样品（D）之间的入射光阑（M）包括梭拉狭缝（$S_1$）与发散狭缝（K）（图中未画出），$S_1$和K分别限制入射线的垂直（方向）与水平（方向）发散度；样品与接收光阑间有防散射狭缝（L）与梭拉狭缝（$S_2$）（图中未画出），$S_2$限制衍射线垂直发散度，而L与F限制衍射线水平发散度；光学结构是由S、$S_1$、K、D、L、$S_2$及F构成的，S发出的具有一定发散度的X射线经$S_1$与K后照射到样品D上，产生的衍射线经L、$S_2$后在光阑 F 处聚焦，然后进入计数管 C。

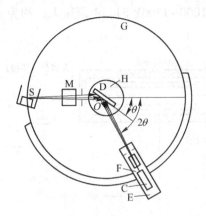

图 5-11　X 射线测角仪结构示意图

C—计数管；D—样品；E—支架；F—接收（狭缝）光阑；G—大转盘（测角仪圆）；
H—样品台；M—入射光阑；O—测角仪中心；S—管靶焦斑

在衍射实验过程中，安装在 H 上的样品（其表面应与 $O$ 轴重合）随 H 与支架 E 以 1∶2 的角速度关系联合转动（常称为计数管与样品连动扫描，或称为 $\theta - 2\theta$ 连动），以保证入射角等于反射角；连动扫描过程中，一旦 $2\theta$ 满足布拉格方程（且样品无系统消光时），样品将产生衍射线并被计数管接收。测角仪扫描范围：正向（顺时针）$2\theta$ 可达 165°，反向（逆时针）$2\theta$ 可达 −100°。$2\theta$ 测量绝对精度 0.02°，重复精度可达 0.001°。

X 射线管焦斑 S 与接收光阑 F 处于同一圆周，即测角仪圆上。S 发出的发散 X 射线照射样品，样品产生的 $(HKL)$ 衍射线在 F 处聚焦；按聚焦原理，S、O 与 F 决定的圆即为聚焦圆（S、O 与 F 共圆），如图 5-12 所示。在计数器与样品连动扫描过程中，F 点的位置沿测角仪圆周变化，即对应不同 $(HKL)$ 衍射，焦点 F 位置不同，从而导致聚焦圆半径不同。由聚焦几何可知，为保证聚焦效果，样品表面与聚焦圆应具有相同的曲率。但由于连动扫描过程中，测角仪聚焦圆曲率不断变化，样品表面不可能实现这一要求，故衍射仪只能作近似处理，即采用平板样品，使样品表面在扫描过程中始终与聚焦圆相切。

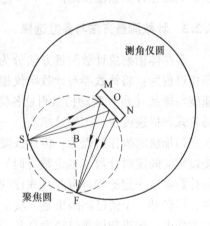

图 5-12　测角仪聚焦示意图

## 5.2.2　辐射探测器

辐射探测器的作用是接收样品衍射线（光子），并将光信号转变为电信号。

### 5.2.2.1　正比计数器与盖革计数器

正比计数器与盖革计数器均为充气式计数器。正比计数器以 X 射线光子可使气体电离的性质为基础，其结构如图 5-13 所示。若入射线光子（无气体放大作用时）直接致电离的气体分子数为 $n$，而经放大作用致电离气体分子数为 $An$，则称 $A$ 为气体放大因子。$A$

与计数器两极间施加的电压有关，当电压为 600~900V 时，$A$ 值约为 $10^3 \sim 10^5$，此为正比计数器工作区域。当电压达 1000~1500V 时，$A$ 值很大，约为 $10^8 \sim 10^9$，以此为工作区域的即为盖革计数器。

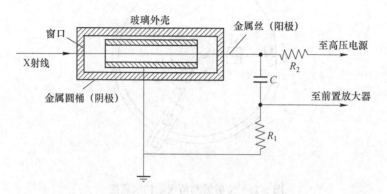

图 5-13　正比计数器结构示意图

### 5.2.2.2　闪烁计数器

闪烁计数器是利用 X 射线激发某些固体物质（磷光体）发射可见荧光并通过光电倍增管放大的计数器。磷光体一般为加入少量铊作为活化剂的碘化物单晶体。一个 X 射线光子照射磷光体使其产生一次闪光，闪光射入光电倍增管并从光敏阴极上撞出许多电子，一个电子通过光电倍增管的倍增作用，在极短时间（小于 $1\mu s$）内，可增至 $10^6 \sim 10^7$ 个电子，从而在计数器输出端产生一个易检测的电脉冲。

### 5.2.3　计数测量方法与参数选择

多晶体衍射仪计数测量方法分为连续扫描和步进（阶梯）扫描两种。连续扫面法的操作过程为：将计数器与计数率仪相连接，在选定的 $2\theta$ 角范围内，计数器以一定的扫描速度与样品（台）联动扫描测量各衍射角相应的衍射强度，结果获得 $I$-$2\theta$ 曲线。连续扫描方式扫描速度快、工作效率高，一般用于对样品的全扫描测量（对物相定性分析时）。步进扫描法的操作过程为：将计数器与定标器相连接，计数器首先固定在起始 $2\theta$ 角位置，按设定时间定时计数（或定数计时）获得平均计数速率（即为该 $2\theta$ 处衍射强度）；然后将计数器以一定的步进宽度（角度间隔）和步进时间（行进一个步进宽度所用时间）转动，每转动一个角度间隔重复一次上述测量，结果获得两两相隔一个步长的各 $2\theta$ 对应的衍射强度。步进扫描测量精度高并受步进宽度与步进时间的影响，适于做各种定量分析工作。增大扫描速度可节省测试时间，但扫描速度过高，将导致强度和分辨率下降，并可导致衍射峰位偏移、峰形不对称宽化等现象。物相分析时，扫描速度常用 $1°/\text{min}$ 或 $2°/\text{min}$。使用位能正比计数器，扫描速度可达 $120°/\text{min}$。

## 5.3　劳　厄　法

由劳厄方程的推导过程可见，为使劳厄方程有解，最有效的方式是再引入一个变量，利用连续改变入射角或连续改变入射 X 射线波长的方法。

### 5.3.1　成像原理

劳厄等人在1912年创立的劳厄法，就是采用连续波长的X射线照射不动的单晶体。根据爱瓦尔德图解，连续X射线的波长在一个范围内变化，从$\lambda_0$连续变化到$\lambda_m$，对应的反射球半径则从$1/\lambda_0$连续变化到$1/\lambda_m$，这些反射球的球面都与倒易原点$O'$相切，不同波长对应于不同的反射球心位置。凡是落到这两个球面之间区域的倒易点均有机会被不同半径的反射球面截到、满足衍射条件而获得衍射。

劳厄法主要用于测定晶体的对称性、确定晶体的取向和进行单晶的定向切割，根据实验时安装底片的位置可将劳厄法分为透射劳厄法和背反射劳厄法。如图5-14所示，样品以胶泥固结于样品架（测角器上），通过测角器可在照相前调节样品相对于入射线的方位。垂直于入射线的平板底片置于样品前方记录透射衍射线（此时称透射劳厄法），或置于样品后方记录背射衍射线（此时称背射劳厄法）。在一台劳厄相机上可同时进行透射和背射照相，也可单独进行透射或背射照相。劳厄法常用钨靶，X射线管工作电压在30～70kV。背射劳厄法不受样品厚度和吸收的限制，是常用的方法，而透射法只适用于吸收系数较小和较薄的样品。

### 5.3.2　衍射花样特征

劳厄法的一种爱瓦尔德图解即衍射矢量方程$s - s_0 = R_{HKL}^*$（式中$|R_{HKL}^*| = \lambda/d_{hkl}$，如图5-15所示）。由于劳厄法入射线波长$\lambda$连续变化，故$R_{HKL}^*$的长度亦连续变化，因而$(HKL)$倒易点，$(R_{HKL}^*$的终点）成为一条为$R_{HKL}^*$方向的线段，称$(HKL)$倒易线段。只要此倒易线段与反射球相交，则相应的$(HKL)$而满足衍射矢量方程，反射球心$(O)$与交点的衍射矢量即为$(HKL)$面反射线单位矢量；反射线与平板底片的交点（称劳厄斑）即为$(HKL)$面的衍射花样。

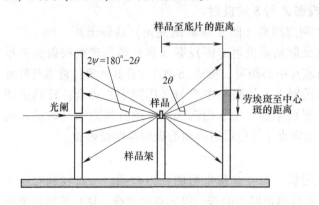

图5-14　劳厄相机示意图

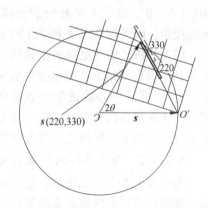

图5-15　劳厄法的一种爱瓦尔德图解

如图5-15所示，$(220)$，$(330)$等倒易线段与反射球相交于同一点，因而$(220)$，$(330)$等面反射线与胶片相交于同一点。综上所述，劳厄法的衍射花样（称为劳厄花样）由若干劳厄斑（点）组成，每一个劳厄斑相应于$(hkl)$晶面的$1-n$级反射〔如$(110)$晶面$1-n$级反射即干涉指数晶面$(110)$，$(220)$，$(330)$等的反射，与底片相交于同一点]。此外，同一晶带各 $(hkl)$ 面的劳厄斑构成一条二次曲线，称为晶带曲线。劳厄斑位置用相应 $\theta$（或 $2\theta$）表示，可通过下式求得（见图 5-14），即：

$$\begin{cases} \tan 2\theta = \dfrac{L}{D}，前反射(2\theta < 90°) \\ \tan 2\phi = \dfrac{L}{D}，2\theta = 180° - 2\phi，背反射(2\theta > 90°) \end{cases} \tag{5-20}$$

式中　$D$——样品到底片的距离；

$L$——劳厄斑到底片中心 [ 底片圆孔中心（背射法）或中央斑（透射法）] 的距离。

### 5.3.3　劳厄花样的指数标定

劳厄花样指数标定即确定各劳厄斑点相应的反射晶面并以其晶面指数标识斑点。

#### 5.3.3.1　劳厄斑与其相应反射晶面极射赤面投影的关系

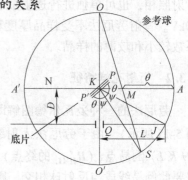

图 5-16　劳厄法与其相应的极射赤面投影的关系（背射劳厄法）

背射劳厄法劳厄斑与其相应反射晶面极射赤面投影的几何关系如图 5-16 所示。入射线 $(O'O)$ 照射单晶样品 $(K)$ 使其某组晶面 $(P'P)$ 产生反射，反射线 $KJ$ 与底片相交形成劳厄斑 $J$。按如下关系作 $P'P$ 之极射赤面投影；以 $K$ 为球心，任意长为半径作参考球，$P'P$ 法线 $KS$ 与参考球之交点 $S$ 即为 $(P'P)$ 之球投影（极点）；以过 $K$ 点且平行于底片的平面 $A'A$ 为投影平面（赤道平面），以 $O$ 为投射点，则 $OS$ 与 $A'A$ 的交点（即 $S$ 在 $A'A$ 上的投影）$M$ 为晶面 $P'P$ 之极射赤面投影。由图 5-16 可知，球投影 $A$ 与 $S$ 之夹角 $\angle AKS = 90° - \angle O'KS = 90° - \phi = \theta$。由于 $A$ 与 $M$ 分别是球投影 $A$ 与 $S$ 的极射赤面投影，因而用乌氏网测量 $A$ 与 $M$ 两点距离（即 $A$ 与 $M$ 的夹角）应等于 $\theta$。

综上分析，由劳厄斑确定其相应反射晶面极射赤面投影（即作劳厄斑的极射赤面投影）的步骤可归纳为：测量劳厄斑至底片中心距离，按式(5-20)计算其 $\theta$ 角；将描有劳厄斑（$J$）及底片中心的透明纸放在乌氏网上，使底片中心与乌氏网中心重合；转动透明纸，使 $J$ 落在乌氏网赤道直线（赤道平面半径）上；由乌氏网赤道直线边缘（端点）向中心方向量出 $\theta$，所得之点即为该劳厄斑点 $J$ 相应反射晶面的极射赤面投影 $M$。

#### 5.3.3.2　劳厄花样的指数标定

做底片上若干劳厄斑的极射赤面投影，与一套标准极图一一对照，一旦找到对应关系，即所有劳厄斑的极射赤面投影与某标准极图上的若干投影点会重叠，则可按该标准极图，各投影点指数即标记劳厄斑指数。由于各标准极图分别以 $(001)$，$(011)$ 等低指数重要晶面为投影平面，而由劳厄斑确定其极射赤面投影时以平行于底片的平面为投影平面。除非巧合，底片（平面）放置时一般不与样品中 $(001)$，$(011)$ 等晶面平行，因而上述比较对照一般难以直接得到结果。为此，需将所作劳厄斑的极射赤面投影进行投影变换，然后在重复上述对照比较工作。若仍不能得出结果，则需再次进行变换。一般情况下，底片上强劳厄斑点或位于两条或多条晶带曲线交点位置上的斑点相应的晶面往往是低指数晶面，因而可取其中任意一点的极射赤面投影点，以其相应晶面作为新投影面，进行一次投影变换。

图5-17为投影变换过程示例。将描有各劳厄斑极射赤面投影点（$M_1$、$M_2$等）的透明纸放在乌氏网上，底片中心与乌氏网中心重合；转动透明纸将选定的欲以其晶面作为新投影面的投影点（如图中的$M_1$）压在赤道平面直径线上；沿赤道直线将$M_1$点移至基元中心（$O$），此时$M_1$点相应晶面与赤道平面重合，即成为新的投影面，用乌氏网量出$M_1$移动至$O$点的角度$\alpha$。由于$M_1$点的移动$\alpha$度相当于其对应晶面连同整个晶体转动$\alpha$度，故其余各投影点（如$M_2$、$M_3$）沿各自所在的纬线小圆弧移动相同的角度，即得到各自的以$M_1$点对应晶面为投影面的新投影点（如$M_2'$、$M_3'$）。

透明纸

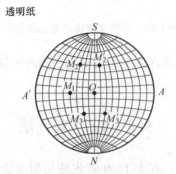

图5-17　利用乌式网进行投影变换

# 5.4　周转晶体法

德布罗意（De Broglie）于1913年首先应用周转晶体法，利用旋转或回摆晶体试样和准直单色X射线束进行实验。周转晶体法就是采用单色X射线照射转动的单晶体，通常转轴为某一已知的主晶轴，借助圆筒状底片来记录衍射花样，所得的衍射花样为层线，如图5-18所示。摄照时让晶体绕选定的晶向旋转，转轴与圆筒状底片的中心轴重合。周转晶体法的特点是入射线的波长$\lambda$不变，而依靠旋转单晶体来连续改变入射线与各个晶面的夹角（入射角$\theta$），以满足布拉格方程。

晶体绕某一晶轴旋转，相当于其倒易点阵围绕倒易原点并与反射球相切的轴线动，各个倒易点将瞬时通过反射球面的某一位置，处在与旋转轴垂直的同一平面上的倒易点，将与反射球面相交同一水平的圆周上，所以记录的衍射花样是一层一层的衍射点，可称为层线（Layer line），如图5-19所示。

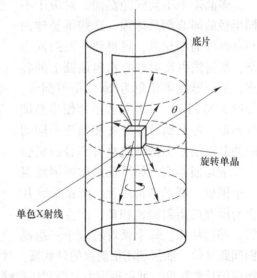

底片

$\theta$

旋转单晶

单色X射线

图5-18　周转晶体法

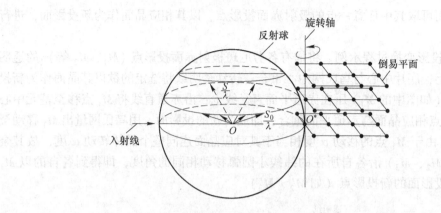

图 5-19　周转晶体法的爱瓦尔德图解

周转晶体法可用于确定晶体在旋转轴方向上的点阵周期，通过多个方向上点阵周期的测定，即可确定晶体的结构。

# 5.5　粉　末　法

德拜、谢乐和赫尔（Hull）在 1916 年首先使用粉末法，利用粉末多晶试样及准直单色 X 射线进行实验。粉末法就是采用单色 X 射线照射粉末多晶试样，利用晶粒的不同取向来改变入射角 $\theta$，以满足布拉格方程。多晶体由无数个任意取向的小单晶即晶粒组成，就其他位向而言，相当于单晶体围绕所有可能的轴线旋转，所以其某一晶面（$HKL$）的倒易点在 $4\pi$ 立体空间中是均匀分布的，相同倒易矢长度的倒易点（相当于同间距的晶面簇）将落在同一个以倒易原点为中心的球面上，构成一个半径为 $d_{HKL}$ 的球面（称为倒易球面）。显然此倒易球面对应于一个 $\{HKL\}$ 晶面簇。

多晶体中不同间距晶面，对应于不同半径的同心倒易球面，这些倒易球面与反射球面相交后，将得到一系列同心圆，衍射线由反射球心指向该圆上的各点，从而形成半顶角为 $2\theta$ 的衍射圆锥，如图 5-20 所示。实验过程中即使多晶试样不动，各个倒易球面（相当于不同间距的晶面簇）上的结点也有充分的机会与反射球面相交。如沿反射球圆周放置一个围成一圈的条形底片，则条形底片会与所有的衍射圆锥相截，产生弧对花样，即德拜相。每个弧对对应于一组晶

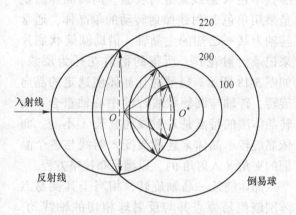

图 5-20　粉末法的爱瓦尔德图解

面间距 $d$ 值。如果利用衍射仪的计数器，计数器沿反射圆周移动，扫描并接收不同方位的衍射线计数强度，就可得到由一系列衍射峰所构成的衍射谱线，每个衍射峰对应于一组晶面间距 $d$ 值。具体的多晶体分析方法将在后面的章节介绍。

　　粉末法的主要特点是试样获得容易、衍射花样反映晶体的信息全面，可以进行物相分析、点阵参数测定、应力测定、织构测量、晶粒度测定等，是目前最常用的方法。

## 练习题

5-1　Cu $K_\alpha$ 辐射（$x=0.154$nm）照射 Ag 面心立方（f.c.c）样品，测得第一衍射峰位置 $2\theta=38°$。试求 Ag 的点阵常数。

5-2　试总结德拜法衍射花样的背底来源，并提出一些防止和减少背底的措施。

5-3　图 5-21 为某样品德拜相示意图，摄照时未经滤波。已知 1、2 为同一晶面衍射线，3、4 为另一晶面的衍射线。试对此现象作出解释。

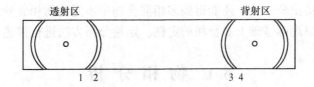

图 5-21　某样品德拜相示意图

5-4　粉末样品颗粒过大或过小对德拜花样影响如何，为什么，板状多晶体样品晶粒过大或过小如何影响衍射峰形？

5-5　试从入射光束、样品形状、成像原理（厄瓦尔德图解）、衍射线记录、衍射花样、样品吸收与衍射强度（公式）、衍射装置及应用等方面比较衍射仪法与德拜法的异同点。

5-6　简要说明三种 X 射线衍射分析方法的原理。

5-7　试说明衍射仪能进行哪些分析。

5-8　简要说明衍射仪法所需试样的制备过程。

5-9　简要说明衍射花样的指数标定过程。

**6** **X 射线的物相分析**

物相分析包括定性分析和定量分析。通常的化学分析法如容量法、重量法、比色法、光谱法等，给出的是组成物体的元素及其含量，难于确定它们是晶体还是非晶体，单相还是多相，原子间如何结合，化学式或结构式是什么，有无同素异构物相存在等信息。而这些信息对工艺的控制和物质的使用性能又非常重要。X 射线衍射技术不仅可用以分析材料的种类和晶体结构得出分子式，还能得到多相混合物中不同的物相成分。本章将在阐述 X 射线物相分析技术原理的基础上对物相的定性、定量分析方法进行讲述，并用实例说明。

## 6.1　物　相　分　析

物相分析是用化学或物理方法测定材料矿物组成及其存在状态的分析方法。材料的性质取决于其化学矿物组成和结构状况，即取决于其中的物相组成、分布及各相的特性，包括矿物种类、数量、晶型、晶粒大小、分布状况、结合方式、形成固溶体及玻璃相等。物相分析的方法分为两种：一种是基于化合物化学性质的不同，利用化学分析的手段，研究物相的组成和含量的方法，如用氢氟酸溶解法来测定硅酸铝制品中莫来石及玻璃相含量的分析方法，此方法称为物相分析的化学法；另一种是根据化合物的光性、电性等物理性质的差异，利用仪器设备，研究物相的组成和含量的方法，此方法称为物相分析的物理法。化学法用来确定由相同元素组成的不同化合物在样品中的百分含量，它主要是根据各种化合物在溶剂中的溶解度或溶解速度的不同，通过选择溶解的方法，分别测定样品中呈各种各样化合物存在的某种元素的含量，如由氮化硅结合的碳化硅制品中的 SiN、SiC 及 Si 含量的分析。但化学物相分析有一定的局限性，在某些情况下，需要有其他方法如重液分离、磁场分离等方法配合，才能得到更广泛的应用。物理法用来确定被测物体的矿物种类、含量、形态及相组成等，分为图像分析法（如显微镜分析）、非图像分析法和 X 射线衍射分析等。图像分析是对耐火材料所含物相特性进行分析，以确定耐火材料中的矿物的种类、含量及分布情况等。常用的是：偏光、反射式显微镜；扫描电子显微镜；电子衍射仪；电子探针等。X 射线衍射分析是根据晶态物质在 X 射线照射下所产生的 X 射线衍射图来鉴别物质的相组成及其含量的方法。根据试样中各晶相 X 射线的强度随该相在试样中含量的增加而提高的原理，通过直接对比法和内标法，可对混合物中晶相进行定性和定量分析。物相分析的各种方法，各有其自身的特点，在鉴定较为复杂的材料时，经常需要几种方法互相配合，互相补充。

## 6.2　定性分析的理论基础

多晶体物质其结构和组成元素各不相同，它们的衍射花样在线条数目、角度位置、强度上就显现出差异，衍射花样与多晶体的结构和组成（如原子或离子的种类和位置分布，晶胞形状和大小等）有关。一种物相有自己独特的一组衍射线条（衍射谱）；反之，不同的衍射谱代表着不同的物相，若多种物相混合成一个试样，则其衍射谱就是其中各个物相衍射谱叠加而成的复合衍射谱，从衍射谱中可直接算得面间距 $d$ 值和测量得到强度 $I$ 值。

单相多晶体衍射特征辐射后，形成一均匀衍射圆，其单位圆弧长度上的累积强度为：

$$I_{累积} = I_0 \frac{e^4}{m^2 c^4} \frac{\lambda^3}{32\pi R} \frac{V}{V_{胞}^2} P |F_{HKL}|^2 \frac{1+\cos^2 2\theta}{\sin^2 \theta \cos\theta} A(\theta) e^{-2M} \tag{6-1}$$

若实验条件相同，同一衍射花样的 $e$、$m$、$c$、$I_0$、$R$、$\lambda$、$V$、$V_{胞}$ 等均相同，则可得出相对强度：

$$I_{相对} = P |F_{HKL}|^2 \frac{1+\cos^2 2\theta}{\sin^2 \theta \cos\theta} A(\theta) e^{-2M} \tag{6-2}$$

通过 $d$、$I$ 的表达式，可以把 $d$、$I$ 与晶体结构、晶面指数等联系起来。物相的 X 射线衍射谱中，各衍射线条的 $2\theta$ 角度位置及衍射强度会随所用 $K_\alpha$ 辐射波长不同而变，直接使用衍射图谱对比分析并不方便。故而总是将衍射线的 $2\theta$ 角按 $2d\sin\theta = \lambda$ 转换成 $d$ 值，而 $d$ 值与相应晶面指数 $HKL$ 则巧妙地用已知晶体结构的标准数据文件卡片关联起来。强度 $I$ 也不需用强度公式直接计算，而是转换成百分强度，即衍射谱线中最强线的强度 $I_1 = 100$，其他线条强度则为 $(I/I_1) \cdot 100$。这样，$d$ 值及 $(I/I_1) \cdot 100$ 便成为定性分析中常用的两个主要参数。

上面提到的标准数据文件卡片，以前称为 ASTM 卡片，现在称为粉末衍射文件，是用 X 射线衍射法准确测定晶体结构已知物相的 $d$ 值和 $I$ 值，将 $d$ 值和 $(I/I_1) \cdot 100$ 及其他有关资料汇集成该物相的标准数据卡片。定性分析即是将所测得数据与标准数据对比，来进行鉴定物相的分析工作。

## 6.3　定性分析的发展

作为定性分析对比标准的粉末衍射文件（Powder Diffraction File，PDF）是科学家多年积累的成果。其中不够精确和不完全的卡片不断被删除，而被更精确更完整的数据文件卡片所代替。并不断发展以更适应于计算机自动检索的要求。近年来，JCPDS 数据库分成两级：PDF I 级，包括全部粉末衍射文件卡片的 $d$ 值、$I$ 值、物质名称、化学式，储存在硬盘上；PDF II 级，除上述数据外，还可以将衍射线的晶面指数、点阵常数、空间群以及其他的晶体学信息，储存在激光盘上，使用相应的软件，未知物相可容易被鉴别出来。

X 射线定性分析就是将所测得的未知物相的衍射谱与粉末衍射文件中的已知晶体结构物相的标准数据相比较（可通过计算机自动检索或人工检索来进行），运用各种判据以确定所测试样中含哪些物相、各相的化学式、晶体结构类型、晶胞参数等，以便进一步利用这些信息。

## 6.4　粉末衍射文件卡片

1983 年以前出版的卡片属老格式，1984 年后采用了新格式，如图 6-1 所示。

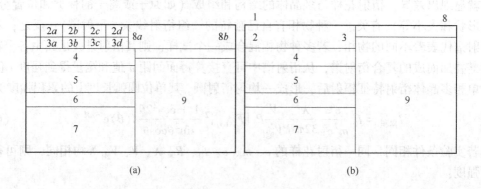

图 6-1　粉末衍射文件空白卡片的老格式和新格式
（a）老格式；（b）新格式

新格式中 1~9 栏的主要内容简述如下：

（1）1 栏为下片的组号及组内序号；

（2）2 栏为试样名和化学式；

（3）3 栏为矿物学名称，其上面有"点"式或结构式；

（4）4 栏为所用的实验条件如辐射、波长、方法等；

（5）5 栏为晶体学数据等；

（6）6 栏为光学数据等；

（7）7 栏为试样的进一步说明，如束源、化学成分等；

（8）8 栏为衍射数据的质量记号；

（9）9 栏是试样衍射线的 $d$ 值、$I/I_1$ 值和密勒指数。

上述 9 个栏目的详细内容，在每组卡片或每本检索手册和数据书的开头均有详尽说明，因篇幅所限而未能一一介绍。

粉末衍射文件卡片每年以约 2000 张的速度增长，数量越来越大，人工检索已变得费时和困难。从 20 世纪 60 年代后期开始，人们发展了电子计算机自动检索技术，为方便检索，相应地将全部 JCPDS 粉末衍射文件卡片上的 $d$、$I$ 数据按不同检索方法要求，录入到磁带或磁盘之内，建立总数据库，并已商品化。其数据仍像卡片那样分组排列，到 1986 年已有 36 组约 48000 张卡片。从 70 年代后期开始，在总数据库基础上，按计算机检索要求，又建立了常用物相、有机物相、无机物相、矿物、合金、NBS、法医 7 个子库，用户还可根据自己的需要，在磁盘上建立用户专业范围常用物相的数据库等。

## 6.5　粉末衍射文件索引

在数万张粉末衍射文件卡片中要找出适当卡片来，绝非易事，特别是多相混合物，所含物相数越多，难度越大。人工（或计算机）检索物相，需先迅速查到卡片号，然后抽出卡片（或从磁盘或光盘中调出此卡片所载数据），将其与实测数据比较，做出鉴定。

为了从大量卡片中迅速查出所需卡片号，需要利用索引，或利用载有索引的工具书和检索手册。一本检索手册可能同时载有多种索引，如 1986 年版的矿物粉末衍射文件检索手册（Mineral Powder Diffraction File Search Manual）中同时载有化学名（Chemical Name）索引，哈纳瓦特数值（Hanawalt Numerical）索引，芬克数值（Fink Numerical）索引和矿物名（Mineral Name）索引 4 种。

事实上，这些索引可归纳为数值索引和字母索引（Alphabetical Index）两类，即哈纳瓦特索引和芬克索引属数值索引，而化学名索引和矿物名索引则属字母索引。此外还有有机物化学式索引，它按 C 和 H 的个数由少到多排列，后面跟着按字母顺序排列的其他元素符号。

### 6.5.1 哈纳瓦特数值索引

1933 年，哈纳瓦特与林恩首创的检索手册即载有数值索引，1938 年，哈纳瓦特等人又首创了衍射数据卡片，1941 年由 ASTM 及后来由 JCPDS 出版粉末衍射文件卡片及其索引以来，哈纳瓦特数值索引已得到广泛的应用。此索引最初用三强线的相对衍射强度值表征物相衍射花样，并按最强线排列一次 $d$ 值。但检索不方便，特别是强度变化大时。后改为按三强线轮流排列 $d$ 值，以后改为八强线，但仍按三强线排列条目。为减少手册篇幅和便利检索，1980 年后做了几次折中改进，对此将在后面述说。最初 $d$ 值由大于 1nm，现已改为从 100nm 到小于 0.1nm 的范围分成 87 组，以后改为分 45 组（或称为哈纳瓦特组），每一组所覆盖的 $d$ 值范围，以使其篇幅不致比别组大得多为度。每一组内，又包含很多亚组，亚组是按第二强线 $d$ 值递减顺序排列的。每一亚组由五个条目组成，每个条目形式为（从左至右）花样的质量记号，按强度递减顺序排列的八强线 $d$ 值（$d$ 值的下标标出相对强度值），物相的化学式，物相名称（在矿物检索手册中，它列在化学式前面），PDF 卡片序号，有的还在最后附有参考强度比 $I/I_e$。例如，$Fe_3C$ 这一物相在索引的三个不同组内出现，可将它们抽出并集中写在下面，即：

File No. FicheNo.

$2.01_x$ $2.06_7$ $2.38_7$ $2.10_6$ $2.02_6$ $1.97_6$ $1.85_4$ $1.87_3$（$Fe_3C$）16O23-11131-170-C12

$2.06_7$ $2.38_7$ $2.01_x$ $2.10_6$ $2.02_6$ $1.97_6$ $1.85_4$ $1.87_3$（$F_3C$）16O23-11131-170-C12

$2.38_7$ $2.01_x$ $2.06_7$ $2.10_6$ $2.02_6$ $1.97_6$ $1.85_4$ $1.87_3$（$Fe_3C$）16O23-11131-170-C12

之所以这样编排，是为了让检索者在遇到待测相 3 根最强线的相对强度因各种因素而有所变动时，仍可从索引中找到相应的物质卡片。面间距下的小角码系表示相应的相对强度：x 表示 100，7 表示约为 70，6 表示约为 60，以此类推。每一物相标准衍射花样在索引中最少排列一次，最多可达四次。

### 6.5.2 芬克数值索引

哈纳瓦特数值索引在一段时间内成了主要索引。但在 20 世纪 50 年代随着电子显微镜设备迅速增加及电子衍射实际应用领域的发展，哈纳瓦特数值索引用于检索电子衍射花样时特别困难，它们的 $d$ 值及 $I$ 值均不如 X 射线衍射法精确。对比电子衍射与 X 射线衍射花样，显示出在大多数情况下两者 $d$ 值符合较好，相差 1% 以内。然而虽然八强线大致相同，同属一组内，但按强度排列时，次序上发生显著差别。在混合物相衍射花样中，线条重叠，在结构试样中，衍射线强度改变，故也存在相似困难。60 年代初（1960~1961 年）

用八强线按 $d$ 值大小排列，制作了最初的索引，用它来鉴定未给出可靠强度数据的电子衍射和 X 射线衍射花样比哈纳瓦特数值索引，结果令人满意得多，加速了检索工作。1963 年 ASTM 正式出版了第一版的芬克数值索引，1965 年又做了改变。从 1986 年版的矿物 PDF 检索手册中芬克数值索引看来，这八强线的前六强线中较强线的 $d$ 值轮流排列到第一位，即每一物相可以排列多次，但最多只能排列六次，若有强度较低者，$d$ 值也不轮排，而最后两个 $d$ 值保持不动，不轮排。如不足八强线，则用 0 来补足，其强度下标为 1。从 99.99nm 到 0 共分为 45 组，$d$ 值分组与哈纳瓦特数值索引一样（见 1986 年版 MPDF 检索手册）。

### 6.5.3　字母索引

若知道试样的一种或数种化学元素，运用字母索引进行检索，可加快检索速度。因为这种字典式索引，检索起来比数值索引要快，可以先用字母索引，再用数值索引检索。字母索引分物相化学名索引和矿物名索引，这种索引条目是按物相的化学名或矿物名第一个字母顺序来排列的。如以 1986 年矿物 PDF 检索手册为例，其顺序为：

| 化学名，矿物名，4 强线，PDF 组号及组内序号 | 最前面故冠以 i、o、*、c 等符号 |
| --- | --- |
| 矿物名，化学式，5 强线，PDF 组号及组内序号 | |

字母索引也是按强度递降顺序从左到右来排列 $d$ 值的。化学名索引中可以以各种离子位置变化而排列出条目，而多次出现这种排列方法，便于在知道待鉴定物相中某一个或某几个元素时，即可利用化学名索引先查找检索。而矿物名索引中，条目排列只出现一次。在矿物数据书（Data Book）中，同一矿物的花样群集一起，可不用索引而直接找到矿物数据。

# 6.6　定性分析的过程及举例

### 6.6.1　分析过程

定性分析应从摄取完整、清晰的待测试样的衍射花样开始。按规定制备试样以确保得到背底浅、分辨率高的衍射花样，从而避免漏掉大晶面间距的衍射线条。定性分析可以用德拜法或透射聚焦法照相，也可用衍射仪法来获得试样的衍射图样。

晶面间距和相对强度 $I/I_1$ 是定性分析的依据，应有足够的精确度。对于用德拜法或聚焦法所得的照片，测量线的精确度要求达到 $\pm0.1mm$，可用比长仪或面间距尺测量，其强度常用目测法测量。对于衍射仪的图样，可取衍射峰的峰高位置作为该衍射线 $2\theta$ 的位置，量出各线条的 $2\theta$ 后再借助（相应辐射的）"$2\theta$-$d$"对照表查出相应的 $d$ 值，要求 $2\theta$ 角和 $d$ 值分别精确到 $0.01°$ 和四位有效数字，其强度常用峰高法测量。在峰宽相差悬殊的场合下，相对强度也允许大致估计。由于衍射仪图样线条的位置和强度都可从图谱上直接读出，加上衍射仪灵敏、分辨率高、强度数据可靠、检测迅速、并可与计算机联机检索，因而物相鉴定是衍射仪的常规工作内容之一。

通过上述手段，即可得到按面间距递减的 $d$ 系列及对应的 $I/I_1$。一般来说，物相鉴定可按以下程序进行：

（1）从前反射区（$2\theta<90°$）中选取强度最大的三根衍射线，并使其 $d$ 值按强度递减的次序排列，再将其余线条的 $d$ 值按强度递减顺序列于三强线之后。

（2）在数字索引中找到对应的 $d_1$（最强线的面间距）组。

（3）按次强线的面间距 $d_2$ 找到接近的几列。在同一组中，各列按 $d_2$ 递减顺序安排，此点对于寻索十分重要。

（4）检查这几列数据中第三个 $d$ 值是否与实验相对应。如果某一或几列符合，看第四根线，第五根线直至第八强线，并从中找出最可能的物相及其卡片号。

（5）从档案中抽出卡片，将实验所得 $d$ 及 $I/I_1$ 与卡片上的数据详细对照。如果对应得很好，即完成物相鉴定。

如果各列的第三个 $d$ 值（或第四个 $d$ 值等）在待测样中均找不到对应数据，则须选取待测样中下一根作为次强线，并重复第(3)~(5)步骤检索程序。

当找出第一物相之后，可将其线条剔出，并将留下线条的强度重新归一化，再按程序检索下一个物相。$d$ 值误差约为 0.2%（不能超过 1%），而 $I/I_1$ 的误差则允许较大一些。

### 6.6.2　分析实例

（1）3Cr2W8V 模具钢经高温氰化并渗碳后的衍射实验数据见表 6-1。

**表 6-1　3Cr2W8V 模具钢经高温氰化并渗碳后的衍射实验数据**

| （1） | （2） | （3） | （4） | （5） | （6） | PDF（ASTM）卡片 1-1159, VC | | |
|------|------|------|------|------|------|------|------|------|
| 编号 | $2\theta/(°)$ | $d/\text{nm}$ | $I/I_1$ | $I/I_1$ | $d/\text{nm}$ | $d/\text{nm}$ | $I/I_1$ | $HKL$ |
| 1 | 37.45 | 0.2401 | 99 | 100 | 0.2080 | 0.240 | 100 | 111 |
| 2 | 43.51 | 0.2080 | 100 | 99 | 0.2401 | 0.207 | 100 | 200 |
| 3 | 63.24 | 0.1470 | 50 | 50 | 0.1470 | 0.147 | 50 | 220 |
| 4 | 75.85 | 0.1254 | 27 | 27 | 0.1254 | 0.125 | 25 | 311 |
| 5 | 79.80 | 0.1202 | 12 | 13 | 0.09304 | 0.120 | 10 | 222 |
| 6 | 95.62 | 0.10405 | 5 | 12 | 0.1202 | 0.104 | 5 | 400 |
| 7 | 107.70 | 0.09548 | 7 | 11 | 0.08498 | 0.095 | 5 | 331 |
| 8 | 111.88 | 0.09304 | 13 | 9 | 0.08004 | 0.093 | 10 | 420 |
| 9 | 130.21 | 0.08498 | 11 | 7 | 0.09548 | 0.085 | 5 | 422 |
| 10 | 148.8 | 0.08004 | 9 | 5 | 0.10405 | 0.10405 | 3 | $\begin{cases}511\\333\end{cases}$ |

当采用数字索引来确定物相时，首先用最强线 $d=0.208\text{nm}$ 决定哈那瓦特组，即在 2.09~2.05nm 这一组中寻找，再以次强线 $d=0.240\text{nm}$ 决定各列的位置。将既含有 2.08 又含有 2.40 的几个列与（5）及（6）栏的数字进行对比，发现只有两列比较符合，即：

$2.08_x$　$2.40_8$　$1.47_8$　$0.80_x$　$0.96_8$　$0.93_8$　$0.85_8$　$1.26_8(\text{VC}_{0.88})_\gamma$　23-1468

$2.08_x$　$2.40_8$　$1.25_8$　$0.80_5$　$1.46_4$　$0.95_4$　$0.93_4$　$0.85_4(\text{MoOC})$　17-104

但若将各个数据进行详细对照时，便可发现 MoOC 的某些面间距较小，又根据钢的牌号和处理工艺推断，出现这一物相的可能性不大，故初步确定物相为（VC$_{0.88}$）$_\gamma$。不过从衍射强度看来，这种鉴定仍然难以令人满意。

实验数据与卡片上所记载的数据仍有一些小差异，可以根据具体情况分析产生的原因。首先是衍射强度不尽相符，实验的强度数据主要是根据峰高进行了大致的估计，其中存在误差，卡片上的强度按强度标法以5的倍数标注的，准确度也不高；此外，两者实验条件也不尽相同。另外，还有一种可能，即间隙相VC常有碳缺位。在某些微区域里可形成含碳较低的（VC$_{0.88}$）$_\gamma$，因而使最后几根线的强度较高［从（VC$_{0.88}$）$_\gamma$的索引上可看出这些线是比较强的］。至于卡片上（２００）的面间距为0.207nm是有误差的，因为如按卡片上的点阵参数（$\alpha$=0.416nm）计算应为0.208nm，与实验的结果相一致。

（2）某陶瓷是由ZnO、Cr$_2$O$_3$、SnO$_2$及少量掺杂的离子按其烧结工艺烧结到1300℃而成的，该试样的衍射实验数据见表6-2。

表6-2　某陶瓷的X射线衍射数据和物相分析结果

| 编号 | 衍射实验数据 | | SnO$_2$　21-1250* | | 剩余线条强化归一化值 | ZnCr$_2$O$_4$　22-110 | |
| --- | --- | --- | --- | --- | --- | --- | --- |
| | $d$/nm | $I/I_1$ | $d$/nm | $I/I_1$ | | $d$/nm | $I/I_1$ |
| 1 | 0.3348* | 100 | 0.335 | 100 | — | — | — |
| 2 | 0.2948 | 30 | — | — | 38 | 0.2947 | 45 |
| 3 | 0.2641* | 75 | 0.2644 | 80 | — | — | — |
| 4 | 0.2509 | 80 | — | — | 100 | 0.2511 | 100 |
| 5 | 0.2407 | 5 | — | — | 6 | 0.2405 | 7 |
| 6 | 0.2366* | 30 | 0.2369 | 25 | — | — | — |
| 7 | 0.2298* | 10 | 0.2309 | 6 | — | — | — |
| 8 | 0.2085 | 15 | — | — | 19 | 0.2083 | 16 |
| 9 | 0.1763* | 60 | 0.1765 | 65 | — | — | — |
| 10 | 0.1700 | 10 | — | — | 13 | 0.16996 | 13 |
| 11 | 0.1672* | 20 | 0.1675 | 18 | — | — | — |
| 12 | 0.1596* | 35 | 0.1593 | 8 | 34 | 0.16025 | 35 |
| 13 | 0.1496* | 15 | 0.1498 | 14 | — | — | — |
| 14 | 0.1470 | 30 | — | — | 38 | 0.14719 | 40 |
| 15 | 0.1435* | 20 | 0.1439 | 18 | — | — | — |

表中三条最强线的$d$值为0.3348nm、0.2509nm、0.2641nm。在哈拉瓦特数值索引0.339～0.332nm的一组中，虽有好几种物质的$d_2$值接近于0.2509nm，但将三根最强线连起来看时，却无一列能与待检索数据一致。由此可见，可估计该试样可能为多相混合物，故图样中三根最强线属同一物相的假定不正确。现可将衍射图样的强线重新组合，试探着检索，假定值为0.3348nm、0.2641nm、0.1763nm的强线属同一物相，试探检索。当找到序号为21-1250时，将SnO$_2$的八根强线与待检索数据对照，除$d$值0.1593nm与编号12的$d$值0.1596nm在强度上相差较大外，其余均大致一对应。估计编号为12试样可能属于

二相重叠峰的 $d$ 值。检出卡片 21-1250 以后，将待测图样中与卡片数据相符合的以"＊"标记，故可鉴定试样中一个相分为 $SnO_2$。将 $SnO_2$ 线条按其强度从待测图样中减去，把余下线条再作强度归一化处理。即把最强线的相对强度表示为 100，将其余线条的强度乘以归一化因数 1.25 而得归一化值。再按上述检索方法鉴定出剩余线条为 $ZnCr_2O_4$ 的衍射线，于是此湿敏陶瓷为 $ZnCr_2O_4$ 和 $SnO_2$ 的混合物。

# 6.7  定性分析的难点

### 6.7.1  误差

X 射线相分析的衍射数据通过实验获得，实验误差是造成检索困难的原因之一。这里包括待定物质衍射图的误差及卡片的误差。由于两者试样来源、制样方法、使用实验仪器、仪器性能及实验参数选择、入射 X 射线波长（包括靶的纯度）以及强度测量方法等不同的原因，会造成晶面间距和相对强度在测定上产生误差，尤其是对线条强度的影响比起晶面间距来则更为严重。当待分析衍射数据与粉末衍射数据不完全一样时，物相鉴别最根本、可靠的依据是一系列晶面间距 $d$ 值的对应，而强度往往是较次要的指标。

### 6.7.2  成分过少

若多相混合物中某个相分含量过少，或该物相各晶面反射能力很弱，出现的线条很不完整，则一般不能确定该物相存在与否。只在某些特定场合下，可根据具体情况予以推断。所谓含量过少，并无固定标准，它与物相的结构、状态及组成元素种类有关。一般重元素组成的物相、结构简单的物相，其线条易出现；而当物相的晶粒过细或存在显微应力时，则情况相反。通常采用电解分离、化学腐蚀等方法，使试样中含量少的相富集，然后再进行衍射分析。

### 6.7.3  其他困难

对于材料表面的化学处理层、氧化层、电镀层、溅射层等常因太薄而使其中某些相分的线条未能在衍射图样中出现，或衍射线条不完整而造成分析困难。利用 X 射线衍射进行物相定性分析仍有不少局限性，常需与化学分析、电子探针或物相分析等相配合，才能得出正确的结论。例如，合金钢中经常碰到的碳化物 TiC、VC、ZrC、NbC 及 TiN 等都是 NaCl 型结构，其点阵参数比较接近。同时，它们的点阵参数又因固溶其他合金元素而有所变化。对于这类物质，若单靠 X 射线衍射来确定物相，往往可能得到错误的结论。

近年来，计算机自动化处理衍射数据及迅速检索粉末衍射卡，给物相分析带来了极大的方便。

# 6.8  定 量 分 析

某些情况下，不仅要求鉴别物相种类，而且要求测定各物相的相对含量，就必须进行定量分析。

### 6.8.1 理论基础

物相定量分析的原则是，各相衍射线的强度会随该相含量的增加而提高。利用X射线衍射做物相定量分析有它独特的优越性，在多相混合物中，不同的物相各具自己的图谱，并不会互相干扰。一般来说，试样中某一物相的某条特征衍射线的强度，是随该物相在试样中的含量递增而增强，但两者之间不一定呈理想的线性（正比）关系。这是因为试样中各相不仅是产生相干散射的散射源，还能产生X射线衰减的吸收体。由于物质吸收系数不同，会影响试样中各相分衍射线强度的对比。另外，多晶试样中织构、非晶格存在等给物相定量分析带来麻烦。为此人们建立了很多实验方法来克服这一影响。

采用衍射仪测量时，设样品是由$n$个相组成的混合物，其线吸收系数为$\mu$，则其中某相（$j$相）的衍射线强度公式为：

$$I = I_0 \frac{\lambda^3}{32\pi R}\left(\frac{e^2}{mc^2}\right)^2 \frac{1}{2\mu}\left[\frac{V}{V_{胞}^2}P_{hkl}\,|F_{HKL}|^2\phi(\theta)e^{-2M}\right]_j \qquad (6-3)$$

因为各项的线吸收系数$\mu_j$均不相同，故当$j$相的含量改变时，$\mu$也随之改变。若$j$相的体积分数为$f_j$，又如令试样被照射的体积$V$为单位体积，则$j$相被照射的体积$V_j = Vf_j = f_j$。当混合物中$j$相的含量改变时，强度公式中除$f_j$及$\mu$外，其余各项均为常数，它们的乘积可用$C_j$来表示。这样，第$j$相某根线条的强度$I_j$即可表示为：

$$I_j = \frac{C_j f_j}{\mu} \qquad (6-4)$$

以上为定量分析的原理，下面将分别介绍单线条法、内标法、$K$值法及参比强度法和直接对比法。

### 6.8.2 单线条法

这种方法只需通过测量混合样品中欲测相（$j$相）某根衍射线条的强度并与纯$j$相同一线条强度对比，即可定出$j$相在混合样品中的相对含量。若混合物中所含的$n$个相，其线吸收系数$\mu$及密度$\rho$均相等（同素异构物质就属于这一情况），某相的衍射线强度$I_j$与其重量分数成正比，即：

$$I_j = C\omega_j \qquad (6-5)$$

式中 $C$——比例系数。

如果试样为纯$j$相，则$\omega_j = 100\% = 1$，此时$j$相用以测量的某根衍射线的强度将变为$(I_j)_0$，因此有：

$$\frac{I_j}{(I_j)_0} = \left(\frac{C\omega_j}{C}\right) = \omega_j \qquad (6-6)$$

式(6-6)表明，在混合物试样中的$j$相某线与纯$j$相同一根线的衍射强度之比，等于$j$相的含量（质量分数）。根据这一关系即可进行定量分析。如有一混合试样是由$\alpha$-$Al_2O_3$及$\gamma$-$Al_2O_3$组成，欲测定$\alpha$-$Al_2O_3$在混合样品中的质量分数，可先测出纯$\alpha$-$Al_2O_3$中某一衍射峰的强度$I_0$，再在同样的衍射条件下测定混合样品中$\alpha$-$Al_2O_3$同一根线的强度$I_j$，则$I_j$与$I_0$的比值即为$\alpha$-$Al_2O_3$在混合物中的含量（质量分数）。

这种方法比较简易，但准确性较差。为提高测量的可靠性，可事先配制一系列不同比例的混合试样，制作关于强度比与含量的定标曲线。在具体应用时可以根据强度比并按此曲线即可查出含量。这种措施尤其适用吸收系数不相同的两相混合物的定量分析。

### 6.8.3  内标法

若待测试样为多于两相的 $n$ 相混合物，各相的质量吸收系数又不相等，则定量分析常采用内标法。这种方法是以某一标准物掺入待测样中作为内标，然后配制一系列样品，其中包含不同质量分数的欲测相—相分 1 和质量分数恒定的标准相，通过 X 射线衍射实验取得这些试样的衍射图，并作出 "$I_1/I_s$-$\omega_1$" 的定标曲线。其中 $I_1$ 为相分 1 某一衍射线的强度，$I_s$ 为标准物某根线的强度，$\omega_1$ 为相分 1 的质量分数。实际分析时，将同样重量分数的标准物掺入待测样中组成复合样，并测量该样品中的 $I_1/I_s$，通过定标曲线即可求得 $\omega_1$。

如图 6-2 所示为定标曲线用于测定工业粉尘中的石英含量。制作曲线时采用的标准相是含量（质量分数）为 20% 的萤石（$CaF_2$）。

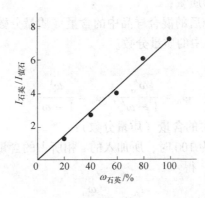

图 6-2  用萤石作为标准物时，测定石英含量的定标曲线

### 6.8.4  $K$ 值法及参比强度法

内标法是传统的对多相混合物进行定量分析的主要方法，其分析原理简单，但存在几个较严重的缺点。首先是需要配制多个混合物样品来绘制定标曲线，工作量大，而且很难提取到纯样品，比如合金析出相、碳化物等要经电解分离提取；其次是所绘制的定标曲线会随实验条件的改变而变化，影响分析准确性；此外也难以保证每次加入样品中标准物数量恒定。为了克服这些缺点，1974 年由钟焕成（F. H. Chung）首先提出了多相混合物 X 射线定量分析的新方法即 $K$ 值法和绝变法。这些方法可以免去绘制定标曲线的繁复过程，具有简便、快速、通用性好等特点。下面将介绍 $K$ 值法及其简化方法—参比强度法。$K$ 值法是由内标法发展而来的，$K$ 值是指定标曲线的斜率，但分析过程中无须制作定标曲线。

其分析原理是设 α 相由多相混合物中的某一相，测定时在样品中加入已知含量的标准物质 s。则 α 相中衍射强度最强的那根衍射线与 s 相中相应的衍射线的强度比值 $I_\alpha/I_s$ 可表示为：

$$\frac{I_\alpha}{I_s} = \frac{\left[\dfrac{PF^2}{V_{\text{胞}}^2}\phi(\theta)\mathrm{e}^{-2M}\right]_\alpha}{\left[\dfrac{PF^2}{V_{\text{胞}}^2}\phi(\theta)\mathrm{e}^{-2M}\right]_s} \cdot \frac{V_\alpha}{V_s} = \frac{D_\alpha}{D_s}\frac{V_\alpha}{V_s}$$

$$= \frac{D_\alpha}{D_s}\frac{(W/\rho)_\alpha}{(W/\rho)_s} = \frac{D_\alpha}{D_s}\frac{\rho_s}{\rho_\alpha}\frac{W_\alpha}{W_s} \tag{6-7}$$

式中　$W_\alpha$，$W_s$——被照射体积中 $\alpha$ 相和 s 相的质量；

　　　　$\rho_\alpha$，$\rho_s$——被照射体积中 $\alpha$ 相和 s 相的密度。

因为

$$W_\alpha = W\omega'_\alpha, \quad W_s = W\omega'_s \tag{6-8}$$

所以

$$\frac{I_\alpha}{I_s} = \left(\frac{D_\alpha}{D_s}\frac{\rho_s}{\rho_\alpha}\right)\cdot\frac{\omega'_\alpha}{\omega'_s} = K_s^\alpha\frac{\omega'_\alpha}{\omega'_s} \tag{6-9}$$

式中　$W$——被照射的混合物质量；

　　　　$\omega'_\alpha$——$\alpha$ 相在掺进 s 相后的混合样品中的含量（质量分数）；

　　　　$\omega'_s$——s 相在混合样品中的质量分数。

由于

$$\omega_\alpha = \frac{\omega'_\alpha}{1-\omega'_s}, \quad \omega_s = \frac{\omega'_s}{1-\omega'_s}$$

式中　$\omega_\alpha$——$\alpha$ 相在原样品中的含量（质量分数）；

　　　　$\omega_s$——以原样品质量为 100 时，所加入的 s 相所占的含量（质量分数）。

将 $\omega_\alpha$、$\omega_s$ 代入式(6-9)，得：

$$\frac{I_\alpha}{I_s} = K_s^\alpha\frac{\omega_\alpha}{\omega_s} \tag{6-10}$$

显然，$\alpha$ 相在原样品的质量分数 $\omega_\alpha$。可由式(6-10)通过计算直接得到结果，而无需要制作定标曲线。$K_s^\alpha$ 取决于 $\alpha$、s 两相及用以测试的晶面和波长，可以通过计算得到。另外，$K$ 值也可通过测试求得，即配制质量相等的 $\alpha$ 相和 s 相的混合样，因 $\omega_\alpha/\omega_s = 1$，故 $I_\alpha/I_s = K_s^\alpha$。也就是说，只要在混合样品中分别测得 $\alpha$ 相和 s 相中同一根衍射线的强度，则它们的比值就是 $K_s^\alpha$。K 值法还可以进一步简化，即选用某种物质作为通用内标物质。如刚玉—$\alpha$-$Al_2O_3$，由于它的纯度、化学稳定性、易获得性以及制样时无择优取向效应而被采用作为内标物质。

如果 $\alpha$ 相和标准相 s 的质量比为 $1:1$，则 $K_s^\alpha = I_\alpha/I_s$。大约有几百种常用物质的 $K_s^\alpha$ 值也被称为"参比强度"值记录在粉末衍射文件卡片档案的索引上。某纯物质的参比强度，等于该物质与合成刚玉的 $1:1$ 混合物的 X 射线图样中两条最强线的强度比。当采用通用内标物质时，K 值只需从索引中查出。如待测样中只有两个相时，做定量分析可不用加入标准物质。

### 6.8.5　直接对比法

在测定多相混合物的某相含量时，直接对比法是以另一个相的某根衍射线作为参考线条，不必另外再掺入外来标准物质的定量分析方法。因此，它既适用于粉末，又适用于块状多晶试样。此法常被用来测定钢中残余奥氏体的含量和进行其他同素异形转变过程中的物相定量分析。

这种方法是由阿弗巴赫和柯亨提出。根据衍射图中残余奥氏体的某根线条与其邻近的马氏体的一根线条强度的直接比较，可求出试样中残余奥氏体的含量。

混合物中某相的衍射线强度由式(6-4)决定：

$$I_j = \frac{C_j f_j}{\mu}$$

式中　$f_j$——j 相的含量（体积分数）；

　　　$\mu$——混合物的线吸收系数；

　　　$C_j$——比例系数。

现在以 $I_r$ 为奥氏体某根线条的积分强度，$I_\alpha$ 为邻近某根马氏体线条的积分强度，又相应的比例常数及体积分数分别为 $C_r$、$C_\alpha$ 和 $f_r$、$f_\alpha$，则：

$$\frac{I_r}{I_\alpha} = \frac{C_r f_r}{C_\alpha f_\alpha} \tag{6-11}$$

$$\frac{C_r}{C_\alpha} = \frac{\left[ \dfrac{PF^2}{V_{\text{胞}}^2} \phi(\theta) \mathrm{e}^{-2M} \right]_r}{\left[ \dfrac{PF^2}{V_{\text{胞}}^2} \phi(\theta) \mathrm{e}^{-2M} \right]_\alpha} \tag{6-12}$$

若钢中只有奥氏体和马氏体两相，则应有的关系为：

$$f_r + f_\alpha = 1 \tag{6-13}$$

式(6-11)中的 $I_r$ 和 $I_\alpha$。可由实验测量得出，而 $C_r$ 和 $C_\alpha$ 可通过计算得到。因此由式(6-11)和式(6-13)联立求解，可得：

$$f_r = \frac{1}{1 + \dfrac{I_\alpha C_r}{I_r C_\alpha}} \tag{6-14}$$

## 6.9　常用 X 射线物相分析软件

物相分析有人工检索鉴定和计算机自动检索鉴定两种方法。Materials Data Ine（MDI）公司出品的 Jade 软件是用于 X 射线衍射（XRD）数据处理和分析的软件，它在同类软件中通用性较好，功能较强，界面良好。Jade 是一款 X 射线衍射分析软件，可用于检索物相、计算物相质量分数、结晶化度、晶粒大小、微观应变、点阵常数、已知结构的衍射谱和残余应力等。MDI Jade 采用的是第三代检索/匹配程序，其原理是将所有可能物相的谱相加再与实验所得谱比较做出鉴定。此方法要求试验数据是数字化的、完整的、扣除本底（包括非晶相的贡献）的谱，不需要用平滑来除去噪声。该程序对数据质量要求不高，即使衍射峰有严重重叠时，此法也可使用。通常情况下，MDI Jade 所用的为 ICCD 提供的电子版的粉末衍射数据集（PDF）。向 MDI Jade 导入中 PDF，应根据具体情况的不同改变设置，一般应先大范围的搜索，然后再逐步缩小搜索范围，直到找到满意的结果。MDI Jade

还具有计算晶粒大小及微观应变、计算点阵常数、计算已知结构的衍射谱等功能。

软件对导入的 X 射线衍射数据一般要进行平滑处理，以排除各种随机波动（噪声）。由于 X 射线光源的发射波动、空气散射、电子电路中的电子噪声等随机波动，造成的幅度不大的随机高频震荡通称为噪声。MDI Jade 具有数据平滑功能。与噪声相反，非随机高频震荡就称为本底，比如非晶体材料散射，狭缝、样品及空气的散射等都可造成本低，MDI Jade 具有本底的测量与扣除功能。由于 $K_{a_1}$ 和 $K_{a_2}$ 的波长不同，作用在样品上，各自会产生一套衍射谱，实际得到的谱是这两套谱的叠加。在计算晶格常数等操作中，为了精确计算，一般要对 $K_{a_2}$ 衍射谱进行分离和扣除。MDI Jade 具有扣除 $K_{a_2}$ 衍射谱功能。MDI Jade 具有寻峰和峰形修正功能。

## 练 习 题

6-1　简述 X 射线衍射物相定性分析原理、一般步骤及注意事项。

6-2　物相定量分析的原理是什么？试述用 $K$ 值法进行物相定量分析的过程。

6-3　$\alpha$-$TiO_2$（锐钛矿）与 $\beta$-$TiO_2$（金红石）混合物衍射花样中两相最强线强度比 $I_{A-TiO_2}/I_{R-TiO_2} = 1.5$。试用参比强度法计算两相各自的含量（质量分数）。

6-4　某淬火后低温回火的碳钢样品，不含碳化物（经金相检验）。A（奥氏体）中含碳 1%（质量分数），M（马氏体）中含碳量极低。经过衍射测得 $A_{220}$ 峰积分强度为 2.33（任意单位），$M_{211}$ 峰积分强度为 16.32。试计算该钢中残留奥氏体的体积分数。（实验条件：Fe $K_\alpha$ 辐射，滤波，室温 20℃。$\alpha$-Fe 点阵参数 $a = 0.2866$nm，奥氏体点阵参数 $a = 0.3571 + 0.0044 w_c$，$w_c$ 为碳的含量）

6-5　请阐述：当一种氢氧化铝试样中含有百分之几的 $Fe^{3+}$ 杂质，以分离的氢氧化铁相存在时对粉末 XRD 图带来的影响。

6-6　在 $\alpha$-$Fe_2O_3$ 及 $Fe_3O_4$ 混合物衍射图样中，两根最强线的强度比 $I_{\alpha-Fe_2O_3}/I_{Fe_3O_4} = 1.3$。试借助于索引上的参比强度值计算 $\alpha$-$Fe_2O_3$ 的相对含量。

6-7　一块淬火+低温回火的碳钢，经金相检验证明其中不含碳化物，后在衍射仪上用 Fe $K_\alpha$ 照射，分析出 $\gamma$ 相含 1%碳（质量分数），$\alpha$ 相含碳极低，又测得 $\gamma$220 线条的累积强度为 5.40，$\alpha$211 线条的累积强度为 51.2。如果测试时室温为 31℃，钢中所含奥氏体的含量为多少？

# **7** 应力的测定

　　构件中的残余应力会使其变形，而承受往复载荷的曲轴等零件在表面存在适当压应力又会提高它的疲劳强度，并直接影响其使用寿命。因此测定构件的残余内应力对控制加工工艺，检查表面强化或消除应力工序的工艺效果有重要的实际意义。

## 7.1　宏观残余应力

　　通常把产生应力的各种外部因素（如外力、温度变化、相变、材料加工、表面处理等）去除后，在物体内部依然存在并保持自身平衡的应力称为内应力。内应力按照应力平衡的范围分为三类：第一类内应力是在较大尺寸范围或很多个晶粒区域内存在并保持平衡的应力，称为宏观应力，它能引起衍射线位移；第二类内应力是在一个或少数晶粒范围内存在并保持平衡的应力，会使衍射线漫散宽化，在两相材料中每个单相的衍射有时也会引起衍射线位移；第三类内应力是在若干个原子范围内存在并保持平衡的内应力，常出现在晶界、位错等更小的微小区域，它能使衍射线强度减弱。一般把第一类内应力称为 宏观应力（Mac-rostress），也称残余应力，第二类应力称为微观应力（Microstress）；第三类称为超微观应力或晶格畸变应力。

　　测定宏观应力的方法有很多，如电阻应变片法、小孔松弛法、超声波法和 X 射线衍射法等。除了超声波法以外，其他方法都是通过测定应力作用下产生的应变，再按弹性定律计算应力。X 射线衍射法最早由俄国学者 Akcehob 于 1929 年提出的，测定的基本思路是认为定应力状态引起的晶格应变与按弹性理论求出的宏观应变是一致的。而晶格应变可以通过布拉格方程由 X 射线衍射技术测出，这样就可以从测得的晶格应变来推知宏观应力。X 射线衍射法测定材料宏观残余应力不用破坏材料即可进行测量，也无须制作无应力的样品做比较，可测得部件上小极薄层内的宏观应力，比如与剥层法结合，还可测量宏观应力在不同深度上的梯度变化。此外，该法还可区分和测出三种不同类别的应力，其测量结果的可靠性较高。但 X 射线测试的设备费较高，并受穿透深度所限，只能无破坏地测表面应力，测深层应力时需破坏试样。当被测工件不能给出明锐的衍射线时，测量精确度不高。试样晶粒尺寸太大或太小时，测量精度不高，并且不能测试大型零件，测试运动状态中的瞬时应力也有困难。X 射线残余应力分析法也不适用于粗晶材料和织构材料的残余应力，以及三维残余应力的测定。

## 7.2　宏观应力测量的基本原理

　　宏观残余应力是弹性应力，它与材料中局部区域存在的残余弹性应变密切相关，而测量它的基础是宏观应力引起的衍射线位移。X 射线衍射法检测宏观残余应力的依据是根据弹性力学及 X 射线晶体学理论。对于晶粒不粗大、无结构的多晶体材料来说，在单位体积中含有数量极大的、取向任意的晶粒。在一束 X 射线的照射范围内会有许多晶粒，各晶粒中衍射晶面 $(hkl)$ 的法线与试样表面法线之间成 $\psi$，它表示着 $(hkl)$ 晶面的方向。其中沿一晶面法线必有许多晶粒，其指定的 $(hkl)$ 晶面平行于试样表面，即 $\psi = 0°$；也有许多晶粒，其 $(hkl)$ 晶面法线与表面法线成任意的 $\psi$ 角。在无应力存在时，各取向晶粒的 $(hkl)$ 晶面间距值相等，均为 $d_0$。但当多晶材料中平衡着一个宏观残余应力时（见图 7-1 中的拉应力），则不同取向的晶粒中 $(hkl)$ 晶面间距 $d$ 随晶面方位 $\psi$ 发生规则变化。当 $\psi = 0°$ 时，平行于应力方向的晶面间距 $d$ 最小；当 $\psi = 90°$ 时，垂直于应力方向的晶面间距最大。而晶面间距的相对变化 $\Delta d/d_0$ 反映了残余应力所造成的晶面法线方向的弹性应变，即有 $\varepsilon = \Delta d/d_0$。由布拉格方程的微分式可知，晶面间距的变化 $\Delta d/d_0$ 和衍射角 $\theta$ 的关系为：

$$\frac{\Delta d}{d} = -\cot \Delta\theta \tag{7-1}$$

而晶面间距和衍射角 $\theta$ 都可通过 X 射线衍射测量得到，从而获得残余应变，然后由残余应变计算出来。

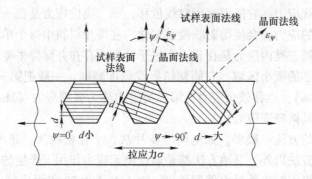

图 7-1 　应力与不同方位同族晶面间距的关系

### 7.2.1 　单轴应力测量

单轴拉伸时沿 $Z$ 轴方向的单轴宏观应力为 $\sigma_Z$ 可根据 $X$ 轴 $Y$ 轴应变来求解。假设待测试样为各向同性和均质的棒状多晶材料，则其在 $X$ 轴 $Y$ 轴的应变为：

$$-\varepsilon_X = -\varepsilon_Y = \nu\varepsilon_Z \tag{7-2}$$

式中，$\nu$ 为泊松比，负号表示收缩。

根据胡克（Hooke）定律有：

$$\sigma_Z = E\varepsilon_Z = -E\frac{\varepsilon_X}{\nu} = -E\frac{\varepsilon_Y}{\nu} \tag{7-3}$$

用 X 射线法测定应力时，测量的是以晶面间距变化程度的应变，即：

$$\varepsilon_X = \varepsilon_Y = \frac{d - d_0}{d_0} = \frac{\Delta d}{d_0} \tag{7-4}$$

通过测量平行或近似平行变形的晶面在弹性变形前、后的晶面间距可以测定应变，将式(7-4)代入式(7-3)，得：

$$\sigma_Z = E\varepsilon_Z = -E\frac{\varepsilon_X}{\nu} = -\frac{E}{\nu}\left(\frac{d-d_0}{d_0}\right) = -\frac{E}{\nu}\frac{\Delta d}{d} \tag{7-5}$$

只要测出沿 X 方向晶面间距的变化 $\Delta d$，就可算出 Z 方向应力 $\sigma_Z$ 的大小。而晶面间距的变化可通过测量衍射线的位移 $\Delta\theta$ 得到。

将布拉格微分式(7-1)代入式(7-5)，得：

$$\sigma_Z = -\frac{E}{\nu}\cdot\frac{\Delta d}{d} = \frac{E}{\nu}\cot\theta\cdot\frac{\pi}{180}\cdot\Delta\theta \tag{7-6}$$

式(7-6)是用 X 射线法测定单轴应力的基本公式。方程右边乘以 $\pi/180$ 是为了将所测得的衍射角 $\theta$ 单晶面法位的"度"换算为"弧度"。当试样中存在宏观残余应力时，会使衍射线产生位移。只要精确测定平行或近似平行于晶面轴线的衍射线在变形前、后的衍射角，计算出 $\theta$ 角的位移量 $\Delta\theta$，即可得到单轴应力。虽然，X 射线衍射方法可以测量单轴应力，而根据实际应用的需要，X 射线衍射法的目的是测定沿试样表面某一方向上的宏观残余应力。单轴拉伸应力如图 7-2 所示。

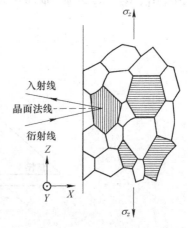

图 7-2 单轴拉伸应力图

## 7.2.2 平面应力测量

一般在宏观残余应力存在的区域内，物体应力状态比较复杂，区域内任一点通常处于三维应力状态。但材料的表面只有两轴向应力，因垂直于样品表面方向上的应力值为零。同时由于 X 射线只能照射深度为 $10\sim30\mu m$ 范围，所以采用 X 射线衍射法所测得的残余应力接近于二维平面应力。

由弹性力学可知，在任一点取单元体，单元体各面上共有 6 个独立的应力分量，分别为沿单元体各面法线方向上的正应力 $\sigma_X$、$\sigma_Y$ 和 $\sigma_Z$ 及垂直于法线方向上的切应力 $\tau_{XY}$、$\tau_{XZ}$ 和 $\tau_{YZ}$。调整单元体的取向，总可以找到这样的一个方位，使单元体上的切应力为零，此时单元体各面三个互相垂直的法线方向称为主方向，相应的三个正应力称为主应力，分别记为 $\sigma_1$、$\sigma_2$ 和 $\sigma_3$，与其相对应的应变 $\varepsilon_1$、$\varepsilon_2$ 和 $\varepsilon_3$ 称为主应变。

图 7-3 显示了在二维应力状态下待测平面应力 $\sigma_\phi$ 和主应力之间的关系。$\sigma_1$ 和 $\sigma_2$ 与表面平行。垂直于表层的主应力 $\sigma_3$ 为零，但主应变 $\varepsilon_3$ 不等于零。$\sigma_\phi$ 是需要测量的试样表面的宏观残余应力，$\phi$ 是待测平面应力 $\sigma_\phi$ 与主应力 $\sigma_1$ 的夹角；由表面法线 OC 和待测平面应力 $\sigma_\phi$ 方向 OB 组成的平面称为测量平面。对于测量平面上任意一方向 OA 而言，在多晶体试样中，总有若干个晶粒中的 $(hkl)$ 晶面与 OA 方向垂直，故 OA 方向可以代表这些晶粒的晶面法线。此方向上的应力、应变分别是用 $\sigma_\psi$、$\varepsilon_\psi$ 表示。而被测应变 $\varepsilon_\psi$ 实质上是沿晶面法线晶面间距变化所引起的应变，$\psi$ 是被测应变 $\varepsilon_\psi$ 方向与表面法线方向的夹角，即衍射晶面的法线与试样表面间的法线夹角，这是一个十分重要的方位角。

首先推导被测 $\varepsilon_\psi$ 与主应变 $\varepsilon_3$ 之间的关系。根据弹性力学可知，在主应变坐标系中，任一方向的正应变与主应变之间的关系为：

$$\varepsilon_\psi = \alpha_1^2\varepsilon_1 + \alpha_2^2\varepsilon_2 + \alpha_3^2\varepsilon_3 \tag{7-7}$$

其中

$$\begin{cases} \alpha_1 = \sin\psi\cos\phi \\ \alpha_2 = \sin\psi\sin\phi \\ \alpha_3 = \cos\psi \end{cases} \tag{7-8}$$

式中，$\alpha_1$、$\alpha_2$、$\alpha_3$ 为 $\psi$、$\phi$ 所示方向的方向余弦。

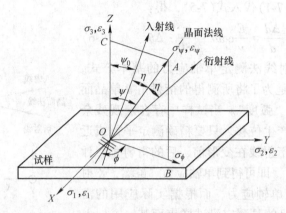

图 7-3　应力和应变状态坐标

将式(7-8)代入式(7-7)，整理得：

$$\varepsilon_\psi - \varepsilon_3 = \sin^2\psi (\cos^2\phi \cdot \varepsilon_1 + \sin^2\phi \cdot \varepsilon_2 - \varepsilon_3) \tag{7-9}$$

根据弹性力学，当材料处于三向应力状态，应力和应变之间的关系为：

$$\begin{cases} \varepsilon_1 = \dfrac{1}{E}[\sigma_1 - \nu(\sigma_2 + \sigma_3)] \\[2mm] \varepsilon_2 = \dfrac{1}{E}[\sigma_2 - \nu(\sigma_1 + \sigma_3)] \\[2mm] \varepsilon_3 = \dfrac{1}{E}[\sigma_3 - \nu(\sigma_1 + \sigma_2)] \end{cases} \tag{7-10}$$

由于平面应力状态 $\sigma_3 = 0$，将 $\sigma_1$、$\sigma_2$、$\sigma_3$ 代入式(7-9)中，整理得：

$$\varepsilon_\psi - \varepsilon_3 = \frac{1+\nu}{E}(\cos^2\phi \cdot \sigma_1 + \sin^2\phi \cdot \sigma_2)\sin^2\psi \tag{7-11}$$

　　垂直于试样表面的主应力 $\sigma_3 = 0$，但此方向的主应变 $\varepsilon_3$ 不等于零，而是由另外两个主应力所决定的。而应变 $\varepsilon_\psi$ 和 $\varepsilon_3$ 是可以用 X 射线衍射法测量衍射晶面的面间距求得，即：

$$\varepsilon_\psi = \frac{d_\psi - d_0}{d_0}, \quad \varepsilon_3 = \frac{d_3 - d_0}{d_0} \tag{7-12}$$

式中　$d_3$——平行于试件表面的 $(h\,k\,l)$ 衍射面的面间距；

　　　　$d_\psi$——与试件表面成 $\psi$ 角的 $(h\,k\,l)$ 衍射面的面间距。

将式(7-12)代入式(7-11)，得：

$$\varepsilon_\psi - \varepsilon_3 = \frac{d_\psi - d_3}{d_0} = \frac{1+\nu}{E} \cdot \sin^2\psi (\cos^2\phi \cdot \sigma_1 + \sin^2\phi \cdot \sigma_2) \tag{7-13}$$

在推导被测应变 $\varepsilon_\psi$ 的表达式 (7-13) 的基础上，可推导被测定表面应力 $\sigma_\phi$ 的表达式。同样，正应力 $\sigma_\psi$ 与主应力 $\sigma_1$、$\sigma_2$、$\sigma_3$ 关系也如式 (7-7)，即：

$$\sigma_\psi = \alpha_1^2 \sigma_1 + \alpha_2^2 \sigma_2 + \alpha_3^2 \sigma_3 \tag{7-14}$$

因为 $\sigma_3 = 0$，所以式 (7-14) 变为：

$$\sigma_\psi = \alpha_1^2 \sigma_1 + \alpha_2^2 \sigma_2 + \alpha_3^2 \sigma_3 = \sin^2\psi \, (\cos^2\phi \cdot \sigma_1 + \sin^2\phi \cdot \sigma_2) \tag{7-15}$$

如果选定 $\psi = 90°$，$\sigma_\psi$ 即是 $\sigma_\phi$，式 (7-15) 变为：

$$\sigma_\phi = \cos^2\phi \cdot \sigma_1 + \sin^2\phi \cdot \sigma_2 \tag{7-16}$$

将式 (7-13) 代入式 (7-16)，整理得：

$$\sigma_\phi = \frac{E}{(1+\nu)\sin^2\psi}(\varepsilon_\psi - \varepsilon_3) = \frac{E}{(1+\nu)\sin^2\psi} \frac{d_\psi - d_3}{d_0} \tag{7-17}$$

利用 X 射线衍射可测得衍射晶面的晶面间距 $d_\psi$、$d_3$、$d_0$。为测定 $d_0$ 需要测定无应力标准试样，但可以简化 $d_3$ 代替 $d_0$（选大衍射角的衍射面，$d_3$ 与 $d_0$ 更为接近），则式 (7-17) 变为：

$$\sigma_\phi = \frac{E}{(1+\nu)\sin^2\psi} \frac{d_\psi - d_3}{d_3} \tag{7-18}$$

式 (7-18) 是以晶面间距 $d$ 为基础的测试宏观残余应力的基本公式。当需要测定试件表面任意指定方向上平面应力 $\sigma_\phi$ 时，则须要测定两个方向的面间距 $d_\psi$ 和 $d_3$。需要注意的是，公式中没有出现 $\phi$ 角，这是因为应力的 $\sigma_\phi$ 方向往往不知道。

测量宏观残余应力时，测量衍射角比测量晶面间距更方便，所以建立以衍射角为基础的宏观残余应力公式更普遍。根据布拉格方程和晶面间距为参量的计算式，推导以 $2\theta$ 为基础的计算公式。

从式 (7-17) 出发，可写成：

$$\sin^2\psi = \frac{E}{(1+\nu)\sigma_\phi}(\varepsilon_\psi - \varepsilon_3) \tag{7-19}$$

以 $\sin\psi$ 和 $\varepsilon_\psi$ 为变量，对式 (7-19) 求微分。以 $\partial$ 代替常用的微分符号 d，以免与面间 d 相混淆，得到如下表达式：

$$\partial(\sin^2\psi) = \frac{E}{(1+\nu)\sigma_\phi}\partial(\varepsilon_\psi) \tag{7-20}$$

也可以写成：

$$\sigma_\phi = \frac{E}{(1+\nu)} \frac{\partial(\varepsilon_\psi)}{\partial(\sin^2\psi)} \tag{7-21}$$

根据布拉格方程微分式 (7-1)，$\varepsilon_\psi$ 可表达为：

$$\varepsilon_\psi = \left(\frac{\Delta d}{d}\right)_\psi = -(\cot\theta \cdot \Delta\theta)_\psi = -\frac{\cot\theta_\psi}{2}\Delta 2\theta_\psi \tag{7-22}$$

因为 $\theta_\psi \approx \theta_0$，所以

$$\varepsilon_\psi \approx -\frac{\cot\theta_0}{2} \cdot 2\Delta\theta_\psi = -\frac{\cot\theta_0}{2}(2\theta_\psi - 2\theta_0) \tag{7-23}$$

对式 (7-23) 求偏导，得：

$$\partial(\varepsilon_\psi) = -\frac{\cot\theta_0}{2} \cdot \partial 2\theta_\psi \tag{7-24}$$

式中　$\theta_0$——无应力时的布拉格角；

　　　$\theta_\psi$——有应力时的布拉格角。

将式(7-24)代入式(7-21)，整理得：

$$\sigma_\phi = \frac{E}{2(1+\nu)}\cot\theta_0\frac{\pi}{180}\left[\frac{\partial(2\theta_\psi)}{\partial(\sin^2\psi)}\right] \tag{7-25}$$

式(7-25)就是通过角 $2\theta$ 表示的测定平面应力 $\sigma_\phi$ 的基本公式。利用 X 射线衍射可以直接测得衍射角 $2\theta$，从图 7-3 中可以看到 X 射线衍射的几何关系，晶面法线 $OA$（即 $\sigma_\psi$ 方向）以及相应的入射线和衍射线构成扫描平面。$\psi_0$ 是入射线和试样表面法线之间的夹角；$2\theta$ 是衍射线 $OD$ 和入射线 $OE$ 之间的夹角（定义为衍射角），它是 X 射线应力测定中最直接参数；$\eta$ 是衍射角的余角。在实测时，试样所选定的 $(hkl)$ 衍射面、入射线波长均固定，而 $-\frac{E}{2(1+\nu)}\cot\theta_0\frac{\pi}{180}$ 将是一个常数（称为应力常数），用 $K$ 表示。式(7-25) 实际上为一直线方程，斜率为 $\partial(2\theta_\psi)/\partial(\sin^2\psi)$，可用 $M$ 表示，于是式(7-25)又可以写成：

$$\sigma_\phi = K_1 M \tag{7-26}$$

式(7-26)中，$K_1$ 属于材料晶体学特性参数，称为应力常数，一般通过查表可得到。在测定宏观应力时，先后从不同的角度将 X 射线入射到不同晶面方位 $\psi$ 的 $(hkl)$ 晶面上，使不同晶粒的同族 $(hkl)$ 晶面间距 $d$ 随晶面方位 $\psi$ 变化而变化，从而使 X 射线衍射谱线（衍射角 $2\theta$）发生有规律的位偏移。用 X 射线衍射法测出不同 $\psi$ 角时晶面间距衍射角为 $2\theta$。根据测试结果作 $2\theta_\psi - \sin^2\psi$ 的关系图，将各个测试值连成直线，并求出斜率 $M$。当 $M$ 大于 0 时，材料表面为拉应力；当 $M$ 小于 0 时，则为压应力。将 $M$ 代入式(7-26)，即可求得表面应力 $\sigma_\phi$。

根据 $\psi$ 角的选取不同，可以分为：

（1）0°-45°法。0°-45°法选取 $\psi$ 为 0°和 45°（或两个其他适当的度数）进行测定，由两点求得 $2\theta_\psi - \sin^2\psi$ 的斜率 $M$。其方法简捷，适用于已确认 $2\theta_\psi$ 与 $\sin^2\psi$ 关系有良好线性或测量精度要求不高的情况，为减少偶然误差，可在每个方位上测量二次（或更多）取平均值。在固定 $\psi$ 的 0°-45°法中，$\Delta\sin^2\psi = \sin^2 45° - \sin^2 0° = 0.5$，则式(7-25)可化简为：

$$\sigma_\phi = 2K\Delta 2\theta_\psi \tag{7-27}$$

（2）$\sin^2\psi$ 法。在 X 射线测量应力的实践中，常发现 $2\theta_\psi - \sin^2\psi$ 不是直线关系，会出现波动。此时，若只用两个 $\psi$ 角测算 $2\theta_\psi - \sin^2\psi$ 直线斜率 $M$，则将会影响 $\sigma$ 值的准确度。为克服此缺点，将 $\psi$ 角增至四个或以上，测出它们相应的 $2\theta$ 值，然后用最小二乘法求出最佳的 $2\theta_\psi - \sin^2\psi$ 直线的斜率，最后计算出平面应力。此种测量方法称为 $\sin^2\psi$ 法。$\sin^2\psi$ 是测定二维残余应力典型的方法。1961 年德国学者 E. Macherauch 提出 $\sin^2\psi$ 法后，逐渐成为 X 射线应力测定的标准方法。采用 $\sin^2\psi$ 法得到 $\sigma_\phi = K_1 M$ 中 $M$ 为：

$$M = \frac{\sum_{i=1}^{n} 2\theta_{\psi_i}\sum_{i=1}^{n}\sin^2\psi_i - n\sum_{i=1}^{n}(2\theta_{\phi_i}\sin^2\phi_i)}{(\sum_{i=1}^{n}\sin^2\psi_i)^2 - n\sum_{i=1}^{n}\sin^4\psi_i} \tag{7-28}$$

## 7.3 宏观应力测试方法

使用波长为 $\lambda$ 的 X 射线先后数次以不同的入射角 $\psi_0$ 照射在试样晶面方位为 $\psi$ 的 $(h\,k\,l)$ 衍射面上，测出衍射角 $2\theta$，从而求出 $2\theta_\psi$ 对 $\sin^2\psi$ 的斜率，算出平面应力 $\sigma_\phi$。采用此原理测试宏观应力根据衍射几何布置特点分为同倾法（Iso-Inclination Method）和侧倾法（Side-Inclination Method）。同倾法是常规的测量方法，其测量平面和扫描平面重合，如图 7-4(a) 所示。侧倾法是为解决复杂形状工件（如齿轮根部、角焊缝处）的应力测定问题而提出的，设计出衍射平面与测量平面相互垂直且无制约的布置，如图 7-4(b) 所示。根据固定角度不同，可分为固定 $\psi_0$ 法（Fixed $\psi_0$ Method）和固定 $\psi$ 法（Fixed $\psi$ Method），即它们在测量宏观残余应力过程中分别保持 $\psi_0$ 和 $\psi$ 的不变。根据测量 $\psi$ 数量可分为 0°-45° 法和 $\sin^2\psi$ 法，而 $\sin^2\psi$ 法已成为 X 射线应力测定的标准方法。

目前，随着测试残余应力设备的发展，衍射仪和应力仪配上相应的附件都可完成同倾法和侧倾法的测量，也可以进行固定法 $\psi_0$ 和固定法 $\psi$ 的测量。

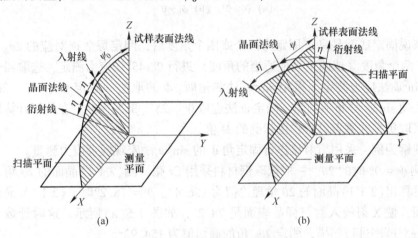

图 7-4 同倾法和侧倾法
（a）同倾法；（b）侧倾法

### 7.3.1 同倾法

#### 7.3.1.1 衍射仪法

在常规衍射仪上测定宏观应力时，要在测角仪上另装一能绕测角仪轴独立转动的试样架，它可使试样表面转到所需要的 $\psi$ 角位置，以便测量不同 $\psi$ 角时对应的 $2\theta$ 值。常规衍射仪测量宏观内应力时，试样要绕测角仪轴转动，因此不适于大部件的测量。

固定 $\psi$ 法是固定 X 射线的入射方向，试样与计数管同时以 1:2 的角速度同方向转动，从而保持在测试过程中 $\psi$ 角恒定不变。如图 7-5 所示为衍射仪固定 $\psi$ 法的衍射几何。当测量 $\psi = 0°$ 时的衍射角为 $2\theta$，只需计数管在理论值 $2\theta$ 附近连动扫描，测得平行于试样表面的晶面时的衍射角 $2\theta$，如图 7-5(a) 所示。当要测量 $\psi \neq 0°$ 的衍射角为 $2\theta$ 时，X 射线入射方向固定不变，只需将试样按顺时针方向转过 $\psi$ 角，如图 7-5(b) 所示。转动试样时，

计数管暂时在 $2\theta_0$ 处固定，转过 $\psi$ 角后恢复 $\theta\sim2\theta$ 连动扫描，分别准确测量几个固定 $\psi$ 角时的衍射角 $2\theta_\psi$。

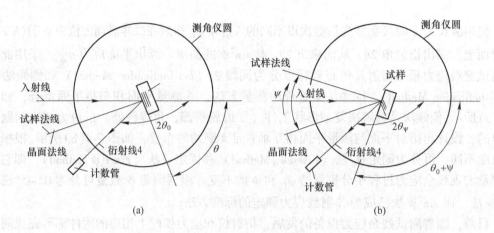

图 7-5　固定 $\psi$ 法的衍射几何

(a) $\psi_0 = 0°$；(b) $\psi_0 \neq 0°$

简单来说固定法就是将 $\psi$ 固定为两个或四个角度后，测定每个 $\psi$ 对应的 $2\theta_\psi$ 角。$\psi$ 选取 0°和 45°两个角度（或两个其他适当的角度）进行 0°-45°法应力测定，选取四个以上的 $\psi$ 角进行 $\sin^2\psi$ 法应力测定。采用 $\sin^2\psi$ 法测量时，$\psi$ 的取法一般定 0°、15°、30°、45°，但这种取法使 $\sin2\psi$ 分布不均匀。固定 $\psi$ 法也取 0°、25°、35°、45°。在使用计算机处理数据时，可采取更多的测点以获得更精确的 $M$ 值。

以低碳钢为例，采用衍射仪进行固定角 $\psi$ 的 $\sin^2\psi$ 法宏观残余应力测量。

（1）测 $\psi = 0°$ 时的 $2\theta$。一般低碳钢材料采用 Cr 靶，测（2 1 1）晶面的 $2\theta$ 角。根据布拉格方程可算出（2 1 1）晶面的 $2\theta$ 角理论值为 156.4°。$\theta = 78.2°$ 时，（2 1 1）晶面应平行于试样表面，使 X 射线入射与样品表面呈 78.2°，如图 7-5(a)所示。这时计数管在 $\theta =$ 78.2°附近±5°范围进行扫描，测定 $2\theta_0$ 角的确切值为 154.92°。

（2）测定 $\psi = 15°$、30°、45°角时的 $2\theta_\psi$。测 45°时，计数管暂时在 154.92°处固定，而试样顺时转动 45°，如图 7-5(b)所示。最后测定 $2\theta_\psi$ 角结果见表 7-1。

表 7-1　不同 $\psi$ 角度测量的 $2\theta_\psi$

| $\psi$ | 0° | 15° | 30° | 45° |
|---|---|---|---|---|
| $2\theta_\psi/(°)$ | 154.92 | 155.35 | 155.91 | 155.96 |
| $\sin^2\psi$ | 0 | 0.067 | 0.25 | 0.707 |

（3）求斜率 $M$，计算 $\sigma_\psi$。根据式(7-28)，采用最小二乘法求得斜率 $M = 1.965$。通过有关表格查 $K = -318.1MPa$。将 $M$ 和 $K$ 带入式(7-26) 计算残余应力，得：

$$\sigma_\psi = K_1 \times M = -318.1MPa \times 1.965 = -625.1MPa$$

目前应用于 X 射线应力测定的衍射仪光路系统主要有半聚焦法和平行光束法两种。通常认为半聚焦法的衍射强度高，分辨率也高，但容易因试样安置误差而带来应力测定值的系统误差，故要求准确的定位装置。试样表面须与聚焦圆相切，试样表面偏离测角仪中心轴线 0.01mm，相应的 $2\theta$ 测量误差约为 0.01°，按照聚焦条件的要求，只有在试样表面曲率半径等于聚焦圆半径时才能得到理想的聚焦。一般均用平试样，难以满足严格的聚焦条件。对于圆柱表面或球形表面试样，聚焦效果更不理想。另外，在测量中试样必须随计数管同步转动，并对试样大小进行限制。

上述半聚焦法的实验条件甚为严格，限制了它的应用范围。应用平行光束测量应力可以避免一些苛刻的实验条件。平行光束法的衍射几何如图 7-6 所示。在平行光束法中，入射线侧和衍射线侧各放置一组平行光阑，来限制其水平发散度。由于采用了张角较小的多缝平行光阑，入射光束中平行光占大部分，经过试样中符合布拉格方程的一组 $(h\,k\,l)$ 晶面的选择反射后也是平行光，并被沿测角仪圆扫描的计数管接收。

采用平行光束法时，试样较易安放，对试样形状要求也不是很严格。这

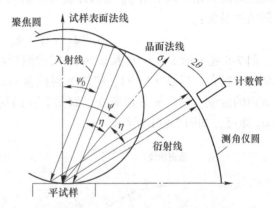

图 7-6 平行光束法的衍射几何

一点对于实际部件的应力测量有着重要意义。如轴类部件，其表面有曲度，在 X 射线所照射的范围内总有一部分面积偏离理想位置。有些部件尺寸大，或形状复杂，难以准确放置试样。采用平行光束法均可使这些问题适当解决。近年来工业用 $\psi$ 射线应力测试仪大都采用平行光束法。此法的优点是不必随 $\psi$ 角的变化而前后移动计数管的位置。缺点是入射线束及衍射线束强度损失较大，分辨率不如半聚焦法。

### 7.3.1.2 应力仪法

X 射线应力仪是测量宏观残余应力的专用设备，既可在实验室使用，也可在现场对工件进行实地残余应力测试，特别是大型整体设备构件（如船体、球罐等）的现场测试。图 7-7 所示为 Stress 3000 衍射仪。应力仪的测角仪一般为立式的，测角仪上装有可绕试件转动的 X 射线管和计数管，计数管在竖直平面内扫描，如图 7-7(b)所示。待测工件安放在地上或支架上，安装在横梁上的 X 射线管和计数管可以任意改变入射线的方向，实现入射角 $\psi_0$ 的调节。

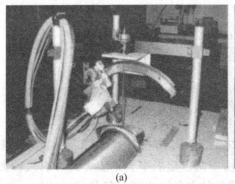
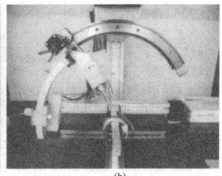

(a)　　　　　　　　　　　(b)

图 7-7　Stress 3000 衍射仪

(a) 应力仪；(b) 立体测角仪

**A　固定 $\psi_0$ 法**

X射线衍射仪法测量宏观应力常采用固定 $\psi_0$ 法，即固定入射线与试样表面法线之间的夹角 $\psi_0$。特点是试样不动，通过改变X射线入射的方向获得不同的 $\psi_0$。

如图7-8所示为X射线应力仪采用固定 $\psi_0$ 法的衍射图。$\psi$ 是衍射晶面法线与试样表面法线之间的夹角，入射角 $\psi_0$ 是试样表面法线与入射线的夹角。$\eta$ 是衍射角的余角。它们之间的关系为：

$$\psi = \psi_0 + \eta = \psi_0 + 90° - \theta_\psi \tag{7-29}$$

图7-8还显示了 $\psi = 0°$ 及 $\psi \neq 0°$ 时的测量状态。在测定时，仅计数管在 $2\theta$ 附近扫描以测得衍射角。当 $\psi = 0°$ 时，应使X射线垂直试样表面入射，此时所测并非垂直试样表面方向的应变，而是 $\eta$ 方向应变，如图7-8(a)所示；当 $\psi \neq 0°$ 时，试样不动，改变入射角 $\psi_0$ 即可，如图7-8(b)所示。

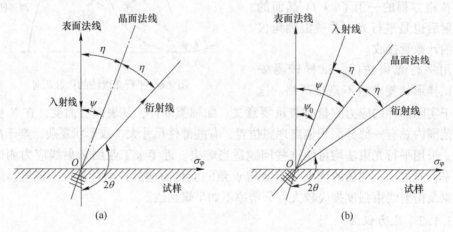

图7-8　X射线应力仪采用固定 $\psi_0$ 法的衍射图

(a) $\psi = 0°$；$\psi \neq 0°$

**B　0°-45°法**

固定 $\psi_0$ 法可将 $\psi_0$ 固定为某两个（0°-45°法）或四个角度（$\sin^2\psi$ 法）后，测定每个 $\psi_0$ 对应的 $2\theta$ 角。当采用应力仪将 $\psi_0$ 中固定在0°和45°测量时，两次所测量的应变量分别是 $\eta$ 和 $\eta + 45°$ 方向，计算公式为：

$$\sigma_\phi = \frac{E}{2(1+\nu)} \cdot \cot\theta_0 \cdot \frac{\pi}{180} \cdot \frac{2\theta_\eta - 2\theta_{45+\eta}}{\sin^2(45+\eta) - \sin^2\eta} = K'_2(2\theta_\eta - 2\theta_{45+\eta}) \tag{7-30}$$

其中，

$$K'_2 = \frac{E}{2(1+\nu)} \cdot \cot\theta_0 \cdot \frac{\pi}{180} \cdot \frac{1}{\sin^2(45+\eta) - \sin^2\eta}$$

因当材料、测试晶面以及入射波长确定之后，$\eta$ 是不变的，所以 $K'_2$ 为常数。当然，$K'_2$ 也只适用于上述应力仪的测量几何。0°-45°法用两点定斜率会给应力计算引入较大误差，因此适用于已确认 $2\theta_\psi - \sin^2\psi$ 关系有良好线性的条件。由于计算机广泛应用，目前多采用 $\sin^2\psi$ 法。

### 7.3.2 侧倾法

侧倾法是为了解决复杂形状工件的应力测定问题而提出的。比如采用同倾法测定工件特殊部位（如齿轮根部、角焊缝处）的残余应力会比较困难，衍射线可能会穿入试样内部 ［见图7-9(b)］。在同倾法中，$\psi_0$ 或 $\psi$ 的变化受 $\theta$ 角大小的制约。测定衍射峰的全形需一定的扫描范围，且计数管不可能接收与试样表面平行的衍射线，导致实际允许 $\psi_0$ 或 $\psi$ 变化范围过小。

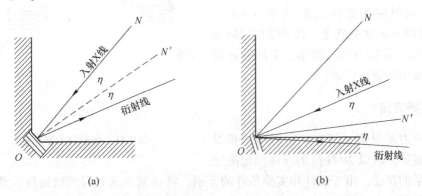

图 7-9　复杂形状零件的应力测定

(a) $\psi = 0°$；(b) $\psi \neq 0°$

侧倾法是使入射线、衍射晶面法线和衍射线组成的扫描平面和 $\psi$ 角转动的测量平面相互垂直，此法分为有倾角侧倾法和无倾角侧倾法。有倾角侧倾法如图7-10(a)所示，入射线对测量平面成一负的倾角，其计算公式完全和同倾法一样都遵循式(7-25)。无倾角侧倾法如图7-10(b)所示，入射线位于扫描平面和测量平面的交线上，无负的 $\eta$ 倾角，此种几何关系使应力计算不能遵循式(7-25)，有关这种方法的应力计算可参考有关文献。显然，无论是有侧倾角还是无侧倾角，由于扫描平面不再占据 $\psi$ 角转动空间，$\psi$ 角度的变化范围相应扩大。

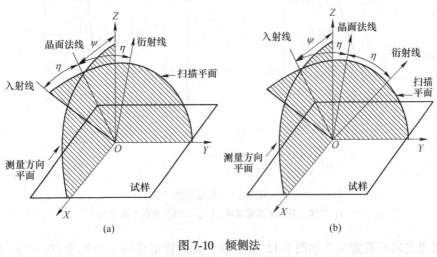

图 7-10　倾侧法

(a) 有角倾侧法；(b) 无角倾侧法

侧倾法的衍射平面与测量方向平面垂直，相互无制约。其确定 $\psi$ 方法的方式是固定 $\psi$ 法。若在水平测角仪圆的衍射仪上用侧倾法，则需有可绕水平轴转动的试样架，使试样能做 $\psi$ 倾动，如图7-11所示。在当前的X射线应力仪上也可用侧倾法，其测角头（包括X射线及计数管）能做 $\psi$ 倾动，且X射线管和计数管以相同的角速度反向转动（$\theta$-$\theta$扫描），完成固定 $\psi$ 法的测量，代替需试样转动的 $2\theta$-$\theta$ 扫描。若应力仪的测角头不能做 $\psi$ 倾动，也可采用侧倾试样架。

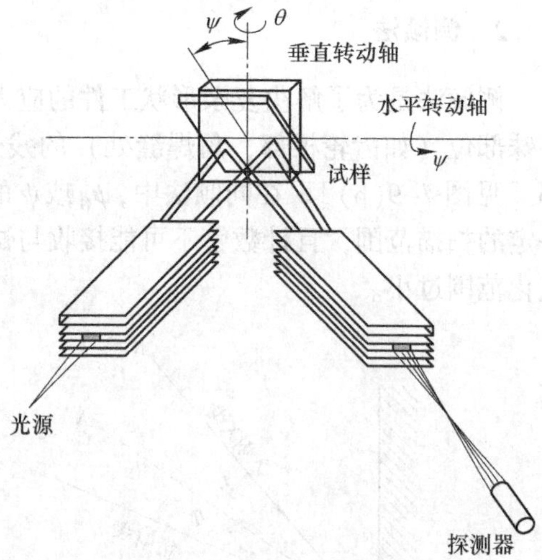

### 7.3.3　定峰方法

宏观应力是根据不同方位衍射峰的相对变化来测定的，所以 $2\theta$ 峰位的准确测定决定

图7-11　衍射仪的侧倾装置

了应力测量的精度。由于试样和实验条件的差别，将得到形状各异的衍射线，其 $2\theta$ 峰位的确定可按下述方法进行。

#### 7.3.3.1　半高宽法

半高宽法是常用的定峰方法，是用谱线半高宽中点的横坐标作峰位的方法。这种方法适用于 $K_{\alpha_1}$ 和 $K_{\alpha_2}$ 衍射线完全重合，如图7-12（a）所示。完全分开的衍射线如图7-12（b）所示。如果 $K_{\alpha_1}$ 与 $K_{\alpha_2}$ 衍射线部分重叠，不能使用半高宽法时，则采用1/8高宽法，如图7-13所示。下面就这三种情况分别进行介绍。

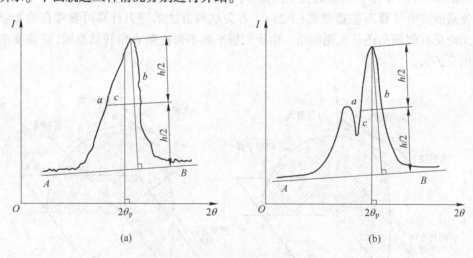

(a)　　　　　　　　　　　　(b)

图7-12　半高宽法

(a) 双线重叠时半高宽定峰；(b) 双线分离的半高宽定峰

双线重叠时半高宽定峰如图7-12（a）所示，此时将重叠的 $K$ 双线看成一个整体，用叠谱线半高宽中点的横坐标作峰位，其做法是自衍射峰底两侧的背底曲线作切线 $AB$，后垂

直于切线标出峰高 $h$。在 $h/2$ 处作平行于 $AB$ 的直线，该直线交衍射谱线于 $a$、$b$ 两点，$ab$ 线段的中点 $c$ 对应的横坐标 $2\theta_P$ 即为要定的峰位。双线分离的半高宽定峰如图 7-12(b) 所示，步骤与上述双线重叠时半高宽定峰的作法相同。

双线部分分离时的定峰方法如图 7-13 所示。为减少 $K_{a_2}$ 的影响，可取距峰顶 1/8 高处的中点作为峰位，即在 $K_{a_1}$ 强度峰峰值的 1/8 或 1/16 做平行于背底的直线。该直线交衍射线于 $a$、$b$ 两点，$ab$ 线段的中点对应的横坐标 $2\theta_P$ 就是要找的峰位。当衍射线轮廓分明时，这种方法可以得到准确的结果，是最常采用的方法。

### 7.3.3.2  切线法

当衍射峰陡峭时，可用切线法求峰位，做法是延长靠峰顶部两边的直线部分，其交点对应的横坐标就是要找的峰位，如图 7-14 所示。

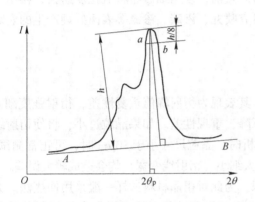

图 7-13  1/8 半高峰法 　　　　　　　　　　图 7-14  切线法

### 7.3.3.3  抛物线法

当峰形较漫散时，用半高宽法容易引起较大误差，可将峰顶部位假定为抛物线型，用所测量的强度数据拟合抛物线，求出其最大值对应的 $2\theta_P$ 角即为峰位，这也是常用的定峰方法。如图 7-15 所示为三点抛物线定峰示意图。在顶峰附近选一点 $A(2\theta_2，I_2)$ 在其左右等距离 $\Delta 2\theta$ 处各选一点 $B(2\theta_1，I_1)$ 和 $C(2\theta_3，I_3)$，注意用三点抛物线方法定峰时，$A$ 点应尽量选强度最高处，其余两点强度不低于 $A$ 点强度的 85% 为宜。用此三点模拟一个抛物线，其方程为：

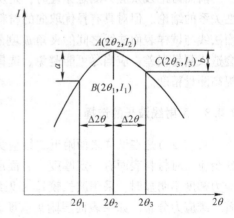

图 7-15  三点抛物线法定峰示意图

$$I = a(2\theta)^2 + b(2\theta) + c \qquad (7\text{-}31)$$

其中，$a$、$b$、$c$ 是系数，将 $A$、$B$、$C$ 三点坐标代入式(7-31)，即可求出 $a$、$b$、$c$ 的值，因而确定顶峰的位置，即：

$$2\theta_P = -\frac{b}{2a} \qquad (7\text{-}32)$$

# 7.4　宏观应力测定的影响因素

X射线宏观应力测定应注意被测试样的表面状态、晶粒大小和择优取向、衍射峰位确定等因素对应力的影响。

## 7.4.1　试样表面状态

X射线照射多晶材料试样时，只能穿透几微米或30余微米。当试样表面有污垢、氧化皮或涂层时，X射线将被它们吸收或散射，不能测到试样本身的真实应力。此外，对粗糙的试样表面，因为凸出部分已释放掉一部分应力，所以测得的宏观残余应力值一般偏小。因此对上述情况的试样进行宏观残余应力测量前，须用细砂布将氧化皮磨去，再用电解抛光将变形层去除，最后进行测定。但在研究喷丸、渗碳、渗氮等表面处理产生的宏观残余应力时，不能进行任何表面处理。

## 7.4.2　晶粒大小择优取向

试样晶粒粗大使参与衍射的晶粒数减少，其表现为衍射峰值重复性差，衍射强度随 $\psi$ 呈不规则的波动，因而测定的应力值可靠性下降，重现性差。如果晶粒过小，将使衍射线宽化，测量精度下降。一般来说，在做应力分析时，晶粒尺寸小于 $30\mu m$ 时，可正常测试，否则因晶粒太粗大（衍射线成为点状）或晶粒太细小（衍射线变宽）均会造成较大误差。

测量晶粒粗大的材料时，需增大照射面积，为此对粗晶材料试样一般采用回摆法。大多数仪器采用入射X射线往复摆动，也有让被测试样摆动的，从而增加参加衍射的晶粒数目，但此时需采用特殊的计算公式。

前面讨论残余应力测定原理时，是从材料具有各向同性出发，得出 $2\theta - \sin^2\psi$ 满足线性关系的结论。但对具有择优取向的材料，出现各向异性，则会使衍射峰的强度随衍射晶面法线与试样表面法线之间的夹角 $\psi$ 剧烈地变化。$2\theta - \sin^2\psi$ 偏离线性关系，试件中织构会造成测量误差，应当尽可能避免。选择合适的入射角，可以得到最大的衍射强度，从而提高测量精度。

## 7.4.3　X射线波长的选择

式(7-25)是在试样表面附近二维应力分布的情况下导出的。而用X射线法测定宏观残余应力时材料表面有一定厚度，表面层允许厚度随X射线波长的缩短而增加。表面层应力梯度不明显时，采用波长较长X射线照射试样，可以近似地认为，所测的表面层有着二维应力分布。如果表面层附近有明显的应力梯度，则应该考虑是三维应力状态，式(7-25)就不适用了。另外，X射线波长的选择还必须适宜，既要使 $(h\,k\,l)$ 衍射晶面的 $\theta$ 角接近90°，以提高测量 $d$ 值的精度，又要设法降低背底的深度，以防叠加在过深背底上宽衍射线峰位确定的困难。

## 7.4.4　吸收因子和角因子矫正

准确测定衍射峰的峰位是提高实验精度的关键之一。当衍射线宽化和不对称时，峰位的确定是比较困难的，造成峰形不对称的因素有吸收因子和角因子的影响。在衍射线非常宽的情况下，需要利用吸收因子和角因子对衍射线形进行校正。

同倾法测量宏观残余应力受到吸收因子影响。这是由于 X 射线倾斜射入试样后，X 射线在试样中所经历的路程不同，引起吸收不同而造成线形的不对称。可以证明，吸收因子 $A = 1 - \tan\psi\cot\theta$ 它是反射晶面法线与试样表面法线的夹角 $\psi$ 和布拉格角 $\theta$ 的函数。该因子的影响比角因子小，在精度要求不高的情况下，可忽略不计。采用侧倾法测量时，由于 $\psi$ 角改变不影响吸收因子，故无需进行吸收因子的校正。

角因子 $(1 + \cos^2 2\theta)/(\sin^2\theta\cos\theta)$ 在布拉格角 $\theta$ 接近 90°时，显著增大，对衍射线形不对称的影响也会加剧，如果不予以修正，会带来较大的测量误差。一般认为，当衍射峰半高宽度在 3.5°~4.5°以上时，须进行角因子修正。

### 7.4.5 应力常数 $K_1$

应力常数 $K_1$ 可由公式直接查表算出（见附录 12）。手册上的 $E$ 和 $\nu$ 值均系用机械法或电测法从多晶样品上测得的，它们均是晶体各向异性的平均值。而用 X 射线法测定宏观内应力是在垂直于 $(hkl)$ 衍射晶面的特殊结晶学方向上。严格地说，通常工程上的 $E$ 和 $\nu$，是不能直接代入 $K_1$ 值表达式中的。实践表明，这样算出的 $K_1$ 值与实测的 $K$ 值相差约 10%（有时更大些）。在工程测量中，有时这是允许的，但需要精确的数据时，还是以直接测定 $K_1$ 值为宜。

前面只是简单讨论了大晶粒材料或织构材料等情况残余应力测定，且某些问题迄今未获圆满的解决。目前，国内外正在寻求解决三维应力以及大晶粒材料或织构材料的残余应力的测定的最佳途径，而且相应测量设备也不断出现。有关这些特殊的测试技术和设备，请参看有关资料。

## 7.5 宏观应力测定的其他方法

残余应力测试方法的研究始于 20 世纪 30 年代，发展至今已经形成数十种测试手段，大致可分为机械释放测量法和非破坏性无损伤的物理测量法两大类。物理测量法是指测量应力时对被测构件无损害，但成本较高，除了正文中提到的 X 射线法之外，还有中子衍射法、超声波法和磁性法等方法。

### 7.5.1 中子衍射法

中子衍射法应力分析始于 20 世纪 80 年代，是目前唯一可以测定大体积工件三维应力分布的方法。中子衍射法是通过研究衍射束的峰值和强度，从而获得应力和应变的数据。中子衍射应力测量法首先是测定材料中晶格的应变，然后计算出应力。其测量残余应力的原理与 X 射线法基本一致，即根据布拉格定律从测量点阵的弹性应变来计算构件内部的残余应力。中子衍射法测量应力的原理示意图如图 7-16 所示。

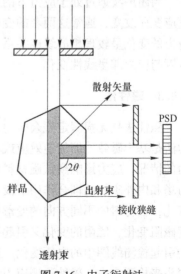

图 7-16　中子衍射法

根据对布拉格公式，求微分后所得的关系式用衍射峰位置 $\theta$ 参考无应力样品的峰位置 $\theta_0$ 的变化值 $\Delta\theta$ 来求应变。其计算公式为：

$$\varepsilon = \frac{d - d_0}{d_0} = - \Delta\cos\theta_0 \qquad (7\text{-}33)$$

### 7.5.2 超声波法

超声波法是无损检测残余应力的一种新方法。当材料中存在应力时，超声波在材料内的传播速度与没有应力存在时的传播速度不同，传播速度的差异与存在的应力大小有关。若能够获取无应力和有应力作用时弹性体内超声波的传播速度的变化，则可获得应力的大小。

目前超声波法有两种：一种是采用超声横波作为探测手段，由于应力的影响束正交偏振横波的传播速度不同，产生双折射，分别测量两束超声横波的回波到达时间来评价材料中的应力状态，只适用于材料的内部应力；另一种是采用表面波或者纵波，直接测量声波在材料表面或内部传播的时间，再依据声弹性理论中应力和声速的关系来测量应力，可测量材料表面或内部的应力，是目前主要使用的方法。

超声波法测量构件中的残余应力为沿超声波传播路径的平均值。目前超声波应力测量技术大多以固体媒质中应力和声速的相关性为基础，即超声波直接通过被测媒质，以被测媒质本身作为敏感元件，通过声速变化反映固体的应力。固体中的声速可用式（7-34）表示：

$$C = \sqrt{\frac{K}{\rho}} \qquad (7\text{-}34)$$

式中　$K$——弹性模量；

$\rho$——密度。

当超声波通过处于应力下的固体传播时，应力对其速度有两种影响。弹性模量和密度随应变而改变，通常这两者的变化都比较小，最多也只有 0.1% 左右。实验证明，声速随应力的变化呈较理想的线性关系。按照声弹性理论，只要变形处在材料的弹性范围之内，速度与应力即呈线性变化。

### 7.5.3 磁性法

磁性法是无损测定残余应力的新型方法之一，具有方便、快速、准确的特点。磁测应力法是基于磁致伸缩的逆效应或称维拉里效应，通过研究磁化状态的变化来研究材料内应力的情况。应力影响到铁磁材料的磁导率、磁化强度等宏观参量，这种影响源于磁畴在应力场和内外磁场的耦合作用下发生的磁矩转向及畴壁位移。铁磁材料的变形导致磁导率的变化，在材料中不同方向的变形导致不同方向的磁导率不同，磁导率的变化对整个磁路引起磁阻变化，磁阻的变化又引起磁通量的变化。对二极磁探头而言，一旦磁通量变化，就会引起检测线圈中的电压变化。确定检测线圈中电压变化与应力变化的关系，则可用二极探头来检测应力。磁性法测应力系统原理如图 7-17 所示。

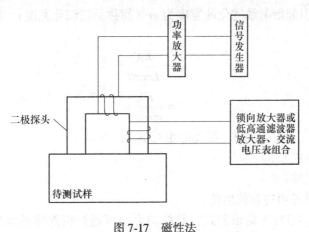

图 7-17  磁性法

# 7.6  微观应力及晶粒大小的测定

微观应力和晶粒细化均会引起衍射线发生漫散、宽化，可以通过衍射线形的宽化程度来测定微观应力和晶粒尺寸。

## 7.6.1  微观应力的测定

微观应力是发生在数个晶粒或单个晶粒中数个原子范围内的应力，有的晶粒受压，有的晶粒受拉，还有的弯曲，且变形程度也不同，这些均会导致晶面间距的变化，致使晶体中不同区域的同一衍射晶面所产生的衍射线发生位移，从而形成一个在 $2\theta_0 \pm \Delta 2\theta$ 范围内强度的宽化峰。由于晶面间距的变化服从统计规律，因而宽化峰的峰位基本不变，只是峰宽同时向两侧增加，这不同于宏观应力，在存在应力宏观范围内，晶面间距发生同向同值增加或减少，导致衍射峰位向一个方向位移。

由布拉格方程微分得：

$$\Delta \theta = -\tan\theta_0 \frac{\Delta d}{d}$$

令 $\varepsilon = \Delta d / d$，则

$$\Delta \theta = -\tan\theta_0 \cdot \varepsilon$$

设微观应力所致的衍射线宽度为 $n$（简称为微观应力宽度），则 $n = 2\Delta 2\theta = 4\Delta\theta$，考虑其绝对值，则 $n = 4\varepsilon\tan\theta_0$。微观应力的大小为：

$$\sigma = E\varepsilon = E \frac{n}{4\tan\theta_0} \tag{7-35}$$

## 7.6.2  晶粒尺寸的测定

由于 X 射线对试样作用的体积基本不变，晶粒细化（小于 0.1μm）时，参与衍射的晶粒数增加，偏移布拉格条件的晶粒数也增加，它们同时参与衍射，从而使衍射出现了宽化，也可从单晶体干涉函数的强度分布规律来解释。当晶粒细化时，单晶体三维方向上的晶胞数减小，倒易球增厚，其与反射球相交的区域扩大，从而导致衍射线宽化。

设由晶粒细化引起衍射线宽化的宽度为 $m$（简称晶粒细化宽度），则 $m$ 与晶粒尺寸存在以下关系：

$$m = \frac{K\lambda}{L\cos\theta} \tag{7-36}$$

$$L = \frac{K\lambda}{m\cos\theta} \tag{7-37}$$

式中　$K$——常数，一般为 0.94，简化时也可取 1；

　　　$\lambda$——入射线波长；

　　　$L$——晶粒尺寸；

　　　$\theta$——某衍射晶面的布拉格角。

式(7-36)和式(7-37)为谢乐公式，晶粒的大小可通过衍射峰的宽化 $m$ 测量出，再由谢乐公式计算出 $L$。但需指出的是，晶粒只有细化到亚微米以下时，衍射峰宽化才明显，测量精度才高，否则由于参与衍射的晶粒数太少，峰形宽化不明显，峰廓不清晰，测定精度低，计算的晶粒尺寸误差也较大。

当被测试样为粉末状时，测定其晶粒尺寸相对容易得多，因为可以通过退火处理去除晶粒的内应力，并可在待测粉末试样中添加标准粉末，比较两者的衍射线，使用作图法和经验公式获得晶粒细化宽度 $m$，代入谢乐公式便可近似得出晶粒尺寸的大小，但该法未做 $K_\alpha$ 双线分离，计算精度不高，仅可作一般粗略估计，具体过程简述如下：

（1）样品去应力退火，以消除内应力宽化的影响。

（2）在待测样中加入标准样（$\alpha\text{-}Al_2O_3$、$\alpha\text{-}SiO_2$ 粒度较粗，一般在 $10^{-4}$cm 左右）均匀混合，标准样中没有晶粒大小引起宽化的问题，仅有仪器宽化和 $K_\alpha$ 双线宽化，其中 $K_\alpha$ 双线宽化可忽略。

（3）进行粉末样品的 XDR 分析，产生粗颗粒的敏锐峰和待测样的弥散峰。

（4）选择合适的衍射峰进行分析，使用作图法分别测定两类峰的半高宽 $\omega_1$ 和 $\omega_0$。

（5）由经验公式 $m = \sqrt{\omega_0^2 - \omega_1^2}$ 计算晶粒细化宽度；

（6）将 $m$ 值代入谢乐公式得出晶粒尺寸。

## 练　习　题

7-1　试说明 X 射线测定宏观应力的实验依据并列举其他宏观残余应力测定方法。

7-2　简述 X 射线衍射测定应力的适用条件。

7-3　试说明 X 射线法相比于其他应力测定方法有何特点。

7-4　测定轧制黄铜试样的应力，用 Co $K_\alpha$ 照射 (400)，当 $\psi = 0°$ 时，测得 $2\theta = 150.1°$，当 $\psi = 45°$ 时，$2\theta = 150.99°$。问试样表面的宏观应力多大？（已知 $a = 3.695$Å，$E = 8.83 \times 10 \times 10^{10}$N/m$^2$，$\nu = 0.35$）

7-5　在一块冷轧钢板中可能存在哪几种内应力，它的衍射谱有什么特点？按本章介绍的方法可测出何种应力？

7-6　X 射线应力仪的测角器 $2\theta$ 扫描范围 143°～163°，在没有"应力测定数据表"的情况下，应如何为待测应力的试件选择合适的 X 射线管和衍射面指数（以 Cu 材试件为例说明）。

7-7　在水平测角器的衍射仪上安装一侧倾附件，用侧倾法测定轧制板材的残余应力，当测量轧向和横向应力时，试样应如何放置？

## **8** 点阵常数的精确测定

　　点阵常数是反映晶体物质结构尺寸的基本参数，直接反映了质点间的结合能。固态相变的研究、固溶体类型的确定、宏观应力的测定、固相溶解度曲线的绘制、化学热处理层的分析等方面均涉及点阵常数。点阵常数的变化反映了晶体内部的成分和受力状态的变化，一般点阵常数的变化量级很小（约 $10^{-5}$nm），有必要对其进行精确测定。

## 8.1　测量原理及方法

　　测定点阵常数通常使用 X 衍射仪，首先要获得晶体的衍射花样，即 $I$-$2\theta$ 曲线，标出各衍射峰的干涉面指数（$H\,K\,L$）和对应的峰位 $2\theta$。然后运用布拉格方程和晶面间距公式计算该物质的点阵常数。以立方晶系为例，点阵常数的计算公式为：

$$a = \frac{\lambda}{2\sin\theta}\sqrt{H^2 + K^2 + L^2} \tag{8-1}$$

　　显然，同一相的各条衍射线均可通过上式计算出点阵常数 $a$，理论上讲，$a$ 的每个计算值都应相等，实际上却有微小差异，这是由于测量误差导致的。从上式可知，点阵常数 $a$ 的测量误差主要来自波长 $\lambda$、$\sin\theta$ 和干涉指数（$H\,K\,L$），其中波长的有效数字已达七位，可以认为没有误差（$\Delta\lambda = 0$），干涉指数 $HKL$ 为正整数，$H^2 + K^2 + L^2$ 也没有误差，$\sin\theta$ 是精确测量点阵常数的关键。

### 8.1.1　误差源分析

　　对布拉格方程两边微分，由于波长的精度已达 $5\times10^{-7}$nm，微分时可视为常数，即 $d\lambda = 0$，从而导出晶面间距的相对误差为 $\Delta d/d = -\Delta\theta\cot\theta$。立方晶系时，$\Delta d/d = \Delta a/a$，所以有 $\Delta a/a = -\Delta\theta\cot\theta$。因此，点阵常数的相对误差取决于 $\Delta\theta$ 与 $\theta$ 角的大小。图 8-1 即为 $\theta$ 和 $\Delta\theta$ 对 $\Delta d/d$（或 $\Delta a/a$）的影响曲线，从该图可看出：对一定的 $\Delta\theta$，当 $\theta\rightarrow90°$ 时，$\Delta d/d$（或 $\Delta a/a$）$\rightarrow0$，此时 $d$ 或 $a$ 测量精度最高，因而在点阵常数测定时应选用较大角度的衍射线，对于同一个 $\theta$ 角时，$\Delta\theta$ 越小，$\Delta d/d$ 或 $\Delta a/a$ 就越小，$d$ 或 $a$ 的测量误差也就越小。

### 8.1.2　测量方法

　　由于点阵常数的测量精度主要取决于 $\theta$ 角的测量误差和 $\theta$ 角的大小，应从这两个方面入手，来提高点阵常数的测量精度。$\theta$ 角的测量误差取决于衍射仪本身和衍射峰的定位方法，当 $\theta$ 的测量误差一定时，$\theta$ 角越大，点阵常数的测量误差就越小，$\theta\rightarrow90°$ 时，点阵常数的测量误差可基本消除，获得最为精确的点阵常数。虽然衍射仪在该位置难以测出衍射强度，获得清晰的衍射花样，算出点阵常数，但可使用已测的其他位置值，通过适当方法获得 $\theta = 90°$ 处精确的点阵常数，比如外延法、最小二乘法等。为通过测量精度，对于衍

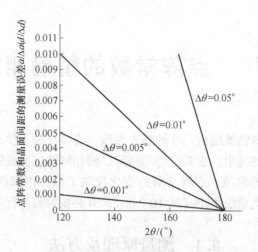

图 8-1 $\theta$ 和 $\Delta\theta$ 对点阵常数或晶面间距测量精度的影响

射仪，应按其技术条件定时进行严格调试，使其系统误差在规定的范围内，或通过标准试样直接获得该仪器的系统误差，再对所测试样的测量数据进行修正，同样也可获得高精度的点阵常数。在具体测量时，首先要确定峰位，有关峰位的确定方法已在 7.3.3 中阐述。

#### 8.1.2.1 外延法

点阵常数精确测量的最理想峰位在 $\theta = 90°$ 处，然而，此时衍射仪无法测到衍射线，所以可以通过外延法来获得最精确的点阵常数。先根据同一物质的多根衍射线分别计算相应的点阵常数 $a$，此时点阵常数存在微小差异，以函数 $f(\theta)$ 为横坐标，点阵常数为纵坐标，做出 $a$-$f(\theta)$ 的关系曲线，将曲线外延至 $\theta$ 为 90° 处的纵坐标值即为最精确的点阵常数值，其中 $f(\theta)$ 为外延函数。

理想情况是外延曲线为直线时，此时的外延最方便。通过前人的大量工作，如取 $f(\theta) = (\cos^2\theta)$ 时，发现 $\theta > 60°$ 时符合得较好，而在低 $\theta$ 角时，偏离直线较远，该外延函数要求各衍射线的 $\theta$ 均大于 60°，且其中至少有一个 $\theta$ 大于 80°，但这些条件较难实现，尼尔逊（I. B. Nelson）等设计出了新的外延函数，取 $f(\theta) = 1/2(\cos^2\theta/\sin\theta + \cos^2\theta/\theta)$，此时，可使曲线在较大的 $\theta$ 范围内保持良好的直线关系。泰勒（A. Taylor）从理论上证实了这一函数。图 8-2 表示铝在 571K 时所测数据，分别采用外延函数为 $\cos^2\theta$ 和 $1/2(\cos^2\theta/\sin\theta + \cos^2\theta/\theta)$ 时的外延示意图。由图 8-2(a)可知，在 $\theta > 60°$ 时，测量数据与直线符合得较好，直线外延至 90° 的点阵常数为 0.40782nm；而在外延函数为 $1/2(\cos^2\theta/\sin\theta + \cos^2\theta/\theta)$ 时，如图 8-2(b)所示，较大 $\theta$ 角范围内（$\theta > 30°$）具有较好的直线性，沿直线外延至 90° 时所得的点阵常数为 0.407808nm 更精确。

#### 8.1.2.2 线性回归法

在外延法中，取外延函数 $f(\theta)$ 为 $1/2(\cos^2\theta/\sin\theta + \cos^2\theta/\theta)$ 时，可使 $a$ 与 $f(\theta)$ 具有良好的线性关系，通过外延获得点阵常数的测量值。但该直线是由作图得到，仍带有较强的主观性，此外方格纸的刻度精细有限，也很难获得更高的测量精度。线性回归法就是在此基础上，对多个测点数据运用最小二乘原理，求得回归直线方程，再通过回归直线的截距得到点阵常数，它在相当程度上克服了外延法中主观性较强的不足。设回归直线方程

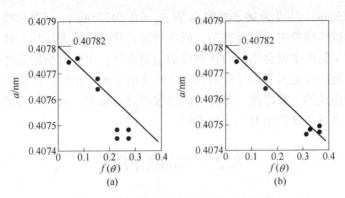

图 8-2 不同外延函数时的外延示意图

(a) $f(\theta) = \cos^2\theta$;  (b) $f(\theta) = \dfrac{1}{2}(\cos^2\theta/\sin\theta + \cos^2\theta/\theta)$

$Y = kX + b$，式中：$Y$ 为点阵常数值；$X$ 为外延函数值，一般取 $X = 1/2(\cos^2\theta/\sin\theta + \cos^2\theta/\theta)$ 时，$X$ 值可由附录 13 确定；$k$ 为斜率，$b$ 为直线的截距，即 $\theta$ 为 90° 时的点阵常数。

设有 $n$ 个测量点 $(X_i Y_i)$，$f = 1, 2, 3, \cdots, n$，由于测量点不一定在回归线上，可能存有误差 $e_i$，即 $e_i = Y_i - (kX_i + b)$，所有点的误差平方和为：

$$\sum_{i=1}^{n} e_i^2 = \sum_{i=1}^{n} \left[ Y_i - (kX_i + b) \right]^2$$

由最小二乘原理，得：

$$\frac{\partial \sum_{i=1}^{n} e_i^2}{\partial k} = 0, \quad \frac{\partial \sum_{i=1}^{n} e_i^2}{\partial b} = 0$$

得方程组为：

$$\begin{cases} \sum_{i=1}^{n} X_i Y_i = k \sum_{i=1}^{n} X_i^2 + b \sum_{i=1}^{n} X_i \\ \sum_{i=1}^{n} Y_i = k \sum_{i=1}^{n} X_i + \sum_{i=1}^{n} b \end{cases} \tag{8-2}$$

解得：

$$b = \frac{\sum_{i=1}^{n} Y_i \sum_{i=1}^{n} X_i^2 - \sum_{i=1}^{n} X_i \sum_{i=1}^{n} X_i Y_i}{n \sum_{i=1}^{n} X_i^2 - \left( \sum_{i=1}^{n} X_i \right)^2} \tag{8-3}$$

由于外延函数可消除大部分系统误差，最小二乘法又消除了偶然误差，这样回归直线的纵轴截距即为点阵常数的精确值。

### 8.1.2.3 标准样校正法

由于外延函数的制定有较多的主观性，最小二乘法的计算也非常烦琐，因此需要有一种更为简洁的方法消除测量误差，标准试样法就是常用的一种。它是采用比较稳定的物质如 Si、Ag、SiO$_2$ 等作为标准物质，其点阵常数已精确测定过，比如纯度为 99.999% 的 Ag

粉 $a_{Ag}$ = 0. 408613nm，纯度为 99.9% 的 Si 粉 $a_{Si}$ = 0. 54375nm，定为标准值，将标准物质的粉末掺入待测试样的粉末，混合均匀，或在待测块状试样的表层均匀铺上一层标准试样的粉末，于是在衍射图中就会出现两种物质的衍射花样。由标准物的点阵常数和已知的波长计算出相应 $\theta$ 角的理论值，再与衍射花样中相应的 $\theta$ 角相比较，其差值即为测试过程中的所有因素综合造成的，并以这一差值对所测数据进行修正，就可得到较为精确的点阵常数。这一方法的测量精度基本取决于标准物。

# 8.2　非晶态物质

非晶态物质是指质点短程有序而长程无序排列的物质，常见的有氧化物玻璃、金属玻璃、有机聚合物、非晶陶瓷、非晶半导体等。由于质点分布的特殊性，该类物质具有晶态物质所没有的独特性能，比如在力学、光学、电学、磁学、声学等方面性能优异，已成了材料界的研究热门之一。非晶体物质所具有的这些独特性能，完全取决于其内部的微观结构，常用的分析方法有 X 射线衍射法和电子衍射法。

### 8.2.1　非晶态物质的表征及结构常数

非晶态物质长程无序，不存在三维周期性，难以通过实验的方法精确测定其原子组态。非晶态的物质结构一般都采用统计法来进行表征，采用径向分布函数来表征非晶态原子的分布规律，并由此获得表征非晶态结构的四个常数配位数 $n$、最近邻原子的平均距离 $r$、短程原子有序畴 $r_s$ 和原子的平均位移 $\sigma$。

#### 8.2.1.1　径向分布函数

非晶态物质虽不具有长程有序，原子排列不具有周期性，但在数个原子范围内，相对于平均原子中心的原点而言，却是有序的，具有确定的结构，这种类型的结构可用径向分布函数（RDF）来表征。原子径向分布函数是指在非晶态物质内任选某一原子为坐标原点，$\rho(r)$ 表示距离原点为 $r$ 处的原子密度，则距原点为 $r \sim r+dr$ 的球壳内的原子数为 $4\pi r^2\rho(r)dr$。其中，$4\pi r^2\rho(r)$ 称为原子的径向分布函数，其物理含义为以任一原子为中心，$r$ 为半径的单位厚度球壳中所含的原子数，它反映了原子沿径向 $r$ 的分布规律。根据组成非晶态物质种类的多少，径向分布函数可分为单元和多元两种。单元非晶态物质即物质由单一原子组成，其径向分布函数为：

$$\text{RDF}(r) = 4\pi r^2 \rho(r) = 4\pi r^2 \rho_a + \frac{2r}{\pi}\int_0^\infty k[I(k) - 1]\sin(k \cdot r)dk \qquad (8-4)$$

式中　RDF——径向分布函数；

$r$——任一原子的位置矢量；

$\rho(r)$——距离原点为 $r$ 处的原子密度；

$k$——原子矢量，

$$k = 2\pi\frac{s - s_0}{\lambda}, \; k = 4\pi\frac{\sin\theta}{\lambda}$$

$\rho_a$——样品的平均原子密度；

$4\pi r^2\rho(r)$——距原子中心为 $r$ 和 $r + dr$ 球壳内的平均原子数；

$I(k)$ ——干涉函数，是平均每个原子的相干散射强度与单个孤立原子的散射强度的
　　　　比值。

多元非晶态物质（即物质）由多种原子组成，整个系统可以看成由许多结构单元组成，其径向分布函数比较复杂，本书不做介绍，有兴趣的读者可参考相关文献。

从式(8-4)可知，径向分布函数由两部分组成，第一部分 $4\pi r^2 \rho_a$ 是一抛物线，第二部分 $\frac{2r}{\pi}\int_0^\infty k[I(k)-1]\sin(k\cdot r)dk$ 表现为抛物线上下振荡的部分。图8-3为某金属玻璃的径向分布函数曲线，显然它是绕虚线 $4\pi r^2 \rho_a$ 抛物线上下振荡的。

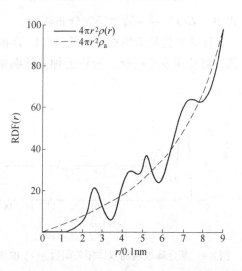

图 8-3　某金属玻璃的径向分布函数曲线

### 8.2.1.2　非晶态结构常数

#### A　配位数 $n$

由径向分布函数的物理含义可知，分布曲线上第一个峰下的面积即为最近邻球形壳层中的原子数目，也就是配位数，测定径向分布函数的主要目的就是测定这个参数。同理，第二峰、第三峰下的面积分别表示第二、第三球形壳层中的原子数目。

#### B　最近邻原子的平均距离 $r$

最近邻原子的平均距离 $r$ 可由径向分布函数的峰位求得。RDF($r$) 曲线的每个峰分别对应于一个壳层，即第一个峰对应于第一壳层，第二个峰对应于第二壳层，依次类推。每个峰位值分别表示各配位球壳的半径，其中第一个峰位即第一壳层原子密度最大处距中心的距离就是最近邻原子的平均距离 $r$。由于 RDF 与 $r^2$ 相关，在制图和分析时均不方便，为此，常采用双体分布函数或简约分布函数来替代它。其实，双体分布函数或简约分布函数均是通过径向分布函数转化而来的。由式(8-4)得：

$$\rho(r) = \rho_a + \frac{1}{2\pi^2 r}\int_0^\infty k[I(k)-1]\sin(k\cdot r)dk \qquad (8-5)$$

两边同除以 $\rho_a$，并令

$$g(r) = \frac{\rho(r)}{\rho_a} \qquad (8-6)$$

则有：

$$g(r) = 1 + \frac{1}{2\pi^2 r \rho_a}\int_0^\infty k[I(k)-1]\sin(k\cdot r)dk \qquad (8-7)$$

式中　$g(r)$ ——双体相关函数。

图8-4为某金属玻璃的双体相关函数分布曲线，此时曲线绕 $g(r)=1$ 的水平线振荡，第一峰位 $r_1 = 0.253\text{nm}$，近似表示金属原子间的最近距离。同样，由式(8-4)还可得：

$$4\pi r^2[\rho(r)-\rho_a] = \frac{2r}{\pi}\int k[I(k)-1]\sin(k\cdot r)dk \qquad (8-8)$$

令

$$G(r) = 4\pi r^2 [\rho(r) - \rho_a]$$

则

$$G(r) = \frac{2r}{\pi} \int_0^\infty k[I(k) - 1]\sin(k \cdot r)\mathrm{d}k \tag{8-9}$$

式中 $G(r)$ ——简约径向分布函数。

图 8-5 为某金属玻璃的简约径向分布函数的分布曲线，可见曲线绕 $G(r) = 0$ 的横轴振荡，峰位未发生变化，分析更加方便明晰。

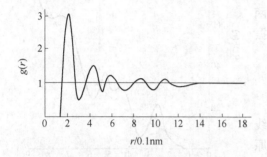
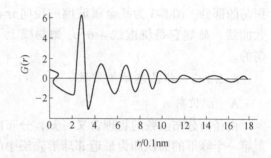

图 8-4 某金属玻璃的双体相关函数 $g(r)$ 曲线　　图 8-5 某金属玻璃的简约径向分布函数 $G(r)$ 曲线

**C 短程原子有序畴 $r_s$**

短程原子有序畴是指短程有序的尺寸大小，用 $r_s$ 表示。当 $r > r_s$ 时，原子排列完全无序。$r_s$ 值可通过径向分布函数曲线来获得，在双体相关函数 $g(x)$ 曲线中，当 $g(r)$ 值的振荡 →1 时，原子排列完全无序，此时的 $r$ 值即为短程原子的有序畴 $r_s$；若在简约径向分布函数 $G(r)$ 曲线中，则当 $G(x)$ 值的振荡 →0 时，原子排列不在有序，此时 $r$ 的值即为 $r_s$。从图 8-4 或图 8-5 可清楚地估出：$g(r) \to 1$ 或 $G(r) \to 0$ 时，$r$ 约为 1.4nm，表明该金属玻璃的短程原子有序畴仅为数个原子距离。

**D 原子的平均位移 $\sigma$**

原子的平均位移 $\sigma$ 是指第一球形壳层中的各个原子偏移平均距离 $r$ 的程度。反映在径向分布曲线即为第一个峰的宽度，宽度越大，表明原子偏移平均距离越远，原子位置的不确定性也就越大。$\sigma$ 反映了非晶态原子排列的无序性，$\sigma$ 的大小即为 RDF$(r)$ 第一峰半高宽的 $1/2.36$。

### 8.2.2 非晶态物质的晶化

#### 8.2.2.1 晶化过程

非晶态物质短程有序，但长程无序，自由能比晶态高，是一种热力学上的亚稳定态，其双体分布函数曲线表现为振幅逐渐衰减为 1 的振荡峰，各峰均有一定的宽度。退火、加热、激光辐射等会促进非晶态向晶体转变，即发生晶化。晶化过程非常复杂，晶化前将发生原子位置的变动和调整，这种细微的结构变化称为结构弛豫。结构弛豫时，原子分布函数曲线的形态随之发生变化。随着加热保温时间的增加，双体分布函数曲线的各峰依次发生变化，首先第一峰逐渐变高变窄，第二峰的分裂现象逐渐缓和、减小乃至消失，而当接近晶化时，第二峰又开始急剧变化，直至所有峰均发生了尖锐化。此时短程有序范围 $r_s$ 逐渐增大，由短程有序逐渐过渡到长程有序，完成了非晶态向晶态的晶化转变。

由于晶态物质的质点在三维空间周期性排列，与三维格栅相似，原子间距与 X 射线的波长处在同一量级，在一定条件下，规则原子组成的晶面将对 X 射线发生选择性反射，即发生衍射，形成尖锐的衍射峰。而非晶态物质只是近程有序，仅在数个原子范围内原子有序排列，超出该范围则为无序状态，在非晶态物质结构中没有所谓的晶胞、晶面及其表征的结构常数或晶面指数的概念，由于 X 射线束的作用范围小，包含的短程有序区的数量有限，即能产生相干散射的区域小，衍射图由少数的几个漫散射组成，如图 8-6 所示。非晶态物质的衍射图像虽不能像晶态物质的衍射花样那样能为我们提供大量的结构信息，进行相应的定性和定量分析，但漫散射又称馒头峰却是区分晶态和非晶态的最显著标志。

与峰位相对应的是相邻分子或原子间的平均距离，其近似值可由非经衍射的准布拉格方程 $2d\sin\theta = 1.23\lambda$ 获得，即：

$$d = \frac{1.23\lambda}{2\sin\theta} \tag{8-10}$$

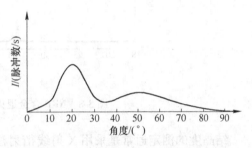

图 8-6　非晶态物质的衍射花样示意图

漫散射的半高宽即为短程有序区的大小 $r_s$，其近似值可提供谢乐公式 $L\beta\cos\theta = \lambda$ 中的 $L$ 来表征，即：

$$r_s = L = \frac{\lambda}{\beta\cos\theta} \tag{8-11}$$

式中　$\beta$——漫散射的半高宽，rad。

$r_s$ 的大小反映了非晶物质中相干散射区的尺度。当然，关于非晶态物质的更为精确的结构信息主要还是通过其原子径向分布函数来分析获得。非晶态物质晶化后其衍射图将发生明显变化，其漫射峰逐渐演变变成许多敏锐的结晶峰。图 8-7 为 Ni-P 合金非晶态时的衍射图，在 18°~65° 低角范围内仅有一个漫射峰构成，经 500℃ 退火后其衍射花样如图 8-8 所示，由定相分析可知它由 Ni 及 $Ni_3P$ 等多种相组成，非晶态已转化为晶态。

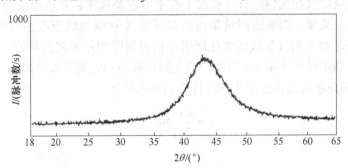

图 8-7　Ni-P 合金非晶态时的 X 射线衍射图

### 8.2.2.2　结晶度的测定

非晶态是一种亚稳态，在一定条件下可转变为晶态，其对应的力学、物理和化学等性能也随之发生变化。当晶化过程充分进行时，物质就有晶态和非晶态两部分组成，其晶化的程度可用结晶度表示，即物质中的晶体所占有的比值。其计算公式为：

$$X_c = \frac{W_c}{W_0}$$ （8-12）

式中　$W_c$——晶态相的质量；

　　　$W_0$——物质的总质量，由非晶相和晶相两部分组成；

　　　$X_c$——结晶度。

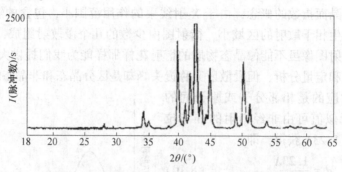

图 8-8　Ni-P 合金退火晶化后的 X 射线衍射图

结晶度的测定通常是采用 X 射线衍射法来进行的，即通过测定样品中的晶相和非晶相的衍射强度，再代入式（8-13）：

$$X_c = \frac{I_c}{I_c + KI_a} = \frac{1}{1 + KI_a/I_c}$$ （8-13）

式中　$I_c$，$I_a$——晶相和非晶相的衍射强度；

　　　$K$——常数，它与实验条件、测量角度范围、晶态与非晶态的密度比值有关。

## 8.3　膜厚的测量

基体表面镀膜或气相沉膜是材料表面工程中的重要技术，膜的厚度直接影响其性能，故需对其进行有效测量。膜厚的测量是在已知膜对 X 射线的线吸收系数的条件下，利用基体有膜和无膜时对 X 射线吸收的变化所引起衍射强度的差异来测量的，它具有非破坏、非接触等特点。测定过程如图 8-9 所示。首先测定有膜和无膜时基体的同一条衍射线的强度 $I_0$ 和 $I_f$，再利用吸收原理使用式（8-14）得到膜的厚度。

$$t = \frac{\sin\theta}{2\mu_1}\ln\frac{I_0}{I_f}$$ （8-14）

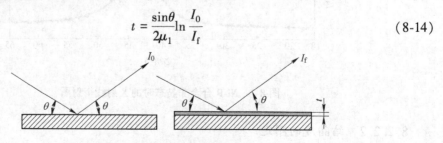

图 8-9　X 射线衍射强度测量膜厚示意图

# 8.4  织构及其表征

单晶体在不同的晶体学方向上，其力学、物理和化学等性能会有不同，呈现出各向异性，而多晶体各向同性。但多晶材料在形成过程中，总会出现一些晶粒取向的不均匀，形成晶粒的某一晶面 $(hkl)$ 法向沿空间的某一方向聚集，使晶粒取向在空间的分布概率不同，这种多晶体中部分晶粒取向规则分布的现象，就是晶粒的择优取向。具有择优取向的这种组织状态类似于天然纤维或织物的结构和纹理，被称为织构。

## 8.4.1  织构的分类

择优取向侧重于描述多晶体中单个晶粒的位向分布所呈现出的不对称性，即在某一较优先方向上获得了较多的出现概率。而织构是指多晶体中已经处于择优取向位置的众多晶粒所呈现出的排列状态。众多晶粒的择优取向形成了多晶材料的织构，织构是择优取向的结果，反映多晶体中择优取向的分布规律。根据择优取向分布的特点，织构可分为丝织构和板织构两种。

丝织构是指多晶体中大多数晶粒均已某一晶体学方向 $<uvw>$ 与材料的某个特征外观方向，比如拉丝方向或拉丝轴平行或近于平行。由于该种织构在冷拉金属丝中表现最为典型，故称为丝织构，它主要存在于拉、压、挤压成形的丝、棒材以及各种表面镀层中。

板织构是指多晶体中晶粒的某晶向 $<uvw>$ 平行于轧制方向（简称轧向），同时晶粒的某晶面 $\{hkl\}$ 平行于轧制表面（简称轧面）的织构。板织构一般存在于轧制成形的板状、片状工件中。

## 8.4.2  织构的表征

织构的表征通常有以下四种方法。

### 8.4.2.1  指数法

指数法是指采用晶向指数 $<uvw>$ 或晶面指数与晶向指数的复合 $\{hkl\}<uvw>$ 共同表示织构的方法。丝织构中，因择优取向使晶粒的某个晶向 $<uvw>$ 趋于平行，这也是丝织构的主要特征。丝织构采用晶向指数 $<uvw>$ 表征。冷拉铝丝100%晶粒的 $<111>$ 方向与拉丝轴平行，即为具有 $<111>$ 丝织构。有的面心立方金属具有双重丝织构，即一些晶粒的 $<111>$ 方向与拉丝轴平行，另一些晶粒的 $<100>$ 方向与拉丝轴平行。如冷拉铜丝中60%晶粒的 $<111>$ 方向和40%晶粒的 $<100>$ 方向与拉丝轴平行。

板织构中，晶粒中的某个晶向 $<uvw>$ 平行于轧制方向，同时某个平面 $\{hkl\}$ 平行于轧制表面，这两点是板织构的主要特征，板织构采用晶向指数与晶面指数的复合形式 $\{hkl\}<uvw>$ 来表征。具有该种织构的金属有铝、铜、金、银、镍、铂以及一些面心立方结构的合金。与丝织构一样，板织构也有多重结构，有的甚至达到三种以上，但有主次之分。冷轧铝板除了具有 $(110)[112]$ 的织构外,还有 $(112)[111]$ 织构。冷变形98.5%纯铁板具有 $(100)[011]+(112)[110]+(111)[112]$ 三种织构。冷变形95%的纯钨板具有 $(100)[011]+(112)[110]+(114)[110]+(111)[110]$ 四种织构。

#### 8.4.2.2 极图法

使用多晶体极图，能方便、简洁、直观地表示材料中的织构，尤其是对于较复杂的织构状态，不构建极图，几乎无法对其进行有效分析。这种极图只表示一个 {h k l} 晶面的极点在赤平面上分布的统计性规律或特点，而与晶体的其他晶面或晶向无关，也不能确定某个晶粒的具体位向完全无序状态的无结构多晶体材料，某一个 {h k l}（如 {1 1 0}）晶面的极点在参考球面按统计性均匀分布，表示在极图上就是一个随机分布状态，如图8-10(a)所示。对处于一定程度有序状态的纤维结构，比如分析冷拔铁丝的情况，因择优取向而使材料中晶粒的位向产生了一定的偏集，绝大部分的晶粒 [1 1 0] 方向平行于铁丝纵向，由于球体投影的物理关系，其中心极点数量上稍密集，而靠近边缘处则稀疏一些，如图8-10(b)所示。当仅考虑这些晶粒 {1 0 0} 晶面的极点在极图上的分布状态时，因为晶粒的方向 [1 1 0] 已经确定，所以 {1 0 0} 的极点分布只能是在某些特定的区域。任一 [1 1 0] 方向的 <uvw> 与任一 {1 0 0} 晶面 (h k l) 的夹角为：

$$\cos\alpha = \frac{uh + vk + wl}{\sqrt{u^2 + v^2 + w^2} \cdot \sqrt{h^2 + k^2 + l^2}} \tag{8-15}$$

则有 $\cos\alpha = 0$（或 $\sqrt{2}/2$），所以 {1 0 0} 极点绝大部分集中在 $\alpha = 90°$（或 $\pm 45°$）对应的线条上。在实际测量时，因择优取向不完全而使线条宽化为一个带状区域。

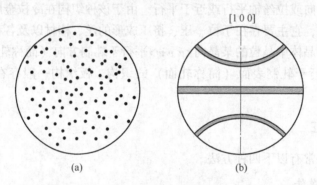

图8-10 {1 0 0} 面极赤面投影的多晶体极图
(a) 无织构的 {1 0 0} 极图（随机分布）；(b) 冷拔铁丝 {1 0 0} 极图（纵截面为投影面）

铁丝进行拉拔时，因晶粒的择优取向形成材料的轴向织构，使晶粒的 {1 0 0} 极点只能出现在极图中某一特定区域。如实验测得多晶体 {1 0 0} 晶面的极点只在极图上某特定区域出现，材料表面就存在织构。

#### 8.4.2.3 反极图法

前面讨论的多晶体极图，如采用 X 射线衍射仪法检测，不但能够反映某一 (h k l) 晶面相对于宏观坐标（轧向、表面法向或横向）的极点存在区域，而且还能测得相对强度表示极点在不同区域出现的相对概率密度。这种极图是首先确定宏观坐标 [如 <u v w>，(h k l) 或 (h k l)<u v w> 等] 作为基准，然后将待分析的某个 (h k l) 晶面的极点投影到赤平面上，又称这种投影关系形成的极图为"正极图"。

采用与正极图投影方式完全相反的操作所获得的极图称为反极图。首先选择单晶标准极图的某个投影三角形，在这个固定的三角形上标注出宏观坐标（如丝织构的轴，板材试样的表面法向或轧向）相对于不同极点的取向分布密度，即表面选定的宏观坐标准极图中不同区域出现的概率，这样就构成反极图。在投影三角形中，如宏观坐标呈现明显聚集，说明多晶材料中存在织构。

实际构造反极图时，总是在某一选定的宏观方位上测量不同晶面（在选定的投影三角形中）的衍射强度，再经过一定的数学处理后，相对定量地把宏观坐标的出现概率描绘在标准投影三角形上。反极图虽然只能间接地展示多晶体材料中的织构，但却能直接定量地表示出织构各组成部分的相对数量，适用于定量分析，也适用于对复杂或复合型多重织构的表征。

#### 8.4.2.4　三维取向分布函数法

多晶体材料中的织构，实质上是单个晶粒择优取向的集合，其表现为宏观上在材料三维空间方向上晶粒取向分布概率的不均匀性。极图或反极图的织构表示法，都是将三维的晶体空间取向，采用投影的方法展现在二维平面上。将三维问题简化成二维处理，必然会造成晶体取方面三维特征信息的部分丢失，因此极图或反极图方法都存在一定的缺陷。三维取向分布函数法与反极图的构造思路相似，就是将待测样品中所有晶粒的平行轧面的法向、轧向、横向晶面的各自极点在晶体学三维空间中的分布情况，同时用函数关系式表达出来。这种表示方法虽然能够完整、精确和定量地描述织构的三维特征，但该方法的计算工作量大，算法极为繁杂，必须使用计算机。

需要指出的是，在利用 X 射线进行物相定量分析、应力测量等实验，织构往往会起干扰作用，使衍射线的强度与标准卡片之间存在较大误差，因此在实验中必须弄清楚是否存在织构。晶粒的外形与织构的存在无关，仅靠金相法或几张透射电镜照片是不能判断多晶体材料中织构是否存在。

### 8.4.3　丝织构的测定

#### 8.4.3.1　丝织构衍射花样的几何图解

图 8-11 为丝织构某反射面（$HKL$）衍射的倒易点阵图解。无织构时，反射面的倒易矢量均匀分布在倒易球上，此时反射球与倒易球相交的交线为一圆。例如采用与入射方向垂直的平面底片照相时，其衍射花样为交线圆的投影，是均匀分布的衍射圆环。当有丝织构时，各晶粒的取向趋于金属丝的轴向平行方向。如果取某个与织构轴成一定角度的反射面（$HKL$）来描述丝织构时，则该反射面的倒易矢量与织构轴有固定的取向关系，设其夹角为 $\alpha$。由于丝织构具有轴对称性，可形成顶角为 $2\alpha$，反射面（$HKL$）的倒易矢量为母线的对顶圆锥（又称为织构圆锥），当反射球与倒易球相交时，只有织构圆锥上的母线与反射球面的交点才能产生衍射，即交线圆上其他部位虽然满足衍射条件，但因织构试样中不存在这种取向而不能产生衍射。此时，从反射球心向四交点连线即为衍射方向。实际存在的丝织构，因择优取向存在一定的离散度，织构圆锥具有一定的厚度，故交点演变为以交点为中心的弧段。显然，弧段的长度反映了择优取向的程度。如果采用与入射线垂直方向的平面底片成像时，衍射花样为成对的弧段。

需要指出的是：

（1）弧段的数目取决于反射球与织构圆锥的相交情况，即：

1）$\alpha < \theta$，无交点；

2）$\alpha > \theta$，有四交点；

3）$\alpha = \theta$，在织构轴上有两交点；

4）$\alpha = 90°$ 时，在水平轴上有两交点。

（2）当试样中存在多重织构时，织构圆锥就有多个，弧段数将以2或4的倍数增加。

（3）弧段长度可作为比较择优取向程度的依据。

### 8.4.3.2　丝织构指数的确定

在图8-11(a)中，$C$、$O^*$ 分别为反射球和倒易球的球心；$O$ 为反射球与倒易球交线圆的圆心，$\delta$ 为衍射弧段 $D$ 与织构轴的夹角，$\theta$ 为反射面（$HKL$）的衍射半角，$\alpha$ 为反射面（$HKL$）的法线方向（$CN$）与织构轴的夹角。$O^*D$ 为反射面（$HKL$）的倒易矢量方向。因为 $CN /\!/ O^*D$，所以 $CN$ 与织构轴的交角与 $O^*D$ 与织构轴的夹角相等。由反射面（$HKL$）的衍射几何图8-11(b)中的 $\triangle OO^*D$ 得：

$$\cos\theta = \frac{OD}{O^*D} \tag{8-16}$$

由图8-11(c)中 $\triangle O^*DO_1$ 可得：

$$\cos\alpha = \frac{h}{O^*D} \tag{8-17}$$

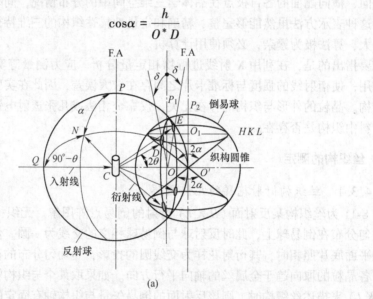

(a)

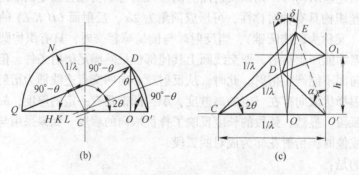

(b)　　　　　　　　　　　　(c)

图 8-11　丝织构的倒易点阵图解

（a）倒易点阵图；（b）$ON$ 方向所在的反射面；（c）几何六面体

同理，由图 8-11(c)中 $\triangle ODE$ 得：

$$\cos\delta = \frac{h}{OD} \tag{8-18}$$

所以，由式(8-16)~式(8-18)得：

$$\cos\alpha = \cos\theta\cos\delta \tag{8-19}$$

从丝织构的衍射花样底片中测得 $\delta$ 值，再由式(8-19)可算出 $\alpha$，然后利用晶面与晶向的夹角公式求得丝织构指数 $<uvw>$。

### 8.4.3.3　丝织构取向度的计算

丝织构取向度是指晶粒择优取向的程度。显然，它取决于弧段的长度，弧段越长，表明择优取向的程度越低。丝织构取向度可通过衍射仪所测定的丝织构衍射花样计算得到。衍射仪测定丝织构的原理图如图 8-12 所示。将试样置于以入射线为轴转动的附件上，令丝轴平行于衍射仪轴放置，X 射线垂直于丝轴入射，计数管位于反射面 $(HKL)$ 的衍射角 $2\theta_{HKL}$ 位置处不动，试样以入射线为轴转动一周，计数器连续记录其衍射环上各点的强度，强度分布曲线如图 8-12(b)所示。由各峰的半高宽总和计算丝织构的取向度 $A$，即：

$$A = \frac{360° - \sum W_i}{360°} \times 100 \tag{8-20}$$

也可由衍射仪测定的衍射强度分布曲线计算得到丝织构指数，即根据曲线中的峰位测得 $\delta$ 值，再由式(8-19)计算 $\alpha$，也可确定丝织构指数 $<uvw>$。

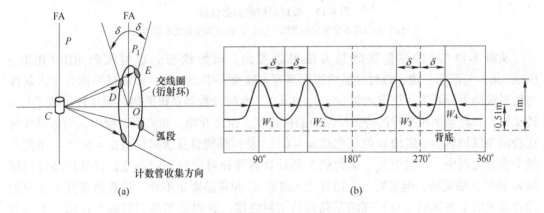

图 8-12　衍射仪法测定丝织构的原理图

(a) 光路图；(b) 衍射谱示意图

### 8.4.4　板织构的测定

板材织构的测定原理是通过测量试样不同方位上的 X 射线衍射强度，再经一定的数据处理或绘制成极图，把相关极点的分布概率展现出来，从而反映材料中择优取向的程度。板织构的测定一般采用 X 射线衍射仪进行，具体测定时，采用透射法测绘极图的边缘部分；而采用反射法测定极图的中央部分，再将两部分的测量数据经过归一化处理后，合并绘制板织构的完整极图。

### 8.4.4.1　透射法

采用透射法测量板织构（试样最终厚度在 $0.05\sim0.1\,\mathrm{mm}$），待测样品在衍射仪上的安装以及衍射仪测量织构的专业附件的布置如图 8-13(a) 所示。欲探测试样中绝大部分晶粒的空间择优取向，必须使试样能够在空间的几个方向上转动，以便使各晶体都有机会处于衍射位置。图 8-13 中的计数器安装在 $2\theta$ 角驱动器（固定不动），欧拉环（Eu-lerian Cradle）安装在 $\omega$ 角驱动盘上，它可以绕衍射仪上测角仪轴单独地转动（图中 $\omega$ 方向）；而安装在欧拉环内的待测样品，可以沿着其内壁围绕欧拉环中心轴转动（也就是样品围绕自身表面法线的旋转），图中用 $x$ 表示。

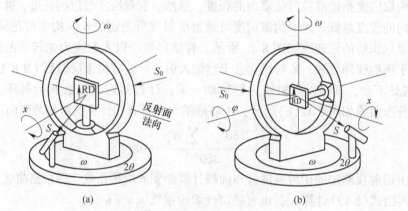

图 8-13　板材织构的衍射仪法

(a) 透射法实验装置示意图；(b) 反射法实验装置示意图

从图 8-13(a) 的透射法测量方法可以看出，初始状态的板材轧向 RD（Rolling Direction）与测角一致，板材样品的表面垂直与欧拉环中心轴线，即板材平面处于入射线与衍射线的平分线上。设定此时 $\omega=0$，$\beta=0$，此时计数器获得的衍射强度就反映了与 $\omega$ 转动轴和 $\beta$ 转动轴相平行的待分析晶面的极密度。由此开始，在实验过程中，对应试样每次绕测角仪轴转动一定的 $\omega$ 值（包括 $\omega=0$），使试样绕自身法向转动 $\beta=360°$。虽然在整个实验过程中，入射束 $S_0$、衍射束 $S$ 和计数器的相对位置固定不变，只是样品分别围绕 $\omega$ 轴和 $\beta$ 轴旋转，但实质上，相当于入射束 $S_0$ 和样品固定不动，计数器在样品相应的参考球表面上各区域（点）探测某晶面的衍射强度，表明待测晶面的极点在球面上的分布状况，再进行极射赤面投影，获得了该晶面的分布极图。

从图 8-13(a) 中可以看到，板材样品的旋转角度 $\omega$ 是有一定的限制的，即 $\omega$ 只能从 $0°$ 到 $(90°-\theta_B)$ 范围。实际测量中，当 $\omega=60°\sim70°$ 时，由于受设备自身条件的限制而不能增大；同时，在 $\omega$ 为高角度时，随 $\omega$ 角的增大，衍射线在样品中的行程也增大，衍射强度因样品的吸收作用减弱将更加严重，必须考虑到吸收校正，这不利于正确反映衍射束的相对强度与晶面 $HKL$ 极点密度的对应关系。透射法只能检测极图的边缘区域，其余的中央部分常是空白，要使用下面的反射法补充。

### 8.4.4.2　反射法

如图 8-13(b) 所示，反射法除入射束与计数器在板材表面同侧外，在试样的初始状态，样品旋转方式上也不同，与透射法相互补充，且反射总是采用足够厚的试样，以保证透射部分 X 射线被样品全部吸收（以消除二次衍射效应）。反射法的一个重要优点在于衍射强度无须进行吸收校正。

将待测样品安放在欧拉环内中心，在图示初始状态下（图中的 $\omega$ 角只用于初始状态的调节），轧向 RD 平行于测角仪轴，$\beta = 0°$，再令样品绕自身法线旋转的角度 $\phi = 0°$，此时计数器测得的衍射强度反映了平行于轧平面的某晶面的极密度，这一极密度恰在织构多晶极图的中心位置。接下来由 $\beta = 0°$ 开始，按 $\Delta\beta = 50°$ 递增，对应每一个 $\beta$ 值，试样绕自身法线旋转 $360°$，即 $\phi = 0° \sim 360°$ 分别取值。反射法测定织构极图是由极图中心向边缘逐步进行的。在反射法操作中，试样的旋转与计数器的相对运动关系与透射法类似，都是通过衍射强度来考察某晶面在参考球面的极密度，得到多晶极图。透射法和反射法测量的是同一 $(hkl)$ 晶面，但两者的起始晶面相垂直，前者的起始晶面垂直于轧制平面，后者初始测量的是轧平面的相对极密度。

两种方法在各自的测量区域内都能完整地检测 $(h\,k\,l)$ 晶面在参考球上的极密度。两种测量方法是一致和相互补充的。

### 8.4.4.3 极图的绘制与分析

不论是透射法还是反射法，在绘制极图时要记录下多晶体的 $\{h\,k\,l\}$ 晶面的衍射强度在不同位置的值，然后将衍射强度校正（尤其是透射法中的吸收校正），使之与极点密度成正比关系，将衍射强度对应的极点密度用极射赤面投影的办法标记在一个特定的投影面上。该投影面与待测样品之间有确定的位置对应关系，如图 8-14(a) 和 (b) 所示，一般是轧向 RD 垂直向上，横向 TD 水平指向右方，中央极点为轧平面的表面法向矢量方向。

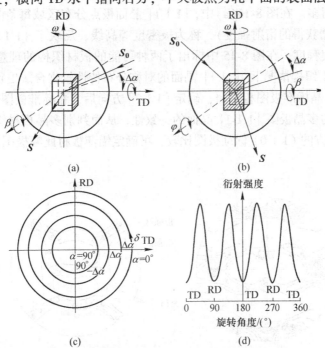

图 8-14 板材结构多晶极图的测量方法示意图

(a) 透射法（阴影面表示起始面）；(b) 反射法（阴影面表示起始面）；

(c) 织构极图的角度关系；(d) 衍射强度与样品旋转角的关系

对照图 8-13(a)和图 8-14(a)的透射法示意图，起始状态下（$\omega = 0$，$\beta = 0°$）计数器探测到的是图 8-14(a)中阴影面 $\{hkl\}$ 的衍射强度（此时的值可能为零），假定样品的旋转角和倾动角均按"逆时针为正，顺时针为负"规则确定角的正负号。在透射法中，$\omega = 0$，$\beta = 0° \to 360°$（极图上对应于 $\delta$），相当于在图 8-14(a)的板材中，沿与轧制面法矢相垂直的四周检测 $\{hkl\}$ 面的衍射强度，反映 $\{hkl\}$ 晶面在此方向上的择优取向程度与部位。$\omega = -\Delta\alpha$，对应 $\beta = 0° \to 360°$（极图上对应于 $\delta$），相当于分析 $\{hkl\}$ 晶面法矢与 RD 和 TD 组成平面的夹角为 $\Delta\alpha$ 的所有可能的 $\{hkl\}$ 晶面上的衍射强度，反映在极射赤面投影图上。依次类推，逐次取 $\omega = -2\Delta\alpha$，$-3\Delta\alpha$，…，每次 $\beta = 0° \to 360°$，就可以绘制出极图的外围部分。

反射法的极图画法与上述透射法类似。比较图 8-14(b)和(c)可知，初始状态下（$\beta = 0$，$\phi = 0$）测量获得的衍射强度是图 8-14(b)中阴影面 $\{hkl\}$ 反射的值（此时值可能很小或者为零）。应注意到反射法与透射法测量的初始 $\{hkl\}$ 晶面，两者恰好为垂直关系。当取 $\beta = -\Delta\alpha$ 时，$\phi = 0° \to 360°$（极图上对应于 $\delta$），相当于探测的 $\{hkl\}$ 晶面法矢与图示的阴影所在平面（轧制平面）夹角 $\Delta\alpha$ 所有可能的衍射强度，反映在极射赤面投影图上，就是 8-14(c)图中 $\alpha = 90° - \Delta\alpha$ 对应的圆。

图 8-14(d)是计数器在某一个旋转 360° 过程中的衍射强度数据。在去除背底后，将每次旋转 360° 获得的相关强度单位标注在图 8-14(c)上的不同圆上（透射法先校正），再把透射法与反射法结合处强度统一起来，就能获得完整的板材织构图。

对于 FCC 结构的冷轧铝薄板材料，$\{111\}$ 晶面在多晶极图上的空间取向分布比丝织构的极图要复杂得多。在图 8-15(a)中，$\{111\}$ 晶面极点分布区域每条曲线上的极密度相等（来源于计数器获得的衍射强度），称为极密度等高线，反映了 $\{111\}$ 晶面在该区域内择优取向的聚集程度。在图 8-15 中标出了两种可能的板材织构的理想位置，显然其中的 $(110)[\bar{1}12]$ 织构情况下 $\{111\}$ 晶面的对称分布特性较吻合。更重要的是，将该极图与 $(110)$ 的单晶标准极图相对照，确定 $[\bar{1}12]$ 方向后，看标准极图上 $\{111\}$ 晶面的各个位置与实测的多晶极图 $\{111\}$ 晶面的一致性，从而判别多晶板材织构的指数，将图 8-15(a)与面心立方的 $(110)$ 标准极图比较，可确定铝薄板材此幅极图的指数为 $(110)$ <$112$>。

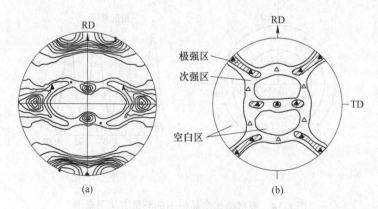

(a)　　　　　　　　　　　　(b)

图 8-15　板材织构的极图

(a) 冷轧铝箔($111$)极图（不同等高线）；(b) 纯铁经过 98.5% 压延率轧制后($100$)极图

对于 BCC 结构的纯铁样品，图 8-15(b)是采用照相法获得的（１００）极图。这是因为（１００）面是系统消光的，该图实际上是通过（２００）衍射环绘出的。照片｛１００｝晶面的衍射强度只能用目测的方法大致分为三级（强级、次级、空的区），反映了｛１００｝晶面在不同区域内的极密度分布特点，从图中可以看出明显的｛１００｝织构特征。为了帮助判定该板材织构的指数，图中已标出了常见的几种理想板材织构指数的相应位置，实际上这三种织构（多重织构）的确定是按下列步骤进行的：将图 4-36(b)的极图与立方晶系的标准极图（１００）、（１１０）、（１１１）、（１１２）依次对照，观察轧制方向 RD 在标准极图大圆上哪个位置情况下，使该标准极图上的相应极点落在多晶极图的强点位置区域（注意，多晶极图总是以 RD 方向为轴，左右对称的）。首先考虑 RD 取［１１０］方向的（００１）极图，得图 8-15(b)中｛１００｝的五个极点（▲）的位置，其中一个在多晶极图的中央，另外四个在极图大圆边上；再考虑 RD 取 $[\bar{1}10]$ 或 $[1\bar{1}0]$ 方向的（112）极图，得图 8-15(b)中｛１００｝的另外六个极点（▲）的位置，这六个｛１００｝极点与（００１）［１１０］边缘上的四个极点都分布在多晶极图的极强衍射区。

为了分析图 8-15(b)中次强区的织构类型，最后考虑 RD 取 $[\bar{1}\bar{1}2]$ 或 $[11\bar{2}]$ 方向的（１１１）极图，得图 8-15(b)中｛１００｝的六个极点（△）位置，这六个｛１００｝极点都处在极图的次强衍射区。至此，图 8-15(b)中的板材多重织构类型已基本确定，较多的晶粒按（００１）［１１０］和（１１２）$[1\bar{1}0]$ 方向择优取向地排列（对应｛１００｝极密度的强出现区域），少数晶粒以（１１１）$[\bar{1}\bar{1}2]$ 方向择优取向，三种形式共存形成多重织构。由于板材织构的漫散（不完全性），使理想取向的强极点连接成一个小区域，次强区也分布在一定范围内。

一般情况下，为获得较大的衍射强度和简单对称的多晶极图（尤其是透射法），FCC 结构的板材测定，常取｛１１１｝晶面作为分析参考面，在极图上研究其极点分布密度，BCC 结构的板材织构测量，常取｛１００｝晶面（实验中测的是｛２００｝）作为分析参考面，研究该晶面择优取向的程度与方位，从而判别板材织构的指数类型。

## 8.4.5　反极图的测定

反极图能形象地表达丝织构或板材织构，并表示出特定宏观方向的晶向指数及其漫散程度。如图 8-16 所示，板材织构的正极图是将轧向 RD，轧制平面和横向固定之后，采用极射赤面投影的方法将多晶体中每一个晶粒的 $\{hkl\}$ 面的极点投影到该图中，从而显示多晶粒的择优取向而形成的织构特征。反极图的构成原理与之完全相反，即首先从该物质的单晶标准极图中选择一个适当的区域，立方晶系常取［００１］-［０１１］-［１１１］作为投影三角形，把多晶体试样中每一个晶粒的位向转换到与这个投影三角形完全相同，单个晶粒原先对应的宏观选定坐标（如轴向、轧向、轧平面法向等）也随这个晶粒作相同的方位转换，然而再将宏观选定坐标的极点按极射赤面投影方向标注在固定的投影三角形中。这个三角形上的极点密度，直接反映了选定的宏观坐标极点在标准极图上不同区域的出现频率，间接描述各晶面法矢（三角形内，包括三个顶点）相对于选定坐标的取向分布，也表示法矢平行于选定坐标方向晶面的概率密度，表达了多晶材料中存在的织构特征。

对于丝织构试样，可以取轴向的横截面作为平面，如果试样呈细丝状，则可以把丝状试样密排成束，再垂直地截取以获得平整的横截面。对于板织构样品，可以由轧向RD、轧平面、横向三个正交方向上分布截取出平整的横断面进行分析与测试。在实际的X射线衍射仪测量中，采用一般的平板试样衍射方法，选用短波长的入射束（如Mo $K_{\alpha_1}$ 或 Ag $K_{\alpha_1}$）以获得尽可能多的衍射线。实验中样品与标样要在相同的实验条件下进行，每一个衍射线的强度可进行多次测量以求得平均值（实验中同一样品作几次旋转以利于平均值的合理性），然后代入式(8-21)：

$$f^{j}_{\text{hkl}} = \frac{I^{j}_{\text{hkl}}}{I^{标j}_{\text{hkl}} \cdot P^{j}_{\text{hkl}}} \frac{\displaystyle\sum_{i=1}^{n} P^{i}_{\text{hkl}}}{\displaystyle\sum_{i=1}^{n} \frac{I^{i}_{\text{hkl}}}{I^{标i}_{\text{hkl}}}} \tag{8-21}$$

式中，各 $(hkl)$ 晶面相应的 $P_{\text{hkl}}$ 可查表，$I^{i}_{\text{hkl}}$ 和 $I^{标i}_{\text{hkl}}$ 由实验测得。计算到极点密度 $f_{\text{hkl}}$（织构系数），$f_{\text{hkl}} > 1$ 表示 $\{hkl\}$ 晶面在该平面法向偏聚。$f_{\text{hkl}}$ 值越大，表示 $\{h\,k\,l\}$ 晶面法向在板材法线方向上的分布概率越高，板材织构的程度越明显。

选择与待测样品具有同晶系结构的标准极图和相应的三角区域，立方晶系常选用 $(0\,0\,1)$ 标准极图上的 $[0\,0\,1]$-$[0\,1\,1]$-$[1\,1\,1]$ 这个三角区域，把求得的 $f_{\text{hkl}}$ 值直接标注在相应的极点位置，再把同级别的 $f_{\text{hkl}}$ 点连接起来构成等高线。如图8-16所示的一个测试结果，显然，轧面为 $(1\,1\,1)$ 和 $(1\,0\,0)$ 织构，轧向为 $[1\,1\,0]$。对于单一的纤维织构（或丝织构）或面织构，只要用一张反极图就可以表示出该织构的类型；对于板材织构，必须要用三张反极图才能表示出轧向RD、轧平面和横向TD的择优取向程度，才能确定具体的该板材织构的类型。

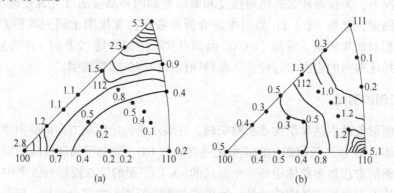

图8-16　低碳钢70%轧制后的反极图
(a) 轧面法向（ND）；(b) 轧向（RD）

练 习 题

8-1　简述测量点阵常数的原理、误差来源及减小误差的途径。

8-2　简述测量精确点阵常数的基本步骤。

8-3  简要说明织构的定义、分类及其表征方式。

8-4  非晶态物质能进行 X 射线衍射分析吗，为什么？

8-5  与晶体物质比较，试说明非晶态物质的结构特点。

8-6  简要说明非晶态物质晶化的主要过程。

8-7  简要说明使用 X 射线法测量膜厚的原理及主要步骤。

# 9　能谱分析技术

能谱分析技术又称为电子能谱分析技术，是指采用单色光源（如X射线、紫外光）或电子束去照射样品，使样品中电子受到激发而发射出来，然后测量这些电子的产额（强度）对其能量的分布，从中获得有关信息。能谱分析方法是20世纪70年代以来迅速发展起来的表面成分分析方法，可对样品表面的浅层元素组成给出比较精确的结果，同时还能在动态条件下测量薄膜形成过程中的成分分布、变化。本章主要讲述的是俄歇电子能谱、X射线光电子能谱和X射线荧光光谱分析技术，其他的电子探针技术将在下章进行介绍。

## 9.1　俄歇电子能谱（AES）

俄歇电子能谱（Auger Electron Spectroscopy，AES），是一种材料分析技术，主要是利用俄歇效应进行分析。1953年，俄歇电子能谱开始应用于检测样品表面的元素及组成。俄歇电子来自材料的浅层表面，仅能表达表面信息。用俄歇电子能谱仪研究材料可以分析原子序数≥3的元素，可用于研究表面微区组成，比如显示和比较样品表面不同晶畴和形貌特征、鉴定亚微米级物相，结合离子溅射技术可得到样品近表面组成随深度的变化。

### 9.1.1　俄歇电子的物理原理

入射电子束和物质相互作用，可以激发出原子的内层电子形成空穴。外层电子向内层跃迁过程中所释放的能量，以X光的形式放出，也可使核外另一电子激发成为自由电子，这种自由电子就是俄歇电子。对于一个原子来说，激发态原子在释放能量时只能有特征X射线或俄歇电子两者中的一种形式。对原子序数大的元素，特征X射线的发射概率较大，原子序数小的元素，俄歇电子发射概率较大，当原子序数为33时，两种发射概率大致相等。因而，俄歇电子能谱适用于对轻元素的分析。

### 9.1.2　俄歇能谱仪的工作原理

俄歇能谱仪可用高灵敏度的仪器将辐射电子的动能检测出来。俄歇电子产生如图9-1所示。当一个具有足够能量的入射电子使原子内层电离时，该空穴立即就被另一电子通过跃迁所填充。这个跃迁多余的能量如使能级上的电子产生跃迁，这个电子就从该原子发射出去，称为俄歇电子。从上述过程可以看出，至少有2个能级和3个电子参与俄歇过程，所以低原子序数的H、He原子不能产生俄歇电子。锂原子因为最外层只有一个电子，也不能产生俄歇电子。但一般固体化合物的价电子是共用的，所以在含锂化合物中有从锂原子发出的俄歇电子。

　　俄歇电子具有以下特点：

　　（1）俄歇电子的能量是靶物质所特有的，与入射电子束的能量无关。如图9-2所示为主要的俄歇电子能量，从图中可见对于 $Z=3\sim14$ 的元素，最突出的俄歇效应是由 $KLL$ 跃迁形成的，对 $Z=14\sim40$ 的元素是 $LMM$ 跃迁，对 $Z=40\sim79$ 的元素是 $MNN$ 跃迁。大多数元素和一些化合物的俄歇电子能量可以从手册中查到。

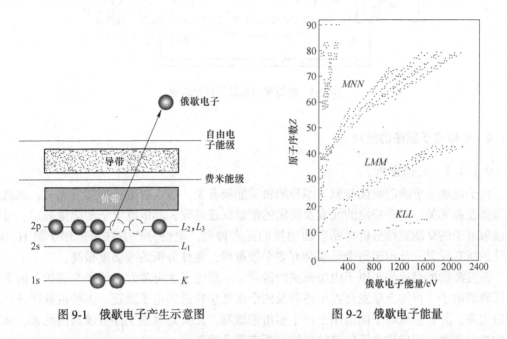

图9-1　俄歇电子产生示意图　　　　　　图9-2　俄歇电子能量

　　（2）俄歇电子只能从2nm以内的表层深度中逃逸出来，带有的是表层物质的信息，即对表面成分非常敏感。因而俄歇电子适用于对表面化学成分进行分析。

### 9.1.3　俄歇电子能谱仪的组成

　　俄歇电子能谱仪包括电子光学系统、电子能量分析器、样品安置系统、离子枪和超高真空系统。电子光学系统主要由电子激发源（热阴极电子枪）、电子束聚焦（电磁透镜）和偏转系统（偏转线圈）组成。电子光学系统的主要指标是入射电子束能量、束流强度和束直径三个指标。其中，俄歇电子能谱仪分析的最小区域基本上取决于入射电子束的最小束斑直径，探测灵敏度取决于束流强度。这两个指标通常有些矛盾，因为束径变小将使束流强度显著下降，一般需要选取折中值。

　　电子能量分析器的作用是收集并将不同动能的电子分离。由于俄歇电子能量极低，必须采用特殊的装置才能达到仪器所需的灵敏度。目前几乎所有的俄歇电子能谱仪都使用一种如图9-3所示的筒镜分析器。连续改变外筒上的偏转电压，就可在检测器上依次接收到具有不同能量的俄歇电子，从能量分析器输出的电子经电子倍增器前置放大器后进入脉冲计数器，最后由X-Y记录仪或荧光屏显示出俄歇谱、俄歇电子数目 $N$ 随电子能量 $E$ 的分布曲线。若将筒镜分析器与电子束扫描电路结合起来可以形成扫描俄歇显微镜，电子枪的工作方式与扫描电镜类似。

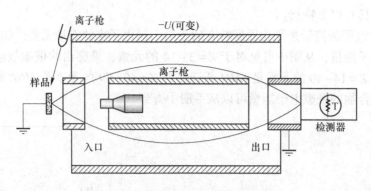

图9-3　圆筒镜面能量分析器结构

### 9.1.4　俄歇电子能谱的应用

#### 9.1.4.1　定性分析

由于俄歇电子的能量仅与原子本身的轨道能级有关，与入射电子的能量无关，也就是说与激发源无关。对于特定的元素及特定的俄歇跃迁过程，其俄歇电子的能量固定。可根据俄歇电子的动能定性分析样品表面物质的元素种类。定性分析方法可适用于除 H、He 以外的所有元素，且由于每个元素会有多个俄歇峰，定性分析的准确度很高。

激发源的能量远高于原子内层轨道的能量，一束电子束可激发出原子芯能级上的多个内层轨道电子，再加上激发过程中还涉及两个次外层轨道的电子跃迁。多种俄歇跃迁可以同时出现，并在俄歇电子能谱图上产生多组俄歇峰，尤其是对原子序数较高的元素，俄歇峰的数目更多，使俄歇电子能谱的定性分析变得非常复杂。

图9-4 是金刚石表面 Ti 薄膜的俄歇定性分析谱，电子枪的加速电压为3kV。AES 谱图的横坐标为俄歇电子动能，纵坐标为俄歇电子计数的一次微分。激发出来的俄歇电子由其俄歇过程所涉及的轨道的名称标记。由于俄歇跃迁过程涉及多个能级，可同时激发出多种俄歇电子，因此在 AES 谱图上可发现 Ti 的 *LMM* 俄歇跃迁有两个峰。大部分元素都可激发出多组光电子峰，这有利于元素的定性标定，排除能量相近峰的干扰。由于相近原子序数元素激发出的俄歇电子动能的差异较大，相邻元素间的干扰很小。

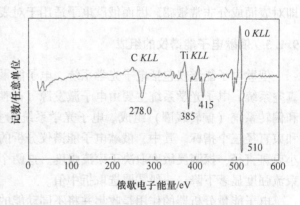

图9-4　金刚石表面的 Ti 薄膜的俄歇定性分析谱

#### 9.1.4.2　半定量分析

从样品表面射出的俄歇电子强度与样品中该原子的浓度有线性关系，可利用这一特征进行元素的半定量分析。因俄歇电子的强度不仅与原子含量有关，还与俄歇电子的逃逸深度、样品的表面光洁度，元素存在的化学状态以及仪器的状态相关。AES 技术一般不能给出所分析元素的绝对含量，仅能提供元素的相对含量。此外，虽然 AES 的绝对检测灵敏度很高，但它是一种表面分析的灵敏方法，其表面采样深度为 $1.0 \sim 3.0nm$，还应注意的是，AES 的采样深度不但与材料性质和激发电子的能量相关，还与样品表面与分析器的角度有关。

在定量分析中 AES 给出的相对含量也与谱仪的状况有关，不仅各元素的灵敏度因子不同，AES 谱仪对不同能量的俄歇电子的传输效率也不一样，会随谱仪污染程度而改变。当谱仪的分析器受到严重污染时，低能端俄歇峰的强度大幅度下降。AES 仅提供表面 $1 \sim 3nm$ 厚的表面层信息，样品表面的 C、O 污染以及吸附物的存在也会严重影响其定量分析的结果。另外，俄歇能谱各元素的灵敏度因子与一次电子束的激发能量有关，俄歇电子能谱激发源的能量也会影响定量分析结果。

### 9.1.4.3 价态分析

俄歇电子的动能主要由元素的种类和跃迁轨道决定，但由于原子内部外层电子的屏蔽效应，内层轨道和次外层轨道上的电子的结合能在不同的化学环境也不一样，会有微小的差异，这种轨道结合能上的微小差异能导致俄歇电子能量的变化，这种变化就称作元素的俄歇化学位移，它取决于元素在样品中所处的化学环境。一般来说，由于俄歇电子涉及三个原子轨道能级，其化学位移要比 XPS 的化学位移大得多。利用这种俄歇化学位移可分析元素在该物种中的化学价态和存在形式。随俄歇电子能谱技术和理论的发展，能利用这种效应对样品表面进行元素的化学成像分析。俄歇电子能谱虽然比 XPS 的分辨率低，但却具有 XPS 难以达到的微区分析优点。此外，某些元素的 XPS 化学位移很小，难以鉴别其化学环境的影响，但它们的俄歇化学位移却相当大，显然，后者更适合于表征化学环境的作用。

### 9.1.4.4 深层分析

AES 具有深层分析功能，但需要特殊处理。一般采用 Ar 离子束进行样品表面剥离。该方法是一种破坏性分析方法，会引起表面晶格的损伤，但当其剥离速度很快和剥离时间较短时，并不明显，一般可不考虑。其分析原理是先用 Ar 离子把表面一定厚度的表面层溅射掉，然后再用 AES 分析剥离后的表面元素含量，这样就可以获得元素在样品中沿深度方向的分布。由于俄歇电子能谱的采样深度较浅，俄歇电子能谱的深度分析比 XPS 的深度分析具有更好的深度分辨率。由于离子束与样品表面的作用时间较长，样品表面会产生各种效应。为获得较好的深度分析结果，应当选用交替式溅射方式，并尽可能地降低每次溅射间隔的时间。此外，为避免离子束溅射的坑效应，离子束/电子束的直径比应大于100 倍，这样离子束的溅射坑效应基本可不予考虑。

### 9.1.4.5 区域分析

微区分析也是俄歇电子能谱分析的一个重要功能，可分为选点分析、线扫描分析和面扫描分析。俄歇电子能谱选点分析的空间分别率可以达到束斑面积大小，利用俄歇电子能谱可以在很微小的区域内进行选点分析。微区范围内的选点分析可通过计算机控制电子束的扫描，在样品表面的吸收电流像或二次电流像图上锁定待分析点。对于在大范围内的选点分析，一般采取移动样品的方法，使待分析区和电子束重叠。这种方法的优点是可以在很大的空间范围内对样品点进行分析，选点范围取决于样品架的可移动程度。利用计算机软件选点，可同时对多点进行表面定性分析，表面成分分析，化学价态分析和深度分析。这是一种非常有效的微探针分析方法。在研究工作中，不仅需要了解元素在不同位置的存在状况，有时还需要了解一些元素沿某一方向的分布情况，俄歇线扫描分析能很好地解决这一问题，线扫描分析可以在微观和宏观的范围内进行（$1\sim6000\mu m$）。俄歇电子能谱的线扫描分析常应用于表面扩散研究，界面分析研究等方面。俄歇电子能谱的面分布分析也可称为俄歇电子能谱的元素分布的图像分析。它可把某一元素在一区域内的分布以图像的方式表示出来。结合俄歇化学位移分析，还可以获得特定化学价态元素的化学分布像。俄歇电子能谱的面分布分析适合于微型材料和技术的研究，也适合表面扩散等领域的研究。在常规分析中，由于该分析方法耗时非常长，一般很少使用。我们把面扫描与俄歇化学效应相结合，即可获得元素的化学价态分布图。

### 9.1.5 样品的制备

俄歇电子能谱仪对分析样品有特定的要求，主要是样品大小、挥发性和表面污染及带有微弱磁性样品的处理。在通常情况下只能分析固体导电样品，经过特殊处理，绝缘体固体也可进行分析，粉体样品原则上不能进行俄歇电子能谱分析，也要经特殊制样处理。由于涉及样品在真空中的传递和放置，待分析的样品一般都需要经过一定的预处理。在实验过程中样品必须通过传递杆，穿过超高真空隔离阀，送到样品分析室。样品的尺寸必须符合一定规范，从而利于真空系统的快速进样。对于块状样品和薄膜样品，其长宽最好小于10mm，高度小于5mm，体积较大样品则必须通过适当方法制备成大小合适的样品。在制备过程中，必须考虑处理过程可能对表面成分和化学状态产生的影响。俄歇电子能谱具有较高的空间分辨率，在样品固定方便的前提下，样品面积要尽可能地小，以方便在样品台上多固定样品。

粉体样品有两种常用的制样方法：一种是用导电胶带直接把粉体固定在样品台上；另一种是把粉体样品压成薄片，然后再固定在样品台上。前者的优点是制样方便，样品用量少，预抽到高真空的时间较短，缺点是胶带的成分可能会干扰样品的分析。此外，荷电效应也会影响到俄歇电子谱的采集。后者的优点是可以在真空中对样品进行处理，如加热、表面反应等，其信号强度也要比胶带法高得多。缺点是样品用量太大，抽到超高真空的时间太长。并且对于绝缘体样品，荷电效应会直接影响俄歇电子能谱的录谱。

对于含有挥发性物质的样品，在样品进入真空系统前必须清除掉挥发性物质。一般可以通过对样品加热或用溶剂清洗的方法。比如含有油性物质的样品，一般依次用正己烷、丙酮和乙醇超声清洗，然后红外烘干，才可进入真空系统。表面有油等有机物污染的样品，在进入真空系统前必须用油溶性溶剂如环己烷、丙酮等清洗样品表面。最后再用乙醇清洗掉有机溶剂，为保证样品表面不被氧化，一般采用自然干燥。而对于其他样品，可对表面打磨处理。

俄歇电子带有负电荷，在微弱的磁场作用下，可发生偏转。样品具有磁性时，样品表面射出的俄歇电子就会在磁场的作用下偏离接收角，最后不能到达分析器，得不到正确的AES谱。此外，当样品的磁性很强时，还存在导致分析器头及样品架磁化的危险，因此，绝对禁止带有强磁性的样品进入分析室。对于弱磁性的样品，一般可通过退磁的方法去掉样品的磁性，然后就可以像正常样品一样进行分析。

# 9.2　X射线光电子能谱（XPS）

X射线光电子能谱（X-ray Photoelectron Spectroscopy，XPS）是一种表面分析方法，提供的是样品表面3~5nm深度的元素含量与价态，而不是样品整体的成分。例如利用离子剥离技术，XPS可实现对样品的深度分析，可分析除H、He之外的所有元素。XPS图谱中峰的高低表示这种能量电子数目的多少，即对应元素的含量多少，但各元素的光电子激发效率差别较大，所以只可以对样品元素进行半定量分析。

### 9.2.1　XPS分析

XPS是一种基于光电效应（见图9-5）的电子能谱，它是利用X射线光子激发出物质表面原子的内层电子，通过对这些电子进行能量分析而获得的一种能谱。这种能谱最初是被用来进行化学分析，也称为化学分析电子能谱（Electron Spectroscopy for Chemical Analysis，ESCA）。

XPS的主要特点是它能在不太高的真空度下进行表面分析研究，这是其他方法都做不到的。当用电子束激发时，如用AES法，必须使用超高真空，以防止样品上形成碳的沉积物而掩盖被测表面。X射线比较柔和的特性使有可能在中等真空程度下对表面观察几小时而不会影响测试结果。此外，化学位移效应也是XPS法不同于其他方法的另一特点，采用普通的化学知识即可解释XPS中的化学位移。相比之下，在AES中解释起来就困难得多。

### 9.2.2　XPS技术原理

在XPS分析中，所采用的X射线激发源能量较高，可激发出芯能级上的内层轨道电子（见图9-6），其出射光电子的能量仅与入射光子的能量及原子轨道结合能有关。对于特定的单色激发源和特定的原子轨道，其光电子的能量是特定的，可根据光电子的结合能定性分析物质的元素种类。

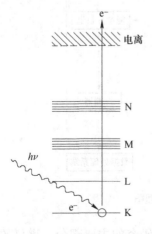

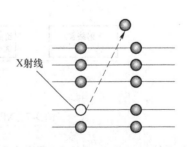

图9-5　光电效应示意图　　　　图9-6　X射线激发光电子

一定能量的 X 光照射到样品表面，与待测物质发生作用，可以使待测物质原子中的电子脱离原子成为自由电子。该过程的计算公式为：

$$h\nu = E_k + E_b + E_r \tag{9-1}$$

式中　$h\nu$——X 光子的能量；

　　　$E_k$——光电子的能量；

　　　$E_b$——电子的结合能；

　　　$E_r$——原子的反冲能量。

一般来说 $E_r$ 很小，可忽略不计。对于固体样品，计算结合能的参考点不是选真空中的静止电子，而是选用费米能级，由内层电子跃迁到费米能级消耗的能量为结合能 $E_b$，由费米能级进入真空成为自由电子所需的能量为功函数 $\Phi$，剩余的能量成为自由电子的动能 $E_k$。式(9-2)又可表示为：

$$h\nu = E_k + E_b + \Phi \tag{9-2}$$

仪器的功函数 $\Phi$ 是一个定值，约为 4eV，入射 X 光子能量已知，若测出电子的动能 $E_k$，便可得到固体样品电子的结合能。某一原子，分子的轨道电子结合能是一定的。因此，通过对样品产生的光子能量的测定，就可得到样品中的元素组成。元素所处的化学环境不同，其结合能会有微小的差别，这种由化学环境不同引起的结合能的微小差别叫化学位移，由化学位移的大小可以确定元素所处的价态。例如，某元素失去电子成为离子后，其结合能会增加，若得到电子成为负离子，则结合能会降低，利用化学位移值可以分析元素的化合价和存在形式。

### 9.2.3　XPS 系统的结构

随着电子能谱应用的不断发展，电子能谱仪的结构和性能在不断地改进和完善，并且趋于多用型的组合设计电子能谱仪。XPS 系统一般由超高真空系统、X 射线光源、分析器系统、数据处理系统和其他附件组成。XPS 系统的原理图和结构图分别如图 9-7 和图 9-8 所示。

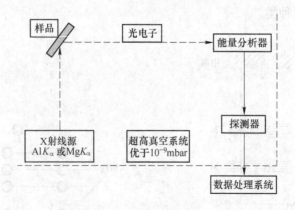

图 9-7　XPS 系统原理图

超高真空系统（UHV）是进行现代表面技术及研究的主要部分。谱仪的光源、进样室、分析室及探测器等都是安装在超高真空中，一般真空室由不锈钢制成，真空度能达到

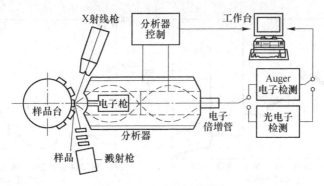

图 9-8　XPS 系统结构图

$1\times10^{-8}$MPa。XPS 对真空度的要求低于 AES。X 射线光源是用来产生 X 射线的装置，主要由灯丝阳极靶及滤窗组成，常见的有 Mg/Al 双阳极 X 射线源。分析器系统是由电子透镜系统、能量分析器和电子检测器组成。能量分析器用于在满足一定能将分辨率、角分辨率和灵敏度的要求下，析出某能量范围的电子，测量样品表面射出的电子能量分布，它是电子能谱仪的核心部件。

电子能谱分析涉及大量复杂的数据采集储存分析和处理数据系统，其由在线实时计算机和相应软件组成。在线计算机可对谱仪进行直接控制，并对实验数据进行实时采集和处理，实验数据可由数据分析系统进行一定的数学和统计处理，并结合能谱数据库对检测样进行定性和定量分析。现代的电子能谱仪操作的各个方面大都在计算机的控制下完成，样品定位系统的计算机控制允许多样品无照料自动运行，当代的软件程序包含广泛的数据分析能力，复杂的峰型可在数秒内拟合出来。

现代的电子能谱一般都要求在谱仪的超高真空室内能对样品进行特定的处理和制备，在多数情况下，XPS 谱仪是多功能表面分析系统的一部分，它可有一个或多个附加设备（如 AES 等）安装在同一真空室中。

### 9.2.4　XPS 的应用

在乙醇燃烧气氛中，600℃和 700℃氧化 60min，XPS 对钢 Q235 氧化后的表面分别进行分析，结果如图 9-9 和图 9-10 所示。

由全谱数据可知，样品表面中主要含有 Fe、O、C、K、N、P 等元素，含量较高的为 Fe、O、C，其他元素与煤油成分有关。C 的存在形式主要是 C—C、C—O、C＝O 等化学态，其主要是芳香烃的 C—C 以及有机物的 C—O、C＝O，这与煤油的主要成分有直接关系。同时，电子结合能在 282eV 附近未发现金属碳的峰，说明碳未进入 Fe 的晶格中，这更加说明了碳和氧化物共生的生长机制。O 主要表现为金属氧化物以及有机物中的 C—O、C＝O。对 Fe 使用 $Fe_3O_4$ 和 $Fe_2O_3$ 的参考图进行拟合，得到两组温度下的 $Fe_2O_3$ 与 $Fe_3O_4$ 的比值从 600℃下的 2.17∶1 上升到 700℃的 4.04∶1，这说明温度的提高直接加速了样品的氧化，并且没有 FeO 的卫星峰出现（说明没有 FeO 的相存在），这与 XRD 结果相对应。元素化学状态相对含量见表 9-1。由表可知，氧化温度进一步提高 C—C 的含量相对降低了，同时 O 的三种存在形态有所增加，这可能是部分碳形成 $CO_2$ 或 CO 离开表面或转变成有机碳的形式存在，同时 $Fe^{3+}$ 的含量有所增加，这和更高的氧化温度有关。

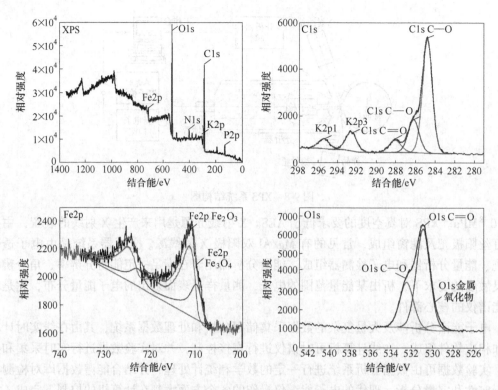

图 9-9　低碳钢在煤油燃烧气氛中 600℃氧化 60min 后表面的 XPS 分析结果

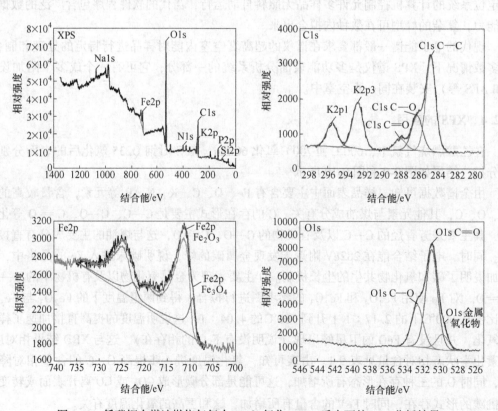

图 9-10　低碳钢在煤油燃烧气氛中 700℃氧化 60min 后表面的 XPS 分析结果

**表 9-1　元素化学状态相对含量对比表**

| 化学态 | 600℃ | | 700℃ | |
|---|---|---|---|---|
| | 结合能/eV | 含量（原子分数）/% | 结合能/eV | 含量（原子分数）/% |
| C1s C—C | 284.8 | 40.86 | 284.8 | 25.33 |
| C1s C—O | 286.2 | 13.4 | 286.28 | 10.62 |
| C1s C=O | 288.06 | 5.38 | 288.08 | 3.62 |
| Fe2p Fe$_2$O$_3$ | 711.3 | 2.24 | 711.35 | 5.02 |
| Fe2p Fe$_3$O$_4$ | 709.75 | 1.03 | 709.4 | 1.24 |
| O1s C—O | 532.49 | 10.3 | 532.55 | 13.27 |
| O1s C=O | 530.89 | 22.8 | 530.91 | 31.49 |
| O1s Metal Oxide | 529.7 | 1.45 | 529.7 | 4.95 |

# 9.3　X 射线荧光光谱（XFS）

X 射线是一种电磁辐射，波长介于紫外线和 γ 射线之间。一般来说是指波长为 0.001~50nm 的电磁辐射。对材料进行分析时常用的波段是 0.01~24nm，0.01nm 左右是铀元素的 K 系谱线，24nm 则是最轻元素 Li 的 K 系谱线。1923 年赫维西（Hevesy. G. Von）提出了使用 X 射线荧光光谱进行定量分析的原理，但由于受到当时探测技术水平的限制，该法并未得到实际应用。直到 20 世纪 40 年代后期，随着 X 射线管、分光技术和半导体探测器技术的改进，X 荧光分析才开始进入发展时期，成为一种极为重要的分析手段。

X 射线荧光光谱（X-ray Fluorescence Spectrometer，XFS）分析法的分析速度快，与样品的化学结合状态及物理状态无关，是一种无损检测技术。它是一种物理分析方法，对化学性质上属于同一族的元素也能进行分析。该法制样简单，分析的精密度高，比发射光谱简单，易于解析。但该法仅限于表面分析，测定部位是 0.1mm 深以内的表面层，并且难以做绝对分析，进行定量分析时需要标样。分析原子序数低的元素时，其检出限及测定误差会比原子序数高的元素差。

## 9.3.1　XFS 物理原理

当高速运动的电子或带电粒子（如质子、α 粒子等）轰击物质时与物质发生能量交换，电子的一部分动能转变成为 X 射线光子辐射能，以 X 射线形式辐射出来。在真空条件下，阳极靶和阴极灯丝之间加上高电压，阴极灯丝在管电流的作用下，发射出大量加速电子轰击靶面会产生 X 射线。从 X 射线管辐射的一次 X 射线（也被称作初级 X 射线，原级 X 射线）是由连续谱线和特征谱线的 X 射线构成。当所加管电压大于等于 X 射线管的阳极材料激发电位时，特征 X 射线光谱会以叠加在连续谱之上的形式出现，形成由若干波长一定而强度较大的 X 射线线谱。特征 X 射线和靶材的特征谱线不同之处在于前者是射线阴极发出的电子对靶材元素原子内层的激发，而特征荧光 X 射线是由 X 射线管发出的一次 X 射线（原级 X 射线）激发样品而产生的具有样品元素特征的二次 X 射线。

如图 9-11 所示为原子中的内层（如 K 层）电子被
X 射线辐射电离后在 K 层产生的一个空穴。外层（L
层）电子填充 K 层空穴时，会释放出一定的能量，当
该能量以 X 射线辐射释放出来时产生具有该元素特征
的二次 X 射线，也就是特征荧光 X 射线。

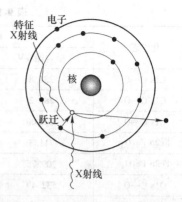

图 9-11 特征荧光 X 射线的产生

### 9.3.2 XFS 设备结构

用 X 射线照射试样时，试样会被激发出各种波长
的荧光 X 射线，需要把混合的 X 射线按波长（或能
量）分开，分别测量不同波长（或能量）的 X 射线的
强度，从而进行定性和定量分析，此时所使用的仪器
为 X 射线荧光光谱仪。由于 X 射线具有一定波长，同时又有一定能量，因此，X 射线荧
光光谱仪有波长色散型（见图 9-12）和能量色散型（见图 9-13）两种基本类型。波长色
散型的原理是根据 X 射线衍射，用分光晶体为色散元件，以布拉格定律为基础，对不同
波长特征谱线进行分光，然后进行探测，具有分辨率好，灵敏度高等优点。能量色散型是
将来自样品元素的荧光 X 射线进入探测器，多道分析器各通道同时计数，进行多元素同
时测量，可通过探测不同能量水平的脉冲及数值进行定性和定量分析。

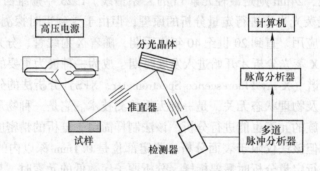

图 9-12 波长色散型 XFS 仪原理图示

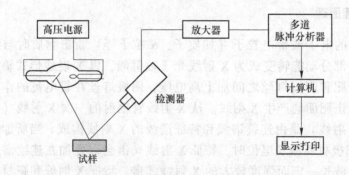

图 9-13 能量色散型 XFS 仪原理图示

两种类型的 X 射线荧光光谱仪都需要用 X 射线管（见图 9-14）作为激发光源。X 射

线管是将灯丝和靶极密封在抽成真空的金属罩内，灯丝和靶极之间加高压（一般为50kV），灯丝发射的电子经高压电场加速撞击在靶极上，产生 X 射线。X 射线管产生的一次 X 射线，作为激发 X 射线荧光的辐射源，只有当一次 X 射线的波长稍短于受激元素吸收限 $\lambda_{min}$ 时，才能有效的激发出 X 射线荧光。大于 $\lambda_{min}$ 的一次 X 射线其能量不足以使受激元素激发。X 射线管产生的 X 射线透过铍窗入射到样品上，激发出样品元素的特征 X 射线，正常工作时，X 射线管所消耗功率的 0.2%左右转变为 X 射线辐射，其余均变为热能使 X 射线管升温，因此必须不断的通冷却水冷却靶电极。

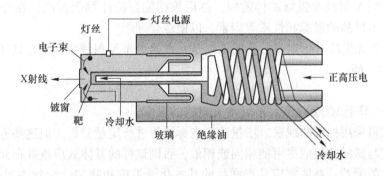

图 9-14　X 射线管的结构示意图

分光系统的主要部件是晶体分光器，它的作用是通过晶体衍射现象把不同波长的 X 射线分开。根据布拉格定律 $2d\sin\theta = n\lambda$，当波长为 $\lambda$ 的 X 射线以 $\theta$ 角射到晶体，若晶面间距为 $d$，则在出射角为 $\theta$ 的方向，由此可以观测到波长为 $\lambda = 2d\sin\theta$ 的一级衍射，以及波长为 $\lambda/2$、$\lambda/3$ 等的高级衍射。改变 $\theta$ 角，可以观测到另外波长的 X 射线，因而使不同波长的 X 射线可以分开。分光晶体使用一个晶体旋转机构带动。因为试样位置是固定的，为了检测到波长为 $\lambda$ 的荧光 X 射线，分光晶体转动 $\theta$ 角，检测器必须转动 $2\theta$ 角。也就是说，一定的 $2\theta$ 角对应一定波长的 X 射线，连续转动分光晶体和检测器，就可以接收到不同波长的荧光 X 射线，如图 9-15 所示。一种晶体具有一定的晶面间距，因而有一定的应用范围，目前的 X 射线荧光光谱仪备有不同晶面间距的晶体，用来分析不同范围的元素。上述分光系统是依靠分光晶体和检测器的转动，使不同波长的特征 X 射线按顺序被检测，这种光谱仪称为顺序型光谱仪。另外还有一类光谱仪分光

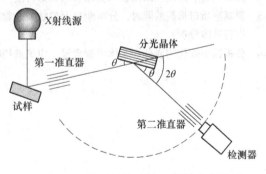

图 9-15　平面晶体反射 X 射线示意图

晶体是固定的，混合 X 射线经过分光晶体后，在不同方向衍射，如果在这些方向上安装检测器，就可检测到这些 X 射线。这种同时检测多种波长 X 射线的光谱仪称为同时型光谱仪，同时型光谱仪没有转动机构，因而性能稳定，但检测器通道不能太多，适合于固定元素的测定。

### 9.3.3 XFS样品分析

X射线荧光光谱可对样品进行定性和定量分析。不同元素的荧光X射线具有各自的特定波长或能量，因此根据荧光X射线的波长或能量可以确定元素的组成。如果是波长色散型光谱仪，对于一定晶面间距的晶体，由检测器转动的$2\theta$角可求出X射线的波长$\lambda$，从而确定元素成分。对于能量色散型光谱仪，可由通道来判别能量，从而确定是何种元素及成分。若元素含量过低或存在元素间的谱线干扰时，需进行人工鉴别，首先识别出X光管靶材的特征X射线和强峰的伴随线，然后根据能量标注剩余谱线。在分析未知谱线时，要同时考虑样品的来源和性质等因素，以便综合判断。

X射线荧光光谱法进行定量分析的依据是元素的荧光X射线强度$I_i$与试样中该元素的含量$C_i$成正比，即：

$$I_i = I_s C_i \qquad (9-3)$$

式中 $I_s$——$C_i$等于100%时该元素荧光X射线的强度。

根据公式可采用标准曲线法、增量法、内标法等进行定量分析，但这些方法都要使标准样品的组成与试样的组成尽可能相同或相似，否则试样的基体效应或共存元素会给测定结果造成很大的偏差。基体效应是指样品的基本化学组成和物理化学状态对一次X射线和X射线荧光吸收的影响，从而改变荧光增强效应。

### 练 习 题

9-1 试述X射线衍射法测定物相的基本原理及其分析步骤。

9-2 通过对XPS谱图的分析主要可以得到哪些重要信息？

9-3 当电子束照射到样品表面时，将有带着该样品特征的俄歇电子从样品表面发射出来，从俄歇电子可以得到哪些信息，有哪些应用？

9-4 什么叫衍射衬度？试比较明场像和暗场像衬度。

9-5 要观察断口形貌的同时，分析断口上粒状夹杂物的化学成分，应选用什么仪器，用怎样的操作方式进行具体分析？

9-6 分析钢中碳化物成分和基体中碳含量，应该选用哪种谱仪，为什么？

# 10 电子探针显微分析

组织形貌、结构和成分是材料分析与研究的重要内容。前面的章节中着重讨论了材料的晶体结构与微观形貌检测与分析方法。本章将介绍成分分析工具即电子探针分析。电子探针显微分析仪（Electron Probe Microscope Analyser, EPMA）也称为电子探针仪，是一种现代微区化学成分分析手段，利用电子束作用样品后产生的特征 X 射线进行微区成分分析的仪器，其结构与扫描电镜基本相同，所不同的是电子探针检测的是特征 X 射线，电子探针可与扫描电镜使用同一套系统，在扫描电镜的样品室配置检测特征 X 射线的谱仪就可形成多功能于一体的综合分析仪器，实现对微区形貌和成分的同步分析。

## 10.1 电子探针显微分析（EPMA）

电子探针显微分析是利用在 $10^{-3} \sim 10^{-4}$ Pa 的真空系统中，一束束斑直径 4nm~100μm 的细聚焦高能电子束（1~40kV）轰击样品表面，在扫描线圈的控制下电子束在样品表面扫描，激发和收集样品的特征 X 射线信息，并依据特征 X 射线的能量（或波长）确定微区内各组成元素的种类，同时可利用谱线强度解析样品中相关组元的含量。具有分析元素范围广、灵敏度高、准确、快速和不损耗试样等特点。

### 10.1.1 电子探针仪的原理

电子探针仪检测与分析的信号是样品受到高能电子束轰击产生的特征 X 射线，特征 X 射线谱与其原子序数关系密切，Moseley 定律表明特征 X 射线波长 $\lambda$ 与原子序数 $Z$ 存在以下关系：

$$\lambda = \frac{K}{(Z - \sigma)^2}$$

对于某一特定跃迁过程，$K$ 为常数，$\sigma$ 是核屏蔽系数，$K$ 系激发时 $\sigma = 1$。相应的，波长为 $\lambda$ 的 X 射线的能量 $E$ 为：

$$E = \frac{hC}{\lambda} = \frac{hC(Z - \sigma)^2}{K} \tag{10-1}$$

式中　　$C$——X 射线的传播速度；

$h$——普朗克常数。

元素的原子序数不同，它们在同一激发态下产生的特征 X 射线的波长与能量也各异。检测到样品中各组元的特征 X 射线的波长（或能量）信息，就可依据莫塞莱定律推断它们的原子序数 $Z$，即确定被测组元的元素种类。样品中某一组元的含量越多，其被激发出的特征 X 射线强度也相应越高，也就是说，该元素含量与其被激发出的特征 X 射线强度存在对应关系。

### 10.1.2 电子探针仪的结构

电子探针仪主要包括如下组成部分。

#### 10.1.2.1 电子光学系统

电子光学系统主要给电子探针仪提供稳定的、具有足够电流密度且能在试样表面聚焦的高能电子束，同时也是样品X射线的激发源。与扫描电子显微镜类似，电子探针仪的电子光学系统具体由电子枪、聚光镜、物镜、扫描线圈、光阑、消像散器等部件构成。其中，电子枪产生部分高速运动的电子束流，而聚光镜、物镜等构成的电磁透镜系统可将高速电子加以聚焦，使之在样品表面形成一个很小的焦斑。电子光学系统的优劣及电子束焦斑大小与激发出的谱线强弱直接相关。现代电子探针仪兼有扫描成像功能。其电子束既可以沿光轴轰击样品进行点分析，又可借助扫描线圈在样品表面进行线扫描或面扫描，可同时实现组织形貌及化学成分分析。

#### 10.1.2.2 样品室

样品室位于物镜下方，其中可放置包括标样在内的多个样品。样品台在X、Y轴方向上可做平移运动，Z轴方向上的调整可保证试样表面与谱仪探头间的工作距离恒定。同时，样品台可做倾斜调节。一般情况下，电子探针要求被测样品平面与入射电子束垂直，而样品平面的倾斜可增大X射线的出射角，使信号强度提高。但是，对非垂直入射条件下的定量成分分析来说，相关校正计算复杂而困难，且精度差。因此，样品的倾斜调节一般仅在扫描成像模式下使用。现代电子探针仪的样品室内还可安装二次电子探头、Kossel相机、电子通道花样拍摄装置及能谱探头等，能同时实现形貌、结构取向等其他分析功能。

#### 10.1.2.3 样品观察装置

工作时，为选择感兴趣的分析区域，并将其准确置于聚焦电子束斑下，电子探针仪还必须配备样品观察装置，一般为光学显微镜或低倍扫描电子显微镜，可给出样品相应区域的金相形貌、二次电子或吸收电子像。

#### 10.1.2.4 X射线谱仪与观察记录系统

自样品表面出射的X射线透过样品室上方的窗口进入X射线谱仪室，经弯曲分光晶体或能谱探头展谱后，由X射线观察记录系统接收记录谱线的波长（或能量）、强度等信息。X射线谱仪是电子探针用以分析鉴定样品组元种类与含量的核心部件。一般情况下，样品中含有多种元素，高能电子束轰击样品会激发出各种波长的特征X射线。为了将各元素的谱线检测出来，就必须把它们分散开（即展谱）。根据具体的展谱模式，X射线谱仪分为能谱仪和波谱仪两种类型。前者是利用不同元素特征X射线的能量差异来展谱，进行成分分析的仪器，称为能量色散X射线谱仪（Energy Dispersive Spectrometer，EDS），简称能谱仪；而后者基于特征X射线的波长不同来展谱，进行成分分析的仪器，称为波长分散谱仪（Wave Dispersive Spectrometer，WDS），即波谱仪，以下将分别介绍。

#### 10.1.2.5 辅助系统与其他附属装置

高压直流电源、透镜电源及真空系统是电子探针仪运行必不可少的辅助系统。其中，电源的稳定性直接影响聚焦电子束焦斑直径、激发深度和最小可分析区以及X射线谱线强度。而真空系统是电子光学系统正常工作的重要保证，同时还能减少 X 射线在传播过程中的损耗。为满足某些实际研究的特殊需求，现代电子探针仪中还可装备一些附属装置，比如样品加热、拉伸装置以及高扫描速度的电视扫描观察系统等。

# 10.2 能谱仪分析（EDS）

## 10.2.1 能谱仪的原理

每种元素都有特定波长的 X 射线，其特征波长 $\lambda$ 的大小取决于能级跃迁过程中释放出的特征能量 $\Delta E$，且满足 $E(keV) = 12.298/\lambda(A)$。能谱仪就是利用不同元素 X 射线光子的特征能量不同这一特点来进行成分分析，当入射电子激发样品原子的内层电子，使原子处于能量较高的电离或激发态，此时外层电子将向内层跃迁以填补内层电子的空缺，从而释放出具有特征能量的 X 射线。若电子束与样品表层的作用体积内含有多种元素，则可激发出各相应元素的特征 X 射线，用 X 射线探测器检测特征 X 射线能量，就可判定该微区中所存在的相应元素。

能谱仪的结构原理如图 10-1 所示，主要由 X 射线探测器、脉冲信号处理器、多道分析器、计算机及显示记录系统等构成。可分为以下两大部分：

（1）X 射线探测器［常用 Si(Li) 半导体］，其作用是把 X 射线转化为电信号。探测器的输出信号幅度与入射 X 射线能量成正比，输出信号的脉冲数与入射 X 射线光子数成比例，因而保持了原入射 X 射线信息的特点。

（2）电子学测量装置，包括主放大器、多道脉冲高度分析器和记录显示系统等，其作用是把从探测器输出的电信号整形、放大、分析、记录，最后取得 X 射线能谱，再根据能谱分布求得样品中元素的种类和含量。能谱仪也可作为附件在 SEM 中使用，如图 10-2 所示。

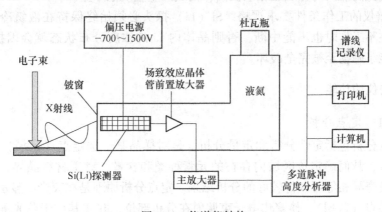

图 10-1 能谱仪结构

## 10.2.2 能谱仪的分析特点

能谱仪对所分析样品的要求与波谱仪一样，所能分析的元素范围一般从硼（B）到铀（U）。氢和氦原子只有 K 层电子，不能产生特征 X 射线。锂（Li）虽然能产生 X 射线，但产生的特征 X 射线波长过长，无法进行检测。新型窗口材料可使能谱仪能够分析 Be 元

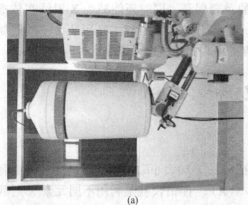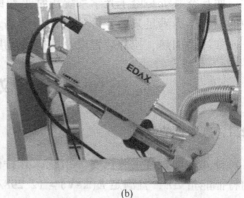

(a)　　　　　　　　　　　　　　　　　　(b)

图10-2　能谱仪

（a）使用Si（Li）探测器液氮制冷的能谱仪；（b）使用硅漂移（SDD）探测器电制冷的能谱仪

素，但因为Be的X射线产额非常低，能谱仪窗口对Be的X射线吸收严重，透过率只有6%左右，所以Be含量低时很难检测到。目前，电子探针是微区元素定量分析最准确的仪器，特定分析条件下能检测到元素或化合物的最小量值一般为0.01%~0.05%。不同测量条件和不同元素有不同的检测极限，但由于所分析的体积小，检测的绝对量极限值为$10^{-14}$g，主元素定量分析的相对误差为1%~3%，对原子序数大于11的元素含量在10%以上时，其相对误差通常小于2%。

但能谱仪的缺点主要有以下两个方面：

（1）能量分辨率低，峰背比低。由于能谱仪的探头直接对着样品，由背散射电子或X射线所激发产生的荧光X射线信号也被同时检测到，使得Si（Li）检测器检测到的特征谱线在强度提高的同时背底也相应提高，谱线的重叠现象严重。

（2）能谱仪的工作条件要求严格。Si（Li）探头必须始终保持在液氮冷却的低温状态，即使是在不工作时也不能中断，否则晶体内Li的浓度分布状态就会因扩散而变化，导致探头功能下降甚至被完全破坏。

### 10.2.3　能谱仪的功能

#### 10.2.3.1　定点分析

能谱定点分析包括定性分析和定量分析，是对样品某一选定点（区域）进行定性和定量成分分析，从而确定该区域内存在的元素种类和含量，对于材料晶界、析出相、夹杂、沉淀物及奇异相等可获得较好的分析结果。定点分析原理是在荧光屏显示的图像上选定需要分析的点（区域），使聚焦电子束照射在分析部位，并使其位于荧光屏中心，激发所含元素的特征X射线，用谱仪探测并显示X射线谱。根据谱线峰值位置的能量确定，分析定点区域存在的元素及含量。

能谱定性分析比较简单、直观，但也必须遵循一定的分析方法，才能使分析结果正确可靠。定性分析的加速电压一般为25kV，计数时间为100s。谱线元素的鉴别可以用两种方法：一是根据经验及谱线所在的能量位置，估计某一峰或几个峰是某元素的特征X射线峰，让能谱仪在荧光屏上显示该元素特征X射线标志线来核对；二是当无法鉴别是什么元素时，根据谱峰所在位置的能量查找元素各系谱线的能量卡片或能量图来确定元素种类。

能谱定量分析可参阅《电子探针和扫描电镜 X 射线能谱定量分析通则》（GB/T 17359—1998），分析时应注意分析条件的选取。加速电压应选择样品中主要元素特征 X 射线临界激发电压的 2~3 倍以上：金属和合金的常用加速电压值为 25kV；硅酸盐和氧化物为 15kV；超轻元素（$Z<10$）一般为 10kV。特征 X 射线系的选择原则为：原子序数 $Z<32$ 时，采用 $K$ 线系；$Z<32$ 的较轻元素，只出现一个 $K_\alpha$ 双峰和一个较高能量的 $K_\beta$ 峰，用 $K$ 线系计算；$32\leqslant Z\leqslant 72$ 的较重元素，增加了几个 $L$ 线系峰，采用 $L$ 线系计算；$Z>72$ 的重元素，没有 $K$ 峰，除 $L$ 线系峰外还出现 $M$ 线系峰，通常采用 $M$ 线系计算。计数时间的设定应满足分析精度的要求，一般为 100s 或使全谱总计数量大于 $2\times10^6$。

能谱定量分析是一种物理方法，分析时一般需有标样进行对比，然后进行定量修正计算。无标样定量分析一般也应以标样为基础，事先建立所有标样的数据库，分析时不用每次测量标样数据，但要定期用标准试样校准。标样的制备与块状分析样品的制备方法基本相同，可按照《电子探针分析标样通用技术条件》（GB/T 4930—93）的要求制备。一般来说，能谱定量分析结果的精度与样品中元素的含量有关，样品中主要元素（含量大于 10%）的鉴别容易做到正确可靠，但对于样品中次要元素（含量为 0.5%~10%）或微量元素（含量小于 0.5%）的鉴别，必须注意谱的干扰、失真和谱线多重性等问题，否则会产生错误。

### 10.2.3.2 线分析

能谱的线分析是将电子束沿试样表面的某一直线扫描，X 射线谱仪处于探测某一元素特征 X 射线状态。运动方式可以是样品做直线运动，也可以利用偏转线圈使电子束做直线扫描。能谱仪探测到的是 X 射线信号强度（计数率），可根据 X 射线的强度的变化，分析元素在该直线上的浓度变化，但分析时各元素分别进行测量，常用于膜层、镀层及复合镀层、晶界等不同元素的分布研究。实际分析时，通常将特征 X 射线强度分布曲线重叠于二次电子图像上，能更加直观地表明元素含量分布与形貌、结构之间的关系。

电子束轰击样品表面后获得的多种信号需要放大后才足以达到成像显示的要求，信号探测及处理系统正是这样一套能够满足该要求的系统。通过电子倍增器，将来自样品的电子加速后射入阴极，经加速后进入第二阴极，该过程重复多次最终达到足够成像显示的强度。不同的信号所得到的物体表面信息也不一样。如图 10-3 所示为同一样品表面的二次电子和背散射电子像，由于背散射电子的产额与样品原子序数有关，对比两张照片可见明显差异，二次电子像可见表面有大量球形物，背散射电子像中出现两种不同的衬度。通过对图 10-4 和图 10-5 的分析，可见该样品为在陶瓷成分中添加大量金属球粒，球粒尺寸为 50~150μm，大小分布不均匀，主要成分为 Fe、Cr，其中的 Cr 含量（质量分数）约为 12%，为不锈钢；通过对面扫描的结果可知，基体陶瓷成分主要为 Al 和 Si，可见该材料为不锈钢颗粒增强陶瓷的复合材料。

进行能谱线分析时，应注意曲线高度代表元素含量，同种元素在相同条件下只能定性比较含量变化。因为不同元素产生的 X 射线产额不同，元素之间的峰高不能进行元素含量的比较。即使元素含量没有变化，沿扫描线的元素分布通常也不是一条直线。这是由 X 射线计数统计涨落引起的。低含量元素的线扫描可靠性差。样品表面不平，存在气孔以及腐蚀，样品的晶界均会产生元素线分布假象。

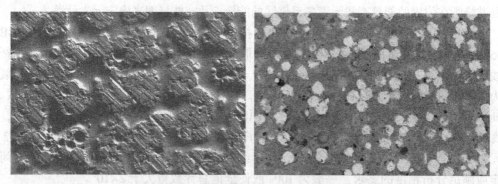

图 10-3　同一样品表面的二次电子和背散射电子像

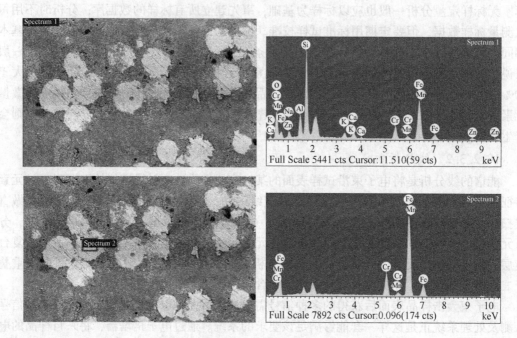

图 10-4　背散射电子像及对应的能谱图

### 10.2.3.3　面分析

能谱面分析是使聚焦电子束在样品表面作二维光栅扫描，X 射线谱仪处于能探测某一元素特征 X 射线状态，用谱仪输出的脉冲信号调制同步扫描的显像管亮度，在荧光屏上得到由许多亮点组成的图像（称为 X 射线扫描像面分布图像）。面分析常用于某一区域各个元素的偏聚、偏析等元素分布情况的研究。分析表面元素分布时，元素含量高的区域，显示该元素存在的区域亮度高。但应注意，有时背底噪声也会产生少量白点，无法和低含量元素区分。对低含量元素则无法显示元素分布状态。与能谱线分布类似，元素的面分布一般与相同部位的形貌像对照分析。由于面分布灵敏度低，面扫描往往采用大探针电流分析，特别对轻元素，如果探针电流小，特征 X 射线信号很弱，则无法显示元素分布。

此外，使用背散射电子和元素线扫描及面扫描能方便直观地实现对涂层和镀层结构及成分的分析。某材料横截面元素分析结果如图 10-6 所示，由横截面的形貌图可知，该材料是在某基体上加工了一层镀层形成的材料。根据线扫描及面扫描结果可知该基体材料为铜铅合金，其中铅作为增强相不规则分布在铜基体中；镀层元素为金属锡，其中在镀层和基体之间有一层金属镍作为过渡层，并且基体中的铅有向镀层扩散的趋势。

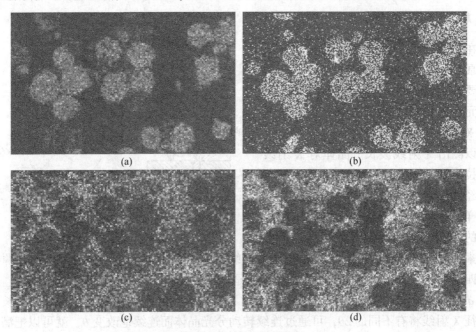

图 10-5 元素面分布图

(a) Fe $K_{\alpha_1}$; (b) Cr $K_{\alpha_1}$; (c) Al $K_{\alpha_1}$; (d) Si $K_{\alpha_1}$

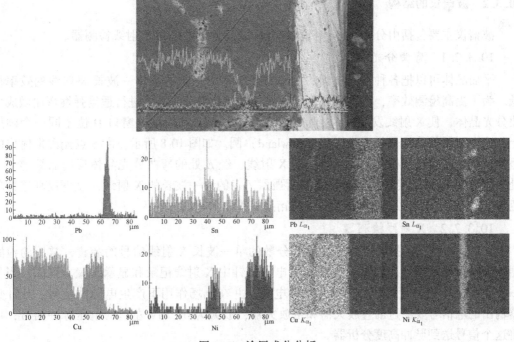

图 10-6 涂层成分分析

# 10.3　波谱仪分析（WDS)

## 10.3.1　波谱仪的原理

在10.1.1中已讲述特征X射线波长 $\lambda$ 与原子序数 $Z$ 存在 $\lambda = K/(Z - \sigma)^2$ 关系。要鉴定样品中所含元素的种类，可探测元素的特征X射线波长，而利用晶体对X射线的布拉格方程 $n\lambda = 2d\sin\theta$，就可以测出X射线波长。晶体对X射线的布拉格衍射如图10-7所示。

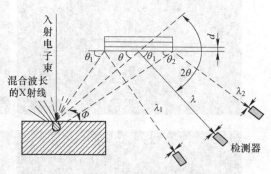

图10-7　晶体对X射线的布拉格衍射

经聚焦电子束轰击的样品表面，激发出样品表面以下微米数量级的作用体积中的X射线，由于大多数样品是由多种元素组成，因此在作用体积中发出的X射线具有多种特征波长，它们都以点光源的形式向四周发射。从试样激发出的X射线经过适当的晶体分光后，只有和布拉格角 $\theta$、晶面间距 $d$ 之间符合布拉格方程的特征波长 $\lambda$ 的X射线入射才会发生强烈衍射。而波长不同的特征X射线将有不同的 $2\theta$，可通过连续转动分光晶体而连续地改变 $\theta$，就可以把满足布拉格定律条件、与入射方向成不同 $2\theta$ 的各种单一波长的特征X射线从中分离出来，并在此方向上被探测器接收，从而将适当波长范围内的全部X射线谱检出。这就是波谱仪的基本原理。

## 10.3.2　波谱仪的结构

波谱仪主要包括由分光晶体和机械部分构成的分光系统和X射线检测器。

### 10.3.2.1　弯曲分光晶体

平面晶体可以把各种不同波长的X射线分光展开，但收集单一波长X射线的效率很低。为了提高检测效率，必须采取聚焦方式，也就是把分光晶体进行适当弹性弯曲做成弯曲分光晶体，使X射线发源源 $S$、弯曲分光晶体表面 $E$ 和检测器窗口 $D$ 位于同一个圆周上，这个圆周就称为聚焦圆或罗兰（Rowland）圆。如图10-8所示，由 $S$ 点光源发射出的呈发散状，符合布拉格条件同一波长的X射线，经 $E$ 处的弯曲分光晶体反射后聚焦于 $D$ 处，则 $D$ 处检测器接收到全部晶体表面强烈衍射的单一波长的X射线，显著提高这种单色X射线的衍射强度，这样就能达到将衍射束聚焦的目的。

### 10.3.2.2　X射线检测器

X射线检测器是接收由分光晶体所分散的单一波长X射线信号的装置，常用的检测器一般是正比计数器。如图10-9所示为电子探针中X射线记录和显示装置方框图。当某一X射线光子进入计数管后，管内气体电离，并在电场作用下产生电脉冲信号。从计数器输出的电信号要经过前置放大器和主放大器，放大为 $0 \sim 10V$ 左右的电压脉冲信号，再将这个信号送到脉冲高度分析器。

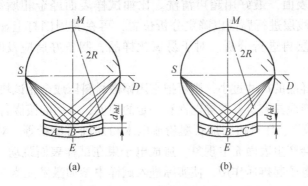

图 10-8　弯曲晶体谱仪的聚焦方式

(a) 约翰型；(b) 约翰逊型

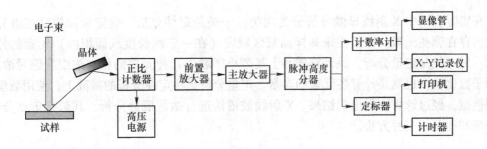

图 10-9　X 射线记录和显示装置

　　脉冲高度分析器包括波高分析和波高鉴别两部分。前者作用在于通过设定通道宽度即允许通过的电压脉冲幅值范围，把由于高次衍射线产生的重叠谱线排除；后者通过选择基线电位，挡掉连续 X 射线谱仪和线路噪声引起的背底，提高检测灵敏度。定标器和计数率计把从脉冲高度分析器输出的脉冲信号计数。定标器采用定时计数方法，精确地记录任选时间内的脉冲总数，时间受计时器控制，记录到的计数可直接显示出来，也可由打印机输出。计数率计则可连续显示每秒钟内的平均脉冲数（CPS）。这些数值可以在 X-Y 记录仪上记录，也可送到显像管配合扫描装置得到 X 射线扫描像。同时，为控制仪器动作和对测量结果进行数据处理（修正计算），也可以把电子探针与电子计算机连接起来。

### 10.3.3　试样的制备

　　X 射线波谱分析所用的试样都是块状的，要求被分析表面尽可能平整，而且能够导电，任何试样表面的凹凸不平，都会造成对 X 射线有规则的吸收，影响 X 射线的测量强度。此外，样品表面的油污、锈蚀和氧化会增加对出射 X 射线的吸收作用；金相腐蚀也会造成假象或有选择地去掉一部分元素，影响定量分析的结果。要重视所制各样品表面的原始状态，以免得出错误的分析结果。为保证试样表面的平整度，可以用细金刚砂代替氧化铝作为抛光剂，得到更平的表面。试样表面经抛光后应充分清洗，为了不使抛光剂留在表面，最好用超声清洗。比如试样表面经金相腐蚀后才能确定被分析部位，先对表面浅层进行腐蚀以确定分析位置，再在其周围打上显微硬度作为标记，然后抛光去除腐蚀层再进行分析。对于易氧化样品，制备好后应及时分析，不宜在空气中放置过久。

导电试样，若样品的尺寸过小，则可把它用镶嵌材料压成金相试块，再对分析表面磨光。采用的镶嵌材料应具有良好的导电性和一定的硬度，常用的镶嵌材料有纯铝、低熔点合金（如伍德合金等）、环氧树脂加石墨粉或电木粉加细石墨粉等。对于非导体的样品，在电子轰击的地方会产生表面充电现象，造成电子束在试样表面跳动，使分析部位不准，对以后继续入射的电子起排斥作用，使实际进入试样中参加激发元素 X 射线的电子减小，影响出射 X 射线的强度。因此对于一些不导电样品，需在其表面喷碳，或铝、铬、金等导电薄膜后，才能进行分析。

### 10.3.4　波谱仪的功能

在实际应用中 X 射线显微分析分为两类：一类是定性分析，确定未知样品在被分析区域内存在哪些元素，以及在未知样品某区域内（在一定线长度或面积内）元素的分布情况；另一类是定量分析，是计算样品上某微小区域内几种元素的相对浓度或绝对浓度，或原子数比值，也就是计算各元素的含量。定量分析是在定性分析的基础上，使用数学和物理模型，经过计算而得出的结果。X 射线波谱法进行微区成分分析，其包括定点分析、线分析和面分析三种方法。

# 10.4　电子探针显微分析（EPMA）技术的应用

EPMA 和 SEM 都是用聚焦很细的电子束照射被检测的样品表面，用 EDS 或 WSD 测量电子与样品相互作用所产生的特征 X 射线波长或能量与强度，从而对微小区域所含元素进行定性或定量分析，并用二次电子或背散射电子等进行形貌观察。

### 10.4.1　元素含量的分析

稀土金属活性较高，作为主要的合金元素或微合金化元素，广泛应用于钢铁及有色金属等合金中。本例中分析样品为 Mg-Zn 系耐热镁合金。添加的稀土元素具有很高的化学活性，与 O、S 等元素具有较强的结合力，在冶金过程中可改善组织、提高综合力学性能。由图 10-10 可见，试样合金中的稀土几乎全部分布于晶界，但不连续，平均晶粒尺寸直径为 24.5μm，晶界相宽度约 2.4μm。晶界处各元素分布不均匀，表 10-1 为稀土镁合金 Mg-Re-Zn 不同位置定量分析的结果，如图 10-11 所示。富集于晶粒表面及晶界位置的稀土活性元素可以填充晶界处的空位，改善晶界附近的组织形态，提高高温抗蠕变性能。在添加稀土元素后，辅助性添加少量的 Zr，可以弥补其他元素的不足，进一步细化晶粒。随 Zr 添加量的增加，Mg-Zn 系耐热镁合金的高温抗拉极限强度将提高。由于 EDS 的分辨率比 WDS 低一个数量级，而这些稀土元素之间的特征 X 射线能量差异比较小（见图 10-12），在 EDS 谱图上特征谱峰会出现严重的相互干扰重叠的现象。这会对后续的分析造成干扰和误判，出现错误的分析结果。

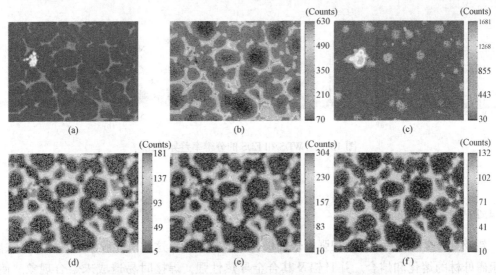

图 10-10　Mg-Zn 合金中稀土元素分布形态（标尺为 40μm）

（a）背散射电子像；（b）Zn 元素；（c）Zr 元素；（d）La 元素；（e）Ce 元素；（f）Nd 元素

**表 10-1　Mg-Zn 稀土合金不同位置定量分析结果**

| 位置 | 化学元素含量（质量分数)/% | | | | | | |
|---|---|---|---|---|---|---|---|
| | Mg | Zr | La | Ce | Nd | Zn | 总计 |
| 1 | 61.070 | 0.027 | 7.675 | 13.999 | 3.438 | 13.737 | 99.946 |
| 2 | 61.138 | 0.156 | 8.158 | 13.341 | 3.129 | 13.442 | 99.364 |
| 3 | 82.290 | 0.108 | 2.561 | 5.393 | 1.744 | 7.825 | 99.952 |
| 4 | 72.455 | 0.138 | 5.527 | 8.898 | 1.971 | 10.673 | 99.392 |
| 5 | 98.046 | 0.062 | 0.129 | 0.086 | 0.135 | 1.131 | 100.589 |

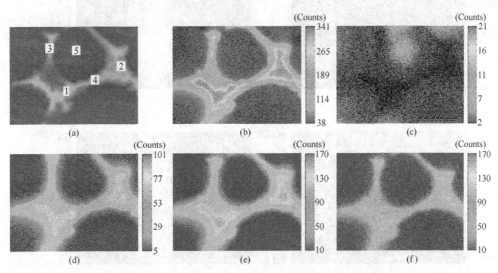

图 10-11　Mg-Zn 合金中稀土元素分布形态（标尺为 40μm）

（a）背散射电子像；（b）Zn 元素；（c）Zr 元素；（d）La 元素；（e）Ce 元素；（f）Nd 元素

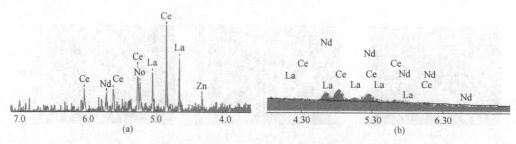

图 10-12　WDS 和 EDS 的分辨率差异对比

（a）WDS；（b）EDS

## 10.4.2　焊接热影响区分析

铝及其合金的化学活泼性很强，表面极易形成氧化膜，这层氧化膜熔点高，不易去除，会阻碍母材的熔化和熔合。并且铝及其合金导热性强，焊接时易造成未熔合现象。使用 EPMA 评价采用钎焊工艺焊接的铝合金热交换器部件，如图 10-13 所示。也可看到焊缝具有明显向母材扩散的现象，焊缝周围有明显的过渡区域（见图 10-14），这一过渡区域实现了焊缝与母材的平滑过渡，有利于焊缝力学性能的提高。同时使用 EDS 进行了分析，分析结果如图 10-15 所示。相同的分析条件下，上一行为是 EPMA 的 WDS 分析结果，下一行为是 EDS 结果。可以看出，由于 EDS 的计数率太低，不能很好地显示出元素的分布差异情况，特别是当元素含量很低的时候，表现更为明显。图中含量较高的 Si，EDS 的分析结果还能看到元素的分布情况，对于含量很低的 Zn 及更微量的 Mn，EDS 分析结果就没有意义了。

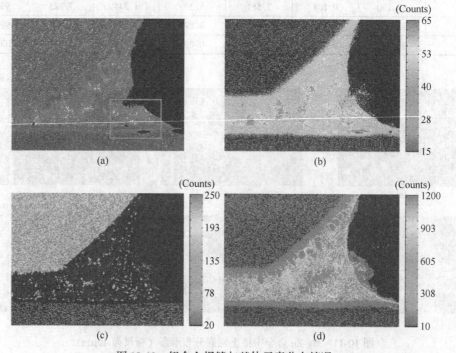

图 10-13　铝合金焊缝与基体元素分布情况

（a）背散射电子图像；（b）Zn 元素；（c）Mn 元素；（d）Si 标尺为 500μm

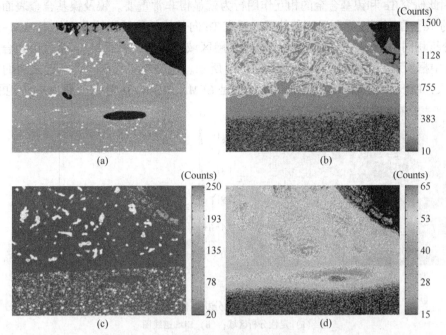

图 10-14 铝合金焊缝与基体结合处局部放大后元素分布图（图框位置）

（a）背散射电子图像；（b）Zn 元素；（c）Mn 元素；（d）Si 标尺为 100μm

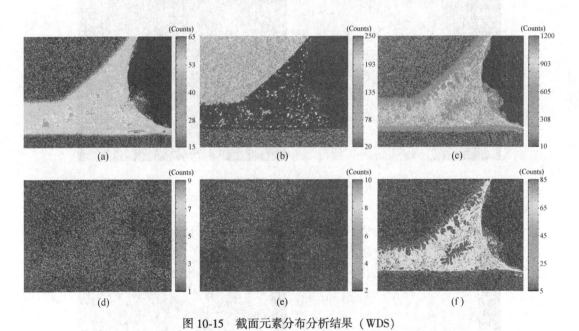

图 10-15 截面元素分布分析结果（WDS）

（a）Zn；（b）Mn；（c）Si 与 EDS；（d）Zn；（e）Mn；（f）Si 标尺为 500μm

## 10.4.3 合金元素扩散行为分析

核反应堆裂变后产生碲（Te）元素，Te 与反应堆中的镍基合金钢直接接触，会使合金脆化，因此研究 Te 和镍基合金的相互作用行为就显得非常重要。镍及镍基合金表面附着不同含量的 Te，在不同时间和温度条件下，研究 Te 向基体的渗透规律分别使用 SEM+EDS 和 EPMA 分析相同的区域，分析位置为合金近表层区域，即合金表面与 Te 覆盖层结合处，如图 10-16 中框所示，结果如图 10-17 和图 10-18 所示。从结果可看出，合金近表面的位置有 Te 的渗入，EDS 和 EPMA 均测出 Te。不同的是 EPMA 得到的 Te 计数较高，灵敏度更好。

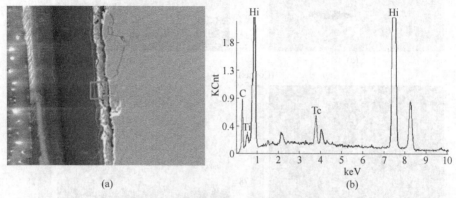

图 10-16　EDS 定性分析区域和谱线图

（a）定性分析区域；（b）EDS 谱线图

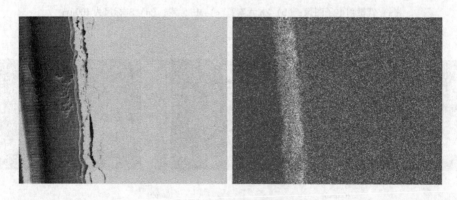

图 10-17　EDS 的 Te 元素分布图

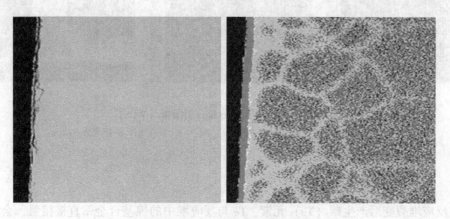

图 10-18　EPMA 的 Te 元素分布图

　　EDS 面分析位置及结果如图 10-17 所示，表层 Te 的分布可以明显辨别出来，但不能明确给出 Te 向基体扩散的路径及深度，同样位置 EPMA 的面分析结果如图 10-18 所示。从 Te 的面扫描结果来看，表层的 Te 在此条件下易向晶界偏聚，并沿着晶界向基体渗入，随着渗入深度的不同，Te 含量的轻微变化也能够明显观测出来。由此可见，在此这一试验条件下，Te 易向晶界偏聚，并沿着晶界向基体渗入。由于沿着晶界向基体扩散的 Te 含量很少，受限于 EDS 的灵敏度，不足以辨别其扩散分布情况，而 EPMA 具有更高的灵敏度，在微量元素以及微量元素微小变化的检测方面优势明显。

## 练 习 题

10-1　常见的电子探针有三种分析方法，举例说明这三种分析方法如何应用在材料微区成分分析。

10-2　要分析钢中碳化物成分和基体中碳含量，应选用哪种谱仪，为什么？

10-3　什么是 Si（Li）半导体探测器，有什么特点？

10-4　电子探针仪与扫描电子显微镜有何异同，电子探针仪如何与扫描电子显微镜进行组合实现微区化学成分的原位分析？

10-5　要观察断口形貌的同时，分析断口上粒状夹杂物的化学成分，选用什么仪器，用怎样的操作方式进行具体分析？

# 第二篇

# 电子显微分析

电子显微分析技术最初是为了提高显微镜的分辨率，但同时还可通过电子及其他射线与材料表面相互作用后所产生粒子分析，将微区形貌与结构和成分相对应，更适用于对材料的微观结构进行表征。本篇主要内容有：

（1）介绍扫描和透射电子显微镜的电子光学基础，设备结构和样品的制备方法，讨论扫描与透射电子显微镜相关的电子与物质相互作用产生的信号，电子衍射基本原理和标定方法。

（2）通过对探针电子显微镜原理和结构的分析，分别对原子力显微镜、扫描隧道显微镜和场离子显微镜的使用方法和实际应用进行了举例，并对比了不同表征方法的特点，分析了使用条件和环境。

（3）介绍了电子背散射衍射系统、离子探针和低能电子衍射的技术特点和系统工作原理，并对所检验样品的制备方法和要求进行了讲述，对检验结果举例说明。

（4）通过特征谱线来鉴别物质和确定它的化学组成，这也是分析有机材料常用的方法。本篇将讲述原子吸收光谱、紫外可见吸收光谱、红外光谱、拉曼光谱、分子发光光谱和核磁共振光谱等技术，材料成分和结构的测定原理及方法。

# 11　扫描电子显微镜

　　扫描电子显微镜（Scanning Electron Microscope，SEM）是近几十年来获得迅速发展的一种新型电子光学仪器，它是使用经精细聚焦的电子束在样品表面扫描时所激发产生的某些物理信号来调制成像。如图 11-1(a)所示，反射式的光学显微镜虽可以直接观察大块试样，但分辨率和放大倍数较低，景深较浅，在一定程度上限制了使用范围。SEM 的出现和不断完善弥补了光学显微镜的不足，它既能直接观察块状样品，还具有较高的分辨率和放大倍数，景深也较大［见图 11-1(b)］。SEM 还可与 X 射线能谱仪等其他分析装置配合使用，使扫描电镜成为集微观形貌成像和微区分析于一身的综合分析系统。

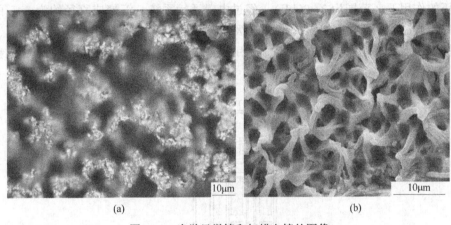

(a)　　　　　　　　　　　　　　　(b)

图 11-1　光学显微镜和扫描电镜的图像

(a) 光学显微镜；(b) 扫描电镜

## 11.1　SEM 的原理

　　电子与固体样品相互作用会产生包括：二次电子、背散射电子、俄歇电子、透射电子等电子信号，特征 X 射线、连续谱 X 射线等光信号，以及样品电流和电子束产生的感生电流等电信号。SEM 通过对这些信号的收集和分析，可以获取观测样品的各种物理化学性质信息，如样品形貌、组成、晶体结构和内部电磁场分布等。

　　电子束入射材料表面后，会通过多种机制与固体相互作用，发生一系列弹性散射和非弹性散射并产生各种信号，这些信号携带着样品不同深度的成分、结构及形貌信息。入射电子在固体中能量逐渐降低，根据入射能量和样品密度不同，其信号范围大致在 10nm～10μm，但各种信号的信息深度和空间范围则各不相同。图 11-2 给出了电子与固体相互作用过程中激发的一些主要信号，从样品表面出射的背散射电子（Backscattering Electron，

172

BSE)、俄歇电子（Auger Electron，AE）和二次电子（Secondary Electron，SE）的能谱。二次电子在非弹性散射中产生，能量较低，大多数能量在 2.5eV 左右。背散射电子的能谱分布则较宽，主要由经过多次能量损失的电子和经历弹性散射、运动方向发生较大改变的电子构成。俄歇电子是材料中的原子内壳层电离后，外壳层电子填充该空位继而释放能量激发另一个外壳层电子而产生，涉及元素内部能级，可用做元素种类鉴别。

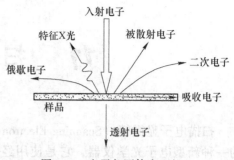

图 11-2　电子与固体表面相互作用过程中激发的信号

## 11.2　SEM 的结构

扫描电镜的结构图如图 11-3 所示。电子枪发射出来的电子束（直径约为 50μm），在加速电压的作用下（范围为 2~30kV），经过电磁透镜系统，汇聚成直径约为 5nm 的电子束，聚集在样品表面，在第二聚光镜和末级透镜（物镜）之间扫描线圈的作用下，电子束扫描样品表面。高能电子和固体表面的相互作用，在样品表面产生多种信号，这些信号

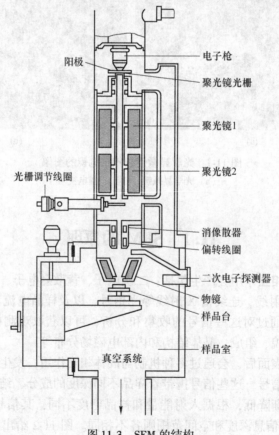

图 11-3　SEM 的结构

经各类探测器接收和处理，转换成光子，再经过信号处理和放大系统加以放大处理，变成信号电压，最后输送到显像管的栅极，用来调制显像管的亮度，因为在显像管中的电子束和镜筒中的电子束是同步扫描，亮度由样品所发出的信息强度来调制，因而可以得到反映样品表面状况的扫描图像，通常所用的扫描电镜图像有二次电子像和背散射电子像。

SEM 系统主要包括电子光学系统、信号检测和扫描显示系统、真空和电源系统。

### 11.2.1　电子光学系统

电子光学系统主要包括如下几部分。

#### 11.2.1.1　电子枪

电子枪的阴极一般为发夹式钨丝。阴极发射的电子经栅极会聚后，在阳极加速电压的作用下通过聚光镜。扫描电镜通常由 2~3 个聚光镜组成，它们都起缩小电子束斑的作用。钨丝发射电子束的斑点直径一般约为 0.1mm，经栅极会聚成的斑点直径可达 0.05mm。经过几个聚光镜缩小后，在试样上的斑点直径可达 6~7nm。

电子光学系统主要由电子枪和电磁透镜组成，电子枪分为热发射式电子枪和场发射式电子枪。热发射式电子枪常用的有钨丝和六硼化镧。钨丝性能可靠，价格便宜，真空度要求最低 $10^{-5}$torr，适用于不需要高亮度的 SEM。但它的功函数和加热温度高（2700K），使用寿命短（40~100h），亮度低，分辨率差，能量扩散大（电子源尺寸大），分辨率相对较低。六硼化镧高温时会发生化学反应，真空度要求比钨丝高 200 倍，价格比钨灯丝贵 50 倍。冷场发射扫描电镜和热场发射扫描电镜如图 11-4 所示。

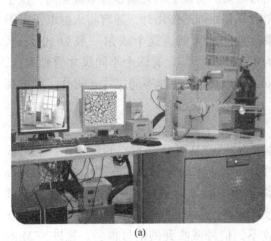

(a)　　　　　　　　　　　　　　　(b)

图 11-4　冷场发射扫描电镜和热场发射扫描电镜

(a) 冷场发射扫描电镜；(b) 热场发射扫描电镜

场发射式电子枪则比钨灯丝和六硼化镧灯丝的亮度又分别高 10~100 倍，同时，电子能量散布仅为 0.2~0.3eV，所以目前市售的高分辨率 SEM 采用的都是场发射式电子枪，其分辨率可达 1nm。目前常见的场发射电子枪有两种，分别为冷场发射式（Cold Field Emission, FE）和热场发射式（Thermal Field Emission, TF）。场发射电子是从很尖锐的阴极尖端所发射出来，可得极细而又具高电流密度的电子束，其亮度可达热游离电子枪的数百倍甚至千倍。要从极细的钨针尖场发射电子,金属表面必需洁净,即使只有一个外来原子落在表面也会降低电子的场发射效果,所以场发射电子枪必须保持超高真空度,防止阴极表面累积原子。由于超高真空设备价格极为高昂,所以一般除非需要高分辨率 SEM,较少采用场发射电子枪。冷场发射式最大的优点是电子束直径小,亮度高,影像分辨率优,能量散布小,故能改善在低电压操作的效果。热场能维持较佳的发射电流稳定度,并能在较低的真空度下工作,虽然亮度与冷场相类似,但其电子能量散布却比冷场大 3~5 倍,影像分辨率较差,已不常使用。

### 11.2.1.2　电磁聚光镜

SEM 中各电磁透镜(Electromagnetic Lens)只作聚光镜使用,把电子枪的束斑逐级聚焦缩小,使原来直径约为 $50\mu m$ 的束斑缩小成为仅有数个纳米的细小斑点。要达到这样的缩小倍数,须使用多个聚光镜。通常 SEM 光学系统由三级电磁聚光镜组成,其分别为第一聚光镜、第二聚光镜和末级聚光镜(物镜)。前两个聚光镜是强磁透镜,用来缩小电子束光斑尺寸。末级聚光镜是弱磁透镜,具有较长的焦距,在该透镜下方放置样品。布置这个末级透镜的目的在于使样品室和透镜之间有一定的空间,以便装入信号探测器。末级聚光镜除会聚功能外,还能将电子束聚焦于样品表面。透镜内腔应有足够的空间以容纳扫描线圈和消像散器等组件,样品必须置于物镜焦点附近。

### 11.2.1.3　光阑

每一级透镜都装有光阑(Diaphragm),一、二级透镜通常是固定光阑,主要是为了挡掉一大部分无用的电子,防止对电子光学系统的污染。物镜上的光阑也称末级光阑,位于上下极靴之间磁场的最强处,它除了与固定光阑具有相同的作用外,还有将入射电子束限制在相当小张角内的作用。这样可减小成像时球差的影响,这个张角一般为 $10^{-3}$ rad,SEM 中的物镜光阑一般为可移动式,故也称为可动光阑。其上有四个不同尺寸的光阑孔,一般为 $\phi100\mu m$、$\phi200\mu m$、$\phi300\mu m$ 和 $\phi400\mu m$,根据需要选择不同尺寸光阑孔,以提高束流强度或增大景深,从而改善图像的质量。

### 11.2.1.4　样品室

末级透镜下方紧连样品室(Specimen Chamber),SEM 的样品室空间较大,一般可放置 $\phi20\times10mm$ 的块状样品。为放置断口等大样品,近年来还开发了可放置尺寸在 $\phi125mm$ 以上样品的样品台。观察时,样品台可根据需要沿不同方向平移,在水平面内旋转或倾斜。样品室内除放置样品外,还安置各种信号检测器。信号的收集效率和相应检测器的安放位置有很大关系,如安置不当,则有可能收不到信号或收到的信号很弱。先进 SEM 的样品室实际上是一个微型试验室,它带有多种附件,可使样品在样品台上加热、冷却和进行机械性能试验(如拉伸和疲劳),以便于研究材料的动态组织及性能。

## 11.2.2　信号检测和扫描显示系统

在入射电子束作用下,样品表面产生的各种物理信号被检测并经转换放大成用以调制图像或做其他分析的信号,这一过程就是由信号检测系统来完成。不同的物理信号要使用不同的检测器,目前 SEM 常用的主要是电子检测器和 X 射线检测器。SEM 的电子检测器通常采用闪烁体计数器,主要用于检测二次电子、背散射电子和透射电子等信号。X 射线检测器主要用于检测样品被激发产生的特征 X 射线，一般分波谱仪和能谱仪两种，主要用于成分分析。

扫描显示系统是将电子束在试样表面和观察图像的荧光屏进行扫描，把电子束与试样相互作用产生的二次电子、背散射电子及 X 射线等信号，经过探测器及信号处理系统后，送到 CRT 显示图像或者照相记录图像。通常采用闪烁计数器来收集二次电子、背反射电子、透射电子等信号。当收集二次电子时，加 250~500V 的正偏压（相对于试样），从而吸收二次电子。当收集背反射电子时，加 50V 的负偏压，从而阻止二次电子到达收集器，并使进收集器的背反射电子聚焦。当收集透射电子时，将收集器置于薄膜试样下方。

电子束在样品上的扫描动作和显像管上的扫描动作保持严格同步，它们是由同一扫描发生器控制的。图 11-5 示出电子束在样品表面进行扫描的两种方式。进行形貌分析时都采用光栅扫描方式［见图 11-5(a)］，当电子束进入上偏转线圈时，方向发生转折，随后又由下偏转线圈使它的方向发生第二次转折发生二次偏转的电子束通过末级透镜的光心射到样品表面。在电子束偏转的同时还会逐行扫描，电子束在上下偏转线圈的作用下，在样品表面扫描出方形区域，相应地在样品上也画出一帧比例图像。样品上各点受到电子束轰击时发出的信号可由信号探测器接收，并通过显示系统在显像管荧光屏上按强度描绘出来。比如，电子束经上偏转线圈转折后未经下偏转线圈改变方向，而直接由末级透镜折射到入射点位置，这种扫描方式称为角光栅扫描或摇摆扫描［见图 11-5(b)］。入射束被上偏转线圈转折的角度越大，则电子束在入射点上摆动的角度也越大。

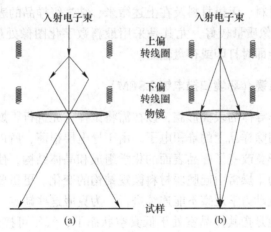

图 11-5 扫描电镜扫描模式

(a) 光栅扫描；(b) 角光栅扫描

### 11.2.3 真空和电源系统

真空系统用来为电子枪以及样品舱内抽真空，高真空度能提供一个洁净稳定的工作环境避免样品污染受损以及电子的散射现象。电源系统用来供给整个系统的电源，该系统由稳压、稳流以及相应的保护电路组成。

# 11.3　SEM 的分类

SEM 经过近 50 年的发展，先后出现了众多类型，以下为常用的几种。

## 11.3.1　场发射扫描电镜（FESEM）

场发射电子显微镜的基本结构与普通 SEM 相同，所不同的是场发射的电子枪不同。场发射电子枪由阴极、第一阳极（减压电极）和第二阳极（加压电极）组成。第一阳极的作用是使阴极上的电子脱离阴极表面，第二阳极与第一阳极之间有一个加速电压，阴极电子束在加速电压的作用下，其直径可以缩小到 1nm 以下。阴极材料通常由单晶钨制成，场发射电子枪可分为三种，分别为冷场发射式（Cold Field Emission, CFE）、热场发射式（Heat Field Emission, HFE）和肖特基发射式（Schottky Emission, SE）。当在真空中的金属表面 108V/cm 大小的电子加速电场时，会有可观数量的电子发射出来，此过程称为场发射。其原理是高压电场使电子的电位障碍产生肖特基效应，即使能障宽度变窄，高度变低，致使电子可直接"穿隧"通过此狭窄能障并离开阴极。场发射电子是从很尖锐的阴极尖端所发射出来，因此可得到极细而又具高电流密度的电子束，其亮度可达热游离电子枪的数百倍，甚至千倍。由于从极细的阴极尖端发射电子，要求阴极表面必须完全干净，所以要求场发射电子枪必须保持超高真空度以防止阴极表面黏附其他原子。

场发射 SEM 广泛用于生物学、医学、金属材料、高分子材料、化工原料、地质矿物、商品检验、产品生产质量控制、宝石鉴定、考古和文物鉴定及公安刑侦物证分析，可以观察和检测非均相有机材料、无机材料及在上述微米、纳米级样品的表面特征。其分辨是传统 SEM 的 3~6 倍，图像质量较好，尤其是采用最新数字化图像处理技术，提供高倍数、高分辨扫描图像，并能即时打印或存盘输出。

## 11.3.2　低真空扫描电镜（环境扫描电镜 ESEM）

用扫描电镜观察非导体的表面形貌，以往需将试样首先进行干燥处理，然后在其表面上喷镀导电层，从而消除样品上的堆积电子。由于导电层很薄，所以样品表面的形貌细节无大损伤。但导电层毕竟改变了样品表面的化学组成和晶体结构，使这两种信息的反差减弱，而且在真空室中的干燥常引起脆弱材料微观结构的变化。更重要的是，干燥终止了材料的正常反应，使反应动力学观察不能连续进行。为克服这些缺点，低真空扫描电镜应运而生。低真空扫描电镜是指其样品室处于低真空状态下，气压可接近 3kPa。它的成像原理基本上与普通扫描电镜一样，只不过普通扫描电镜样品上的电子由导电层引走，而低真空扫描电镜样品上的电子被样品室内的残余气体离子中和，因而即使样品不导电也不会出现充电现象。低真空扫描电镜的机械构造除样品室的真空系统和光栅外，与普通扫描电镜基本上是一样的。

## 11.3.3　低电压扫描电镜（LVSEM）

目前，大多数扫描电镜的加速电压为 10~30kV，在进行微区成分分析时，能提供可靠的定性、定量结果。然而，这种常规电压范围并不适于检测半导体材料和器件。近年来，超大规模集成电路发展迅速，线路与元件更加密集，利用光学显微镜和机械触针等检测已不能完全控制生产和成品质量，因而扫描电镜逐步成为有效的检测手段。在生产过程中不允许将大尺寸芯片和集成电路元件镀上导电膜层，而必须用扫描电镜直接检测，因此只能选用较低的加速电压，从而防止芯片上绝缘部分充电或损坏。同时，生物活性样品在高电压下会受到损坏，也必须选用较低的加速电压。这都有力地促进了低电压扫描电子显微镜的发展。

低电压 SEM 从原理上来说，它有以下优势：

（1）有利于减小试样荷电效应。

（2）样品的辐照损伤小，可以避免表面敏感试样（包括生物试样）的高能电子的辐照损伤。

（3）有利于减轻边缘效应，使原来图像中淹没在异常亮的区域中的形貌细节得以显示。

（4）有利于二次电子发射，改善图像质量，提高了作为试样表面图像的真实性。

（5）可兼作显微分析和表面分析。

（6）入射电子与物质相互作用所产生的二次电子发射强度随着工作电压的降低而增加，且对被分析试样的表面状态和温度更敏感，有可能开拓新的应用领域。

## 11.4　SEM 的性能

SEM 的主要性能指标体现在以下几个方面。

### 11.4.1　分辨率

分辨率是形貌结构类分析仪器最重要的性能指标。它以能分辨的两点或两线间的最小间距为指标，分辨间距越小性能越好，分辨率越高，是扫描电镜电子光学成像系统的关键性能指标。首先，扫描电镜的分辨率取决于仪器的整体设计，涉及电子光学系统的设计、高压和透镜电源的稳定度指标、电子透镜极靴材料的磁性能、材料的均匀性及极靴的机械加工精度与加工过程中的无磁化处理等。其次，扫描电镜的分辨率与检测信号的种类有关，用于成像的物理信号不同，分辨率存在明显差异，二次电子和俄歇电子具有较高的分辨率，特征 X 射线的分辨率最低。

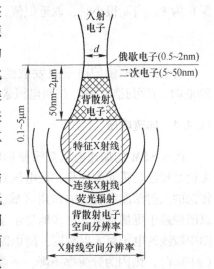

图 11-6　电子束与样品表面作用的滴状作用体积

不同信号电子的成像分辨率差异可根据电子束与样品作用的滴状作用体积加以解释。电子束进入轻元素样品表面后，会形成一个如图 11-6 所示的滴状作用体积，入射电子束在被样品吸收或散射出样品表面前，将在这个体积内活动。二次电子和俄歇电子能量较低，只能逸出于样品的浅表层，此时入射电子束尚未横向扩散，二次电子和俄歇电子只能在一个与入射电子束斑直径相当的圆柱体内被激发出来。由于束斑直径就是一个成像检测单元的尺寸，这两种信号电子的分辨率就相当于电子束斑直径。入射电子束进入样品较深的部位时，横向扩展范围变大，从这个范围激发出来的背散射电子能量较高，可以从样品的较深部位逸出样品表面，其横向扩展的作用体积大小即为被散射电子的成像单元，分辨率明显降低。特征 X 射线信号的作用体积显著扩大，若用其调制成像，分辨率比背散射电子低。

当电子束与高原子序数样品相互作用时，其作用体积为半球形，电子束进入表面后立即横向扩展。因此，在分析高原子序数元素时，即使电子束斑很细，也很难达到较高分辨率，因为二次电子和背散射电子的分辨率差之间的差明显变小。目前，采用钨灯丝电子枪扫描电镜的分辨率最高可以达到 3.5nm，采用场发射电子枪扫描电镜的分辨率可达 1nm。

### 11.4.2　放大倍数

扫描电镜的图像是由电子束在荧光屏上显示像的边长 $L$ 与试样上扫描场的边长 $I$ 之比所决定的，即放大倍数为：

$$M = \frac{L}{I} \tag{11-1}$$

常见 SEM 的荧光屏尺寸为 100mm×100mm，即 $L = 100$mm，其值是固定不变的。调节试样上的扫描场的大小，可以控制荧光屏上扫描图像的放大倍数。大多数扫描电镜的放大倍数可以在 10~200000 倍的范围内连续调节。当 $I = 10$mm 时，$M = 10$ 倍；当 $I = 1\mu m$ 时，$M = 10^5$ 倍。

### 11.4.3　景深

当试样表面在入射电子束的方向上发生位置变化时，其像不会显著变模糊，则称此时的位置变化的距离为扫描电镜的景深（有时也叫焦深），它与透射电子显微镜的景深有着不同的定义。设电子束发散度为 $a$，像斑的直径（分辨率）为 $d$，位置变化距离（即景深）为 $F$。当 $a$ 很小时，取近似值，则有：

$$F = \frac{d}{a} \tag{11-2}$$

由于扫描电镜的电子束发散度 $a$ 很小，所以景深 $F$ 比较大。例如，在放大倍数为 5000 时，$F$ 可达 20μm。扫描电镜景深是同一放大倍数光学显微镜的 10~100 倍。

### 11.4.4　加速电压

改变 SEM 的加速电压会明显影响电子束入射样品的深度，会使成像出现明显变化。无论是轻还是重元素样品，低电压对应较浅的入射深度和较小的作用区域，而高电压对应较深的入射深度和较大的作用区域。高电压（30kV）下对应较深的电子束入射深度，所以图像趋于更加透明，更多地显示了颗粒内部的纤维状分布，而低电压（如 5kV）对应图中较浅的电子束入射深度，所以图像趋于表达更清晰的表面精细结构。若加速电压太低（如 3kV），则因为分辨率下降，不能得到令人满意的图像质量。由此可见，加速电压是进行准确图像分析要选择的重要参数。较高加速电压提供的是相对内部的信息而非表面信息，反映不出真实的表面形貌。一些表面起伏很小的样品，用高的电压就观察不到，如单层排列的碳纳米管，由于只有纳米级的起伏，只能用低电压观察。

加速电压对一般 SEM 观察的影响，如果用较高加速电压（一般 10kV 以上），电子束能量高，穿透样品较深，得到的不是样品真实的表面信息，对于需要观察表面精细结构的样品应选择低的加速电压。对不耐电子束照射的样品（如有机材料），则损伤较大。加速电压越高，电子束能量越高，损伤也就越大。导电性不好的样品，表面积累电荷造成荷电和样品漂移，也会严重影响观察。高的加速电压下电荷积累效应会影响到样品细节的显示，相同放大倍数、高的加速电压对应着更高的分辨率。

低的加速电压能有效地减少对样品的损伤和荷电效应。例如，一些高分子微（纳）米球在较高的加速电压下发生坍塌、损坏，而且表面荷电严重，放电现象明显，严重影响观察拍照，即使喷涂导电层也存在放电现象，而在低加速电压下能够保持其形态，也没有明显的荷电现象。使用低加速电压观察样品，要求电子显微镜的电子枪有足够的亮度，从而获得足够的束流，提高图像分辨率。观察时要减小工作距离，有时要把样品升到物镜下极靴面，使物镜激励增强，焦距变短，像差减小，分辨率提高。比如 HitachiS-4800 型 SEM，应用低电压（1kV）观察，需要在 Probe Current 选 High 模式，工作距离小于 3mm，二次电子探头用上探头（即 U 探头）。虽然低电压有以上优点，但低加速电压比高加速电压的分辨率低，比如 HitachiS-4800 型 SEM 在 1kV 的分辨率是 1.4nm，而在 15kV 的分辨率为 1nm。应用减速模式（Deceleration Mode）可在保持较高分辨率的同时保持低电压的优势，即在电子枪发射时使用较高的加速电压，在电子束到达样品之前加一个减速电场以减速电压（Deceleration Voltage），使实际到达样品的电压（Landing Voltage）减小。

## 11.5　SEM 的应用

图 11-7 为 SEM 除用于材料检验、材料工艺、失效分析、新材料研制等方面外，在生物学及医学方面的样品照片。SEM 对植物次生木质部微观结构的观察，可以发现纹孔上细微结构的大小、形状和分布等，这可作为植物系统演化的依据。这些细微结构对界定高等级分类类群具有重要的意义。使用扫描电镜观察低能氮离子注入植物种子后表面细胞结构的变化，可表明氮离子注入植物种子表面细胞的损伤情况，从而阐述氮离子注入的直接作用和揭示离子束诱变育种的机理。使用扫描电镜技术研究动物的超微形态结构，对其分类学、生理学、病理学等基础学科以及资料利用、动植物虫害防治等具有重要意义。

具体包括：

（1）应用扫描电镜研究各种动物毛纤维的形态，鉴别动物的品种、纤维质量、指导动物毛加工工艺、改善性能、提高使用价值。

（2）在纺织品质量鉴定、改进工艺、合理利用原料、动物种属的鉴别、刑事侦破等方面具有重要的应用价值。

（3）用扫描电镜观察药物作用于动物皮肤表面结构的变化，探讨药物透皮吸收作用机理，研究药物对皮肤结构改变的过程。

（4）应用扫描电镜对菜蛾进行观察，了解感觉器的分布、形态和数量，探讨菜蛾头部感觉器的功能和机制，为研究菜蛾化学生态学害虫持续控制提供依据。

（5）研究病原微生物作用于昆虫主细胞的病理过程，为农业害虫的生物防治提供基础理论资料。

（6）利用扫描电镜对蝶类、蚜虫、白蚁的观察研究，为控制虫害提供了理论资料。在医学中扫描电镜技术已经从基础研究发展到疾病模型、培养细胞或组织鉴定、伤情诊断、药理作用与效果观察、疑难病症的电镜诊断等。扫描电镜技术在医学形态学的研究中已成为不可缺少的科研工具与手段，用电镜能揭示一些有关植物药的新性状、结构，并已成为在分类上有特殊意义的指标。

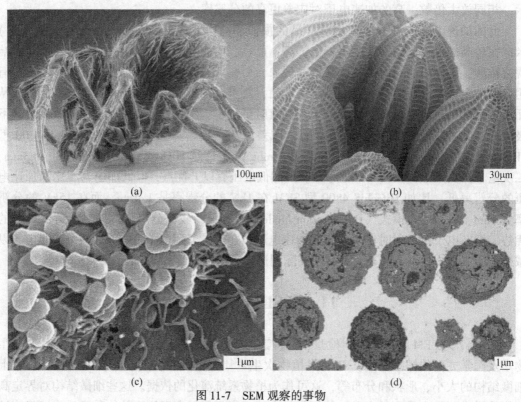

图 11-7　SEM 观察的事物

（a）蜘蛛；（b）毛虫；（c）大肠杆菌；（d）细胞切片

## 11.6　SEM 的形貌观察

SEM 的主要功能是对样品进行形貌观察。

### 11.6.1　表面形貌衬度原理

图 11-6 中背散射电子对样品的原子序数十分敏感，当电子束垂直入射时，背散射电子的产额通常随样品的原子序数 $Z$ 的增加而单调上升，尤其在低原子序数区，这种变化更加明显（见图 11-8），但与其入射电子的能量关系不大。样品的倾斜角（即电子束入射角）的大小对背散射电子产额有明显的影响。当样品倾斜角 $\theta$ 增大时，入射电子束向前散射的趋势导致电子靠近表面传播，因而背散射机会增加，背散射电子产额 $\eta$ 增大。基于背散射电子产额 $\eta$ 与原子序数 $Z$ 及倾斜角 $\theta$ 的关系可见，背散射电子不仅能够反映样

品微区成分特征（平均原子序数分布），显示原子序数衬度，定性地用于成分分析，也能反映形貌特征。因此，以背散射电子信号调制图像衬度可定性地反映样品微区成分分布及表面形貌。

利用背散射电子衍射信息还可以研究样品的结晶学特征以及进行结构分析（通道花样），因此，背散射电子为 SEM 提供了极为有用的信号。二次电子对样品表面的形貌特征十分敏感，其产额与入射束相对于样品表面的入射角 $\theta$ 之间存在下列关系：当 $\theta$ 角增大时，二次电子产额随之增大。但二次电子产额对样品成分的变化相当不敏感（见图 11-8），它与原子序数间没有明显的依赖关系。因此，二次电子是研究样品表面形貌的有效工具，而使用背散射电子进行成分分析。

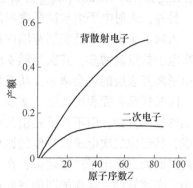

图 11-8　背散射电子和二次电子
产额随样品原子序数的变化

## 11.6.2　二次电子成像原理

前已述及，二次电子信号主要来自两个方面，其分别为由入射电子直接激发的二次电子（成像信号）和由背散射电子、X 射线光子射出表面过程中间接激发的二次电子（本底噪声）。用于分析样品表面形貌的二次电子信号只能从样品表面层 5~10nm 深度范围内被入射电子束激发出来，深度大于 10nm 时，虽然入射电子也能使核外电子脱离原子而变成自由电子，但因其能量较低以及平均自由程较短，不能逸出样品表面，最终只能被样品吸收。二次电子信号的强弱与二次电子的数量有关，而被入射电子束激发出的二次电子数量和原子序数没有明显关系，但入射电子能量和微区表面的几何形状关系密切。

由于二次电子必须有足够的能量克服材料表面的势垒才能从样品中射出，因此入射电子的能量 $E$ 至少应达一定值才能保证二次电子产额 $\delta$ 不为零。$\delta$ 与入射电子能量之间的关系如图 11-9 所示。对大多数材料来说，$\delta$ 与入射电子能量之间具有相同的关系规律：入射电子能量较低时，$\delta$ 随 $E$ 增加而增加；而在高束能区，$\delta$ 随 $E$ 增加而逐渐降低。这是因为当入射电子能量开始增加时，激发出来的二次电子数自然要增加，同时，电子进入试样内的深度增加，深部区域产生的低能二次电子在向表面运行过程中被吸收。由于这两种因素的影响，入射电子能量与 $\delta$ 之间的关系曲线出现极大值，也就是说，在低能区电子能量的增加主要提供更多的二次电子激发，高能区主要是增加入射电子的穿透深度。对金属材

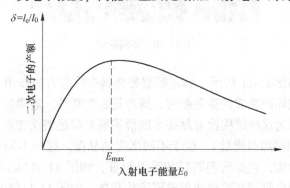

图 11-9　二次电子产额 $\delta$ 与入射电子能量 $E$ 的关系

182

料，$E_{max}$为 100~800eV，$\delta_{max}$为 0.35~1.6eV，绝缘体 $E_{max}$为 300~2000eV，$\delta_{max}$为 $1^{-10}$eV。

另外，入射电子束与试样表面法线间夹角越大，二次电子产额越大。这是由于随 $\theta$ 增加，入射电子束在样品表层范围内运动的总轨迹增长，使价电子电离的机会增多，产生的二次电子数量就增多；其次是随 $\theta$ 增大，入射电子束作用的区域更靠近表面层，产生的自由电子离开表层的机会增多，从而使二次电子的产额增大。

同时样品表面积增大区（如突起物边缘等）可使激发的二次电子增多。实际样品的表面形貌很复杂，但不外乎是由具有不同倾斜角的大小刻面、曲面、尖棱、粒子、沟槽等组成，其形成二次电子像衬度的原理是相同的。可以看出，凸出的尖棱、小粒子以及比较陡的斜面处二次电子产额较多，在荧光屏上这些部位的亮度较大；平面上二次电子的产额较小，亮度较低；在深的凹槽底部虽然也能产生较多的二次电子，但这些二次电子不易被检测器收集到，因此槽底的衬度会变暗。

### 11.6.3　二次电子成像

韧窝断口形貌如图 11-10 所示。显然，在韧窝边缘的撕裂棱亮度较大，而在韧窝比较平坦的底部亮度较低，在韧窝中心还可以观察到较亮的第二相小颗粒。韧窝断口的形成与材料中的夹杂物相关。在外加应力作用下，由于夹杂物的存在引起周围基体的应力高度集中，从而使周围的基体与夹杂物分离，形成显微空洞。随着应力的增加，显微孔洞不断增大和相互吞并直至材料断裂。结果在断口上形成许多孔阮（称为韧窝），在韧窝中心往往残留着引起开裂的夹杂物。韧窝断口是一种韧性断裂断口，从断口的微观区域上可观察到明显的塑性变形。

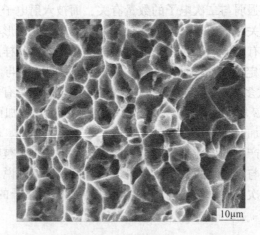

图 11-10　韧窝断口

解理断口形貌如图 11-11 所示。解理断裂是金属在拉应力的作用下，沿着一定的严格的结晶学平面发生破坏而造成的穿晶断裂。解理是脆性断裂，通常发生在体心立方和密排六方结构中，这是因为这些结构没有足够多的滑移系来满足塑性变形。金属解理面是一簇相互平行的（具有相同晶面指数）、位于不同高度的晶面。这种不同高度解理面之间存在着的台阶称为解理台阶，它是解理断口的重要特征，如图 11-11(a)所示。在解理裂纹的扩展过程中，众多的台阶相互汇合便形成河流状花样，如图 11-11(b)所示。

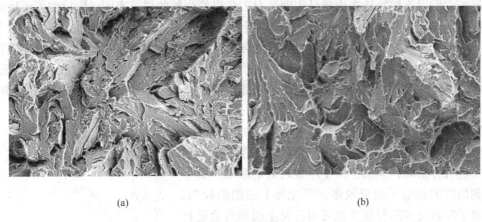

(a)　　　　　　　　　　(b)

图 11-11　解理断口
(a) 解理台阶；(b) 河流花样

　　沿晶断口的形貌照片如图 11-12 所示。显然，断口一般呈冰糖块状或者呈石块状。沿晶断裂是由于析出相，夹杂物及元素偏析往往集中在晶界上，因而晶界强度受到削弱，所以断裂是沿晶界发生。晶界断裂属于脆性断裂，断口上无塑性变形。

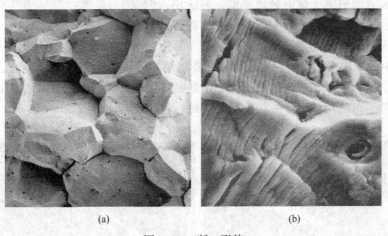

(a)　　　　　　　　　　(b)

图 11-12　断口形貌
(a) 沿晶断口；(b) 疲劳条纹

　　金属因周期性交变应力引起的断裂称为疲劳断裂。从宏观上看，疲劳断口分为三个区域，即疲劳核心区、疲劳裂纹扩展区和瞬时断裂区，如图 11-12(b) 所示为裂纹扩展区的疲劳条纹照片。在裂纹扩展区内可以观察到大量疲劳条纹，这些条纹相互平行，略带弯曲呈波浪形，与裂纹局部扩展方向相互垂直，每一条纹代表一次载荷循环，条纹条数约等于载荷循环次数，离疲劳源区越远，条纹间的距离越大。

### 11.6.4　背散射电子像成像原理

　　用背散射电子信号进行形貌分析时，分辨率远低于二次电子，这是由于背散射电子是在较大范围内被入射电子激发出来，成像单元增大使分辨率降低。此外，背散射电子的能量很高，它们以直线轨迹逸出样品表面，对于背向检测器的样品表面，因检测器无法收集到背散射电子而变成一片阴影，因此在图像上显示出很强的衬度。衬度太大会失去细节的层次，不利于分析。用二次电子信号做形貌分析时，可以在检测器收集栅上加一定的正电压（一般为 250~500V），来吸引能量较低的二次电子，使它们以弧形路线进入闪烁体，这样在样品表面某些背向检测器或者凹坑等部位上逸出的二次电子也能对成像有所贡献，图像层次（景深）增加。

图 11-13 为原子序数对背散射电子产额的影响，原子序数 $Z<40$ 时，背散射电子的产额对原子序数十分敏感。在进行分析时，样品上原子序数较高的区域中由于收集到的背散射电子数量较多，荧光屏上的图像较亮。利用原子序数造成的衬度变化可对各种金属和合金进行定性的成分分析，其中的重元素区域在图像上是亮区，而轻元素区域则为暗区。在进行精度稍高的分析时，须先对亮区进行标定，才能获得满意的结果。

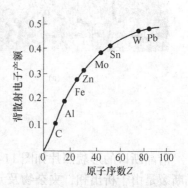

图 11-13　原子序数和背散射电子产额之间的关系曲线

### 11.6.5　背散射电子像

扫描电镜背散射电子像的分辨率低，衬度小。但其成分衬度像，可与二次电子形貌像相配合，根据背散射电子的原子序数衬度，能方便地研究元素在样品中的分布状态，定性分析样品中的物相。如图 11-14 中的二次电子像可以看出漆皮的断层结构，其中呈亮白区域推测是含有金属元素的色漆层，暗黑区域和灰色区域推测分别是底漆层。背散射图像显示该断层有三相，上层有分层现象，可使用能谱进一步分析其中每一相的元素成分。

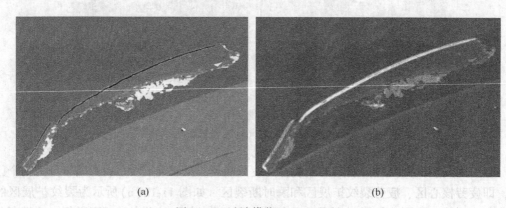

(a)　　　　　　　　　　　　　　(b)

图 11-14　油漆横截面 SEM 照片
(a) 背散射电子像；(b) 二次电子像

## 11.7　样　品　制　备

扫描电镜对样品的要求必须洁净，否则会使仪器真空度下降，并可能在镜筒内各狭缝、样品室壁上留下沉积物，降低成像性能并损害探头或电子枪。一般含水样品不能在自然状态下观察，同样也不能观察挥发性样品。观察的样品必须导电，这是由于电子束在与样品相互作用时会在样品表面沉积相当数量的电荷。若样品不导电，电荷累积所形成的电场会使作为成像信号的二次电子发射状况发生变化，极端情况下甚至会使电子束改变方向而使图像失真。因此观察绝缘样品时必须采取措施消除样品表面所沉积的电荷，比如在样品表面沉积导电性涂层或进行低压电荷平衡。采用这些措施对仪器本身提出更高要求，并需对样品进行预处理。

### 11.7.1  粉体

粉体样品可以直接撒在试样座的双面碳导电胶上，用表面平的物品（例如玻璃板）压紧，然后用洗耳球吹去黏结不牢固的颗粒。当颗粒比较大时（例如大于 5μm），可以寻找表面尽量平的大颗粒分析。也可以将粗颗粒粉体用环氧树脂等镶嵌材料混合后，通过粗磨、细磨及抛光的方法制备。

对细颗粒的粉体进行分析时，需要将粉体用酒精或者水在超声波清洗器内分散，再用滴管把均匀混合的粉体滴在试样座上，待液体烘干或自然干燥后，粉体靠表面吸附力黏附在试样座表面。常用的制备方法有：

（1）干法。该方法适宜于安装微米尺寸的大颗粒，可用牙签或小勺挑取少量的样品撒在双面胶带上，用手指轻弹样品台四周，使粉末向四周移动，铺平一层，侧置样品台，把多余的粉末抖掉；再用牙签轻刮颗粒面，并轻压使其与胶面贴实；最后用洗耳球或气枪从不同方向吹拂，这样样品就能牢固均匀地粘在胶面上。

（2）湿法。该法适用于亚微米或纳米粉料，此类粉料的分散常用超声分散法。把粉料放入酒精中超声分散，然后用吸管取出，滴在透射电镜用的铜网支持膜上。有的样品分散时不能使用酒精，可用蒸馏水加合适的分散剂进行分散。

### 11.7.2  块体

块体试样可以用环氧树脂等镶嵌后，进行研磨和抛光处理。较大的块状试样也可以直接研磨和抛光，但容易产生倒角。对尺寸较小的试样只能镶嵌后加工，多孔或者较疏松的试样。比如某些烧结材料、腐蚀产物等，需要采用真空镶嵌方法，将试样用环氧树脂浸泡，在 500~600℃时放入低真空容器内抽气，然后在 60℃ 恒温烘箱内烘烤 4h 左右，即可获得坚固的块状试样。这样可以避免试样在研磨和抛光的过程中脱落，同时也可避免抛光物进入试样内造成污染。

### 11.7.3  高分子材料

对于高分子材料可以冲断或冷冻断裂获得断口。比如塑料和橡胶制品，将样品制成长30mm、宽10mm 的样品条，厚度不超过 4mm，在长边的中间部位对切两个小切口，放入液氮深冷约 10min 后用尖嘴钳夹住两端掰断。断裂时钳子和样品均要浸在液氮中进行。若用力均匀，样品条将沿缺口断开，将样品截断，安装在样品台上。对于一些形状特殊或比较小的样品也可使用专用的截面样品台。

### 11.7.4　导电膜的沉积

不导电的陶瓷、玻璃等试样，在用电子探针进行图像观察、成分分析时，会产生放电、电子束漂移、表面热损伤等现象，使分析点无法定位，图像无法聚集。使用大电子束流时，有些试样电子束轰击点会产生起泡、熔融。为了使试样表面具有导电性，会在试样表面镀一层金或碳导电膜。目前常用的镀膜方法主要有以下两种：

（1）真空镀膜法。在高真空状态下把所要喷镀的金属加热，当加热到熔点以上时，会蒸发成极细小的颗粒喷射到样品上，在样品表面形成一层金属膜，使样品导电。喷镀用的金属应选择熔点低、化学性能稳定、高温下与钨不反应的材料，有高的二次电子产生率，并且镀膜本身没有特殊结构。现在一般选用金或金和碳。为获得细的颗粒，也可用铂或金—钯、铂—钯合金。金属膜的厚度一般为 $10 \sim 20nm$。

（2）离子溅射镀膜法。在低真空（$10^{-1}Pa$ 以下）状态下，在阳极与阴极之间加直流电压时，电极之间会产生辉光放电。放电的过程中，气体分子被电离成带正电的阳离子和带负电的电子，在电场的作用下，阳离子被加速并向阴极运动，而电子被加速后向阳极运动。比如阴极用金属作为电极（常称靶极），那么在阳离子冲击其表面时，就会将其表面的金属粒子击出，这种现象称为溅射。此时被溅射的金属粒子呈中性，不受电场的作用，而靠重力作用下落。如果将样品置于下面，被溅射的金属粒子就会落到样品表面，形成一金属膜，用这种方法给样品表面镀膜，称为离子溅射镀膜法。离子溅射镀膜法制备的膜层金属粒子能够进入样品表面的缝隙和凹陷，使样品表面均匀地镀上一层金属膜，在不平的样品表面也能形成很好的金属膜，且颗粒较细，沉积过程中样品所受辐射热影响较小，对样品的损伤小，而且消耗金属量少，所需真空度低，沉积时间短。

### 11.7.5　样品的清洗

样品表面经常附有灰尘、硅酸盐或油污，尤其经线切割或敲碎的样品，粘有大量污染物和碎片，不宜直接观察。常用的样品清洁方法有：

（1）使用洗耳球或者气枪进行吹拂。

（2）超声清洗，将样品放入盛有适量的无水酒精和丙酮的容器，进行超声清洗，若超声过程中溶液仍混浊，更换溶液后继续清洗，直至样品洗净。

金属的陈旧断口表面多有锈迹或污染物，可利用蘸有丙酮的 AC 纸（醋酸纤维素膜）紧压表面，干透后将 AC 纸剥下，污染物被剥离。有时需重复数次，然后将样品放入丙酮中超声清洗，融掉表面的 AC 纸，露出断口。金属样品清洁后若不能及时观察，可放入无水酒精中密封保存或者放入干燥箱中保存。电火花切割断口试样时，可使用保鲜膜将断口保护起来，避免断口粘上污染物。

### 11.7.6　截面的抛光

样品表面抛光时，要把样品断口夹持后进行研磨抛光，样品的处理方法主要为树脂镶嵌和金属夹板法。前者可根据样品的特性及具体的情况，选择酚醛树脂热镶，或者是环氧树脂、亚克力树脂进行冷镶嵌。而金属夹板法适用于形状规则的样品，比如方形、长形或板材。利用两块金属夹板将样品夹持，用螺栓固定住，即可进行研磨抛光。此法的特点是样品边缘不会研磨出倒角，这对于评价镀层或强化层的质量很重要。

# 11.8　扫描透射电子显微镜（STEM）

扫描透射电子显微镜（Scanning Transmission Electron Microscopy，STEM）是透射电子显微镜（TEM）与SEM的结合，是一种综合了扫描和普通透射电子分析特点的新型分析方式，是透射电子显微镜的发展。它采用聚焦的高能电子束能扫描透过电子的薄膜样品，利用电子与样品相互作用产生的各种信息来成像，并进行电子衍射或显微分析。扫描透射电子显微镜可像SEM一样，用电子束在样品的表面扫描，又可以像透射电子显微镜一样，通过电子穿透样品成像。扫描透射电子显微镜能够获得透射电子显微镜所不能得到关于样品的特殊信息，但对真空度的要求非常高，而且它的电子光学系统比透射电子显微镜和SEM都复杂。

## 11.8.1　STEM的特点

扫描透射电子显微镜的分辨率高。透射电子显微镜的分辨率与入射电子的波长 $\lambda$ 和透镜系统的球差有关，大多数情况下点分辨率能达到 $0.2 \sim 0.3nm$，而扫描透射电子显微镜图像的点分辨率与获得信息的样品面积有关，一般接近电子束的尺寸，目前场发射电子枪的电子束直径能达到小于 $0.13nm$。同时高角度环形暗场探测器由于接收范围大，可收集约90%的散射电子，会比普通透射电子显微镜中的一般暗场像更灵敏。再就是对化学组成敏感。由于衬度像的强度与其原子序数的平方（$Z^2$）成正比，因此衬度像具有较高的组成（成分）敏感性，在衬度像上可以直接观察夹杂物的析出、化学有序和无序，以及原子柱排列方式，对生物材料、有机材料、核材料的分析非常方便。使用扫描透射电子显微镜对样品分析时的损伤小，可用于对电子束敏感材料。利用扫描透射模式时物镜的强激励，还可以实现微区衍射。利用后接能量分析器的方法可以分别收集和处理弹性散射和非弹性散射电子，以及进行高分辨分析、成像及生物大分子分析。扫描透射电子显微镜也有对环境特别是电磁场要求高，对样品洁净要求高的缺点。

## 11.8.2　STEM的原理

扫描透射电子显微镜是通过一系列线圈将电子束会聚成一个细小的束斑并聚焦在样品表面，利用扫描线圈精确控制束斑逐点对样品进行扫描。同时在样品下方安装具有一定内环孔径的环形探测器来同步接收被散射的电子。当电子束扫描样品某个位置时，环形探测器将同步接收信号并转换成电流强度显示在相连接的电脑显示屏上。样品上每一点与所产生的像点一一对应。当探测器的电子接收角度包括部分未被样品散射的电子和部分散射的电子，那么得到的图像就为环形明场像（Annular Bright Field，ABF）；当接收角度主要包括布拉格散射的电子，所得到的图像就为环形暗场像（Annular Darkfield，ADF）；其中环形探测器接收角度进一步加大，主要接收高角度非相干散射电子，那么得到的就是高角环形暗场像（HAADF）。由于接收角度不同，可同时收集一种或几种信号，得到同一位置材料不同的图像。这些图像包含样品的不同信息，能对材料的分析起到互相补充的作用。还可在样品的上方放置一个X射线能谱仪（EDS），就可在得到样品图像的同时得到相关成分信息。例如采用除ABF以外的其他环形探头，通过收集从环形探测器内环通过的电子使其经过磁棱镜光谱仪就可得到电子能量损失谱（EELS），从而得到高能量分辨率的样品元素成分、配位及化合价信息。

对于晶体材料，低角度散射的电子主要是相干电子，所以扫描透射电子显微镜的环形暗场图像包含衍射衬度，为了避免包含衍射衬度，要求收集角度大于 50mrad，非相干电子信号才占主要成分，这就是高角度环形暗场接收器（High Angle Annular Darkfield Detector）。随着接收角度的增加，相干散射逐渐被热扩散散射取代，晶体同一列原子间的相干影响仅限于相邻原子间的影响。在这种条件下，每一原子可被看作独立的散射源，散射的横截面可作为散射因子。

在扫描透射电子显微镜中最常用的成像技术就是高角环形暗场像（也称为 HAADF 像或元素衬度像）。HAADF 探头通过内孔滤掉大部分布拉格散射和未发生散射的电子，主要收集高角散射的电子。HAADF 像只显示探测器收集的总的电子信号强度，且 HAADF 探头的几何尺寸是单个衍射盘大小的整数倍，所以大部分干涉效应将被平均掉，从而并不会显示在 HAADF 像中。因此电子束在扫描过程中，HAADF 像只显示电子信号强度随扫描位置的变化而波动。

### 11.8.3　电子能量损失谱（EELS）

在入射电子束与样品的相互作用过程中，一部分入射电子只发生弹性散射并没有能量损失，而另一部分电子透过样品时则会与样品中的原子发生非弹性碰撞而损失能量，且有能量损失的这部分电子主要就向前散射（小于 10mrad），所以利用环形探测器收集弹性散射电子成像的同时，收集并显示穿过环形探测器内孔的非弹性散射电子就可得到样品的化学成分及微结构信息。具体来说，具有不同能量的电子在磁棱镜内受磁场的作用沿着半径为 $R$ 的圆弧形轨迹前进，从而在磁场的作用下发生至少 90° 的方向偏转。相同能量的电子偏转相同的角度，且能量损失越多的电子发生的偏转角度越大。接着将具有相同能量损失但传播方向不一致的电子重新聚焦在像平面上一点。便可得到以电子能量损失为横坐标以电子强度分布为纵坐标的电子能量损失谱（EELS），在该过程中磁棱镜原理和三棱镜对自然光的散射相似。我们知道，EDS 已经可以识别和定量分析元素周期表中碳元素以上的所有元素，并且对于某些材料而言可以达到原子级别的空间分辨率。EELS 也可探测元素周期表中的所有元素，尤其适用于轻元素的探测，可分析出原子分辨率的化学和电子结构信息，从而了解材料的成键、价态、原子结构、成分、介电性能、能带宽度以及样品厚度等信息。从实验技术上来看，要想通过 EELS 得到准确的样品信息，样品必须足够薄，随后需要做大量的数据处理，对图谱数据的理解需要更多的物理知识，所以对个人实验技术和专业知识都有很高的要求。所以，扫描透射电子显微镜中两种谱仪总是搭配出现。EELS 测量的能量范围从 0eV 到数千 eV，而常用的范围为 1000eV 以下。

### 11.8.4　STEM 的应用

样品中两种元素原子序数差别越大，扫描透射电子显微镜图像中两种元素的图像衬度就越大。如果样品的厚度是均匀的，扫描透射电子显微镜图像则可以被直接看作是元素分布图。同时，由于成像比普通的扫描电子具有更高的分辨率，可进行晶粒尺寸的直接测量，在实际工作中可使用不同的表征方法对样品进行分析。图 11-15（a）为一种 $V_2O_5$ 粉末的 XRD 谱图，其与 $V_2O_5$ 的标准卡片相对应，但峰较窄，衍射峰较强，这说明样品 $V_2O_5$ 的结晶度较高。值得注意的是，样品 $V_2O_5$ 最强峰［对应于（１１０）晶面］与 $V_2O_5$ 标准卡片的最强峰［对应（００１）晶面］并不一致。这可能是由于样品沿（１１０）晶面发生了择优生长。从图 11-15(b) 的 SEM 照片可见，样品 $V_2O_5$ 为层片状，直径约 200nm。图 11-15(c) 为扫描透射电子显微镜的钒原子阵列，图中面间距 0.58nm 对应（２００）晶面，钒原子排列整齐与在［００１］晶带轴钒原子的模拟原子结构［见图 11-15(d)］一致，进一步说明样品的料缺陷较少，具有良好的结晶性。同时由 STEM 图可知，其择优生长方向必然是晶带轴为［００１］的某个晶面，（１１０）晶面正好是这些晶面中的一个，这与图 11-15(a) 结果一致。

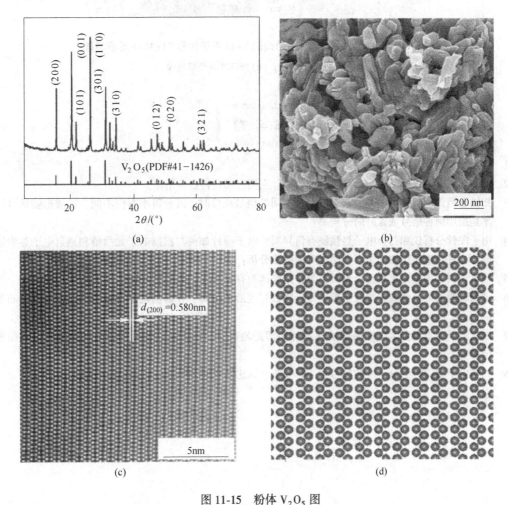

图 11-15　粉体 $V_2O_5$ 图

（a）XRD 像；（b）SEM 像；（c）STEM 像；（d）［００１］晶带轴钒原子的模拟原子结构

扫描透射电子显微镜利用纳米量级的电子束，在样品的表面扫描，使得单位面积上电子束的能量减少，从而对样品的损伤较小。图 11-16 为 $SiO_2$ 包裹生长 Pt 纳米线的透射电子显微镜明场像和扫描透射电子显微镜环形暗场像。在透射电子显微镜模式下 Pt 纳米线被电子束照射后融化，会出现不连续的现象，而在扫描透射电子显微镜模式下，可以观察

到 $SiO_2$ 包裹得非常完整的 Pt 纳米线，而且图像的衬度也比透射电子显微镜高。

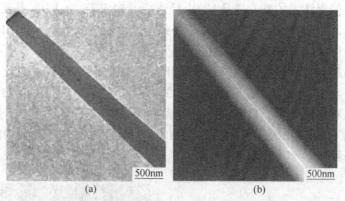

(a)　　　　　　　　　　　　　　　(b)

图 11-16　$SiO_2$ 包裹生长 Pt 纳米线的 TEM 明场像和 STEM 环形暗场像

（a）TEM 明场像；（b）STEM 环形暗场像

## 练 习 题

11-1　简述扫描电子显微镜的工作原理。

11-2　电子束入射固体样品表面会激发哪些信号，它们有哪些特点和用途？

11-3　扫描电镜的分辨率受哪些因素影响？用不同的信号成像时，其分辨率有何不同，扫描电镜的分辨率是指用何种信号成像时的分辨率？

11-4　电子探针分析仪和扫描电子显微镜有何异同？电子探针如何与扫描电子显微镜和透射电子显微镜配合，进行组织结构和微区化学成分的同位分析？

11-5　当电子束入射重元素和轻元素时，其作用和体积有何不同，各自产生信号的分辨率有何特点？

11-6　说明背散射电子像和二次电子像的原子序数衬度形成原理，并举例说明在分析样品中元素分布的应用。

11-7　二次电子像景深很大，样品凹坑底部都能清楚地显示出来，从而使图像的立体感很强，其原因何在？

11-8　扫描电子显微镜的分辨率和信号种类有关吗？试比较说明其中 4 种信号分辨率的高低。

# 12 透射电子显微镜

透射电子显微镜（Transmission Electron Microscopy，TEM）是以波长短的高能电子束为入射光源，在一定加速电压下，电子束经过电磁透镜的会聚并穿过样品，可获得亚埃量级的空间分辨率。使用 TEM 的最初目的是提高分辨率，但由于它同时具有衍射功能，可同时对样品进行显微组织形貌观察与晶体结构分析，更适用于材料的微观结构表征，能非常直观地进行位错等缺陷的观察。

## 12.1 透射电子显微镜系统结构与原理

透射电子显微镜的结构图如图 12-1 所示。尽管比光学显微镜复杂得多，但它在原理

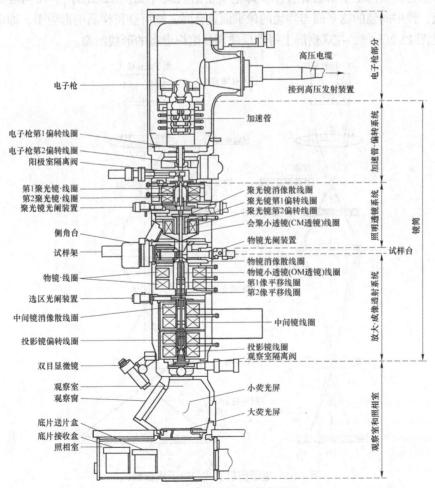

图 12-1 透射电子显微镜的结构

上基本模拟了光学显微镜的光路设计，可将其看成放大倍率高得多的仪器。一般光学显微镜放大倍数在数十倍到数百倍，特殊可到数千倍。而透射电镜的放大倍数在数千倍至一百万倍之间，有些甚至可达数百万倍或千万倍。透射电子显微镜与投射式光学显微镜的原理很相近，只是两者所使用的光源、透镜不同，但放大和成像的方式却完全一致。

　　TEM 主要由电子光学部分（照明系统、成像系统、观察和记录系统）、真空部分（真空系统和真空显示仪表）和电子学部分（各种电源、安全系统和控制系统）三部分构成。其中，电子光学部分是电子显微镜的核心部分。根据其照明系统中电子枪种类的不同，TEM 分为热发射透射电子显微镜和场发射透射电子显微镜两种类型。热发射 TEM 采用六硼化镧（$LaB_6$）为发射电子的灯丝，通过对灯丝加热而产生入射电子束；场发射 TEM 采用钨灯丝作为电子发射源，灯丝在强电场作用下，由于隧道效应，内部电子会越过势垒从灯丝表面发射出来。场发射相比热发射可以产生亮度更高、相干性更好、波长更加单一的电子束，是目前高分辨透射电子显微镜普遍采用的电子束发射模式。TEM 不仅可以获得样品的微观形貌图像，而且可以获得与微区样品相对应的选区电子衍射花样。由透射显微镜的成像原理可知，通过改变电流使中间镜的物平面移动至物镜的后焦面，使中间镜的物平面与物镜的背焦面重合，则可获得放大的电子衍射花样图，即电子衍射模式［见图 12-2(a)］。而当改变中间镜励磁电流，使中间镜的物平面与物镜的像平面重合时，则可获得样品的形貌图，即电子成像模式［见图 12-2(b)］，在观察屏上得到反映样品组织形态的形貌图像。

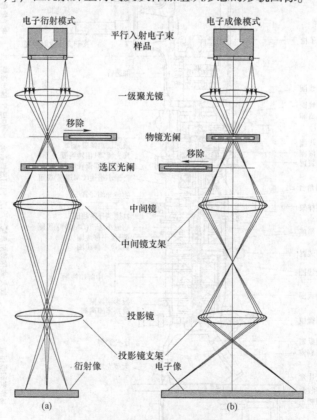

图 12-2　电子衍射模式与电子成像模式
(a) 电子衍射模式；(b) 电子成像模式

# 12.2 电磁透镜

电子波不同于光波，玻璃或树脂透镜无法改变电子波的传播方向，无法使之汇聚成像，但电场和磁场却可以使电子束发生汇聚或发散。1927年，物理学家布施（H. Busch）成功地实现了电磁线圈对电子束的聚焦，为电镜的诞生奠定了基础。1931年，德国科学家鲁斯卡（E. Ruska）等成功制造出世界上第一台透射电子显微镜。电磁透镜是透射电镜的核心部件，是区别于光学显微镜的显著标志之一。

## 12.2.1 电磁透镜的原理

两个电位不等的同轴圆筒就构成了一个最简单的电磁透镜。电磁透镜的原理图如图12-3所示，静电场方向由正极指向负极，静电场的等电位面如图中的虚线所示。当电子束沿中心轴射入时，电子的运动轨迹为等电位面的法线方向，使平行入射的电子束汇聚于中心光轴上，这就形成了最简单的电磁透镜，透射电镜中的电子枪就属于这一类电磁透镜。

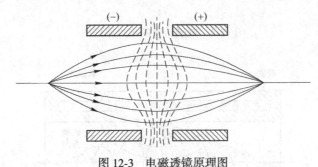

图12-3 电磁透镜原理图

## 12.2.2 电磁透镜的聚集原理

匝数较少的线圈通电后就可构成了一个简单的电磁透镜，简称磁透镜。磁透镜的聚焦原理图如图12-4所示。线圈通电后，在线圈内形成如图12-4(a)的磁场，由于线圈较短，故中心轴上各点的磁场方向均在变化，但磁场为旋转对称磁场。当入射电子束沿平行于电磁透镜的中心轴以速度 $v$ 射入至位置 $I$ 处时，$I$ 点的磁场强度 $B_I$（磁力线的切线方向）分解为沿电子束的运动方向的分量 $B_{I_z}$ 和径向方向分量 $B_{I_r}$，电子束在 $B_{I_r}$ 的作用下，受到垂直于 $B_{I_r}$ 和 $v$ 所在平面的洛伦兹力 $F_I$ 的作用 [见图12-4(b)]，使电子沿受力方向运动，获得运动速度 $v_t$，$F_I$ 的作用使电子束围绕中心轴作圆周运动。又因为 $v_t$ 方向垂直于轴向磁场 $B_z$，使电子束受到垂直于 $v_t$ 和 $B_{I_z}$ 所在平面的洛伦兹力 $F_I$ 的作用，如图12-4(c)所示。$F_I$ 使电子束向中心轴靠拢，综合 $F_I$ 和 $F_r$ 的共同作用以及入射时的初速度，电子束将沿中心方向螺旋汇聚，如图12-4(d)所示。电子束在电磁透镜中的运行轨迹是一种螺旋圆锥汇聚曲线，这样电磁透镜的成像与样品之间会产生一定角度的旋转。实际电磁透镜是将线圈置于内环带有缝隙的软磁铁壳体中的，如图12-5所示。软磁铁可显著增强短线圈中的磁感应强度，缝隙可使磁场在该处更加集中，且缝隙越小，集中程度越高，该处的磁场强度就越强。为使线圈内的磁场强度进一步增强，还在线圈内加上一对极靴。极靴采用磁性材料

制成，呈锥形环状，置于缝隙处，如图 12-6(a)所示。极靴可使电磁透镜的实际磁场强度
将更有效地集中到缝隙四周几毫米的范围内，如图 12-6(b)所示。

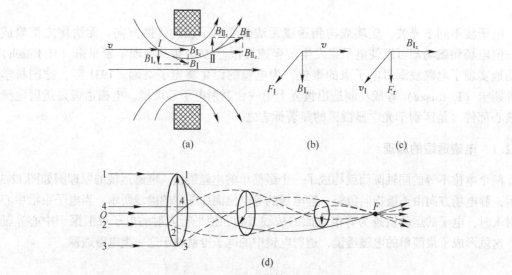

(a)　　　　　　　　　(b)　　　　　　　　(c)

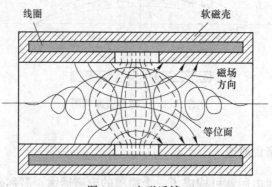

(d)

图 12-4　电磁透镜的聚焦原理图

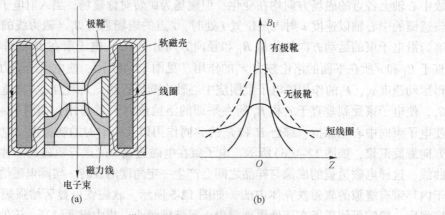

图 12-5　电磁透镜

图 12-6　带有极靴的磁透镜及场强分布
(a) 结构与磁力走向；(b) 缝隙处的场强发布

光学透镜成像时，物距 $L_1$、像距 $L_2$、焦距 $f$ 三者满足以下成像条件：

$$\frac{1}{f} = \frac{1}{L_1} + \frac{1}{L_2} \qquad (12\text{-}1)$$

光学透镜的焦距 $f$ 无法改变，因此要满足成像条件，必须同时改变物距和像距。电磁透镜成像时同样适用式(12-1)，但电磁透镜的焦距 $f$ 与多种因素有关，且存在以下关系：

$$f \approx K \frac{U_r}{(IN)^2} \qquad (12\text{-}2)$$

式中　$K$——常数；

　　　$I$——励磁电流；

　　　$N$——线圈的匝数；

　　　$U_r$——经过相对论修整过的加速电压；

　　　$IN$——安匝数。

由此可见，电磁透镜的成像可通过改变励磁电流来改变焦距以满足成像条件，电磁透镜的焦距总是正值，不存在负值，意味着电磁透镜没有凹透镜，全是凸透镜；焦距 $f$ 与加速电压成正比，即与电子速度有关，电子速度越高，焦距越长，为减小焦距波动，以降低色差，需稳定加速电压。

### 12.2.3　电磁透镜的像差

电磁透镜的像差主要由内外两种因素导致，由电磁透镜的几何形状导致的像差称为几何像差，几何像差又包括球差和像散两种；而由电子束波长的稳定性决定的像差称为色差（光的颜色取决于波长）。像差直接影响电磁透镜的分辨率，是电磁透镜的分辨率达不到理论极限值（波长之半）的根本原因。例如常用的日立 H800 电镜，在加速电压为 200kV 时，电子束波长达 0.00251nm，理论极限分辨率应为 0.0012nm 左右，实际上它的点分辨率仅为 0.45nm，两者相差数百倍。因此，了解像差及其影响因素十分必要，下面简单介绍电磁透镜的球差、像散和色差产生原因及其补救方法。

### 12.2.4　电磁透镜的球差

球差是由于电磁透镜的近轴区磁场和远轴区磁场对电子束的折射能力不同引起的。因短线圈的原因，线圈中的磁场分布在近轴处的径向分量小，而在远轴区的径向分量大，因而近轴区磁场对电子束的折射能力（改变电子束方向的能力）低于远轴区磁场对电子的折射能力，这样在光轴上形成远焦点 $A$ 和近焦点 $B$。设 $P$ 为光轴上的一物点，其像不是一个固定的点，如图 12-7 所示，若使像平面沿光轴在远焦点 $A$ 和近焦点 $B$ 之间移动，则在像平面上形成了一系列散焦斑，其中最小的散焦斑半径为 $R_s$，除以放大倍数 $M$ 后即为物平面上成像体的尺寸 $2r_s$，其大小为 $2R_s/M$（$M$ 为磁透镜的放大倍数）。这样，光轴上物点 $P$ 经电磁透镜后本应在光轴上形成一个像点，但由于球差的原因却形成了等同于成像体 $2r_s$ 所形成的散焦斑。用 $r_s$ 代表球差，其大小为：

$$r_s = \frac{1}{4}C_s\alpha^3 \qquad (12\text{-}3)$$

式中　$C_s$——球差系数，一般磁透镜的焦距为 $1\sim3$mm；

　　　$\alpha$——孔径半角。

从式(12-3)可知，减小球差系数和孔径半角均可减小球差，特别是减小孔径半角 $\alpha$，可显著减小球差。

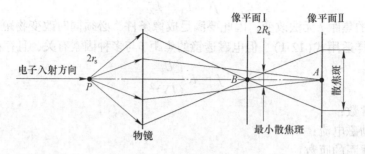

图 12-7　透镜的球差

### 12.2.5　电磁透镜的像散

像散是由于形成透镜的磁场非旋转对称引起的。比如极靴的内孔不圆、材质不匀、上下不对中以及极靴孔被污染等原因，造成了透镜磁场非旋转对称呈椭圆形，椭圆磁场的长轴和短轴方向对电子束的折射率不一致，类似于球差也导致了电磁透镜形成远近两个焦点 $A$ 和 $B$。这样光轴上的物点 $P$ 经透镜成像后不是一个固定的像点，而是在远近焦点间所形成的系列散焦斑，如图 12-8 所示。设最小散焦斑的半径为 $R_A$，折算到物点 $P$ 上时的成像体尺寸 $2r_A$ 为 $2R_A/M$（$M$ 为磁透镜的放大倍数），这样散焦斑如同于 $2r_A$ 经透镜后所成的像，用 $r_A$ 表示像散，其大小为：

$$r_A = f_A\alpha \tag{12-4}$$

式中　$f_A$——透镜因椭圆度造成的焦距差；

　　　$\alpha$——孔径半角。

由式(12-4)可知，像散取决于磁场的椭圆度和孔径半角，而椭圆度是可以通过配置对称磁场得到校正，因此，像散可以基本消除。

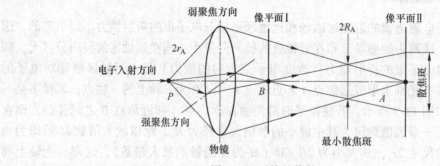

图 12-8　透镜的像散

### 12.2.6　电磁透镜的色差

色差是由于电子波长不稳定导致的。同一条件下，不同波长的电子聚焦在不同的位置，如图 12-9 所示。当电子波长最大时，能量最小，被磁场折射的程度大，聚焦于近焦

点 $B$；反之，当电子波长最小时，电子能量就最高，被折射的程度也就最小，聚焦于远焦点 $A$。这样，当电子波长在其最大值与最小值之间变化时，光轴上的物点 $P$ 成像后将形成系列散焦斑，其中最小的散焦斑半径为 $R_c$，折算到成像体上的尺寸 $2r_c$ 为 $2R_c/M$。用 $r_c$ 表示色散，其大小为：

$$r_c = C_c \alpha \left| \frac{\Delta E}{E} \right| \tag{12-5}$$

式中　$C_c$——色差系数；

　　　$\alpha$——孔径半角；

　　$\dfrac{\Delta E}{E}$——电子束的能量变化率。

能量变化率与加速电压的稳定性和电子穿过样品时发生的弹性散射有关。一般情况下，薄样品的弹性散射影响可以忽略，因此，提高加速电压的稳定性可以有效减小色差。

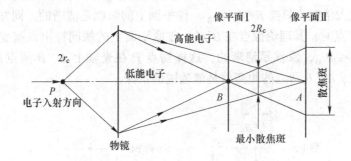

图 12-9　透镜的色差

上述像差分析中，除了球差外，像散和色差均可通过适当的方法来减小甚至可基本消除它们对透镜分辨率的影响，因此，球差成了像差中影响分辨率的控制因素。球差与孔径半角的三次方成正比，减小孔径半角可有效地减小球差，但孔径半角的减小却增加了爱里斑尺寸 $r_0$，降低透镜分辨率。因此，孔径半角对透镜分辨率的影响具有两面性。下面介绍如何找到最佳孔径角。

在衍射效应中，分辨率与孔径半角的关系为 $r_0 = 0.61\lambda/N\sin\alpha$，而在像差中，球差为控制因素，分辨率的大小近似为 $r_s = \dfrac{1}{4}C_s\alpha^3$。令 $r_0 = r_s$，得：

$$\frac{0.61\lambda}{N\sin\alpha} = \frac{1}{4} C_s \alpha^3 \tag{12-6}$$

所以

$$\alpha = \sqrt[4]{2.44} \left(\frac{\lambda}{C_s}\right)^{\frac{1}{4}} = 1.25 \left(\frac{\lambda}{C_s}\right)^{\frac{1}{4}} \tag{12-7}$$

式中　$\alpha$——电磁透镜的最佳孔径半角，用 $\alpha_0$ 表示。

此时，电磁透镜的分辨率为：

$$r_0 = \frac{1}{4} C_s \alpha_0^3 = \frac{1}{4} C_s 1.25^3 \left(\frac{\lambda}{C_s}\right)^{\frac{3}{4}} = 0.488 C_s^{\frac{1}{4}} \lambda^{\frac{3}{4}} \tag{12-8}$$

综合各种影响因素，电磁透镜的分辨率可统一表示为：

$$r_0 = AC_s^{\frac{1}{4}} \lambda^{\frac{3}{4}} \tag{12-9}$$

式中 $A$——常数，$A = 0.4 \sim 0.55$。

在实际操作中，最佳孔径半角是通过选用不同孔径的光阑获得的。目前最高的电镜分辨率已达 0.1nm。

### 12.2.7 电磁透镜的景深与焦长

景深是指像平面固定，在保证像清晰的前提下，物平面沿光轴可以前后移动的最大距离，如图 12-10(a)所示。理想情况下，即不考虑衍射和像差（球差、像散和色差）时，物点 $P$ 位于光轴上的 $O$ 点时，成像聚焦于像平面上一点 $O'$，当物点 $P$ 上移至 $A$ 点时，则聚焦点也由 $O'$ 移到了 $A$ 点。由于像平面不动，此时物点在像平面上的像就由点 $O'$ 演变为半径为 $R$ 的散焦斑。仅考虑衍射效应是决定电磁透镜分辨率的控制因素，$r_0$、$M$ 分别为透镜的分辨率和放大倍数，只要 $R/M \leqslant r_0$，像平面上的像就是清晰的。同样当物点 $P$ 沿轴向向下移动至 $B$ 点时，其理论像点在 $B'$ 点，在像平面上的像同样由点演变成半径为 $R$ 的散焦斑，只要 $R \leqslant Mr_0$，像就是清晰的，这样物点 $P$ 在光轴上 $A$、$B$ 两点范围内移动时，均能成清晰的像，$A$、$B$ 两点的距离就是该透镜的景深。

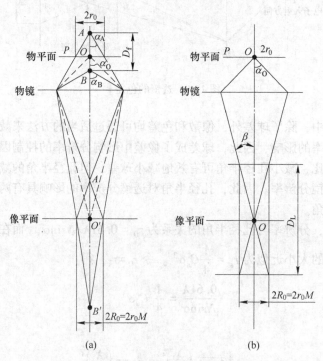

图 12-10 电磁透镜的景深与焦长

(a) 景深；(b) 焦长

由图 12-10(a)的几何关系可得景深的计算公式为：

$$D_f = \frac{2r_0}{\tan\alpha} \approx \frac{2r_0}{\alpha} \tag{12-10}$$

式中　$r_0$——透镜的分辨率；

　　　$\alpha$——孔径半角。

由于孔径半角很小，且 $D_f$ 相对于物距小得多，可认为物点在 $O$、$A$、$B$ 点时的孔径半角均相同，即 $\alpha_A = \alpha_B = \alpha_O = \alpha$。如果 $r_0 = 1\text{nm}$、$\alpha$ 为 $10^{-3} \sim 10^{-2}\text{rad}$ 时，$D_f$ 为 $200 \sim 2000\text{nm}$，而透镜的样品厚度一般在 $200\text{nm}$ 左右，上述景深范围可充分保证样品上各处的结构细节均清晰可见。

焦长是指在样品固定（物平面不动），在保证像清晰的前提下，像平面可以沿光轴移动的最大距离范围，用 $D_L$ 表示。如图 12-10(b) 所示，在不考虑衍射和像差（球差、像散和色差）的理想情况下，样品上某物点 $O$ 经透镜后成像于 $O'$。当像平面轴向移动时，则在像平面上形成散焦斑，由 $O$ 向上移动时的散焦斑称为欠散焦斑，由 $P'$ 向下移动时的散焦斑称为过散焦斑。假设透镜分辨率的控制因素为衍射效应，只要散焦斑的尺寸不大于 $R_0$，就可保证成像清晰的。

由图 12-10(b) 有如下的几何关系：

$$D_L = \frac{2r_0 M}{\tan\beta} \approx \frac{2r_0 M}{\beta} \tag{12-11}$$

式中　$r_0$——透镜的分辨率；

　　　$M$——透镜的放大倍数。

其中，$\beta = \dfrac{\alpha}{M}$，焦长可化简为：

$$D_L = \frac{2r_0 M^2}{\alpha} \tag{12-12}$$

如果 $r_0 = 1\text{nm}$，$\alpha = 10^{-3} \sim 10^{-2}\text{rad}$，$M = 200$ 倍，则 $D_L = 8 \sim 80\text{mm}$。通常电镜的放大倍数由于多级放大，可以很高，当 $M = 2000$ 倍时，同样光学条件下，其焦长可达 $80 \sim 800\text{mm}$。因此，尽管荧光屏和照相底片之间的距离很大，但仍能得到清晰的图像，这为成像操作带来了方便。

从以上分析可知，电磁透镜的景深和焦长都反比于孔径半角 $\alpha$，减小孔径半角，如插入小孔光阑，就可使电磁透镜的景深和焦长显著增大。

# 12.3　透射电镜的分辨率

电镜分辨率不同于光学显微镜，光学显微镜的分辨率主要是由衍射效应决定的，而电镜的分辨率不仅取决于衍射效应还与透镜本身的像差有关。因此，电镜分辨率的大小为衍射分辨率 $r_0$ 和像差分辨率（球差 $s$、像散 $r_A$ 和色差 $r_C$）中的最大值。电镜分辨率分为点分辨率和晶格分辨率两种。

## 12.3.1　点分辨率的测定

点分辨率是指电镜刚能分辨出两个独立颗粒间的间隙。点分辨率的测定顺序如下：

（1）制样。采用重金属（金、铂、铱等）在真空中加热使之蒸发，然后沉积在极薄的碳膜上，颗粒直径一般都在 $0.5 \sim 1.0\text{nm}$，控制得当时，颗粒在膜上的分布均匀，且不重叠，颗粒间隙为 0.2~1nm。

（2）拍片。将样品置入已知放大倍数为 $M$ 的电子显微镜中成像拍照。

（3）测量间隙，计算点分辨率。用放大倍数为 5~10 倍的光学放大镜观察所拍照片，寻找并测量刚能分清时颗粒之间的最小间隙，该间隙值除以总的放大倍数，即为该电镜的点分辨率。

假如结果中颗粒间隙的最小值为 1mm，光学放大镜和电镜的放大倍数分别为 10 倍和 10000 倍，这样实际间隙为 1nm，即该电镜的分辨率为 1nm。

需要指出的是，应采用重金属为蒸发材料，其目的是重金属的密度大、熔点高、稳定性好，经蒸发沉积后形成的颗粒尺寸均匀、分散性好，成像反差大，图像质量高，便于观察和测量。此外，还要已知电镜的放大倍数，才能测量电镜的点分辨率。

### 12.3.2　晶格分辨率

晶格分辨率（又称为线分辨率）是让电子束作用标准样品后形成的透射束和衍射束同时进入透镜的成像系统，因两电子束存在相位差，造成干涉，在像平面上形成反映晶面间距大小和晶面方向的干涉条纹像。在保证条纹清晰的前提条件下，最小晶面间距即为电镜的晶格分辨率，图像上的实测面间距与理论面间距的比值即为电镜的放大倍数。常用标准样见表 12-1。

表 12-1　常用标准样

| 晶体材料 | 衍射晶面 | 晶面间距/nm |
|---|---|---|
| 铜酞菁 | (0 0 1) | 1.260 |
| 铂酞菁 | (0 0 1) | 1.194 |
| 亚氯铂酸钾 | (0 0 1) | 0.413 |
| 金 | (1 0 0) | 0.699 |
| | (2 0 0) | 0.204 |
| | (2 2 0) | 0.144 |
| 钯 | (1 1 1) | 0.224 |
| | (2 0 0) | 0.194 |
| | (4 0 0) | 0.097 |

标准样金的晶体如图 12-11 所示，电子束分别平行入射衍射面（2 0 0）和（2 2 0）时的晶格条纹示意图。晶面（2 0 0）的面间距 $d_{200}=0.204nm$，与之成 45° 的晶面（2 2 0）的面间距 $d_{220}=0.144nm$。

需要指出的是，晶格分辨率本质上不同于点分辨率。点分辨率是由单电子束成像，与实际分辨能力的定义一致。晶格分辨率是双电子束的相位差所形成干涉条纹，反映的是晶面间距的放大像。晶格分辨率的测定采用标准试样，其晶面间距均为已知值，选用晶面间距不同的标准样分别进行测试，直至某一标准样的条纹像清晰为止，此时标准样的最小晶面间距即为晶格分辨率。晶格分辨率的测定较为繁琐，而点分辨率只需一个样品测定一次即可。同一电镜的晶格分辨率高于点分辨率。晶格分辨率的标准样制备比较复杂。在测定晶格分辨率时无需知道电镜的放大倍数。

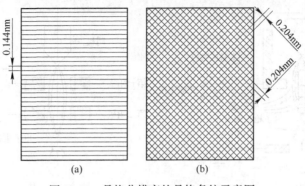

图 12-11　晶格分辨率的晶格条纹示意图

(a) (220) 面；(b) (200) 面

# 12.4　电子光学系统

透射电镜主要由电子光学系统、电源控制系统和真空系统三大部分组成。其中，电子光学系统为电镜的核心部分，它包括照明系统、成像系统和观察记录系统组成。以下主要介绍电子光学系统及其主要部件。

### 12.4.1　照明系统

照明系统主要由电子枪和聚光镜组成，电子枪发射电子形成照明光源，聚光镜是将电子枪发射的电子会聚成亮度高、相干性好、束流稳定的电子束照射样品。

#### 12.4.1.1　电子枪

电子枪是产生稳定的电子束流的装置，根据产生电子束的原理的不同，可分为热发射型和场发射型两种。

（1）热发射电子枪。阴极由钨丝或硼化镧（$LaB_6$）单晶体制成的灯丝，在外加高压作用下发热，升至一定温度时发射电子，热发射的电子束为白色。热发射电子枪原理图如图 12-12(a)所示。电子枪主要由阴极、阳极和栅极组成，阴极由直径为 1.2mm 的钨丝弯制成 V 形，尖端的曲率半径为 100μm（发射截面），阴极发热体在外加高压的作用下升温至一定温度时发射电子，电子通过栅极后穿过阳极小孔，形成一束电子流进入聚光镜系统。

（2）场发射电子枪。阴极一般采用钨针尖，在强电场作用下，由于隧道效应，内部电子穿过势垒从针尖表面发射出来的，场发射的电子束可以是某一种单色电子束。场发射又分为冷场和热场两种。一般电镜多采用冷场，其结构原理如图 12-12(b)所示。场发射电子枪也有三个极，分别为阴极、第一阳极和第二阳极，阴极由定向生长的钨单晶制成，其尖端的曲率半径为 0.1~0.5μm（发射截面）。阴极与第一阳极的电压为 3~5kV，在阴极尖端产生高达 $10^7 \sim 10^8$ V/cm 的强电场，使阴极发射电子。阴极与第二阳极的电压为数十千伏甚至数万千伏，阴极发射的电子经第二阳极后被加速、聚焦成直径为 10nm 左右的束斑。相同条件下，场发射产生的电子束斑直径更细，亮度更高。

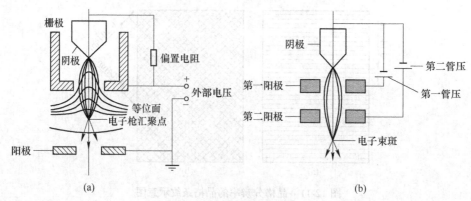

图 12-12　电子枪原理图

（a）热发射；（b）场发射

### 12.4.1.2　聚光镜

从电子枪的阳极板小孔射出的电子束，通过聚光系统后进一步汇聚缩小，以获得一束强度高、直径小、相干性好的电子束。电镜一般都采用双聚光镜系统工作，如图 12-13 所示。第一聚光镜是强磁透镜，焦距 $f$ 很短，放大倍数为 1/50~1/10，第一聚光镜是将电子束进一步汇聚、缩小，第一级聚光后形成 $\phi 1 \sim 5\mu m$ 的电子束斑；第二聚光镜是弱透镜，焦距很长，其放大倍数一般为 2 倍左右，这样通过二级聚光后，就形成 $\phi 2 \sim 10 \mu m$ 的电子束斑。

双聚光可在较大范围内调节电子束斑的大小，当第一聚光镜的后焦点与第二聚光镜的前焦点重合时，电子束通过二级聚光后应是平行光束，大大减小了电子束的发散度，便于获得高质

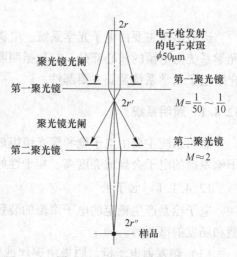

图 12-13　双聚光镜原理

量的衍射花样。在第二聚光镜与物镜间的间隙中，便于安装其他附件，如样品台等，还可通过安置聚光镜光阑，使电子束的孔径半角进一步减小，便于获得近轴光线，减小球差，提高成像质量。

### 12.4.2　成像系统

成像系统由物镜、中间镜和投影镜组成。

#### 12.4.2.1　物镜

物镜是成像系统中第一个电磁透镜，强励磁短焦距（$f = 1 \sim 3mm$），放大倍数 $M$（一般为 100~300 倍），分辨率高的可达 0.1nm。物镜是电子束在成像系统中通过的第一个电磁透镜，它的质量好坏直接影响到整个系统的成像质量。物镜未能分辨的结构细节，中间镜和投影镜同样不能分辨，它们只是将物镜的成像进一步放大而已，因此，提高物镜分辨

率是提高整个系统成像质量的关键。提高物镜分辨率的常用方法有：提高物镜中极靴内孔的加工精度，减小上下极靴间的距离，保证上下极靴的同轴度。在物镜后焦面上安置物镜光阑，以减小孔径半角，减小球差，提高物镜分辨率。

#### 12.4.2.2　中间镜

中间镜是电子束在成像系统中通过的第二个电磁透镜，位于物镜和投影镜之间，弱励磁长焦距，放大倍数 $M$ 为 $1\sim20$ 倍，中间镜在成像系统可调节整个系统的放大倍数。设物镜、中间镜和投影镜的放大倍数分别为 $M_o$、$M_i$、$M_p$，总放大倍数为 $M$（$M = M_o M_i M_p$），当 $M_i > 1$ 时，中间镜起放大作用；当 $M_i < 1$ 时，则起缩小作用。在进行成像操作和衍射操作时，通过调节中间镜的励磁电流，改变中间镜的焦距，使中间镜的物平面与物镜的像平面重合，在荧光屏上可获得清晰放大的像。成像操作如图 12-14(a) 所示，若中间镜的物平面与物镜的后焦面重合，则可在荧光屏上获得电子衍射花样，这就是衍射操作，如图 12-14(b) 所示。

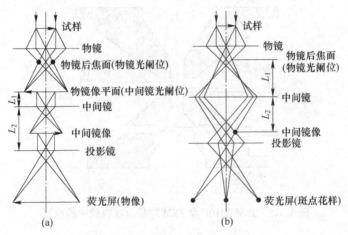

图 12-14　中间镜的成像与衍射操作

(a) 成像操作；(b) 衍射操作

#### 12.4.2.3　投影镜

投影镜是成像系统中最后一个电磁透镜，具有强励磁短焦距的特点，其作用是将中间镜形成的像进一步放大，并投影到荧光屏上。投影镜具有较大的景深，即使中间镜的像发生移动，也不会影响在荧光屏上得到清晰的图像。

### 12.4.3　观察记录系统

观察记录系统主要由荧光屏和照相机构组成。荧光屏可由在铝板上均匀喷涂荧光粉制得，主要在观察分析时使用。当需要拍照时可将荧光屏翻转 90°，让电子束在照相底片上感光数秒钟即可成像。荧光屏与感光底片相距有数厘米，但由于投影镜的焦距很长，这样的操作并不影响成像质量，所拍照片依旧清晰。

整个电镜的光学系统均在真空中工作，但电子枪、镜筒和照相室之间相互独立，均设有电磁阀，可以单独抽真空。更换灯丝、清洗镜筒、照相操作时，均可分别进行，而不影响其他部分的真空状态。为了屏蔽镜体内可能产生的 X 射线，观察窗由铅玻璃制成，一般所使用的加速电压越高，配置的铅玻璃就越厚。此外，在超高压电子显微镜中，由于观察窗的铅玻璃增厚，直接从荧光屏观察微观细节比较困难，此时可使用安置在照相室中的相机来完成，曝光时间可由图像的亮度自动确定。

# 12.5　主要附件

透射电镜的主要附件有样品台、电子束倾斜和平移装置、消像散器、光阑等。

## 12.5.1　样品台

样品台是位于物镜的上下极靴之间承载样品的重要部件（见图 12-15），并使样品在极靴孔内平移、倾斜、旋转，以便找到合适的区域或位向，进行有效观察和分析。

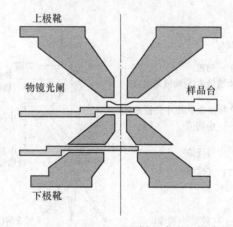

上极靴

物镜光阑　　　　　　　　样品台

下极靴

图 12-15　JEM-2010F 型 TEM 样品台在极靴中的位置

样品台根据插入电镜的方式不同分为顶插式和侧插式两种。顶插式即为样品台从极靴上方插入，这种插入方式可保证试样相对于光轴旋转对称，上下极靴间距可以做得很小，提高了电镜的分辨率，还具有良好的抗振动性和热稳定性。但其不足是倾角范围小，且倾斜时无法保证观察点不发生位移，顶部信息收集困难，分析功能少。目前的透射电镜通常采用侧插式，即样品台从极靴的侧面插入，这样顶部信息如背散射电子和 X 射线等收集方便，增加了分析功能。同时，试样倾斜范围大，便于寻找合适的方位进行观察和分析。但侧插式的极靴间距不能过小，这就影响了电镜分辨率的进一步提高。

## 12.5.2　电子束的平移和倾斜装置

电镜中是靠电磁偏转器来实现电子束的平移和倾斜的。电磁偏转器的工作原理图如图 12-16 所示。电磁偏转器由上下两个偏置线圈组成，通过调节线圈电流的大小和方向可改变电子束偏转的程度和方向。当上下偏置线圈的偏转角度相等，但方向相反，如图 12-16 (a)所示，实现了电子束的平移。若上偏置线圈使电子束逆时针偏转 $\theta$ 角，而下偏置线圈使之顺时针偏转 $\theta+\beta$ 角，如图 12-16 (b)所示，则电子束相对于入射方向倾转 $\beta$ 角，此时入射点的位置保持不变，这可实现中心暗场操作。

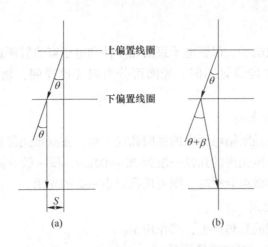

图 12-16 电磁偏转器的工作原理

(a) 平移; (b) 倾转

### 12.5.3 消像散器

像散是由于电磁透镜的磁场非旋转对称导致的,直接影响透镜的分辨率。为此,在透镜的上下极靴之间安装消像散器,就可基本消除像散。图 12-17 为电磁式消像散器的原理图及像散对电子束斑形状的影响。从图 12-17(b)和(c)可知,未装消像散器时,电子束斑为椭圆形;加装消像散器后,电子束斑为圆形,基本上消除了聚光镜像散对电子束的影响。

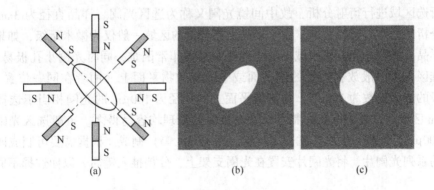

图 12-17 电磁式消像散器示意图及像散对电子束斑形状的影响

(a) 磁体分布; (b) 有像散时的电子束斑; (c) 无像散时的电子束斑

消像散器有机械式和电磁式两种。机械式是在透镜的磁场周围对称放置位置可调的导磁体调节导磁体的位置,就可使透镜的椭圆形磁场接近于旋转对称形磁场,基本消除该透镜的像散。电磁式共有两组四对电磁体排列在透镜磁场的外围,如图 12-17(a)所示,每一对电磁体均为同极相对,通过改变电磁体的磁场方向和强度就可将透镜的椭圆磁场调整为旋转对称磁场,从而消除像散的影响。

### 12.5.4 光阑

光阑是为遮挡发散电子，保证电子束的相干性和电子束照射所选区域而设计的带孔小片。根据安装在电镜中的位置不同，光阑可分为聚光镜光阑、物镜光阑和中间镜光阑三种。

#### 12.5.4.1 聚光镜光阑

聚光镜光阑的作用是限制电子束的照明孔径半角，在双聚光镜系统中通常位于第二聚光镜的后焦面上。聚光镜光阑的孔径一般为 $20 \sim 400 \mu m$，做一般分析时，可选用孔径相对大一些的光阑，而在作微束分析时，则要选孔径小一些的光阑。

#### 12.5.4.2 物镜光阑

物镜光阑位于物镜的后焦面上，其作用是：

(1) 减小孔径半角，提高成像质量。

(2) 进行明场和暗场操作。当光阑孔套住衍射束成像时，即为暗场成像操作；反之，当光阑孔套住透射束成像时，即为明场成像操作。

利用明暗场图像的对比分析，可以方便地进行物相鉴定和缺陷分析。

物镜光阑孔径一般为 $20 \sim 120 \mu m$。由于电子束通过薄膜样品后，会产生衍射、透射和散射，其中散射角或衍射角较大的电子被光阑挡住，不能进入成像系统，从而在像平面上形成具有一定衬度的图像。孔径越小，被挡电子越多，图像的衬度就越大，故物镜光阑又称为衬度光阑。

#### 12.5.4.3 中间镜光阑

中间镜光阑位于中间镜的物平面或物镜的像平面上，让电子束通过光阑孔限定的区域，对所选区域进行衍射分析，故中间镜光阑又称为选区光阑。样品直径为 3mm，可用于观察分析的是中心透光区域。由于样品上待分析的区域一般仅为微米量级，如果直接用光阑在样品上进行选择分析区域，则光阑孔的制备非常困难，同时光阑小孔极易被污染，因此，选区光阑一般放在物镜的像平面或中间镜的物平面上（两者在同一位置上）。例如，物镜的放大倍数为 100 倍，物镜像平面上的孔径为 $100 \mu m$ 的光阑相当于选择了样品上的 $1 \mu m$ 区域，这样光阑孔的制备以及污染后的清理均容易得多。一般选区光阑的孔径为 $20 \sim 400 \mu m$。光阑一般由无磁金属材料（Pt 或 Mo 等）制成。根据需要可制成四个或六个一组的系列光阑片，将光阑片安置在光阑支架上，分挡推入镜筒，以便选择不同孔径的光阑。

需要指出的是，衍射操作与成像操作是通过改变中间镜励磁电流的大小来实现的。调整励磁电流即改变中间镜的焦距，从而改变中间镜物平面与物镜后焦面之间的相对位置。当中间镜的物平面与物镜的像平面重合时，投影屏上将出现微区组织的形貌像，这样的操作称为成像操作；当中间镜的物平面与物镜的后焦面重合时，投影屏上将出现所选区域的衍射花样，这样的操作称为衍射操作。明场操作与暗场操作是通过平移物镜光阑，分别让透射束或衍射束通过所进行的操作。仅让透射束通过的操作称为明场操作，所成的像为明场像；反之，仅让某一衍射束通过的操作称为暗场操作，所成的像为暗场像。选区操作是通过平移在物镜像平面上的选区光阑，让电子束通过所选区域进行成像或衍射的操作。

# 12.6　透射电镜的电子衍射

### 12.6.1　有效相机参数

由电子衍射的基本原理可知，凡在反射球上的倒易阵点均满足布拉格方程，该阵点所表示的正空间中的晶面将参与衍射。透射电镜中的衍射花样即为反射球上的倒易阵点在底片上的投影，由于实际电镜中除了物镜外还有中间镜、投影镜等，其成像原理如图 12-18 所示。相机长度 $L$ 和斑点距中心距离 $R$ 相当于图中物镜焦距 $f_0$ 和 $r$（物镜副焦点 $A'$ 到主焦点 $B'$ 的距离），进行衍射操作时，物镜焦距 $f_0$ 起到了相机长度的作用。由于 $f_0$ 将被中间镜、投影镜进一步放大，最终的相机长度 $L$ 为 $f_0 M_1 M_p$，$M_1$ 和 $M_p$ 分别为中间镜和投影镜的放大倍数。同样，$r$ 也被中间镜和投影镜同倍放大，于是有：

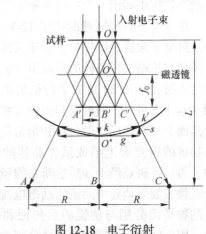

图 12-18　电子衍射

$$L' = f_0 M_1 M_p$$
$$R' = r M_1 M_p$$

根据衍射基本原理，得：

$$\frac{L'}{R'} = \frac{\frac{1}{\lambda}}{g} \tag{12-13}$$

所以

$$R' = L' \lambda g \tag{12-14}$$

令 $K' = L' \lambda$，得：

$$R' = K' g \tag{12-15}$$

式中　$L'$——有效相机长度；

　　　$K'$——有效相机常数。

需要注意的是，式(12-15)中的 $L'$ 并不直接对应于样品至照相底片间的实际距离，因为有效相机长度随着物镜、中间镜、投影镜的励磁电流改变而变化，而样品到底片间的距离却保持不变，但由于透镜的焦长大，这并不会影响电镜形成清晰图像。实际上可不区分 $K$ 与 $K'$，$L$ 与 $L'$，以及 $R$ 与 $R'$，可用 $K$ 直接取代 $K'$。

有效相机长度 $L' = f_0 M_1 M_p$ 中的 $f_0$、$M_1$、$M_p$ 分别取决于物镜、中间镜和投影镜的励磁电流。只有在三个电磁透镜的电流一定时，才能标定透射电镜的相机常数，从而确定 $R$ 与 $g$ 之间的比例关系。目前，由于计算机引入了自控系统，电镜的相机常数和放大倍数已可自动显示在底片的边缘，无须人工标定。

### 12.6.2　选区电子衍射

选区电子衍射就是对样品中感兴趣的微区进行电子衍射，以获得该微区电子衍射图的方法。选区电子衍射又称为微区衍射，它是通过移动安置在中间镜上的选区光阑来完成的。

选区电子衍射原理图如图 12-19 所示。平行入射电子束通过试样后，由于试样薄，晶体内满足布拉格衍射条件的晶面组（$hkl$）将产生与入射方向成 $2\theta$ 角的平行衍射束。由透镜的基本性质可知，透射束和衍射束将在物镜的后焦面上分别形成透射斑点和衍射斑点，从而在物镜的后焦面上形成试样晶体的电子衍射谱，然后各斑点经干涉后重新在物镜的像平面上成像。如果调整中间镜的励磁电流，使中间镜的物平面分别与物镜的后焦面和像平面重合，则该区的电子衍射谱和像分别被中间镜和投影镜放大，显示在荧光屏上。

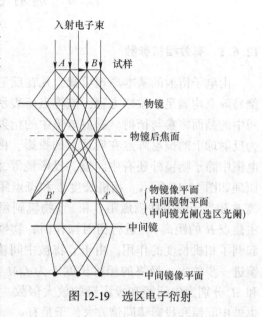

图 12-19　选区电子衍射

### 12.6.3　常见的电子衍射花样

由电子衍射知识可知，电子束作用晶体后，发生电子散射，相干的电子散射在底片上形成衍射花样。根据电子束能量的大小，电子衍射可分为高能电子衍射和低能电子衍射。本节主要介绍高能电子衍射（加速电压高于 100kV）。根据试样的结构特点可将衍射花样分为单晶电子衍射花样、多晶电子衍射花样和非晶电子衍射花样；根据衍射花样的复杂程度又可分为简单电子衍射花样和复杂电子衍射花样。通过对衍射花样的分析，可以获得试样内部的结构信息。

#### 12.6.3.1　单晶体的电子衍射花样

由电子衍射的基本原理可知，如电子束的方向与晶带轴 $[uvw]$ 的方向平行，则单晶体的电子衍射花样实际上是垂直于电子束入射方向的零层倒易阵面上的阵点在荧光屏上的投影，衍射花样由规则的衍射斑点组成，如图 12-20 所示，斑点指数即为零层倒易阵面上的阵点指数（除去结构因子为零的阵点）。

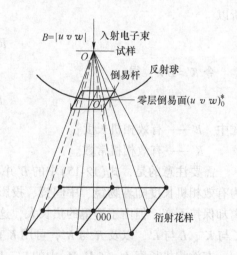

图 12-20　单晶电子衍射花样

#### 12.6.3.2　单晶体电子衍射花样的标定

电子衍射花样的标定即衍射斑点指数化，并确定衍射花样所属的晶带轴指数 $[uvw]$，对未知其结构的还包括确定点阵类型，单晶体的电子衍射花样有简单和复杂之分，简单衍射花样即电子衍射谱满足晶带定律（$hu+kv+lw=0$），其标定通常又有已知晶体结构和未知晶体结构两种情况，而复杂衍射花样的标定不同于简单衍射花样的标定，过程较为繁琐，本小节主要介绍简单电子衍射花样的标定。

A  已知晶体结构的花样标定

其标定步骤为：

（1）确定中心斑点，测量距中心斑点最近的几个斑点的距离，并按距离由小到大依次排列为 $R_1$，$R_2$，$R_3$，…；同时，测量各斑点之间的夹角依次为 $\varphi_1$，$\varphi_2$，$\varphi_3$，…；各斑点对应的倒易矢量分别为 $g_1$，$g_2$，$g_3$，…。

（2）由已知的相机常数 $K$ 和电子衍射的基本公式 $R=K/d$，分别获得相应的晶面间距 $d_1$，$d_2$，$d_3$，…。

（3）由已知的晶体结构和晶面间距公式，结合 PDF 卡片，分别定出对应的晶面簇指数 $\{h_1 k_1 l_1\}$，$\{h_2 k_2 l_2\}$，$\{h_3 k_3 l_3\}$，…。

（4）假定距中心斑点最近的斑点指数。若 $R_1$ 最小，设其晶面指数为 $\{h_1 k_1 l_1\}$ 晶面簇中的一个，即从晶面簇中任取一个 $\{h_1 k_1 l_1\}$ 作为 $R_1$ 所对应的斑点指数。

（5）确定第二个斑点指数。第二个斑点指数由夹角公式校核确定，若晶体结构为立方晶系，则其夹角公式为：

$$\cos\varphi_1 = \frac{h_1 h_2 + k_1 k_2 + l_1 l_2}{\sqrt{(h_1^2 + k_1^2 + l_1^2)(h_2^2 + k_2^2 + l_2^2)}} \qquad (12\text{-}16)$$

由晶面簇 $\{h_2 k_2 l_2\}$ 中取一个 $(h_2 k_2 l_2)$ 代入公式(12-16)计算夹角 $\varphi_1$。当计算值与实测值一致时，即可确定 $(h_2 k_2 l_2)$；当计算值与实测值不符时，则需重新选择 $(h_2 k_2 l_2)$，直至相符为止，从而定出 $(h_2 k_2 l_2)$。注意，$(h_2 k_2 l_2)$ 是晶面簇 $\{h_2 k_2 l_2\}$ 中的一个，因此，第二个斑点指数 $(h_2 k_2 l_2)$ 的确定仍带有一定的任意性。

（6）由确定了的两个斑点指数 $(h_1 k_1 l_1)$ 和 $(h_2 k_2 l_2)$，通过矢量合成法 $g_3 = g_1 + g_2$ 导出其他各斑点指数。

（7）定出晶带轴。由已知的两个矢量右手法则叉乘后取整即为晶带轴指数：$[u\,v\,w] = g_1 \times g_2$，也可直接用下面竖线内的指数叉乘后相减、取整获得，即：

$$\begin{array}{cccccc} h_1 & k_1 & l_1 & h_1 & k_1 & l_1 \\ & & & & & \\ \hline h_2 & k_2 & l_2 & h_2 & k_2 & l_2 \\ \hline u & v & w & & & \end{array}$$

则：

$$\begin{cases} u = k_1 l_2 - k_2 l_1 \\ v = l_1 h_2 - l_2 h_1 \\ w = h_1 k_2 - h_2 k_1 \end{cases} \qquad (12\text{-}17)$$

（8）系统核查各过程，算出晶格常数。

B  未知晶体结构的花样标定

当晶体的点阵结构未知时，首先分析斑点的特点，确定其所属的点阵结构，然后再由前面所介绍的七个步骤标定其衍射花样。确定点阵结构时，主要从斑点的对称特点（见表12-2）或$1/d^2$值的递增规律（见表12-3）来确定点阵的结构类型。斑点分布的对称性越高，其对应晶系的对称性也越高。若斑点花样为正方形时，则其点阵可能为四方或立方点阵；若该点阵倾斜时，斑点分布能变为正六方形，则可推断该点阵属于立方点阵。

**表 12-2　衍射斑点的对称特点及其可能所属的晶系**

| 斑点花样的几何图形 | 电子衍射花样 | 可能所属点阵 |
|---|---|---|
| 平行四边形 | | 三斜、单斜、正交、四方、六方、三方、立方 |
| 矩形 | 90° | 单斜、正交、四方、六方、三方、立方 |
| 有心矩形 | 90° | 单斜、正交、四方、六方、三方、立方 |
| 正方形 | 90°　45° | 四方、立方 |
| 正六边形 | 60°　30° | 六方、三方、立方 |

**表 12-3　$1/d^2$ 的连比规律及其对应的晶面指数**

| 点阵结构 | 晶面间距 | $\dfrac{1}{d^2}$的连比规律；$\dfrac{1}{d_1^2}:\dfrac{1}{d_2^2}:\dfrac{1}{d_3^2}:\cdots = N_1:N_2:N_3:\cdots$ | | | | | | | | | |
|---|---|---|---|---|---|---|---|---|---|---|---|
| 简单立方 | $\dfrac{1}{d^2}=\dfrac{h^2+k^2+l^2}{a^2}=\dfrac{N}{a^2}$ 令 $N=h^2+k^2+l^2$ | $N$ | 1 | 2 | 3 | 4 | 5 | 6 | 8 | 9 | 10 | 11 |
| | | $\{h\,k\,l\}$ | 100 | 110 | 111 | 200 | 210 | 211 | 220 | 221 300 | 310 | 311 |

| 点阵结构 | 晶面间距 | $\frac{1}{d^2}$ 的连比规律：$\frac{1}{d_1^2}:\frac{1}{d_2^2}:\frac{1}{d_3^2}:\cdots=N_1:N_2:N_3:\cdots$ | | | | | | | | | |
|---|---|---|---|---|---|---|---|---|---|---|---|
| 体心立方 | $\dfrac{1}{d^2}=\dfrac{h^2+k^2+l^2}{a^2}=\dfrac{N}{a^2}$ 令 $N=h^2+k^2+l^2$ | $N$ | 2 | 4 | 6 | 8 | 10 | 12 | 14 | 16 | 18 | 20 |
| | | $\{h\,k\,l\}$ | 110 | 200 | 211 | 220 | 310 | 222 | 321 | 400 | 411 330 | 420 |
| 面心立方 | $\dfrac{1}{d^2}=\dfrac{h^2+k^2+l^2}{a^2}=\dfrac{N}{a^2}$ 令 $N=h^2+k^2+l^2$ | $N$ | 3 | 4 | 8 | 11 | 12 | 16 | 19 | 20 | 24 | 27 |
| | | $\{h\,k\,l\}$ | 111 | 200 | 220 | 311 | 222 | 400 | 333 | 420 | 422 | 333 511 |
| 金刚石 | $\dfrac{1}{d^2}=\dfrac{h^2+k^2+l^2}{a^2}=\dfrac{N}{a^2}$ 令 $N=h^2+k^2+l^2$ | $N$ | 3 | 8 | 11 | 16 | 19 | 24 | 27 | 32 | 35 | 40 |
| | | $\{h\,k\,l\}$ | 111 | 220 | 311 | 400 | 331 | 422 | 333 511 | 440 | 531 | 620 |
| 六方 | $\dfrac{1}{d^2}=\dfrac{h^2+k^2+l^2}{a^2}=\dfrac{N}{a^2}$ 令 $N=h^2+k^2+l^2$ | $N$ | 1 | 3 | 4 | 7 | 9 | 12 | 13 | 16 | 19 | 21 |
| | | $\{h\,k\,l\}$ | 100 | 110 | 200 | 210 | 300 | 220 | 310 | 400 | 320 | 410 |
| 简单四方 | $\dfrac{1}{d^2}=\dfrac{h^2+k^2+l^2}{a^2}=\dfrac{N}{a^2}$ 令 $N=h^2+k^2+l^2$ | $N$ | 1 | 2 | 4 | 5 | 8 | 9 | 10 | 13 | 16 | 18 |
| | | $\{h\,k\,l\}$ | 100 | 110 | 200 | 210 | 220 | 300 | 310 | 320 | 400 | 330 |
| 体心四方 | $\dfrac{1}{d^2}=\dfrac{h^2+k^2+l^2}{a^2}=\dfrac{N}{a^2}$ 令 $N=h^2+k^2+l^2$ | $N$ | 2 | 4 | 8 | 10 | 16 | 18 | 20 | 32 | 36 | 40 |
| | | $\{h\,k\,l\}$ | 110 | 200 | 220 | 310 | 400 | 330 | 420 | 440 | 600 | 620 |

　　计算时需要注意有时衍射斑点相对于中心斑点对称得不是很好，花样斑点构成的图形难以准确判定。由于斑点的形状、大小的测量非常困难，故 $1/d^2$ 的计算也难以非常精确，其连比规律也不一定十分明显，可与所测 $d$ 值相近的 PDF 卡片进行比较计算，来推断晶体所属的点阵。第一个斑点指数可以从 $\{h_1\,k_1\,l_1\}$ 的晶面簇中任取，第二个斑点指数受到相应的 $N$ 值以及它与第一个斑点间的夹角约束，其他斑点指数可由矢量合成法获得。因此单晶体的点阵花样指数不是唯一的，所对应的晶带轴指数也不唯一，可借助于其他手段如 X 射线衍射、电子探针等来进一步来验证核实所分析的结论。

### 12.6.3.3　多晶体的电子衍射花样

　　多晶体的电子衍射花样等同于多晶体的 X 射线衍射花样，为系列同心圆，即从反射球中心出发，经反射球与系列倒易球的交线所形成的系列衍射锥在平面底片上的感光成像。其花样标定相对简单，同样分以下两种情况，一种是已知晶体结构可测定各同心圆直径 $D_i$，算得各半径 $R_i$，再由 $R_i/K$（$K$ 为相机常数）算得 $1/d_i$，对照已知晶体 PDF 卡片上的 $d_i$ 值，直接确定各环的晶面指数 $\{h\,k\,l\}$。对未知晶体结构具体标定步骤为测定各同心

圆的直径 $D_i$，得到各系列圆半径 $R_i$，由 $R_i/K$（$K$ 为相机常数）算得 $1/d_i$，$1/d^2$ 由小到大的连比规律，推断出晶体的点阵结构，写出各环的晶面簇指数 $\{h\,k\,l\}$。

# 12.7　透射电镜的图像衬度

### 12.7.1　衬度的概念与分类

金相显微镜及扫描电镜均只能观察物质表面的微观形貌，它无法获得物质内部的信息。而透射电镜由于入射电子透射试样后，将与试样内部原子发生相互作用，从而改变其能量及运动方向。显然，不同结构有不同的相互作用，这样就可以根据透射电子图像所获得的信息来了解试样内部的结构。由于试样结构和相互作用的复杂性，因此所获得的图像也很复杂，它并不像表面形貌那样直观、易懂。电子束透过试样所得到的透射电子束的强度及方向均发生了变化，试样各部位的组织结构不同，因而透射到荧光屏上的各点强度是不均匀的，这种强度的不均匀分布现象就称为衬度，所获得的电子像称为透射电子衬度像。形成的机制有两种。

#### 12.7.1.1　相位衬度

若透射束与衍射束可以重新组合，从而保持它们的振幅和位相，则可直接得到产生衍射的那些晶面的晶格像，或者一个个原子的晶体结构像。仅适于很薄的晶体试样（约为100Å）。

#### 12.7.1.2　振幅衬度

振幅衬度是由于入射电子通过试样时，与试样内原子发生相互作用而发生振幅的变化，引起反差。振幅衬度主要有质—厚衬度和衍射衬度两种。

**A　质—厚衬度**

由于试样的质量和厚度不同，各部分对入射电子发生相互作用，产生的吸收与散射程度不同，而使得透射电子束的强度分布不同，形成反差，故称为质—厚衬度。由于质—厚衬度来源于入射电子与试样物质发生相互作用而引起的吸收与散射。由于试样很薄，吸收很少。衬度主要取决于散射电子（吸收主要取决于厚度，也可归于厚度），当散射角大于物镜的孔径角 $\alpha$ 时，它不能参与成像而相应地变暗。这种电子越多，其像越暗，散射能力强，透射电子少的部分所形成的像要暗些，反之则亮些。

对于透射电镜试样，由于样品较厚，则质—厚衬度可近似表示为：

$$G_{\rho t} = N\left(\frac{\delta_{02}\,\rho_2 t_2}{A_2} - \frac{\delta_{01}\,\rho_1 t_1}{A_1}\right) \tag{12-18}$$

式中　$\delta_{02}$，$\delta_{01}$——原子的有效散射截面；

　　$A_2$，$A_1$——试样原子量；

　　$\rho_2$，$\rho_1$——样品密度；

　　$t_2$，$t_1$——试样厚度；

　　$N$——阿伏伽德罗常数。

对于复型试样，有：

$$\delta_{02} = \delta_{01}，A_1 = A_2，\rho_1 = \rho_2 \tag{12-19}$$

则

$$G_{\rho t} = N\left[\frac{\delta_0\rho(t_2 - t_1)}{A}\right] = N\left(\frac{\delta_0\rho\Delta t}{A}\right) \tag{12-20}$$

由式(12-20)可知，复型试样的质—厚衬度主要取决于厚度，对于常数复型，则其衬度差由式(12-18)决定，即由质量与厚度差共同决定。

B 衍射衬度

衍射衬度主要是由于晶体试样满足布拉格反射条件程度差异以及结构振幅不同而形成的电子图像反差。它仅属于晶体结构物质，对于非晶体试样是不存在的。衍射衬度来源于晶体试样各部分满足布拉格反射条件不同和结构振幅的差异，如图12-21所示。设入射电子束恰好与试样 OA 晶粒的 $(h\ k\ l)$ 平面交成精确的布拉格角，形成强烈衍射，而 OB 晶粒则偏离布拉格反射，结果在物镜的背焦面上出现强的衍射斑 $hkl$。若用物镜光阑将该强斑束 $hkl$ 挡住，不让其通过，只让透射束通过，这样，由于通过 OA 晶粒的入射电子受到 $(h\ k\ l)$ 晶面反射并受到物镜光阑挡住，因此，在荧光屏上就成为暗区，而 OB 晶粒则为亮区，从而形成明暗反差。由于这种衬度是由于存在布拉格衍射造成的，因此称为衍射衬度。

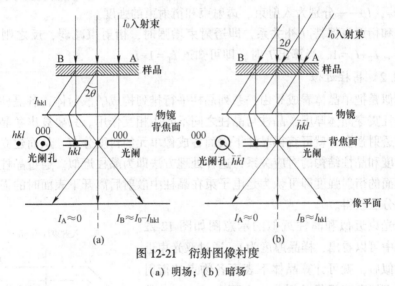

图 12-21 衍射图像衬度
(a) 明场；(b) 暗场

设入射电子强度为 $I_0$，$(h\ k\ l)$ 衍射强度为 $I_{hkl}$，则 A 晶粒的强度为 $I_A = I_0 - I_{hkl}$，B 晶粒的为 $I_B = I_0$，其反差为 $I_A/I_B = (I_0 - I_{hkl})/I_0$。上述采用物镜光阑将衍射束挡掉，只让透射束通过而得到图像衬度的方法称为明场成像，所得的图像称为明场像。用物镜光阑挡住透射束及其余衍射束，而只让一束强衍射束通过光阑参与成像的方法，称为暗场成像，所得图像为暗场像。暗场成像有两种方法，分别为偏心暗场像和中心暗场像。必须指出的是，只有晶体试样形成的衍衬像才存在明场像与暗场像之分，其亮度是明暗反转的，即在明场下是亮线，在暗场下则为暗线，其条件是此暗线确实是所选用的操作反射斑引起的。它不是表面形貌的直观反映，是入射电子束与晶体试样之间相互作用后的反映。

## 12.7.2 衍射衬度

衍射衬度所讨论的是电子束穿出样品后透射束或衍射束的强度分布，从而获得各像点的衬度分布。衍射衬度理论可以分析和解释衍射成像的原理，也可由该理论预示晶体中一些特定结构的衬度特征。由电子束与样品的作用过程可知，电子束在样品中可能要发生多次散射，且透射束和衍射束之间也将发生相互作用，穿出样品后衍射强度的计算过程非常复杂，需要对此简化。

当样品较薄，偏移矢量较大时，由强度分布曲线可知衍射束的强度远小于透射束的强度，可以忽略透射束与衍射束之间的能量交换。样品很薄，同样可忽略电子束在样品中的多次反射和吸收。在满足上述两个基本假设后，还作了以下两个近似。

### 12.7.2.1 双光束近似

电子束透过样品后，除了一束透射束外还有多个衍射束。双光束近似是指在多个衍射束中，仅有一束接近于布拉格衍射条件（仍有偏离矢量 $s$），其他衍射束均远离布拉格衍射条件，衍射束的强度均为零，这样电子束透过样品后仅存在一束透射束和一束衍射束。

双光束近似可获得以下关系：

$$I_0 = I_T + I_g$$

式中   $I_0$，$I_T$，$I_g$——分别为入射束、透射束和衍射束的强度。

透射束和衍射束保持互补关系，即透射束增强时，衍射束减弱，反之则反。通常设 $I_0 = 1$，这样，$I_T + I_g = 1$，当算出 $I_g$ 时，即可知道 $I_T = 1 - I_g$。

### 12.7.2.2 晶柱近似

晶柱近似是把单晶体看成是由一系列晶柱平行排列构成的散射体，各晶柱又由晶胞堆砌而成，晶柱贯穿晶体厚度，晶柱与晶柱之间不发生相互作用。只要算出各晶柱出口处的衍射强度或透射强度，就可获得晶体下表面各成像单元的衬度分布，从而建立晶体下表面上每点的衬度和晶柱结构的对应关系，这种处理方法即为晶柱近似。通过晶柱近似后，每一晶柱下表面的衍射强度即可认为是电子束在晶柱中散射后离开下表面时的强度，该强度可以通过积分法获得。

晶体双光束近似和晶柱近似的示意图如图 12-22 所示。从图中可以看出，样品厚度为 $t$，通过双光束近似和晶柱近似后，就可计算晶体下表面各物点的衍射强度 $I_g$，从而解释暗场像的衬度。也可由 $I_T = 1 - I_g$ 关系，获得各物点的 $I_T$，解释明场像的衬度。晶体有理想晶体和实际晶体之分，理想晶体中没有任何缺陷，此时的晶柱为垂直于晶体表面的直晶柱，而实际晶体由于存在缺陷，晶柱发生弯曲。因此，理想晶体和实际晶体的衍射强度计算不同。

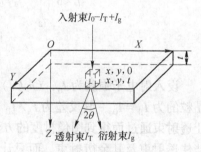

图 12-22 晶体的双光束
近似与晶柱近似

## 12.8 透射电镜样品的制备

透射电镜是利用电子束穿过样品后的透射束和衍射束进行工作的。为使电子束顺利透过试样，样品就必须很薄，一般为 $50 \sim 200nm$。样品的制备方法较多，常见的有复型法和薄膜法两种。复型法是利用非晶材料将试样表面的结构和形貌复制成薄膜样品的方法。由于受复型材料本身的粒度限制，无法复制出比自己还小的细微结构。此外，复型样品仅仅反映的是试样表面形貌，无法反映内部的微观结构（如晶体缺陷、界面等）。薄膜法则是从要分析的试样中取样，制成薄膜样品的方法。利用电镜可直接观察试样内的精细结构。结合电子衍射分析，还可同时对试样的微区形貌和结构进行同步分析。本节主要介绍薄膜法。

### 12.8.1　基本要求

为了保证电子束能顺利穿透样品，就应使样品厚度足够的薄，虽然可以通过提高电子束的电压，来提高电子束的穿透能力，增加样品厚度，以减轻制样难度，但这样会导致电子束携带样品不同深度的信息太多，彼此干扰，且电子的非弹性散射增加，成像质量下降，会给分析带来麻烦。但也不能过薄，会增加制备难度，并使表面效应更加突出，成像时产生许多假象，也为电镜分析带来困难，样品的厚度应当适中，一般在50~200nm范围为宜。薄膜样品的具体要求如下：

（1）材质相同。从大块材料中取样，保证薄膜样品的组织结构与大块材料相同。

（2）薄区要大。供电子束透过的区域要大，便于选择合适的区域进行分析。

（3）具有一定的强度和刚度。因为在分析过程中，电子束的作用会使样品发热变形，增加分析困难。

（4）表面保护。保证样品表面不被氧化，特别是活性较强的金属及其合金，如Mg及Mg合金，在制备及观察过程中极易被氧化，因此在制备时要做好气氛保护，制好后立即进行观察分析，分析后真空保存，以便重复使用。

（5）厚度适中。一般在50~200nm范围为宜，便于进行形貌和结构分析。

### 12.8.2　薄膜样品的制备过程

#### 12.8.2.1　切割

当试样为导体时，可采用线切割法从大块试样上割取厚度为0.3~0.5mm的薄片。线切割的基本原理是以试样为阳极，金属线为阴极，并保持一定的距离，利用极间放电使导体熔化，往复移动金属丝来切割样品的，该法的工作效率高。

当试样为绝缘体如陶瓷材料时，只能采用金刚石切割机进行切割，工作效率低。

#### 12.8.2.2　预减薄

预减薄常有两种方法：机械研磨法和化学反应法。

A　机械研磨法

其过程类似于金相试样的抛光，目的是消除因切割导致的粗糙表面，并减至100μm左右。也可采用橡皮压住试样在金相砂纸上，手工方式轻轻研磨，同样可达到减薄目的。但在机械或手工研磨过程中，难免会产生机械损伤和样品升温，因此，该阶段样品不能磨至太薄，一般不应小于100μm，否则损伤层会贯穿样品深度，为分析增加难度。

B　化学反应法

将切割好的金属薄片浸入化学试剂中，使样品表面发生化学反应被腐蚀，由于合金中各组成相的活性差异，应合理选择化学试剂。化学反应法具有速度快、样品表面没有机械硬伤和硬化层等特点。化学减薄后的试样厚度应控制在 $20 \sim 50 \mu m$，为进一步的终减薄提供有利条件，但化学减薄要求试样应能被化学液腐蚀方可，故一般为金属试样。此外，经化学减薄后的试样应充分清洗，一般可采用丙酮、清水反复超声清洗，否则，得不到满意的结果。

### 12.8.2.3　终减薄

根据试样能否导电，终减薄的方法通常有电解双喷法和离子减薄法两种。

#### A　电解双喷法

当试样导电时，可采用双喷电解法抛光减薄。将预减薄的试样落料成直径为 3mm 的圆片，装入装置的样品夹持器中，与电源的正极相联，样品两侧各有一个电解液喷嘴，并与电源负极相连，两喷嘴的轴线上设置有一对光导纤维，其中一个与光源相接，另一个与光敏器件相连，电解液由耐酸泵输送，通过两侧喷嘴喷向试样进行腐蚀操作。一旦试样中心被电解液腐蚀穿孔时，光敏元器件将接收到光信号，切断电解液泵的电源，停止喷液，完成制备过程。电解液有多种，最常用的是 12%高氯酸酒精溶液。

电解双喷法工艺简单，操作方便，成本低廉；中心薄处范围大，便于电子束穿透；但要求试样导电，且一旦制成，需立即取下试样放入酒精液中漂洗多次，否则电解液会继续腐蚀薄区，损坏试样，甚至使试样报废。如不能及时观察，则需将试样放入甘油、丙酮或无水酒精中保存。

#### B　离子减薄法

离子束在样品的两侧以一定的倾角（$5° \sim 30°$）同时轰击样品，使之减薄。离子减薄所需时间长，特别是陶瓷、金属间化合物等脆性材料，需时较长，一般在十几小时，甚至更长，工作效率低。为此，常采用挖坑机先对试样中心区域挖坑减薄，然后再进行离子减薄，单个试样仅需 1h 左右即可制成，且薄区广泛，样品质量高。离子减薄法可适用于各种材料，当试样为导电体时，也可先双喷减薄，再离子减薄，同样可显著缩短减薄时间，提高观察质量。

## 12.9　纳米孪晶铜的 TEM 表征

单晶硅的表面经过氧化得到二氧化硅薄膜，通过标准制备工艺得到 $SiO_2/Si$ 的电镜样品，将两个样品的二氧化硅面用康复得环氧树脂胶黏合。黏合的样品韧性较差，用超声波切割机切为直径为 3mm 的小圆片。经过机械研磨将小圆片磨至 $20 \mu m$ 的厚度，再用环氧树脂胶粘在直径为 3mm 的铜环上，放入离子减薄仪中进行离子减薄。加速电压为 4.6kV、入射离子束角度为 8°，连续减薄 2h 之后将参数改为 2.6kV、角度改为 4°，继续减薄 1.5h，之后将电镜样品放置在 TEM 的双倾台架上，使用 JEM-2010 型高分辨透射电子显微镜进行观察，加速电压为 200keV，入射电流密度为 $18mA/cm^2$，用电子显微镜的附件 Gatan 1k×1k 慢扫描 CCD 相机记录下一系列的高分辨电子显微图像并用 Digital Micrograph 软件及 GPA Phase 插件进行图像处理。

样品经过长时间的氩离子轰击后，在高分辨透射电镜低倍率下观察到样品中间的环氧

树脂胶层和 $SiO_2$ 层上随机分布有大量的黑色小颗粒（见图 12-23），经能谱分析（EDS）证明这些黑色的小颗粒为铜纳米颗粒。图 12-23(b)对 $SiO_2$ 层的一个方框区域［见图 12-23(a)］进行放大，可以清楚地观察到黑色铜纳米颗粒，这些铜纳米颗粒的平均直径大约为 20nm 左右，随机散乱的分布在 $SiO_2$ 层的表面。为了研究纳米颗粒的结构变化，在图 12-23(b)中选取了一个结构清晰的 Cu 纳米孪晶颗粒（见方框），换成高倍率，经过长时间的电子显微镜观测，获得了一系列铜纳米颗粒结构变化的高分辨像，如图 12-24 所示。通过观察发现纳米铜颗粒的结构发生了重排，产生了新的孪晶。

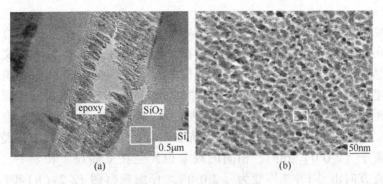

图 12-23　铜颗粒分布图
（a）环氧树脂胶膜和 $SiO_2$ 膜上的铜颗粒的分布图；（b）$SiO_2$ 膜上的铜颗粒放大图

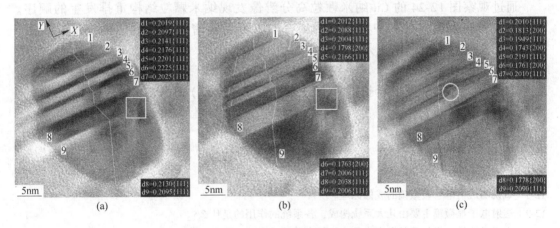

图 12-24　铜纳米颗粒的原位高分辨像
（a）$t=0min$ 的高分辨像；（b）$t=20min$ 的高分辨像；（c）$t=25min$ 的高分辨像

观察方向平行于［１１０］轴。通过对 Cu 纳米颗粒中衬度均匀的区域分别作快速傅里叶变换证实，纳米颗粒中每个衬度均匀的区域都是一个亚晶粒。为便于研究，我们将图中的每一个亚晶粒从 1~9 编号，每个亚晶粒的晶面指数和晶面间距在图中已标出。图中白色的折线代表了沿观察方向［１１０］轴，亚晶粒的晶面趋势。

图 12-24(a)中被观察的纳米铜颗粒直径为 25nm($X$ 轴)×30nm($Y$ 轴)，该纳米颗粒中有清晰的孪晶结构，且衬度不均匀，这意味着在观察初期，沿着电子束入射方向（即观察方向），每个亚晶粒的取向都不相同。图 12-24(b)中展示的是 20min 后的颗粒高分辨图

像；图 12-24(c)是 25min 后的图像。通过图 12-24(a)~(c)的对比，可以发现，在透镜入射电子束的轰击下，铜纳米颗粒整体旋转了 4°（见图 12-24）。在旋转的过程中，纳米颗粒的边缘越来越模糊。沿着观察方向，用来表示亚晶粒晶面取向的白色折线从图 12-24(a)~(c)变得越来越平缓，最后近似变成了一条直线，这说明亚晶粒之间晶面取向的差别越来越小，可以认为这是颗粒的旋转的结果，旋转也使得纳米颗粒的边缘和亚晶粒的边界越来越模糊。经过图 12-24(a)和(c)的对比，整个铜纳米颗粒的体积并没有发生显著的变化，在 25min 的时间间隔内，$Y$ 方向上纳米颗粒的宽度几乎保持不变，$X$ 方向上的宽度增加了大约 1nm。

纳米颗粒结构变化的初期，如图 12-24(a)和(b)所示，在亚晶粒的交接处（孪晶的边界）可以观察到一些部分位错的存在，根据以往的实验结果和文献资料，知道在纳米孪晶内部存在的位错都为肖特基位错，这些部分位错沿着亚晶粒的边界移动，形成层错。通过 Digital Micrograph 软件对颗粒的高分辨像做快速傅里叶变换后测量的晶面间距可知，图 12-24(a)中，亚晶粒 2、4、6、8 的晶面都垂直于 [1 1 1] 方向。20min 后，在电子束的轰击下，亚晶粒 4 和 6 的晶面间距减小，经测量发现其晶面变成垂直于 [2 0 0] 方向，相同的现象也发生在亚晶粒 2 和 8 中，晶面间距减小，晶面垂直方向由 [1 1 1] 变为 [2 0 0]。仔细观察图 12-24(b)和(c)发现，亚晶粒 5、6、7 的中间位置出现一个有衬度的断层（见图中的圆圈），因此说明此处正在进行着原子的重排。

通过观察图 12-24 的 Cu 纳米颗粒高分辨像发现纳米颗粒结构重排发生的顺序。结构重排首先发生在处于中间位置的亚晶粒，然后沿着 $Y$ 轴向两边的亚晶粒扩散，即发生结构重排的亚晶粒先是 4 和 6 [见图 12-24(b)]，然后是亚晶粒 2 和 8，如图 12-24(c)所示。但对于单个发生结构重排的亚晶粒而言，晶面取向的改变是从亚晶粒的两侧开始，向中间逐渐扩散，通过对比图 12-24(b)和(c)中的亚晶粒 2、4、6 也可观察到类似的变化。

## 练 习 题

12-1　试说明透射电子显微镜的成像原理。

12-2　透射电子显微镜主要由几大系统构成，各系统的作用的是什么？

12-3　电磁透镜放入像差是怎样产生的，如何来消除或者减小像差？

12-4　如何测定透射电子显微镜的放大倍数，电子显微镜的哪些参数控制着放大倍数？

12-5　试说明弯曲消光条纹和位错像衬度的产生原因和图像特征。

12-6　透射电镜中如何获得明场像、暗场像和中心暗场像？

12-7　透射电镜的分析特点有哪些，透射电镜可用于对无机非金属材料进行哪些分析？用透射电镜观察形貌时，怎样制备试样？

12-8　为什么要求透射电子显微镜的试样非常薄，而扫描电子显微镜无此要求？

12-9　如图 12-25 所示为 α-Fe 的电子衍射花样。已知电镜的相机常数 $L\lambda = 1.98mm \cdot nm$，测得 $A$，$B$，$C$，$D$，$E$ 各衍射斑点到中心透射斑的距离 $R_1 = OA = 9.8mm$，$R_2 = OB = 13.8mm$，$R_3 = OC = 16.9mm$，$R_4 = OD = 27.6mm$，$R_5 = OE = 29.6mm$，$\phi = 90°$。试求各衍射斑点的衍射指数、所对应的晶面间距及入射电子束方向。

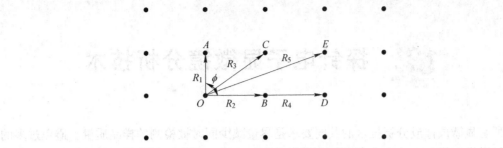

图 12-25　α-Fe 的电子衍射花样

12-10　对奥氏体钢所拍摄的衍射花样如图 12-26 所示。测量数据为 $OA = 12.0$mm，$OB = 14.0$mm，$OC = 19.5$mm，$\angle BOC = 90°$，$\angle AOC = 35.3°$，$L\lambda = 2.478$mm·nm。试求各衍射斑点的衍射指数、所对应的晶面间距及入射电子束方向。

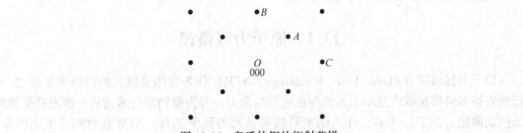

图 12-26　奥氏体钢的衍射花样

# *13* 探针电子显微镜分析技术

所有显微成像或分析技术的共同要求是尽量减少同时被检测的样品质量，避免过多的信息被激发和记录，从而提高它的分辨率。在前几章中了解材料微观结构分析方法的基础上，介绍了与电子显微镜相关的材料微区成分和分析方法。实际上材料的微区分析不仅局限于结构和成分，还须对材料表面的形态和单个原子的缺陷进行纳米尺度的精确分析，为适应材料分析发展的要求。本章介绍原子力显微镜、扫描隧道显微镜和场离子显微镜三种较常用探针显微镜的原理、构造和应用。

## 13.1 原子力显微镜

原子力显微镜（Atomic Force Microscope，AFM）作为应用最成功的微纳米系统之一，已经在纳米科技领域内显示出其无与伦比的生命力，并为微纳米技术的进一步发展提供纳米级的测量（加工）工具，作为纳米科技最基础的科学工具，AFM 在材料、生物医学、高密度存储及纳米操作等领域具有重要的科研意义和价值。

### 13.1.1 AFM 的工作原理

AFM 所探测的微探针与样品之间的力是原子分子之间的力，主要是范德华力、共价键、库仑力等。原子力显微镜主要由激光发射器、悬臂探针、光电位置传感器（Position Sensitivity Detector，PSD）、压电陶瓷驱动器、信号处理电路以及反馈控制系统这几部分组成，如图 13-1 所示。其中，悬臂探针是原子力显微镜检测系统的关键组成部分，它是由悬臂梁和悬臂梁末端的针尖共同组成（见图 13-2），探针长几微米，针尖直径通常小于 10nm，一般由 Si、$SiO_2$、$SiN_4$ 或纳米碳管等组成，悬臂梁长度为 $100\sim200\mu m$。当探针针尖原子与样品表面原子足够接近时，它们之间的作用力会随着距离的变化而变化。其作用力与距离的关系如图 13-3 所示，当原子与原子很接近时，先出现吸引力（范德瓦尔斯力），当原子与原子再逐步靠近时，彼此电子云之间将产生静电排斥力，由于该斥力比吸引力增长快，因此合力将快速地由吸引力转变为斥力。当探针在样品表面扫描时，探针针尖与样品之间的作用力会使悬臂发生偏转或者振幅的改变，悬臂梁的这种改变会使得打到悬臂梁上的激光在 PSD 上的光斑发生偏移。这种偏移经检测系统检测后转变为电压信号，并通过反馈控制系统使得悬臂梁的偏转量或者振幅维持在一个恒定值，而通过在扫描过程中记录下来的一系列压电陶瓷管位置的变化就可以获得样品的表面形貌信息。

常见的 AFM 有上扫描和下扫描两种结构形式。上扫描式 AFM 的 XYZ 扫描器均位于测量头内，工作时探针运动而样品保持静止；下扫描 AFM 则是探针静止，样品做三维扫描。前者的优势在于对样品大小几乎没有限制，但为保证测量头运动时激光在探针上的反射位置不变，要求检测光路具备随动能力；后者的优势则在于光路固定易于实现，而缺点是样品台较小。使用小尺寸探针的高速 AFM 通常采用与显微镜集成的光杠杆检测光路以获得更小的光斑。考虑到光路的复杂性以及探针夹持装置的设计难度，大多数高速 AFM 都采用下扫描式结构。为避免高速往复运动引发机械共振，此类 AFM 多采用基于柔性铰链的高刚性压电陶瓷扫描器替代传统的管式扫描器，其扫描行频可达数百至数千赫兹，在亚微米范围内能够实现视频成像。

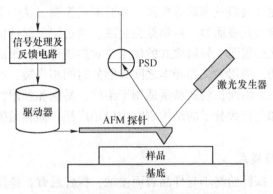

图 13-1　原子力显微镜的结构

图 13-2　悬臂探针

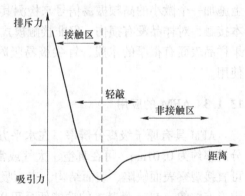

图 13-3　作用力与探针-样品间距离的关系

## 13.1.2　AFM 工作模式

AFM 针对不同的应用环境、对象有不同的工作模式，下面仅对常用的接触模式、Tapping 模式、非接触模式。

### 13.1.2.1　接触模式

在该模式的整个扫描成像过程中，探针针尖始终与样品表面保持接触，反馈系统使探针悬臂梁的受力保持恒定，针尖尖端在样品表面进行扫描，通过记录保持恒定力所需的电压进行成像。接触模式可分为恒力模式（Constant Force Mode）和恒高模式（Constant Height Mode）两种工作模式，都是指针尖轻微压在样品表面进行扫描。恒力模式是通过控制反馈线圈调节悬臂梁的偏转程度不变，从而保证样本与针尖之间的作用力恒定，当沿 $X$、$Y$ 方向扫描时，记录 $Z$ 方向上扫描器的移动情况来得到样品的表面形貌图像。这种模式下针尖与样品表面之间的作用力保持恒定，这样样品的高度值较准确，适用于物质的表面形貌分析。恒高模式中样本与针尖的高度固定不变，通过直接测量悬臂梁的偏转信号来获得表面形貌图像。这种模式对样品高度的变化较为敏感，可实现样本的快速扫描，适用于分子、原子图像的观察，但要求样本表面比较平整，没有大的凸起。

### 13.1.2.2 Tapping 模式

该模式中悬臂梁在其共振频率附近振荡，并监测其振幅。从一个自由振幅开始，当悬臂梁接近样品并开始撞击其表面时，振幅就会衰减。通过记录保持恒定振幅所需的反馈信号就能获得样品的表面形貌图。轻敲模式的优点是对扫描样品有很高的侧向分辨率，同时由于悬臂梁的高频振动，使得针尖与样本之间接触的时间相当短，有足够的振幅来克服样本与针尖之间的黏附力。因而该模式特别适用于柔软、易脆和黏附性较强的样本，在高分子聚合物的结构研究和生物大分子的结构研究中应用广泛，但轻敲模式的缺点是扫描速度较接触模式慢。

### 13.1.2.3 非接触模式

该模式在成像时，探针始终不与样品表面接触，探针悬臂在样品表面上方几纳米内进行扫描，通过保持微悬臂共振频率或振幅恒定来控制针尖与样品之间的距离。针尖与样品间的作用力是处在吸引力区域内较弱的长程范德瓦尔斯力，为提高信噪比，通常会在针尖上施加一个微小的高频振荡信号来检测其微小的作用力。非接触模式的优点是针尖不与样本接触，对样品没有损伤，但非接触模式通常工作在样品表面比较干燥的环境中，因为如果样品表面有很厚的水膜，针尖极易吸附水膜，从而造成不稳定的反馈，此模式已很少使用。

## 13.1.3 AFM 的应用

AFM 具有原子级高分辨率，在水平方向具有 0.1~0.2nm 的高分辨率。在垂直方向的分辨率约为 0.01nm，可在真空、大气或常温等不同环境下工作，操作过程对样品无损伤，可直接观察表面缺陷、表面结构、表面吸附体的形态和位置，也可实时地得到膜表面的三维形态图像。AFM 最基本的功能便是可以获得样品表面的三维形貌，并提供可靠的表面形貌的三维数据、相衬图像中的力学数据。AFM 与 SEM 两种技术间最根本的区别在于处理试样深度变化时有不同的表征，SEM 不具备原子级高分辨率，不能分辨出表面原子，高分辨率的 TEM 主要应用于薄层样品体相和界面的研究。而 AFM 能够以数值形式准确地获取膜表面的高低起伏状态。接触式操作模式下不锈钢表面氧化膜的原子力图像如图 13-4~图 13-6 所示，AFM 图可逼真地看到其表面的三维形貌。

在 600℃ 热空气中氧化 30min 后，金属样品表面的划痕消失，原来平整的表面出现突起的岛状氧化物颗粒，这些细小的岛状氧化物颗粒大小不均，高度分布在 5~10μm 之间。煤油燃烧环境气氛明显影响了表面氧化物颗粒的生成，从图 13-4(c) 可见局部表面出现了明显长大的氧化物颗粒。图 13-5 为试样在 800℃ 不同气氛中氧化腐蚀 30min 后的表面形貌，同样也在局部表面出现了氧化物颗粒，与低温相比此时氧化物颗粒的尺寸明显增大[见图 13-5(b)]。

图 13-6 为不同温度条件下煤油燃烧气氛中腐蚀后试样的表面 AFM 形貌。分别将图 13-6(a) 与图 13-4(c)，图 13-6(c) 与图 13-5(b) 进行对比，通过对比可知，随氧化时间的

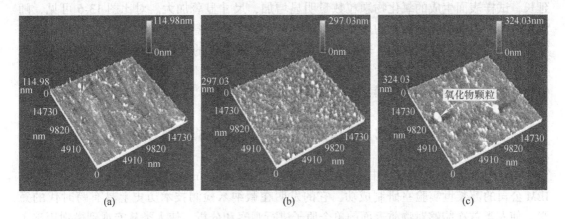

图 13-4 不锈钢 1Cr11Ni2W2MoV 表面的 AFM 形貌

（a）原始；（b）热空气；（c）煤油燃烧环境 600℃氧化/腐蚀 30min

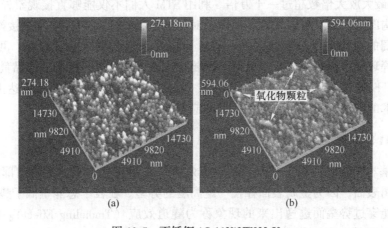

图 13-5 不锈钢 1Cr11Ni2W2MoV

（a）800℃下热空气；（b）800℃下煤油燃烧环境中氧化/腐蚀 30min AFM 形貌

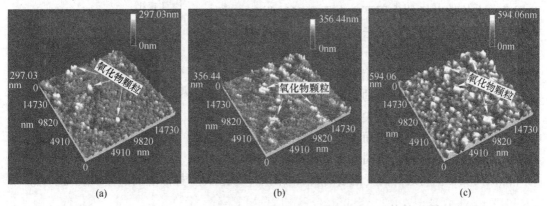

图 13-6 不锈钢 1Cr11Ni2W2MoV 在不同温度煤油燃烧环境中腐蚀 1h 后 AFM 形貌

（a）600℃；（b）700℃；（c）800℃

延长，试样表面生成的氧化物颗粒数量明显增加，尺寸显著加大。对比图 13-6 可见，随温度升高，表面氧化物颗粒的尺寸也明显增大。氧化 1h，温度为 600℃时，试样表面仅分布着细小的岛状氧化物颗粒，表面变化并不明显；随温度的升高，700℃时表面长大的氧化物颗粒数量增加，尺寸增大；将温度进一步升高到 800℃时，低温时表面细小的颗粒状氧化物长大成为连续的氧化膜，试样表面氧化层的平均起伏增大。

# 13.2　扫描隧道显微镜（STM）

　　1981 年，世界上第一台扫描隧道显微镜（Scanning Tunneling Microscope，STM）在 IBM 公司的苏黎世实验室研制成功，它的发明在微纳米检测技术历史上具有跨时代的意义，使人类首次能够对物质表面的单个原子进行观察和分析，使人类从宏观到微观迈出了关键性的一步，宾尼和罗雷尔也共同分享了 1986 年的诺贝尔物理学奖。STM 是继 TEM 和 SEM 之后又一具有原子级分辨率的显微镜，其水平分辨率和纵向分辨率分别可达 0.1nm 和 0.01nm，最大放大倍数超过一千万倍。利用 STM 人们不仅能够直接观察样品表面的原子和三维结构图像，而且可以在原子尺度上对材料进行加工处理，以及直接操纵单原子，具有非常广阔的应用前景。除此之外，STM 对操作环境的要求也比较低，可以在大气、真空、溶液等环境中进行操作，所以对于需要在溶液中才能进行探测的样品具有十分重要的应用意义。STM 的工作温度范围也非常广，可低至绝对零度附近，高可达上千摄氏度。随着纳米技术的发展，STM 具有更加广泛的应用前景。

## 13.2.1　STM 的原理

　　STM 的基本工作原理是量子力学的隧道效应。在常规状态下，金属内部的自由电子无法逸出金属表面，因为金属表面存在一定高度的势垒。在粒子总能量低于势垒高度的情况下，粒子能穿过势垒而逃逸出来的现象称为隧道效应（Tmmeling Effect）。STM 的工作原理是将只有原子尺度的金属针尖作为探针，探针和样品的表面分别作为两个电极，当样品与针尖非常接近时（小于 1nm），两者的电子云将发生重叠，在外加电场的作用下，电子会穿过两个电极之间的势垒，通过电子云的窄通道，流向另一个电极，形成隧道电流 $I$。隧道电流与探针和样品之间的距离 $z$ 有关，检测隧道电流 $I$ 的大小，便可以知道当前样品与针尖的距离的变化，如图 13-7 所示。将样品相对于针尖在横向扫描，隧道电流必定随着样品表面起伏而变化，检测每一扫描点处的隧道电流数值，可同样计算出样品表面

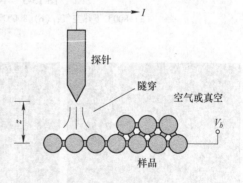

图 13-7　扫描隧道显微镜的工作原理

每一点的高度值。将这些高度值绘制成三维图形，就获得了样品表面的三维微观形貌。

## 13.2.2　STM 的基本结构

　　扫描隧道显微镜系统包括粗步进马达、扫描头、前置放大器以及相关的电子学控制单

元和配套的控制软件，如图 13-8 所示。其中粗步进马达主要负责把探针逼近到隧道区（纳米范围内），但不能与样品表面发生碰撞，因此粗步进马达需要有很高的定位精度，现在主流的粗步进装置都采用的是压电步进马达。扫描头有两个作用：一是用来细逼近；二是控制探针在样品表面进行扫描。前置放大器主要作用是把微弱的隧道电流信号（纳安量级）转换成宏观的电压信号，进行测量。电子控制单元主要用来输出马达和扫描头控制信号，以及采集从前置放大器出来的隧道电流信号，同时也包含反馈电路，用来保持探针到样品的距离。

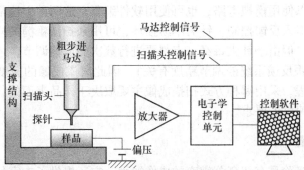

图 13-8  扫描隧道显微镜的结构

### 13.2.3  STM 的工作模式

#### 13.2.3.1  恒高成像

STM 成像也有恒高模式和恒流模式两种扫描模式。如图 13-9 所示，当探针在恒高模式下扫描时，通过维持扫描管内电极电压恒定，使针尖高度保持不变，直接采集隧道电流信号成像，这时隧道电流的起伏就反映了样品表面的电子态分布。由于在恒高模式下扫描没有隧道电流的反馈，因此这种扫描模式只适合表面比较平坦的样品。比如样品表面比较粗糙，在没有反馈保护的情况下，针尖会被样品表面的颗粒所刮坏。在恒高模式，扫描成像不受反馈回路的时间限制，扫描速度可以很快，可用来研究样品表面的化学反应、分子自组装以及生物大分子动态演变过程。

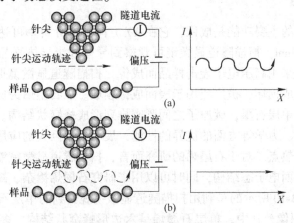

图 13-9  STM 的两种扫描模式示意

（a）恒高模式；（b）恒流模式

### 13.2.3.2　恒流成像

恒流模式需引入隧道电流的反馈控制系统。如图 13-9 所示，在恒流模式下成像，首先设定一个隧道电流参考值，当针尖开始扫描时，通过反馈回路控制系统使隧道电流与设定值一致，因而针尖到样品表面的相对距离保持不变，针尖会随着样品表面的起伏而跟着发生相同的起伏运动。针尖起伏的变化反映出样品的表面形貌，可通过采集针尖高度的变化信号得到样品表面的形貌图。由于针尖高度的调节实际上是通过调节扫描管内电极电压实现，采集针尖高度变化的信号实际就是采集扫描管内电极电压的变化信号。另外，反馈控制系统的搭建可以使用模拟电路，也可使用软件编程，这两种方法都是利用了反馈控制的原理。恒流扫描引入反馈控制，针尖不易损坏，可用来扫描粗糙的样品表面，也可以进行更大范围的扫描。但由于针尖每经一点都要进行数次的反馈调节，才能使隧道电流最终稳定在设定值（这跟反馈系统的调节精度有关），因此恒流成像的速度很慢，不适合研究表面动力学变化过程。采用哪种方式扫描成像主要取决于样品表面的状态、研究目的以及对扫描范围和成像速度的要求。

### 13.2.4　扫描隧道谱

扫描隧道显微镜除具有超高分辨率的成像能力，它还提供了丰富的谱学测量功能，即扫描隧道谱（Scanning Tunneling Spectroscopy，STS）。扫描隧道谱有很多种，比如 $I\text{-}Z$ 谱、$I\text{-}V$ 谱、$\mathrm{d}I/\mathrm{d}V$ 谱、$\mathrm{d}I^2/\mathrm{d}V^2$、$I\text{-}t$ 谱等。谱的测量不同于扫描成像，它主要是对样品表面定点测量，从而得到样品表面不同位置的谱学信息。$I\text{-}Z$ 谱是在偏压不变的情况下测量隧道电流随针尖高度的变化关系，它一般呈指数函数曲线，这一结果刚好和量子力学的隧穿理论相符，即隧穿电流的大小和针尖与样品的间距呈指数变化关系。$I\text{-}Z$ 谱反映了针尖—样品表面的局域势垒高度，因此可以表征样品表面的功函数。$I\text{-}V$ 谱是在针尖高度不变的情况下测量隧道电流随偏压的变化关系，它包含了丰富的关于样品费米面附近能级结构的相关信息。$\mathrm{d}I/\mathrm{d}V$ 谱是 $I\text{-}V$ 谱的一次微分电导谱，它直接反映了样品表面的局域态密度在能量空间的分布，可用来研究样品费米面附近精细的电子结构。$\mathrm{d}I^2/\mathrm{d}V^2$ 谱是 $I\text{-}V$ 谱的二次微分电导谱，也称为非弹性电子隧穿谱，它主要用来研究样品表面分子的振动态。最常用的扫描隧道谱是 $I\text{-}V$ 谱和 $\mathrm{d}I/\mathrm{d}V$ 谱。

### 13.2.5　STM 的应用

扫描隧道显微镜的主要功能是成像，它在 $XY$ 方向上的分辨率可达 $0.1\mathrm{nm}$，在 $Z$ 方向上的分辨率可达 $0.01\mathrm{nm}$，扫描隧道显微镜可观察到导体或半导体样品表面的原子排布状态。相比于透射电镜采用高压电子轰击样品而成像，扫描隧道显微镜提供了一种无损检测技术，不会对样品造成损坏，被广泛用于表面成像领域。以石墨烯为例，它实际上就是只有一个碳原子厚度的单层石墨，碳原子之间紧密排列形成蜂窝状结构。石墨烯以其独特的结构和在电学、光学、力学等方面的优异的性能，展示出了巨大的应用前景，已经成为国内外众多学者的研究热点。对于石墨烯的研究而言，扫描隧道显微镜能够在原子尺度上直观地给出石墨烯的表面电子态结构，同时可以用来研究石墨烯掺杂、缺陷等对材料表面电子性质的影响。图 13-10 所示的是利用扫描隧道显微镜观察到的单层石墨烯和多层石墨烯的原子分辨率 STM 图像，其中，单层石墨烯呈六边形蜂窝状结构，多层石墨烯的结构和石墨的结构类似。

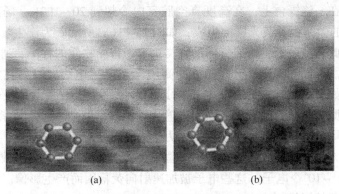

图 13-10　单层石墨烯和多层石墨烯的原子分辨率图像

（a）单层石墨烯；（b）多层石墨烯

　　除了表面成像功能外，扫描隧道显微镜还可以对原子或分子进行操纵。借助于针尖和吸附在样品表面的原子之间的作用力（引力或斥力），通过控制针尖，将吸附原子在样品表面进行移动（一般采用"推动""滑动"和"牵引"三种方式移动原子）。还可以将原子吸附在针尖上，然后把针尖移动到样品表面的另一位置，然后把吸附原子"放下来"，重复这个过程就能在样品表面排出任何想要的原子图案。1990 年 IBM 公司的研究人员 D. M. Eigler 等人利用 STM 的原子操纵技术首次在镍表面把氙原子排列成"IBM"商业字样 ［见图 13-11(a)］，开启人类历史上原子操纵的新领域。1993 年，D. M. Eigler 等人又利用扫描隧道显微镜移动吸附在铜表面的铁原子，最终将 48 个铁原子排列成了一个圆形的量子围栏 ［见图 13-11(b)］，从而观察到了奇妙的物理现象，这是人类第一次使用扫描隧道显微镜构筑的量子结构。

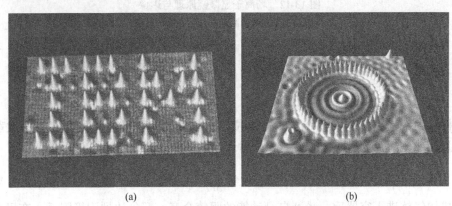

图 13-11　扫描隧道显微镜操纵原子排列而成的样式

（a）"IBM"字样；（b）量子围栏

## 13.3　场离子显微镜（FIM）

　　场离子显微镜是研究材料结构、表面反应、化学组成、相变以及扩散的有力工具，是一种具有高分辨，高放大倍数且能直接观察固体表面原子的表面研究装置。FIM 是将样品以针尖的形式架在一绝缘台上，在高度真空腔室内冷却到 20~100K，场离子影像会在样本前方约 50mm 的微频板及荧光屏上生成，如图 13-12(a) 所示。为产生场离子影像，少量影像气体被导入此真空系统，影像气体的种类决定于待测物质的种类，通常使用的气体为氖、氦、氢和氩。影像气体原子被样品上的高压（正电）电离，投射在屏幕上，因而产生场离子影像，如图 13-12(b) 所示。样品附近的影像原子会被强电场极化，被吸引向样品的顶点，影像原子与样品间发生一系列碰撞，影像原子失去一部分动能，逐渐适应样品的低温。如果电场足够强，影像原子因量子力学的穿隧效应而场离子化，所产生的离子由样品表面呈辐射方向射向微频板与荧光屏，位于荧幕前的微频板的影像放大器将每一个入射离子转换为 $10^3 \sim 10^4$ 个电子，这些电子被加速射向荧幕因而产生影像。在图中，每一个亮点就是一个原子的影像。

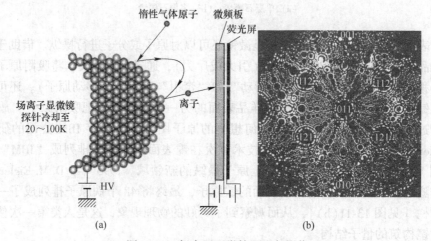

图 13-12　场离子显微镜原理与影像

(a) 场离子显微镜原理；(b) 场离子影像

### 13.3.1　场离子显微镜的成像

#### 13.3.1.1　场致电离和原子成像

若样品的细丝被加上数值为 $U$ 的正电位，它与接地的阴极之间将存在一个发散的电场，并且在曲率半径为极小 $r$ 的尖端表面附近产生场强最高为：

$$E \approx \frac{U}{5r} \tag{13-1}$$

当成像气体进入容器后，受到自身动能的驱使会有一部分达到阳极附近，在极高的电位梯度作用下气体原子发生极化，使中性原子的正、负电荷分离而成为一个电偶极子。极化原子被电场加速并撞击样品表面，由于样品处于深低温，所以气体原子在表面经历若干次弹跳的过程中也将被冷却而逐步丧失其能量，如图 13-13 所示。

尽管单晶样品的尖端表面近似为半球形，但由于原子单位的不可分使这一表面实质上是由许多原子平面的台阶所组成，处于台阶边缘的原子总是突出于平均的半球形表面而具有更小的曲率半径，在其附近的场强也更高。当弹跳中的极化原子陷入突出原子上方某一高场区域时，若气体原子的外层电子能态符合样品中原子的空能级能态，该电子将有较高的概率因"隧道效应"而穿过表面位垒进入样品，气体原子则发生场致电离变为带正电的离子。此时，成像气体的离子由于受到电场的加速沿径向射出，撞击荧光屏即激发出光信号而发光。

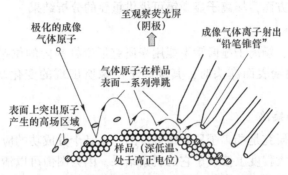

图 13-13　场致电离过程和表面突出原子像的形成

### 13.3.1.2　场致蒸发和剥层分析

在场离子显微镜中，若场强超过某一临界值，将会发生场致蒸发。此时的场强 $E_e$ 称为临界场致蒸发场强，它主要取决于样品材料的某些物理参数（如结合键强度）和温度。当极化的气体原子在样品表面弹跳时，其负极端总是朝向阳极，因而在表面附近存在带负电的"电子云"对样品原子起到拉曳作用，而使之电离，并通过"隧道效应"或热激活过程穿越表面位垒而逸出，即样品原子以正离子形式被蒸发，并在电场的作用下射向观察屏。

显然，表面吸附的杂质原子将首先被蒸发，因而利用场致蒸发可以净化样品的原始表面。由于表面的突出原子具有较高的位能，总是比那些不处于台阶边缘的原子更容易产生蒸发，也最有利于引起场致电离的原子。当一个处于台阶边缘的原子被蒸发后，与它相邻的一个或几个原子会在表面突出，并随后逐个被蒸发，场致蒸发可用来对样品进行剥层分析，以显示原子排列的三维结构。为获得稳定的场离子图像，除必须将样品深冷处理外，表面场强必须保持合适的场强。对不同金属可通过选择适当的成像气体和样品温度，目前已能实现大多数金属的清晰场离子成像，其中研究难熔金属的最多，而使 Sn 和 Al 金属稳定成像较困难。使用较低的气体压强，来适当降低表面"电子云"密度，这虽然能缓解场致蒸发，但同时又使像点亮度减弱，曝光时间增加，因而要引入高增益的像增强装置。提高场离子显微镜像亮度也可利用外光电像增强器或者利用外光电像增强器。

## 13.3.2　场离子显微镜的应用

场离子显微镜技术的主要优点在于可对表面原子直接成像。通常只有其中约 10% 左右的台阶边缘原子给出像亮点。在某些理想情况下，台阶平面的原子也能成像，但衬度较差。对于单晶样品，图像的晶体学位向特征也十分明显。

### 13.3.2.1　点缺陷的直接观察

空位或空位集合、间隙或置换的溶质原子等点缺陷，目前还只有场离子显微镜可以使它们直接成像。在图像中，它们表现为缺少一个或若干个聚集在一起的像亮点，或者出现某些衬度不同的像点，问题在于很可能出现假象。例如，荧光屏的疵点以及场致蒸发，都会产生虚假的空位点；在大约 1000 个像亮点若发现十几个空位，也不是一件容易的事情，如果空位密度高，又难以计数完全。目前虽不能给出精确的定量信息，但在淬火空位、辐照空位、离子注入等方面，场离子显微镜可提供重要的分析结果。

### 13.3.2.2　位错

鉴于前述的困难，场离子显微镜不能用来研究形变样晶内的位错排列及其交互作用。但当有位错在样品尖端表面露头时，其场离子图像所出现的变化却与位错的模型非常符合。

### 13.3.2.3　界面缺陷

界面原子结构的研究是场离子显微镜最早的，也是十分成功的应用之一。例如，现有的界面构造理论在很大程度上依赖于它的观察结果，因为图像可以清晰地显示出界面两侧原子的排列和位向的关系。其他如亚晶界、孪晶界和层错界面等，场离子显微镜均可给出界面缺陷的细节结构图像。

## 练 习 题

13-1　简述场离子显微镜的成像原理。

13-2　简述扫描隧道显微镜的工作原理及其特点。

13-3　与其他表面分析技术比较，说明原子力显微镜的工作特点。

13-4　试论述原子力显微镜的三种工作方式及其特点。

13-5　试比较扫描隧道显微镜和原子力显微镜的分析特点。

13-6　场离子显微镜对哪种样品分析具有无可比拟的优势，原因是什么？

13-7　要直观的显示晶体的对称性可使用什么测试方法？

13-8　简述"场致蒸发"现象，并列举其应用有哪些。

13-9　扫描隧道显微镜的针尖是该仪器的核心组件，试说明针尖分类及其制作方法，并阐述使用时的注意事项。

13-10　试论述"隧道效应"，并推导隧道电流 $I$ 的函数关系式。

# *14*　其他显微分析技术

前几章在了解材料微观结构分析方法的基础上，介绍了与电子显微镜相关的材料微区成分分析方法。实际上材料的微区成分分析不仅只有能谱和波谱，材料的显微分析也不仅局限于结构和成分。为适应材料分析发展的要求，本章介绍一些较常用的相关材料分析方法，包括电子背散射衍射系统、离子探针和低能电子衍射的技术原理，设备构造和应用。

## 14.1　电子背散射衍射系统（EBSD）

电子背散射衍射系统（Electron Backscattered Diffraction，EBSD）也称为取向成像显微技术（Orientation Imaging Microscopy，OIM），是通过在一般扫描电镜或电子探针上安装电子背散射衍射探测器、计算机控制与数据处理系统后，对块状样品上亚微米级显微组织进行晶体学分析，从而得到大量有关晶体取向的空间分布信息，已成为继 XRD 和 TEM 后一种新的材料分析技术。

20 世纪 90 年代，德国亚琛工业大学研制了世界上第一台具备大范围分析（单幅图片分析范围可达数百平方微米）、亚微米级晶体学结构分析功能的 EBSD，为较大范围内的取向、织构、晶粒相鉴定以及含量分布等显微结构统计分析提供了一种新方法。作为一个安装在 SEM 上的辅助设备，系统能够有效地给出材料的晶体结构、晶粒大小、取向、相含量、织构等晶体学统计信息，是快速准确进行晶体取向分析和相鉴定的强力工具。EBSD 系统的出现为材料力、热、电等性能的改进提供可靠的科学依据，比如取向硅钢具有磁感高、铁损低的优良特性。其性能直接取决于铁素体织构化程度，而取向硅钢在制备工艺中不可避免地存在降低织构化程度的异常长大晶粒和非再结晶晶粒。利用 EBSD 技术可方便、快速地识别非再结晶晶粒和异常长大晶粒分布并统计其尺寸，从而为调整轧制和热处理工艺，获得高织构化的取向硅钢提供可靠依据。

### 14.1.1　EBSD 技术的特点

晶体学织构是从统计学的角度出发观察多晶体取向分布状况，是从宏观的角度分析问题，宏观织构往往不能直接揭示多晶材料的微观特征。在微观范围，人们可以用 TEM 观察多晶材料亚结构，并用 XRD 确定相应结构的取向。TEM 是较为精确的相鉴定、组织观察和位向测量的分析手段，但薄膜试样制备困难，且薄膜上只有很少的晶粒能被观测到，不具有统计意义。另外，在 TEM 试样的加工过程中很难避免一定程度地改变多晶材料的原始缺陷结构及组织结构状态，TEM 分析结果有时会出现一些失真信息。传统的分析技术无法将显微组织与结晶学分析联系起来，也无法从测得的数据中得到单个晶粒的取向，不能得到包括晶体连接界面等在内的关于晶体微观组织的大量信息，也不能区分成分相同（或近似）但有不同晶体学特征显微组织的物相。而 EBSD 技术解决了宏观统计性分析与微观局域性分析之间的矛盾，可以在观测微观组织结构的同时快速和统计性地获取多晶体各晶粒的取向信息，并计算扫描电镜所观察微区组织的织构，是进行材料研究的有效工具。

### 14.1.2　EBSD 系统工作原理

EBSD 是 SEM 的重要附件，典型的 EBSD 系统由 SEM、摄像装置、相机控制装置、计算机控制装置、信号处理装置构成。样品室内的试样经大角度倾转后（一般倾转 65°~70°），当入射电子束进入试样后，会受到试样内原子的散射，其中有相当部分的电子因散射角度大而逸出试样表面，这部分电子即为背散射电子。背散射电子在离开试样的过程中与试样某晶面簇的角度满足布拉格衍射条件 $2d\sin\theta=\lambda$ 的那部分电子会发生衍射，形成一条亮带，被衍射摄像系统接收，经图像处理器放大信号并扣除背底后以图像的形式传输到计算机中。经相应变换后，计算机可以自动确定线的位置、宽度、强度和夹角等，并与对应的晶体学理论值比较，最终标出各晶面和晶带轴的指数。由此可以进一步算出所测晶粒相对于试样坐标系的取向。

电子束扫描到样品上的一点，便会在 EBSD 系统显像管荧光屏上出现一个对应亮点，所有点扫描结束后，系统将样品的表面形貌转化为图像信号，最终在荧光屏上显示出各种特征花样。前已述及电子束与样品表面作用后，会产生背散射电子、吸收电子、二次电子等。其中的背散射电子信号强度与试样的平均原子序数成正比，平均原子序数越大，背散射电子的信号强度越大，花样的亮度越高；平均原子序数相同的情况下，试样的密度越大，背散射电子的信号强度越大，花样的亮度越高。在使用 EBSD 系统前需对其进行系统校正，所谓校正就是确定衍射花样的中心点位置以及样品到磷屏的距离。

### 14.1.3　电子背散射衍射花样（菊池花样）

在 SEM 中，当高能电子束入射到晶体表面时，会在各个方向发生弹性与非弹性散射，其中非弹性散射造成的能量损失通常只有几十电子伏的量级，这与入射电子能量相比是一个小量。此时电子的波长可认为基本不变。这些被散射的电子，随后入射到一定的晶面，当满足布拉格衍射条件时，便产生布拉格衍射，出现一些线状花样。1928 年菊池（S. Kikuchi）首先对金属薄膜的电子衍射和析出相的电子衍射中出现的线状花样，从衍射几何上做出了解释，所以被命名为菊池线。菊池线是晶体结构的一种重要衍射信息，在结构分析中有着广泛的应用。入射电子与样品作用产生的菊池衍射，由于收集装置与样品相对位置不同分为透射电子衍射、电子通道花样及电子背散射衍射。背散射电子几率随电子入射角减小而增大，将试样高角度倾斜，可以使电子背散射衍射强度增大。发散的电子束在这些平面的二维空间上发生布拉格衍射，产生两个衍射圆锥，当荧光屏置于圆锥交截处，截取一对平行线，每一线对即菊池线，代表晶体中一组平面。线对间距反比于晶面间距，所有不同晶面产生菊池衍射构成一张电子背散射衍射花样（Electron Backscatter Pattern），又称为菊池花样（Kikuchi Patterns），是 EBSD 分析材料微结构的基础。这就意味着对于每一个晶面簇，一定会存在某些散射电子与其形成的夹角为布拉格角，从而发生布拉格衍射，在空间中形成两个高强度的锥形电子束，其半顶角为 $90°-\theta$，衍射锥与磷屏相截，形成菊池带，所有晶面簇的衍射菊池带交织在一起，最终形成菊池花样，如图 14-1

所示。由于 $\theta$ 很小，衍射圆锥顶角近似 180°，则磷屏截线接近为一对平行直线。布拉格衍射决定了晶面的衍射方向，或者说所有满足布拉格衍射的晶面都将发生衍射，但是否形成衍射花样同时依赖于衍射强度，满足布拉格方程及衍射强度两个条件，方可形成菊池花样。只有与 SEM 入射电子束能量相近的（相差 5% 以内）的背散射电子才对衍射花样中菊池带形成有贡献，而其余能量较低的电子则主要构成了衍射花样的背底。样品内产生背散射电子的范围很大，但是对形成菊池带有贡献的低能量损失的背散射电子在样品内的作用范围很小。因此，目前 EBSD 得到的衍射花样中菊池带信噪比远低于透射电镜的电子衍射花样，从而导致极难对菊池带的宽度和夹角进行准确测量。

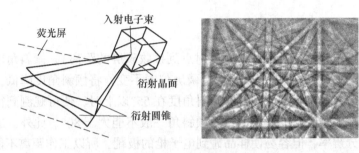

图 14-1　菊池花样形成的原理和例图

菊池花样由于激发方式、采集设备与样品的相对位置的不同，又分为 TEM 菊池花样和 EBSD 菊池花样。相比于 TEM 系统所得菊池花样，EBSD 系统的电子捕获角度大得多，可达到 70°，在 TEM 中仅为 20° 左右；但 EBSD 中的菊池花样清晰度不如 TEM。若想得到衬度更高的菊池花样，可通过倾斜入射电子束的方式缩短背散射电子从晶体中逸出的距离，将载物台倾斜放置。一般来说，入射电子束的强度与样品表面的作用域成正比。也可通过使用 CCD 检测系统与冷场发射电子枪，使入射电子的束流强度降低，提高图像分辨率，从而提高衬度。

菊池花样的几何形貌取决于晶体结构以及晶面取向，两者有强对应关系。当晶体发生转动时，菊池花样也随之发生转动。晶面经布拉格衍射，对应着花样中的一条菊池带，故菊池花样中不存在完全平行的两个菊池带，菊池带的带宽与晶面衍射的布拉格角的大小成正比，菊池带间的夹角对应晶面间夹角，相交菊池带所对应的晶面属于同一晶带，其交点为晶带轴与磷屏的交点，即菊池极中心点。在菊池带标定时，称菊池带中强度较大的边缘为强边界（亮线），称强度较小的边缘为弱边界（暗线）。强弱边界的存在导致采用任何边缘提取方法进行提取时，弱边界的标定误差一定大于强边界。为了提高精度，标定算法在进行菊池带标定时需将这种差异性考虑在内。

### 14.1.4　EBSD 的分辨率

空间分辨率和角度分辨率是 EBSD 的两个核心指标，决定了 EBSD 系统的晶粒尺寸、相分析精度及位错、应力应变等微结构的分析精度。空间分辨率指的是 EBSD 系统能够正确辨别的最小晶粒尺寸，当前商用 EBSD 系统的空间分辨率约为 100nm，远低于 SEM 的图像分辨率。角度分辨率是指取向标定结果的准确度，有学者推荐用晶体的理论取向与标定取向的差值来表示，也有学者推荐将晶体取向转化为轴角对，再用理论角度与标定的取向角度的差值来表示，目前还没有一个公认的统一定义，当前商用 EBSD 系统的角度分辨率约为 0.1°。由于样品在 EBSD 中倾斜放置，样品表面的电子作用区不对称，导致电子束在垂直方向和水平方向的分辨率不同，垂直分辨率一般低于水平分辨率。对 EBSD 系统分辨率的影响因素包括试样材料、试样在样品室中的位置、电子束的加速电压和电流等。

#### 14.1.4.1　材料因素

由于背散射电子的数目与其原子序数成正比，高原子序数样品的电子穿透区域较小，背散射强度较大，所以可以通过使用高原子序数的样品来进行实验，得到更加清晰的衍射花样。

#### 14.1.4.2　试样位置因素

试样位置因素由相机长度（电子束入射点到接收磷屏的距离）、倾斜角度、工作距离（样品所在高度）决定。一般情况下，保持磷屏位置不变，将倾斜角度降低，便可使分辨率提高，但同时衍射强度降低。试样的倾斜角度在 55° 以上时，便可观测到衍射花样，但是电子束的穿透性随角度增加而降低，故倾斜角一般不能大于 80°。此外，通过减小工作距离也可以提高分辨率，但容易使样品碰到电子枪的极靴，所以工作距离不能太小，一般控制在 15~17mm。

#### 14.1.4.3　加速电压和电流

电子束的加速电压与在试样表面的作用域大小呈线性关系。较大加速电压可以提高磷屏的发光效率，从而生成更亮的花样，同时会降低分辨率，使图像的飘移现象加剧。若想得到更高的分辨率，可以使用较小的加速电压。此外，电流也会对分辨率产生较大影响，电流越大，衍射花样越清晰，即分辨率越高。

### 14.1.5　EBSD 试样的制备

EBSD 采集的是样品表面 5nm 深度范围内的信息，要获得一张清晰的衍射谱，样品制备极其关键。EBSD 要求试样表面高度光洁，无应力和氧化层，无连续的腐蚀坑，表面起伏不能过大所以测试前必须对试样进行表面研磨，并用粒度小于等于 0.5μm 的抛光剂抛光处理。但在研磨抛光中容易形成加工形变层，会导致图像灰暗不清晰，应予以除去。电解抛光法处理后的样品表面高度光洁，且不容易出现加工形变层，为 EBSD 首选的样品制备方法。针对不同的材料可以灵活采用不同的表面加工方法。金属材料可采用化学或电解抛光去除形变层，离子溅射减薄可以去除金属或非金属材料研磨抛光中形成的加工形变层，对某些结晶形状规则的粉末材料可直接对其平整的晶面进行分析。

### 14.1.6　EBSD 技术的应用

EBSD 系统可通过控制电子枪和样品台实现自动扫描，实现织构及取向分析、晶粒形状及尺寸分析、物相分析以及应变分析等。EBSD 技术不仅能测量各种取向晶粒在试样中所占比例，还能得到这些取向在显微组织中的分布情况。EBSD 可以测量样品中的各晶体取向所占比例，并且得到晶体取向的分布情况，这是 EBSD 技术不同于 X 射线宏观分析的重要特点。EBSD 可测定微区织构、选区织构，得到的晶粒形貌能够和晶粒取向直接对应，测量结果的精度高，这些优点是采用 X 射线衍射（XRD）测定织构所不具备的。EBSD 技术对样品表面自动进行快速取向测量，可以精确勾画出晶界和孪晶界，并进行晶粒统计分析，EBSD 系统是进行晶粒尺寸分析的理想工具。每种晶体都有其特定的结构参数，能在电子背散射衍射花样中有所反应，不同的物质产生不同的衍射花样。XRD 和 TEM 都可以进行物相分析，与 EBSD 相比，XRD 无法将显微组织与晶体学分析结合起来，而 TEM 存在制样困难及耗时长的问题。EBSD 技术与微区化学分析相结合，已成为进行材料微区鉴定的有力工具，可以区分化学成分相近的相，如钢中的铁素体（体心立方）和奥氏体（面心立方）。目前，EBSD 系统可用来对任意对称性的晶体样品进行取向分析，再结合能谱仪（EDS）的成分分析，即可完成相鉴定。晶体的应变对 EBSD 的清晰度有明显影响，可用花样质量来对晶体内部可能存在的塑性应变进行定性评估。随着应变增加，EBSD 的衬度下降，亮带边缘的角分辨率下降，甚至消失。EBSD 技术也可研究材料的脆性及解理断裂的机制，对于具有再结晶的材料，可判断再结晶的显微组织中有无应变晶粒。此外，根据 EBSD 的角分辨率和衬度效应可以对溶质原子诱导应变、辐照离子注入损伤、合金的应力分析及变形断裂过程等进行分析。

TA1 板经单轧程冷轧至 1.2mm，随后进行退火处理。退火工艺在箱式电阻炉中进行，温度分别为 600℃、650℃、700℃和 800℃，保温 60min，冷却方式为空冷。样品经机械和电解抛光处理。抛光液选用（体积分数）5%高氯酸和 95%酒精的混合液。利用 ZEISS SUPRA55 型热场发射扫描电镜 EBSD 分别测量其织构特征。

纯钛在 $\{0\,0\,0\,1\}$ 和 $\{1\,0\,\bar{1}\,0\}$ 极图上典型织构分布示意图如图 14-2(a) 所示。经变形后各晶粒会发生大幅度扭曲转动，变形时各晶粒转动的结果往往会使晶粒取向聚集到某一或某些取向附近，从而形成织构。图 14-2(b) 所示为 TA1 冷轧态组织极图特征，从 $\{0\,0\,0\,1\}$极图可以观察到明显的双峰织构，从法向（ND）向横向（TD）偏转 35°左右，为典型的倾—基面织构类型，强度峰值为 2.0，可表示为 $(0\,0\,0\,1)\pm35°TD$；$\{1\,0\,\bar{1}\,0\}$ 极图显示为织构 $<1\,0\,\bar{1}\,0>\parallel RD$ ［见图 14-2(b)］，其织构强度峰值达到了 2.5，此时板材仅以冷轧织构组分分布为主。由于钛板中各晶粒的取向各不相同，因而在变形过程中，各晶粒的变形行为也会各不相同，且互相干扰和制约，其取向变化过程非常复杂。图 14-2(d) 所示为冷轧过程产生大量的小角度晶界（其取向差角大量集中在 0°~10°），有大量的孪晶和亚晶界生成，已有相关报道指出纯钛 TA1 在冷轧过程中易出现压缩及拉伸孪晶，孪晶和基体在变形过程中由于位错滑移，晶界被破碎，从而产生大量亚晶界。

不同退火温度条件下的微观组织形貌如图 14-3 所示。TA1 钛板经冷变形后，变形组织中会存在以位错为主的晶体缺陷，这使得变形钛板内残留了一定的储存能，并成为再结晶的驱动力。在温度为 600℃退火条件下 ［见图 14-3(a)］，仅发生了回复现象，其驱动力还达不到再结晶条件，从形貌上观察还部分保留着轧态形貌特征；而当退火温度达到 650℃时 ［见图 14-3(b)］，晶粒等轴化，可以观察到明显的再结晶晶粒，但晶界模糊，说明发生了未完全再结晶，此时带状组织结构已完全消除。当退火温度为 700℃时 ［见图 14-3(c)］，晶粒晶界清晰，且均匀分布，此时发生完全再结晶，平均晶粒粒径约为 18μm；当退火温度升至 800℃时 ［见图 14-3(d)］，晶粒迅速粗化，平均晶粒粒径达到 182μm，且各晶粒粒径差异明显。这是因为当再结晶完成后，晶粒后续正常长大的驱动力

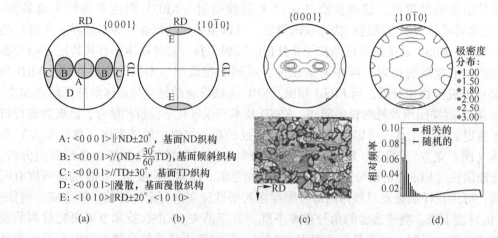

A: <0001>∥ND±20°，基面ND织构

B: <0001>//(ND±$\frac{30°}{60°}$TD)，基面倾斜织构

C: <0001>//TD±30°，基面TD织构

D: <0001>∥漫散，基面漫散织构

E: <10$\bar{1}$0>∥RD±20°，<10$\bar{1}$0>

(a)　　　　　　(b)　　　　　　(c)　　　　　　(d)

图 14-2　冷轧态 TA1 钛板织构表征

（a）织构分布示意图；（b）{0001} 和 {10$\bar{1}$0} 极图；（c）晶粒取向分布图；（d）取向差角分布图

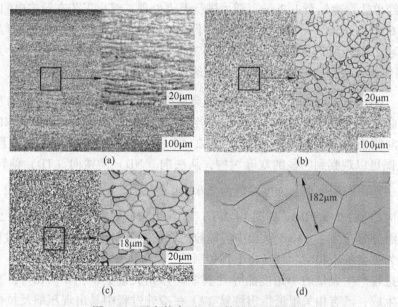

图 14-3　退火状态下 TA1 钛板的显微组织

（a）600℃；（b）650℃；（c）700℃；（d）800℃

主要是晶界能，同时 α 晶粒的表面能和晶粒内部残留的少量应变能也成为了驱动力的一部分，退火温度越高，驱动力越大，晶粒极易长大。

不同退火温度条件下 TA1 钛板成像取向图如图 14-4 所示。其中晶粒颜色的差异代表着晶粒的取向不同，当颜色单一或者多样化说明了各晶粒的取向差异性大小。分析发现，退火温度对经冷轧变形后的微观组织的亚结构有着重要影响。在经 600℃ 退火后［见图 14-4(a)］，亚晶界、条状组织并未完全消失，其晶粒取向还保留着部分与冷轧类似的特征；当温度达到 650℃ 后［见图 14-4(b)］，亚晶界、条状组织等形貌特征已经完全消失。值得注意的是从颜色分布观察，图 14-4(a) 所示的晶粒位向分布特征与轧态类似；在图

14-4(b)和图14-4(c)中，颜色呈多样性分布；当温度达到800℃后［见图14-4(d)］，晶粒位向颜色分布趋于 $\{11\bar{2}0\}$ 及 $\{10\bar{1}0\}$ 的位向所占比例超过90%，且颜色分布单一，这表明在较高的退火温度条件下，新晶粒在趋于 $\{11\bar{2}0\}$ 及 $\{10\bar{1}0\}$ 位向有较高的生长速率，同时抑制了 $\{0001\}$ 基面晶粒的生长。

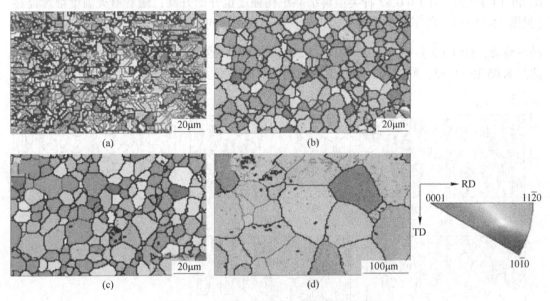

图 14-4　钛板 α 相晶粒退火的取向分布图
(a) 600℃；(b) 650℃；(c) 700℃；(d) 800℃

　　图14-5所示为通过 XRD 获得在不同退火温度工艺条件下计算 $\{0001\}$ 极图和 $\{10\bar{1}0\}$ 极图。从图14-5可见，在较低退火温度600℃时［见图14-5(a)］，织构的分布相对于轧态［见图14-2(a)］未有明显改变，但织构 $(0001)\pm35°$TD 强度略微上升到2.7，$<10\bar{1}0>\parallel$RD 降低到2.0；当退火温度从600℃上升至650℃时，$(0001)\pm35°$TD 强度减弱至1.6，$<10\bar{1}0>\parallel$RD 强度继续降低［见图14-5(b)］；而当温度达到700℃时［见图14-5(c)］，双峰织构 $(0001)\pm35°$TD 强度增加至4.1，织构的强度会对性能有着重要的影响。从图14-5(c)和图14-5(d)可知，退火温度达到800℃时，织构强度迅速增加，其 $(0001)\pm35°$TD 织构强度达到了8.1，且 $\{10\bar{1}0\}$ 极图上织构分布变化明显，两端织构由 RD 向 ND 偏转［见图14-5(d)］。

　　hcp 型工业 TA1 的主要织构取向位于 $\psi_2=0°$ 和 $\psi_2=30°$ 的 ODF 恒 $\psi_2$ 截面上，图14-6所示为冷轧态和不同退火态试样的恒 $\psi_2$ 截面 ODF 图。如图14-6(a)所示，冷轧 TA1 板的织构主要以冷轧织构 $(0001)<1\bar{3}20>$，$(0001)<1\bar{2}10>$，$(11\bar{2}4)<1\bar{1}\bar{2}1>$和 $(11\bar{2}5)<1\bar{1}00>$等织构组分为主，其中织构组分 $(11\bar{2}5)<1\bar{1}00>$强度较高，是主要的织构类型。经退火处理，在退火温度为600℃时［见图14-6(b)］，冷轧织构组分强度开始减弱，此时没有发现有较强的再结晶织构生成。从图14-6可知，由于提高退火温度会促使再结晶织构的转变，在当退火温度达到650℃后［见图14-6(c)］，冷轧织构继续变弱，此时生成了（0 1 1 $\bar{3}$）＜2 $\bar{1}$ $\bar{3}$ 0＞和（1 1 $\bar{2}$ 2）＜1 $\bar{1}$ 0 0＞织构组分，这主要是由于经退火处理，其晶粒择优形核，并且进行生长，从而使得某些稳定取向的晶粒的生长趋势被增强；当退火温度为700℃时［见图14-6(d)］，轧制织构基本消失，（0 1 1 $\bar{3}$）＜2 $\bar{1}$ $\bar{3}$ 0＞和（1 1 $\bar{2}$ 2）＜1 $\bar{1}$ 0 0＞2种类型再结晶织构强度也开始升高；随着退火温度继续提高［见图14-6(e)］。除了晶粒吞并长大以外，一些亚稳取向的晶粒会继续向着稳定的取向的晶粒转动，（0 1 1 $\bar{3}$）＜2 $\bar{1}$ $\bar{3}$ 0＞和（1 1 $\bar{2}$ 2）＜1 $\bar{1}$ 0 0＞这两种织构迅速增强，其强度分别达到8.05和11.83，同时未发现其他较强烈的织构类型生成。

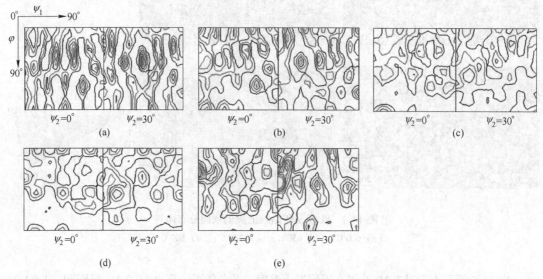

图 14-5  退火 TA1 钛板的恒 $\psi$=0°和 $\psi$=30°ODF 图
(a) 轧态；(b) 600℃；(c) 650℃；(d) 700℃；(e) 800℃

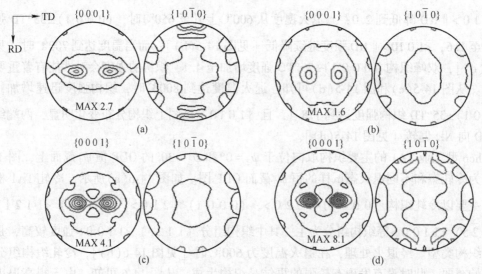

图 14-6  退火 TA1 钛板的实测 {0 0 0 1} 极图和 {1 0 $\bar{1}$ 0} 极图
(a) 600℃；(b) 650℃；(c) 700℃；(d) 800℃

一般情况下，多晶体内各向异性主要受单晶体本身各向异性和多晶体取向分布即织构的双重影响。在较低退火温度 600℃下，由于仅发生回复现象，此时未形成再结晶织构组分，还保留着比较强的冷轧织构组分，力学各向异性大，各向异性强烈；随退火温度的升高，冷变形态 TA1 钛板会发生回复与再结晶，而再结晶包括了再结晶晶核的形成，以及涉及大角度晶界的迁移的晶核生长过程。再结晶的晶核生长过程进行到新生成的晶粒互相接触，完成或基本上取代高缺陷密度的变形基体为止。在退火温度 650℃条件下，生成了以 $(0 1 1 \bar{3})$ $<2 \bar{1} 3 0>$和 $(1 1 2 \bar{2})$ $<1 \bar{1} 0 0>$为主的再结晶织构类型，晶粒形貌此时与轧态也有明显不同，冷轧织构 $(0 0 0 1)$ $<1 \bar{3} 2 0>$, $(0 0 0 1)$ $<1 \bar{2} 1 0>$, $(1 1 2 \bar{4})$ $<1 1 \bar{2} 1>$和 $(1 1 2 \bar{5})$ $<1 \bar{1} 0 0>$等组分强度开始降低，由于此时冷轧织构组分和新生成的再结晶织构组分最弱，力学各向异性度曲线也处于最低点，力学性能各向异性也最弱；当退火的温度达到 800℃后，晶粒变化由最初的回复与再结晶形核方式向晶粒间的合并长大转变，新生成的织构类型 $(0 1 1 \bar{3})$ $<2 \bar{1} 3 0>$和 $(1 1 2 \bar{2})$ $<1 \bar{1} 0 0>$组分强度迅速上升，力学各向异性度曲线（特别是伸长率各向异性度曲线）斜率也迅速随之增大。从这些结果不难看出，由于织构的存在，板材力学性能具有各向异性，织构越强越集中，各向异性越明显。

## 14.2　离子探针（SIMS）

离子探针也称为二次离子质谱仪（Second Ion Mass Spectroscopy, SIMS），是以离子束代替电子束，以质谱仪代替 X 射线分析器，在功能上与电子探针类似。与电子探针相比，离子束在固体表面的穿透深度（几个原子层的深度）比电子束浅，离子探针可对极薄的表层进行成分分析，并可用来分析包括氢、锂元素在内的轻元素，这种功能是其他仪器不具备的。离子探针可探测痕量元素的极限为 $50 \times 10^{-9}$，而电子探针的极限为 0.01%，是电子探针灵敏度的近百万倍，并可用来进行同位素分析。

### 14.2.1　离子探针的基本原理

离子探针是利用能量为 1~20keV 的离子束照射在固体表面上，激发出正、负离子，利用质谱仪对这些离子进行分析，测量离子的质荷比和强度，从而确定固体表面所含元素的种类和数量。离子探针的正、负二次离子质谱图可直接提供表面化学组成，经仔细聚焦的一次离子束扫描时，就可得到样品表面的二维化学成分像。按其操作条件的不同，离子探针可分为两类：一类为静态 SIMS（Static SIMS, SSIMS），所用一次束流密度很弱（$10^{-9}$A/cm²），主要用于获取样品表面最顶层化学成分而又不破坏表面成分和结构；另一类为动态 SIMS（Dynamic SIMS, DSIMS），所用一次束流密度很大（1A/cm²），用于连续剥蚀样品表层，对组分深度方向的浓度进行分析，还可进行三维成像。

当被加速的一次离子束照射到固体表面时，能激发出二次离子和中性粒子，这一现象称为溅射。溅射过程可以看成是由单个入射离子和组成固体的原子之间独立、一连串的碰撞所产生。图 14-7 说明入射的一次离子与固体表面的碰撞情况。入射离子一部分与表面发生弹性或非弹性碰撞后改变运动方向，飞向真空，这是一次离子散射（见图 14-7）；另外有一部分离子在单次碰撞中将其能量直接交换给表面原子，并将表面原子逐出表面，使之以很高能量发射出去，此为反弹溅射（见图14-7中白色粒子）；但大量发生在表面的是一次离子进入固体表面，并通过一系列的级联碰撞而将其能量消耗在晶格中，最后注入到一定深度（通常为几个原子层）。固体原子受到碰撞，一旦获得足够的能量就会离开原来的晶格点阵，并再次与其他原子碰撞，使离开晶格的原子增加，其中一部分影响到表面，当这些受到影响的表面或近表面的原子具有逸出固体表面所需的能量和方向时，它们就按一定的能量分布和角度分布发射出去。通常只有2~3个原子层中的原子可以逃逸出来，二次离子的发射深度在1nm左右。来自发射区的发射粒子代表着固体近表面区的信息，这正是SISM能进行表面分析的基础。

一次离子照射到固体表面生成的溅射产物种类很多（见图14-8），其中二次离子只占总溅射产物的很小一部分（约占0.01%~1%）。入射离子原子序数越大，能量越高，溅射产额也越高，但当入射离子能量很高时，它射入晶格的深度加大将造成深层原子不能逸出表面，溅射产额将下降。

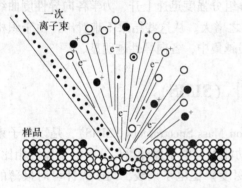

图14-7 离子与固体表面的相互作用

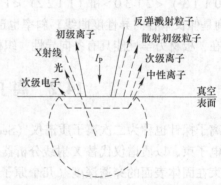

图14-8 离子与表面相互作用时表面产生的发射现象

## 14.2.2 离子探针系统的结构

如图14-9所示为离子探针系统，其主要由一次离子发射系统、质谱仪、二次离子的记录和显示系统三部分组成。前两部分在压强小于$10^{-7}$Pa的真空室中。

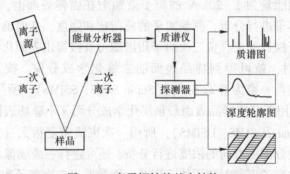

图14-9 离子探针的基本结构

### 14.2.2.1 离子发射系统

一次离子发射系统由离子源（或称离子枪）和透镜组成。离子源是发射一次离子的装置，通常是用能量为几百伏特的电子束轰击气体分子（如惰性气体氦、氖、氩等），使气体分子电离，产生一次离子。在电场中离子从离子枪内射出，再经电磁透镜聚焦后照射在样品表面激发出二次离子。

### 14.2.2.2 质谱仪

质谱仪由扇形电场和扇形磁场组成。二次离子首先进入扇形电场（也称为静电分析器），在电场中，离子沿半径为 $r$ 的圆形轨道运动，电场产生的力等于向心力，运动轨道半径 $r$ 与离子的能量成正比。扇形电场能使能量相同的离子作相同程度的偏转。由电场偏转后的二次离子再进入扇形磁场（磁分析器）进行第二次聚焦。质荷比相同的离子在磁场中有相同的运动半径。经扇形磁场后，离子按 $m/e$ 比聚焦在一起，同 $m/e$ 比的离子聚焦在狭缝处的成像面。不同质荷比的离子聚焦在成像面的不同点上，如狭缝固定不动，连续改变扇形磁场的强度，便有不同质量的离子通过狭缝进入探测器，通过改变狭缝的宽度可选择不同能量的二次离子进入磁场。

### 14.2.2.3 离子探测系统

离子探测器即为二次电子倍增管，内部是弯曲的电极，各电极之间施加 100~300V 的电压，以便使电子逐级加速。二次离子通过质谱仪后直接与电子倍增管的初级电极碰撞，产生二次电子发射。二次电子被第二级电极吸引并加速，在其上轰击出更多的二次电子，这样逐级倍增，最后进入记录和观察系统。二次离子的记录和观察系统与电子探针相似，可在阴极射线管上显示二次离子像，给出某元素的面分布图，或在记录仪上画出所有元素的二次离子质谱图。

## 14.2.3 离子探针的应用

离子探针广泛用于固体材料的痕量元素分析，特别是在半导体和薄膜的分析。离子探针发射的一次离子束集中在直径不超 $1\mu m$ 的范围内，通过控制离子束撞击样品表面的位置进行微结构分析，得到扫描范围内元素的分布。半导体材料的纯度要求很高，分析的区域也小，要同时进行表面和深度分析，最适合使用离子探针。在失效分析方面，离子探针可用来测定钢材和合金表面的钝化膜、渗氮层、氧化膜中的成分，测定金属之间的相互扩散、渗透，测定钢和金属的析出相、夹杂物、碳化物的成分、稀土元素以及硼、磷等在钢材晶界上的偏析，测定注入到金属表层中掺杂元素的深度分布。离子探针不需要预先分离样品，样品消耗量少，可直接记录结果。

# 14.3  低能电子衍射（LEED）

低能电子衍射（Low-energy Electron Diffraction，LEED）是一种用以测定单晶表面结构的实验手段，使用低能电子束（20~200eV）轰击样品表面，可在荧光屏上观测到被衍射的电子所形成的光斑，从而表征样品的表面结构。低能电子衍射装置示意图如图 14-10 所示，其中的电子枪形成具有有限动能分布的电子束。仅弹性散射电子能产生衍射图样。

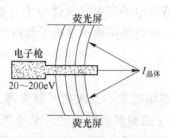

图 14-10　低能电子衍射装置

### 14.3.1　低能电子衍射基本原理

电子束在样品表面形成的电子波具有连续性。这些波将分散在表面原子的高浓度电子区域，可认为表面原子为点散射。电子束的波长由德布罗意（Due de Broglie）关系式给出：

$$\lambda = \frac{h}{p} \tag{14-1}$$

式中　$p$——电势，其计算式为：

$$p = mv = \sqrt{2mE_k} = \sqrt{2meV} \tag{14-2}$$

式中　$m$——电子质量，$m = 9.11 \times 10^{-31}$ kg；

　　　$v$——速率，m/s；

　　$E_k$——动能；

　　　$e$——电荷，$e = 1.60 \times 10^{-19}$ C；

　　　$V$——加速电压。

由式(14-1)和式(14-2)可得波长：

$$\lambda = \frac{h}{\sqrt{2meV}} \tag{14-3}$$

式中，$h = 6.62 \times 10^{-34}$ J·s。

由散射质点构成的一维周期点列（原子间距为 $a$），波长为 $\lambda$ 电子束垂直于原子入射。图 14-11 所示为最简单的固体顶层原子的电子束散射图案，若考虑两个相邻原子的背反射方向与入射方向所成的角为 $\theta$，从图中很容易看到，在表面法线方向有一光程差 $\delta$，光程差为 $ag\sin\theta$。

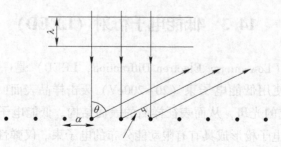

图 14-11　一维周期点列

散射光束在检波器中干涉即有：

$$\delta = ag\sin\theta = n\lambda \tag{14-4}$$

式中　$\lambda$——波长；

　　　$n$——整数，$n = \cdots,\ -1,\ 0,\ 1,\ \cdots$。

两个独立的散射中心，衍射强度在零和最大值之间缓慢变化，若为零为相消干涉，此时 $d = (n + 1/2)\lambda$；若为最大值时，是全相长干涉，此时 $d = n\lambda$，具有大的散射周期阵列，但衍射强度只有在布拉格条件下才有意义［在布拉格衍射中，使入射光能量几乎全部转移到零级或+1级（或-1级）］，这时完全满足式(14-4)。布拉格条件下的衍射强度曲线，如图14-12所示。

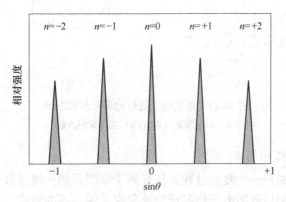

图14-12　布拉格条件下的衍射强度

从简单的一维图像可得到，所有表面结构的衍射形式都表现为中心对称反射，衍射角与电子能量的平方根与表面晶格的间距均成反比。二维电子衍射方向的低能电子衍射线来自于样品表面（几个原子层）的相干散射，衍射方向可近似由二维劳厄方程描述。

### 14.3.2　低能电子衍射花样的特征

低能电子衍射以半球形荧光屏接收信息。荧光屏显示的衍射花样由若干衍射斑点（衍射线与荧光屏的交点）组成；每一个斑点对应于样品表面一个晶列的衍射，相应于一个倒易点，因而低能电子衍射花样是样品表面二维倒易点阵的投影像。荧光屏上与倒易原点对应的衍射斑点处于入射线的镜面反射方向上，如图14-13所示。

### 14.3.3　低能电子衍射的应用

低能电子衍射可用于对材料进行以下分析。

#### 14.3.3.1　晶体表面的原子排列

通过低能电子衍射分析发现金属晶体的表面二维结构并不一定与其内部一致，表面原子排列的规则也不与内部平行的原子面相同。如表面存在某种程度的长程有序结构，如有一些规则间隔的台阶，也能使用低能电子衍射加以鉴别。

#### 14.3.3.2　气相沉积表面膜的生长

低能电子衍射适用于对表面膜的生长过程进行研究，可用来研究它与基底结构、缺陷和杂质的关系。通常先是在位于基底的点阵位置上形成有序排列，其平移矢量是基底点阵间距的整数倍，具体取决于所沉积原子的尺寸、基底点阵常数和化学键性质。只有当覆盖超过一个原子单层或发生了热激活迁移之后，才能表现出外延材料本身的结构。

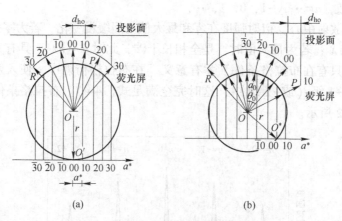

图 14-13　低能电子衍射的埃瓦尔德图解

(a) 电子束正入射；(b) 电子束斜入射

#### 14.3.3.3　氧化膜的形成

表面氧化膜的形成是一个复杂过程。从氧原子吸附开始，通过氧与表面的反应，最后生成三维的氧化物。利用低能电子衍射详细地研究了镍表面的氧化，但至今还有一些新的现象正被陆续发现。当镍的(110)面暴露于氧气气氛时，随表面吸附的氧原子渐渐增多，已发现有五个不同超结构转变阶段，两阶段之间则为无序或混合的结构。

#### 14.3.3.4　气体吸附和催化

对气体吸附过程的研究也是目前低能电子衍射最重要的应用领域。在物理吸附方面，所得到的花样显示了吸附层的"二维相变"，并可对理论假设所显示的结果进行验证。催化过程是化学吸附的一种自然推广，已发现几种气体在催化剂表面的组合吸附结构常比单一气体的吸附复杂，这反映了它们之间的相互作用，还发现催化剂对不同气体原子间的结合也具有促进作用。

### 练 习 题

14-1　简述离子探针分析仪进行材料成分分析的原理及其特点。

14-2　简述固体表面低能电子衍射分析的原理及其适宜研究的表面现象。

14-3　简述 EBSD 技术特点及其应用范围。

14-4　说明背散射电子像和吸收电子像的原子序数形成原理，并举例说明在分析样品中元素分布的应用。

14-5　简述背散射电子的原子序数衬度原理。

14-6　低能电子衍射所擅长分析的领域是什么，为什么？

14-7　对比离子探针和电子探针分析的优缺点。

14-8　在离子探针分析常用的初级离子是什么，为什么会选择它作为初级离子？

14-9　为提高离子探针分析中的空间分辨率，能采用什么措施？

# 15  光谱分析技术

每种原子都有自己的特征谱线，可根据光谱来鉴别物质种类和确定它的化学组成，这种分析方法就是光谱分析。在进行光谱分析时，可利用发射光谱，也可利用吸收光谱。光谱分析具有极高的灵敏度和准确度，当某一元素在物质中的含量达 $10^{-10}$ g，就可从光谱中发现它的特征谱线，从而将其检出。本章在介绍光谱的形成和分类基础上，对原子吸收光谱、紫外可见吸收光谱、红外光谱、拉曼光谱、分子发光光谱和核磁共振光谱分析技术分别进行了讲述。

## 15.1  光谱的形成

应用光谱分析不仅能定性分析物质的化学成分，还能确定元素的含量。19 世纪初，使用太阳发出的吸收光谱，检出太阳大气层中含有氢、氦、氮、碳、氧、铁、镁、硅、钙、钠等多种元素。在地质勘探中利用光谱分析可检出矿石中所含的微量贵重金属、稀有元素，此外还可对长度进行精确校正。

光谱分析的原理是根据被测原子或分子在激发状态下发射的特征光谱的强度计算其含量。吸收光谱是根据待测元素的特征光谱，通过样品蒸汽中待测元素的基态原子吸收被测元素的光谱后被减弱的强度计算其含量，一个原子核可以具有多种能级状态。能量最低的能级状态称为基态能级（$E_0 = 0$），其余能级称为激发态能级，而最低能级的激发态则称为第一激发态。正常情况下，原子处于基态，核外电子在各自能量最低的轨道上运动。将一定的外界能量如光子能量提供给该基态原子，外界光能量 $E$ 恰好等于该基态原子中基态和某一较高能级之间的能级差时，该原子将吸收这一特征波长的光，外层电子由基态跃迁到相应的激发态。原来提供能量的光线经分光后谱线中缺少了一些特征光谱线，产生原子吸收光谱。电子跃迁到较高能级后处于激发态，但激发态电子是不稳定的，大约经过 $10^{-8}$ s 后，激发态电子将返回基态或其他较低能级，并将电子跃迁时所吸收的能量以光的形式释放，这一过程产生的光谱称为原子发射光谱。分子光谱是分子从一种能态改变到另一种能态时的吸收或发射光谱。分子光谱与分子绕轴的转动、分子中原子在平衡位置的振动和分子内电子的跃迁相对应。其跃迁能为：

$$\Delta E = E_{\text{高}} - E_{\text{低}} \tag{15-1}$$

分子发生吸收跃迁所需能量来源于光辐射，其中一定波长的光子会被分子吸收，将吸收光子的波长（或频率、波数）和吸收信号的强度记录下，即可得到分子吸收光谱，如图 15-1 所示。分子发生跃迁时能量释放，记录下发射出光的波长（或频率、波数）和信号强度，即可得到分子发射光谱。

246

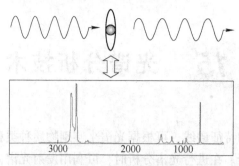

图 15-1 分子与光的作用及产生的光谱

## 15.2 光谱的分类

按作用方式可分为吸收和发射两种光谱，其中原子吸收光谱分析、紫外光谱分析、红外光谱分析所使用的都是吸收光谱 [其定量基础都是 Lambert-Beer（朗伯比尔）定律]，荧光光谱是发射光谱（光致发光），其中原子光谱为线光谱，分子光谱为带光谱。一般来说原子吸收光谱用于对单一元素（主要是金属元素）分析，紫外吸收光谱主要用于含共轭双键（体系）有机化合物的分析，红外光谱分析主要分析分子中的官能团，荧光光谱用于对平面刚性结构性好的共轭体系化合物分析。

## 15.3 原子吸收光谱

原子吸收光谱（Atomic Absorption Spectroscopy，AAS）是指利用气态原子吸收一定波长的光辐射，原子中外层的电子从基态跃迁到激发态的现象。由于不同原子的电子能级不同，将有选择性地共振吸收一定波长的辐射光，这个共振吸收波长恰好等于该原子激发后所发射光谱的波长，由此可作为元素定性的依据，而吸收辐射的强度可作为定量依据。原子吸收光谱现已成为无机元素定量分析中最广泛的分析方法。原子吸收光谱法具有灵敏度和准确度高，干扰少、分析速度快的优点。

原子吸收光谱分析是基于从光源辐射出待测元素的特征光波，通过样品蒸汽时，被蒸汽中待测元素的基态原子所吸收，依据辐射光波强度减弱的程度，求出样品中待测元素的含量。工作原理如图 15-2 所示。原子吸收光谱采用的原子化方法主要有火焰法、石墨炉法和氢化物发生法。

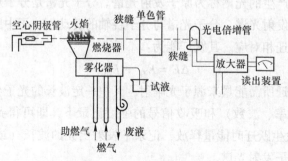

图 15-2 原子吸收光谱工作原理

# 15.4 原子吸收分光光度计

原子吸收分光光度计主要由光源、原子化器、光学系统和检测系统四部分组成。原子吸收光谱中的干扰通常有化学干扰、物理干扰、电离干扰、光谱干扰及背景干扰五种类型。在进行结果分析时一个元素若有多条分析线，通常采用最灵敏线，但也要根据样品中被测元素的含量来选择。如测定钴元素时，为得到最高的灵敏度，应使用 240.7nm 谱线，当钴的含量较高时，最好使用较强的 352.7nm 谱线。

安装原子吸收分光光度计的实验室应远离剧烈的振动源和强烈的电磁辐射源，室内温度应保持在 10~35℃ 之间，并保证室温不在短时间内发生大幅度变化，室内相对湿度应小于 85%。实验室墙壁应防尘处理。采用石墨炉法进行痕量分析时，室内应以正压送风，送入的空气应作除尘处理。实验室不能同时用作化学处理间。安放仪器的工作台应坚固稳定，能长期承重不变形。为防振防腐，台面上应铺设橡皮板或塑胶板。为防止有害气体在室内扩散，应在原子化器上方位置安装局部强制排风。

# 15.5 紫外可见吸收光谱

紫外光被划分为 A 射线、B 射线和 C 射线（简称 UVA、UVB 和 UVC），波长分别为 315~400nm、280~315nm 和 190~280nm。紫外—可见吸收光谱法（Ultraviolet-Visible Absorption Spectromtry）是利用某些物质的分子吸收 100~800nm 光谱区辐射来进行分析测定的方法，这种分子吸收光谱产生于价电子和分子轨道上的电子在电子能级间的跃迁，广泛用于有机和无机物的测定。

分子在紫外—可见光区的吸收与其电子结构紧密相关，紫外光谱的研究对象大多是具有共轭双键结构的分子。紫外可见光研究对象大多在 200~380nm 的近紫外光区和（或）380~780nm 的可见光区。用一束具有连续波长的紫外可见光照射材料，其中某些波长的光被材料的分子吸收。若材料的吸光度对波长作图就可以得到该材料的紫外可见吸收光谱。在紫外可见吸收光谱中，常用最大吸收位置处波长 $\lambda_{max}$ 和该波长的摩尔吸收系数 $\varepsilon_{max}$ 来表征材料的吸收特征。

原子在形成分子时，其中的所有电子都有贡献，分子中的电子不再属于某个原子，而是在整个分子空间范围内运动。在分子中电子的空间运动状态可用相应的分子轨道波函数（分子轨道）来描述。分子轨道和原子轨道的主要区别在于原子中，电子的运动只受一个原子核的作用，原子轨道是单核系统；而在分子中电子则在所有原子核势场作用下运动，分子轨道是多核系统。原子轨道的名称用 s，p，d，…，符号表示；而分子轨道的名称则相应地用 σ，π，δ，…，符号表示，常加 "*" 以与成键轨道区别，用 $\sigma^*$，$\pi^*$ 表示反镜（镜面对称）轨道。

## 15.5.1 电子跃迁类型

分子轨道的能量大小如图 15-3 所示，有 $\sigma<\pi<n<\pi^*<\sigma^*$。通常情况下，分子中能产生跃迁的电子都处于较低的能量状态，比如 σ 轨道、π 轨道和 n 轨道。当电子受到紫外—

可见光照射后，吸收辐射能量，发生电子跃迁，可从成键轨道跃迁到反键轨道，或从非键轨道跃迁到反键轨道。即有 n→π\*、π→π\*、n→σ\*、π→σ\*、σ→π\*、σ→σ\*。其中 n→π\*、π→π\* 两种跃迁的能量相对较小，相应波长多出现在紫外—可见光区域。而其他四种跃迁能量相对较大，所产生的吸收谱多位于真空紫外区（100~200nm）。不同电子跃迁类型对应不同的跃迁能量，吸收谱的位置也不一样。显然电子跃迁类型和分子结构及其基团密切相关，可根据分子结构预测可能产生的电子跃迁类型。同时特殊的结构会有特殊的电子跃迁，对应着不同的能量（波长），反映在紫外—可见吸收光谱图上就会在一定位置出现一定强度的吸收峰，根据吸收峰的位置和强度就可推知待测样品的结构信息。

### 15.5.2 朗伯—比尔定律

当一束平行单色光照射有色溶液时，光的一部分被吸收，另一部分会透过溶液，如图 15-4 所示。设入射光的强度为 $I_0$，溶液的浓度为 $c$，液层的厚度为 $b$，透射光强度为 $I$，则有：

$$\lg \frac{I_0}{I} = Kcb \tag{15-2}$$

式中，$\lg(I_0/I)$ 表示光线透过溶液时被吸收的程度，一般称为吸光度（$A$）或消光度（$E$）。因此，式(15-2)又可写为：

$$A = Kcb \tag{15-3}$$

式(15-3)为朗伯—比尔定律的数学表示式。当一束单色光通过溶液时，溶液的吸光度与溶液的浓度和液层厚度的乘积成正比。式中 $K$ 为吸光系数，当溶液浓度 $c$ 和液层厚度的数值均为 1 时，$A=K$，即吸光系数在数值上等于 $c$ 和 $b$ 均为 1 时溶液的吸光度，对同一物质和一定波长的入射光为常数。比色法中常把 $I/I_0$ 称为透光度，用 $T$ 表示，透光度和吸光度的关系为：

$$A = \lg \frac{I_0}{I} = \lg \frac{1}{T} = -\lg T \tag{15-4}$$

当 $c$ 以 mol/L 为单位时，吸光系数称为摩尔吸光系数，用 $\varepsilon$ 表示，吸光系数越大，表示溶液对入射光越容易吸收，当 $c$ 有微小变化时就可使 $A$ 有较大的改变，测定的灵敏度较高。

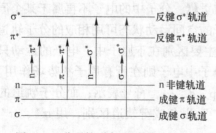

图 15-3 分子轨道与电子跃迁示意图

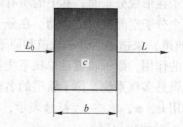

图 15-4 光吸收示意图

### 15.5.3 紫外可见吸收光谱仪

紫外可见吸收光谱仪由光源、单色器、吸收池、检测器以及数据处理及记录（计算机）等部分组成，如图 15-5 所示。为得到全波长范围（200~800nm）的光，使用分离的双光源，其中氘灯的波长是 185~395nm，钨灯的波长为 350~800nm。绝大多数仪器可实现光源之间的平滑切换，能平滑地在全光谱范围扫描。光源发出的光通过光孔调制成光束，然后进入单色器，单色器由色散棱镜或衍射光栅组成，光束从单色器的色散元件发出后成为多组分不同波长的单色光，通过光栅的转动分别将不同波长的单色光经狭缝送入样品池，然后进入检测器（检测器通常为光电管或光电倍增管），最后由电子放大电路放大，从微安表或数字电压表读取吸光度，或驱动记录设备，得到光谱图。

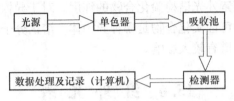

图 15-5　紫外可见分光光度计的工作原理图

### 15.5.4　影响因素

　　紫外可见吸收光谱所用的电磁波长较短、能量高，反映了分子中价电子能级的跃迁情况，主要用于对共轭体系（共轭烯烃和不饱和羰基化合物）及芳香族化合物的分析。影响紫外可见光吸收光谱的因素有共轭效应、超共轭效应、溶剂效应和溶剂的 pH 值。对吸收谱带的影响表现为谱带位移、谱带强度的变化、谱带的精细结构等。谱带位移包括蓝移（或紫移）和红移。蓝移（或紫移）指吸收峰向短波长移动，红移指吸收峰向长波长移动。吸收峰强度变化包括增色效应和减色效应，前者指吸收强度增加，后者指吸收强度减小。对吸收谱带的影响结果如图 15-6 所示。

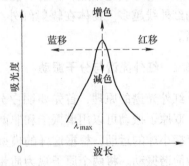

图 15-6　蓝移、红移、增色、减色效应示意图

　　物质的紫外吸收光谱反映的基本上是其分子中生色团及助色团特征，而不是整个分子的特征。分子本身不吸收辐射，但能使分子中生色基团的吸收峰向长波方向移动，增强其强度的基团有羟基、胺基和卤素等。当吸电子基（如—$NO_2$）或给电子基（含未成键 p 电子的杂原子基团，如—OH、—$NH_2$等）连接到分子中的共轭体系时，都能导致共轭体系电子云的流动性增大，分子中 $\pi \rightarrow \pi^*$ 跃迁的能级差减小，最大吸收波长移向长波，自然条件下的颜色加深，这些基团称为助色团。助色团可分为吸电子助色团和电子助色团。生色团是指分子中含有的能对光辐射产生吸收，具有跃迁的不饱和基团。某些有机化合物分子中含有不饱和键团，能够在紫外及可见光区域（200~800nm）产生吸收，且吸收系数较大，这种吸收具有波长选择性，从而使物质显现颜色，称为生色团（也称发色团）。如物质组成的变化不影响生色团和助色团，就不会显著地影响其吸收光谱，如甲苯和乙苯具有相同的紫外吸收光谱。外界因素如溶剂的改变也会影响吸收光谱，在极性溶剂中某些化合物吸收

光谱的精细结构会消失，成为一个宽带。仅根据紫外光谱就不能确定物质的分子结构，还须与红外吸收光谱、核磁共振波谱、质谱以及其他化学、物理方法配合使用。

利用紫外光谱可推导有机化合物的分子骨架中是否含有共轭结构体系，比如 $C≡C—C—C$、$C≡C—C≡O$、苯环等。但紫外光谱鉴定有机化合物不如利用红外光谱有效，这是因为很多化合物在紫外没有吸收或者只有微弱的吸收，并且紫外光谱一般比较简单，特征性不强。紫外光谱可以用来检验一些具有大的共轭体系或发色官能团的化合物，可作为其他鉴定方法的补充。有机化合物在紫外—可见光区没有明显的吸收峰，而杂质在紫外区有较强的吸收，则可利用紫外光谱检验化合物的纯度。对于异构体，可通过经验规则计算出值再与实测值比较，即可证实化合物是哪种异构体。溶剂分子与溶质分子缔合生成氢键时，对溶质分子的紫外光谱有较大影响。

# 15.6　红外光谱

红外线（Infrared Ray）是一种波长为 $0.76\sim1000\mu m$ 的电磁波，介于无线电波与可见光之间，温度在热力学温度零度以上的物体，都会因自身的分子运动而辐射出红外线。按波长分为近红外波段（$0.76\sim3\mu m$）、中红外波段（$3\sim40\mu m$）和远红外波段（$40\sim1000\mu m$）。任何物体在环境中都会由于自身分子、原子运动，不停地辐射出红外能量。分子和原子的运动越剧烈，辐射的能量越大，反之辐射的能量越小。物体的温度越高，辐射出的红外线越多。物体在辐射红外线的同时，也在吸收红外线，物体吸收红外线后温度升高。

### 15.6.1　红外光谱与分子振动

红外光谱的原理，首先要明白分子振动问题，可按照双原子振动和多原子振动来研究。双原子振动可以用谐振子和非谐振子模型来解释，谐振子振动模型可以看成两个用弹簧连接小球的运动，根据这样的模型，双原子分子的振动方式就是在这两个原子的链轴方向做简谐振动。将两个原子视为质量为 $m_1$ 和 $m_2$ 的小球，可以把双原子分子称为谐振子，根据胡克定律可以推出：

$$v' = \frac{1}{2\pi c}\sqrt{\frac{k}{\mu}} \tag{15-5}$$

式中　$c$——光速，$C = 3\times10^8 m/s$；

　　　$k$——化学键的力常数，N/kg；

　　　$\mu$——折合质量，kg。其计算式为：

$$\mu = \frac{m_1 m_2}{m_1 + m_2} \tag{15-6}$$

由式(15-6)可见，双原子分子的振动波数取决于化学键的力常数和原子的质量。化学键越强，$k$ 值越大，折合质量越小，振动波数越高。

根据量子力学求解该体系的薛定谔（Schrödinger）方程解为：

$$E = \left(v + \frac{1}{2}\right)\frac{h}{2\pi c}\sqrt{\frac{k}{\mu}} \tag{15-7}$$

式中，$\mu$ 称为振动量子数，$\mu=1$，2，3，其势能函数为对称的抛物线，如图 15-7(a)所示。实际上双原子分子并不是理想的谐振子，因此其势能函数不再是对称的抛物线形，而是图 15-7(b)所示的曲线。分子的实际势能随着原子核间距的增大而增大，当原子核间距达到一定程度之后，分子就离解成原子，势能为一常数。

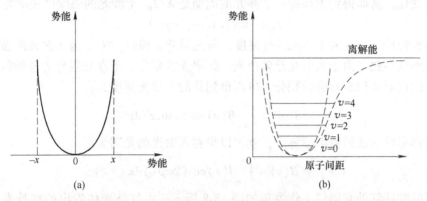

图 15-7　谐振子和非谐振子势能函数
(a) 谐振子；(b) 非谐振子

此时按照非谐振子的势能函数求解薛定谔方程，可以得到体系的势能为：

$$E = \left(v + \frac{1}{2}\right)hcv' - \left(v + \frac{1}{2}\right)^2 xhcv' + \cdots \tag{15-8}$$

式(15-8)可看作对谐振子势能函教的进一步校正，通常校正项取到第二项，$x$ 为非谐性常数，其值远小于 1。图 15-6(b) 中水平线为各个振动量子数 $v$ 所对应的能级，原子振动振幅较小时，可以近似地用谐振子模型来研究；振幅较大时，则不能用谐振子模型来处理。常温下分子处于最低振动能级 $v=0$，此时称为基态。当分子吸收一定波长的红外光后，可以从基态跃迁到第一激发态 $v=1$，此过程产生的吸收带强度高，称为基频。当然也有从 $v=0$ 跃迁到 $v=2$、$v=3$ 等能级的，产生的吸收带强度依次减弱，称为第一、第二等倍频。

### 15.6.2　红外光谱仪

红外光谱（Infrared Spectroscopy）可分为发射光谱和吸收光谱两类。物体的红外发射光谱主要取决于物体的温度和化学组成，红外发射光谱只是一种正在发展的新的实验技术。将一束不同波长的红外射线照射到物质的分子上，某些特定波长的红外射线被吸收，形成这一分子的红外吸收光谱。每种分子都有由其组成和结构决定的独有的红外吸收光谱，它是一种分子光谱。红外吸收光谱是由分子不停地做振动和转动运动而产生的。分子振动是指分子中各原子在平衡位置附近做相对运动，多原子分子可组成多种振动图形。研究红外光谱的方法主要是吸收光谱法。使用的光谱仪有两种类型：一种是单通道或多通道测量的棱镜或光栅色散型光谱仪，另一种是利用双光束干涉原理，并进行干涉图的傅里叶变换数学处理的非色散型的傅里叶交换红外光谱仪。

棱镜和光栅光谱仪属于色散型，它的单色器为棱镜或光栅，属单通道测量，即每次只测量一个窄波段的光谱源。转动棱镜或光栅，逐点改变其方位后，可测得光源的光谱分布。随着信息技术和电子计算机的发展，出现了以多通道测量为特点的新型红外光谱仪，即在一次测量中，探测器就可同时测出光源中各个光谱源的信息。

傅里叶（Fourier）变换红外光谱仪是非色散型的，其核心部分是一台双光束干涉仪。当仪器中的动镜移动时，经过干涉仪的两束相干光间的光程差就改变，探测器所测得的光强也随之变化，从而得到干涉图，干涉光的周期是 $\lambda/2$。干涉光的强度可表示为：

$$I(x) = B(v)\cos(2\pi\mu x) \tag{15-9}$$

式(15-9)中，$I(x)$ 为干涉光信号强度，与光程差 $x$ 相关；$B(v)$ 为入射光的强度，它是入射光频率的函数。由于入射光是多色光，频率连续变化，干涉光强度为各种频率单色光的叠加，因此对式(15-9)进行积分，可以得到总的干涉光强度为：

$$I(x) = \int_{-\infty}^{\infty} B(v)\cos(2\pi\mu x)\,\mathrm{d}v \tag{15-10}$$

经过傅里叶变换的数学运算后，就可以得到入射光的光谱为：

$$B(v) = \int_{-\infty}^{\infty} I(x)\cos(2\pi\mu x)\,\mathrm{d}x \tag{15-11}$$

傅里叶变换红外光谱仪工作原理如图 15-8 所示。由红外光源发出的红外光，经准直为平行红外光束进入干涉仪系统，经干涉仪调制后得到一束干涉光。干涉光通过样品获得含有光谱信息的干涉信号到达探测器（即检测器）上，由检测器将干涉信号变为电信号。此处的干涉信号是一时间函数，即由干涉信号绘出的干涉图，其横坐标是动镜移动时间或动镜移动距离。这种干涉图经过信号转换送入计算机，由计算机进行傅里叶变换的快速计算，即可获得以波数为横坐标的红外光谱图。

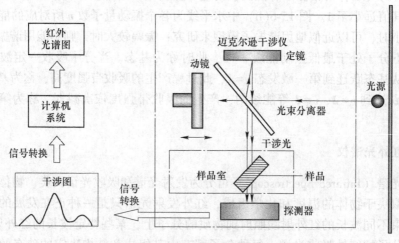

图 15-8　傅里叶变换红外光谱仪工作原理

### 15.6.3　红外光谱分析法

红外光谱分析法主要研究在振动中伴随有偶极矩变化的化合物（没有偶极矩变化的振动在拉曼光谱中出现）。因此除了单原子和同核分子（如 Ne、He、$O_2$、$H_2$ 等）之外，几乎所有的有机化合物在红外光谱区均有吸收。红外吸收带的波数位置、波峰的数目以及吸收谱带的强度反映了分子结构上的特点，红外光谱分析可用于研究分子的结构和化学键，也可以作为表征和鉴别化学物种的方法。红外光谱具有高度特征性，可以采用与标准化合物的红外光谱对比的方法来进行分析鉴定。利用化学键的特征波数来鉴别化合物的类型，并可用于定量测定。因此红外光谱法与其他许多分析方法一样，能进行定性和定量分析。红外光谱是物质定性检验的重要方法之一。它能够提供许多关于官能团的信息，可帮助确定部分乃至全部分子类型及结构。其定性分析有特征性高、分析时间短、需要的试样量少、不破坏试样、测定方便等优点。

### 15.6.4 样品制备

样品制备是红外光谱分析的重要环节。为得到一张高质量的红外光谱图，除仪器性能外，很大程度上取决于选择合适的样品制备方法以及熟练的操作技术，在样品制备中应注意样品浓度和测试厚度的选择要适当。过低浓度和过薄的样品会使某些峰消失，得不到完整谱图，会使某些强吸收峰超过表尺刻度，无法确定真实峰位。一张好的红外谱图应使吸收峰的透过率大都处于 20%～60%范围内。样品中不应含有游离水。水的存在不但会干扰试样的吸收状况，还会腐蚀盐窗。多组分试样要预先进行组分分离。否则各组分光谱互相重叠，使谱图无法解析。

#### 15.6.4.1 气体样品

气体样品一般用气体吸收池进行测试。先将气体池抽真空，利用负压将气体试样吸入池内，吸收峰的强度可以通过调整气体池内样品压力来改变。气体分子的密度比液体、固体小得多，因此气体样品要求有较大的样品光程长度，常规气体吸收池厚度为 10cm。如果被分析的体组分浓度很小，可利用多次反射气体池。利用气体池内反射镜使红外光在气体池中多次反射，光程长度可提高到 10m、20m 或 50m。

在进行气体测定时应注意气体样品要干燥，因水蒸气在中红外区有大量吸收峰。进样前须先进行干燥处理，测定完毕要清洗气体池，即用干燥空气流洗涤气体池及入口管道，若使用多次反射气体池，最好对样品进行纯化。因多次反射后背景吸收十分明显，而且杂质气体对光谱的干扰也会增加。进行定量分析时要使气体池内总压相等，因峰强不仅与分压有关，也与总压有关。必要时，可补充灌注不活泼无吸收气体，如氮气或氩气，使总压相等。

#### 15.6.4.2 固体样品

固体样品依据样品的不同，主要有以下几种方法：

（1）压片法。压片法是固体样品红外光谱分析最常用的制样方法，凡易于粉碎的固体试样都可以采用此法。样品的用量随模具容量大小而异，将样品与 KBr 的混合，比例一般为（0.5～2）：100。压片时先将固体试样置于玛瑙研钵中研细，然后加 KBr 粉末，研磨混合均匀后移入压片模具，抽真空，加压几分钟，混合物在压力下形成一透明小圆片，便可进行测试。

（2）粉末法。粉末法通常是把固体样品放在玛瑙研钵中研细至 2μm 左右。然后把粉末悬浮在易挥发的液体中。把悬浮液移至盐窗上并赶走溶剂即形成一均匀的薄层，再进行扫描。粉末法常出现的问题是粒子散射，即红外光照射到样品颗粒上，入射光发生散射。这种杂乱无章的散射降低了样品光束到达检测器上的能量，使谱图基线升高。散射现象在短波区尤为严重，甚至无吸收峰出现。为降低散射现象，通常应使样品粒子直径小于入射光的波长。

（3）薄膜法。选择适当溶剂溶解试样，将试样溶液倒在玻璃片或 KBr 片上，待溶剂挥发后生成一均匀薄膜即可测试。薄膜厚度一般控制在 0.001～0.01mm。薄膜法要求溶剂对试样溶解度好，挥发性适当。若溶剂难挥发则不易从试样膜中去除干净，若挥发性太大，则会使试样在成膜过程中变得不透明。

（4）糊剂法。对于无适当溶剂又不能成膜的固体样品可采用此法。将 2～5mg 试样研磨成粉末（颗粒小于 20μm），加一滴液体分散制研成类似牙膏的糊状，然后将其均匀涂于 KBr 片上。常用液体分散介质有液体石蜡、氟油和六氯丁二烯三种。由于液体分散介质在 400～4000cm$^{-1}$ 光谱范围内有吸收，所以采用此法应注意到分散介质的干扰。此法虽然简单迅速，能适用于大多数固体试样，但由于分散介质的干扰，尤其是试样和分散介质折光系数相差很大或试样颗粒不够细时，会严重影响光谱质量，不适于用作定量分析。

### 15.6.4.3　液体样品

液体样品分为纯液体和溶液两种。一般尽量不用溶液，以免带入溶剂的吸收干扰。只有试样的吸收很强，液膜法无法制成很薄的吸收层，为了要避免试样分子间相互缔合的影响，才采用溶液法测试。

选用溶液测试时，常用的溶剂为四氯化碳、二硫化碳、二氯甲烷、丙酮等。溶剂的选择必须注意常温下对试样有足够溶解度，对试样应为化学惰性。否则试样的吸收带位置和强度均会受到影响。在试样的主要吸收带区域内该溶剂无吸收，或仅有弱吸收，或吸收能被补偿。各种溶剂本身在红外区域内或多或少有吸收，所以要得到一张光谱较宽的试样溶液光谱图，必须选用两种或两种以上溶剂分段联用。配制溶液浓度一般在 3%～5%。根据不同用途和试样量的多少，选用不同类型的液体试样池。在定量分析时，液体试样池的厚度必须进行校正。

# 15.7　拉 曼 光 谱

拉曼光谱（Raman Spectrum）是一种散射光谱，它是使用 1928 年印度科学家拉曼所发现的散射效应。当光穿过透明介质时，被分子散射的光发生频率变化，这一现象称为拉曼散射，如图 15-9 所示。拉曼光谱的理论解释是，入射光子能量为 $h\nu_0$，与分子发生非弹性散射，处于基态或者激发态的分子吸收频率为 $\nu_0$ 的光子，达到激发态后又发射 $\nu_0-\nu_1$ 的光子，同时分子从低能态跃迁到高能态；处于基态或者激发态的分子吸收频率为 $\nu_0$ 的光子，达到激发态后又发射 $\nu_0+\nu_1$ 的光子，同时分子从高能态跃迁到低能态。处于基态或者激发态的分子吸收频率为 $\nu_0$ 的光子，同时也发射频率为 $\nu_0$ 的光子，同时分子从原来的能级达到激发态后又返回原来的能级，称为瑞利（Rayleigh）散射。频率对称分布在线两侧的谱线或谱带 $\nu_0\pm\nu_1$ 即为拉曼光谱。其中频率较小的成分 $\nu_0-\nu_1$ 又称为斯托克斯（Stokes）线，频率较大的成分 $\nu_0+\nu_1$ 又称为反斯托克斯线。靠近瑞利散射线两侧的谱线称为小拉曼光谱，远离瑞利线的两侧出现的谱线称为大拉曼光谱。瑞利散射线的强度只有入射光强度的 1/1000，拉曼光谱强度大约只有瑞利线的 1/1000。小拉曼光谱与分子的转动能级有关，大拉曼光谱与分子振动—转动能级有关。

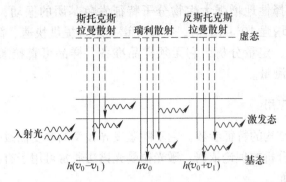

图 15-9　瑞利散射、斯托克斯拉曼散射及反斯托克斯拉曼散射

## 15.7.1　拉曼光谱仪

激光拉曼光谱仪的结构主要包括光源、外光路、色散系统、接收系统、信息处理及显示系统等部分，如图 15-10 所示。

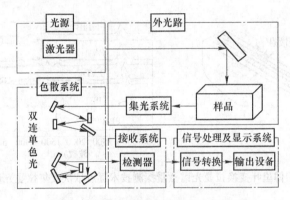

图 15-10　激光拉曼光谱仪的工作原理

光源提供单色性好、功率大并且最好能多波长工作的入射光。目前拉曼光谱实验的光源已全部用激光器代替汞灯。对常规的拉曼光谱实验，常见的气体激光器基本上可以满足实验的需要。在某些拉曼光谱实验中要求入射光的强度稳定，这就要求激光器的输出功率稳定。色散系统使拉曼散射光按波长在空间分开，通常使用单色仪。由于拉曼散射强度很弱，因而要求拉曼光谱仪有很好的杂散光水平。各种光学部件的缺陷，尤其是光栅的缺陷，是仪器杂散光的主要来源。当仪器的杂散光水平小于 $10^{-4}$ 时，只能作气体、透明液体和透明晶体的拉曼光谱。拉曼散射信号的接收类型分单通道接收和多通道接收两种。光电倍增管接收就是单通道接收。为提取拉曼散射信息，常用的电子学处理方法是直流放大、选频和光子计数，然后用记录仪或计算机接口软件画出图谱。

拉曼光谱的波数虽然随入射光的波数而不同，但对同一样品。同一拉曼谱线的位移与入射光的波长无关，只和样品的振动、转动能级有关。在应用拉曼光谱时要注意由于水的拉曼散射很微弱，拉曼光谱是研究水溶液中的生物样品和化合物的理想工具。拉曼光谱一次可同时覆盖 $50 \sim 4000 \mathrm{cm}^{-1}$ 的区间，可对有机物及无机物进行分析。拉曼显微镜物镜可将激光束进一步聚焦至 $20 \mu \mathrm{m}$ 甚至更小，可分析更小面积的样品。共振拉曼效应可以用来有选择性地增强大生物分子特征发色基团的振动，这些发色基团的拉曼光强能被选择性地增强 $10^3 \sim 10^4$ 倍。拉曼光谱技术可提供快速、简单、可重复，更重要的是无损伤的定性、定量分析，它无须样品准备，样品可直接通过光纤探头或者通过玻璃、石英和光纤测量。

### 15.7.2　拉曼光谱的应用

拉曼位移是分子结构的特征参数，它不随激发光频率的改变而改变。这是拉曼光谱可以作为分子结构定性分析的理论依据。激光拉曼光谱法通常可用于有机化学、高聚物、生物、表面和薄膜等方面。

将傅里叶变换拉曼光谱与微量探测技术相结合，可广泛地分析微量样品及聚合物表面微观结构。图 15-11 为由 5 种薄膜组成的复合膜的示意图。用普通红外透射光谱法很难找到恰当的位置收集组分薄膜的拉曼散射，采用傅里叶变换拉曼光谱微量探头，能逐点依次收集拉曼光谱。经傅里叶变换拉曼光谱微量探测技术分析，该复合膜的 5 种聚合物分别是聚乙烯（PE）、聚异丁烯（PIB）、尼龙（PA）、聚偏氯乙烯（PVDC）和涤纶（PET）。

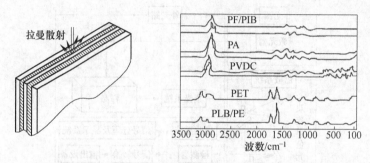

图 15-11　用傅里叶变换拉曼光谱微量探测技术逐点依次收集拉曼光谱的示意图

碳纳米管的碳原子在直径方向上的振动，如同碳纳米管的呼吸一样，称为径向呼吸振动模式（RBM），如图 15-12（a）所示。其径向呼吸振动模式通常出现在 $120 \sim 250 \mathrm{cm}^{-1}$。在图 15-12（b）中给出了 $Si/SiO_2$ 基体上的单壁碳纳米管的拉曼光谱，位于 $156 \mathrm{cm}^{-1}$ 和 $192 \mathrm{cm}^{-1}$ 的峰是径向呼吸振动峰，而 $225 \mathrm{cm}^{-1}$ 的台阶和 $303 \mathrm{cm}^{-1}$ 的峰来源于基体。

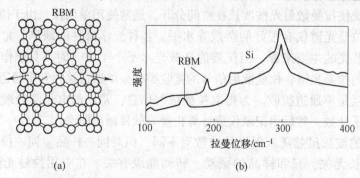

图 15-12　单壁碳纳米管的径向呼吸振动模式及其拉曼光谱

（a）径向呼吸振动模式；（b）拉曼光谱（其中两条曲线来自不同的样本部位，
显示了不同尺寸的单壁碳纳米管的信号）

# 15.8　分子发光光谱

在一定能量激发下，物质分子可由基态跃迁到能量较高的激发态，但处于激发态的分子并不稳定，会在较短时间内回到基态，并释放出一定能量，若该能量以光辐射的形式释放，则称为分子发光（Luminescence），在此基础上进行分子发光分析法。按照激发能形式的不同，一般可将分子发光分为四类，即光致发光、电致发光、化学发光和生物发光。因吸收光能而产生的分子发光称为光致发光（Photoluminescence，PL），按照发光时涉及的激发态类型，PL 分为荧光（Fluorescence）和磷光（Phosphorescence），按照激发光的波长范围可分为紫外—可见荧光、红外荧光和 X 射线荧光。因吸收电能而产生的分子发光称为电致发光（Electroluminescence，EL），因吸收化学能而被激发发光的现象称为化学发光（Chemiluminescence，CL），生物发光（Bioluminescence，BL）是指发生在生物体内的有酶类物质参与的化学发光。

与一般的分光光度法相比分子发光分析法的应用范围有限。但由于其具有较高的灵敏度、良好的选择性、测试所需样品仅为几十微克或微升，而且可提供激发光谱、发射光谱、发光寿命等物理参数，目前在医药、环境、生物科学、卫生检验等领域应用十分广泛。本节主要讨论光致发光中的荧光和磷光分析法。

## 15.8.1　荧光和磷光的产生

由于分子中的价电子具有不同的自旋状态，故分子能级可用电子自旋状态多重性参数 $M$ 来描述，$M = 2S+1$，其中 $S$ 为电子的总自旋量子数。一般分子中的电子数目为偶数，且大多是电子自旋反平行地配对填充在能量较低的分子轨道，此时 $S = 0$，$M = 1$，分子所处电子能态为单重态，用符号 $S$ 表示。基态单重态用 $S_0$ 表示，第一电子激发单重态用 $S_1$ 表示，其余依此类推。根据光谱选律，通常电子在跃迁过程中不改变自旋方向。但在某些情况下，如果一个电子跃迁时改变了自旋方向，使分子具有两个自旋平行的电子时，$S = 1$，$M = 3$，分子所处电子能态为三重态，用符号 $T$ 表示。第一、二电子激发三重态分别用 $T_1$、$T_2$ 表示。一般对于同一分子电子能级，三重态能量较低，其激发态平均寿命较长。相同多重态之间的跃迁为允许跃迁，概率大，速度快。

## 15.8.2　分子非辐射弛豫和辐射弛豫

分子受到一定能量的光能激发后，可跃迁至能量较高的激发单重态的某振动能级。处于激发态的分子不稳定，将通过辐射弛豫或非辐射弛豫过程释放能量回到基态，如图 15-13 所示。其中激发态寿命越短、速度越快的途径越占优势。

若处于激发态的分子在返回基态的弛豫过程中不产生发光现象，称为非辐射弛豫，辐射

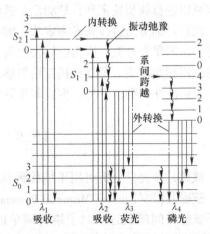

图 15-13　分子的激发和弛豫过程示意图

弛豫过程伴随发光现象，即产生荧光或磷光。荧光的产生受激分子经振动弛豫或内转换转移到 $S_1$ 的最低振动能级后，以释放光子的形式跃迁到 $S_0$ 的各个振动能级上。这一过程发出的光称为荧光。由于跃迁前后电子自旋不发生变化，因而这种跃迁发生的概率大，辐射过程较快（$10^{-9} \sim 10^{-6} s$）。但因为振动弛豫、内转换、外转换等非辐射弛豫的发生都快于荧光发射，所以通常无论激发光的光子能量多高，最终只能观察到由 $S_1$ 的最低振动能级跃迁到 $S_0$ 的各振动能级所对应的荧光发射。因此，在激发光光子能量足够高的前提下，荧光波长不随激发光波长变化。此外，荧光的波长一般总要大于激发光的波长，这种现象称为斯托克斯（Stokes）位移。当斯托克斯位移达到 20nm 以上时，激发光对荧光测定的影响较小。磷光的产生受激分子通过系间跨越由 $S_1$ 的最低振动能级转移至 $T_1$ 的较高振动能级上，然后经过振动弛豫到达最低振动能级，再以发出辐射的方式转移至 $S_0$ 的各个振动能级上。这一过程发出的光称为磷光。能够发射磷光的分子比发射荧光的分子要少，且磷光强度一般低于荧光强度。对于同一分子来说，$T_1$ 的最低振动能级能量低于 $S_1$ 的最低振动能级，因而磷光的波长长于荧光。同时，磷光寿命相对较长（$10^{-6} \sim 10s$）光照停止后，仍可维持一段时间。

在发射波长一定时，以激发光波长为横坐标，荧光或磷光强度为纵坐标绘制的光谱称为激发光谱。它是选择最佳激发光波长的重要依据，也可用于发光物质的鉴定。激发光谱的形状与吸收光谱具有相似性。在激发波长一定时，以荧光或磷光的发射波长为横坐标，发光强度为纵坐标绘制的光谱称为发射光谱。一般发射光谱的形状与激发波长无关，但荧光发射光谱和吸收光谱成镜像相关。

### 15.8.3　荧光和磷光分析仪

荧光和磷光分析仪是用来测定光致发光光谱的仪器，它和紫外—可见分光光度计的结构类似。但为消除透射光的影响，荧光和磷光分析仪中的检测器位于与入射光和透射光的垂直方向。用于荧光测量的比色皿是四面透光的，操作时需手持对角棱，避免污染透光面。荧光和磷光分析仪中有两套独立的单色器，分别用于对激发光波长和荧光波长的选择。

由于大多数有磷光的物质都会发出荧光，需要采用"磷光镜"装置使检测器只探测到磷光而不会被荧光所干扰，它利用了磷光寿命相对较长的特点。根据荧光光谱的峰位和强度可以进行物质鉴定和含量测定，这就是荧光分析法。目前，荧光分析法多用于定量分析，此法可细分为直接荧光测定法、间接荧光测定法和荧光猝灭法三种。磷光分析法是荧光分析法的重要补充。因为能够发出磷光的物质较少，且易受环境因素的影响，磷光分析法的应用相对较少。但其斯托克斯位移较大，且荧光较弱的物质通常能发出较强的磷光，磷光分析法在医药、环境、生物科学等领域的应用也日益广泛。

## 15.9　核磁共振光谱

核磁共振光谱分析可用于结构确认，热力学、动力学和反应机理的研究，及定量分析。核磁共振（Nuclear Magnetic Resonance，NMR）光谱实际上是一种吸收光谱，来源于原子核能级间的跃迁。对于结构简单的样品可直接通过氢谱的化学位移值、耦合情况（耦合裂分的峰数及耦合常数）及每组信号的质子数来确定。测定 NMR 光谱是根据某些原子核在磁场中发生能量分裂，形成能级。用一定频率的电磁波对样品进行照射，就可使特定结构环境中的原子核实现共振跃迁，在照射扫描中记录发生共振时的信号位置和强度，就得到 NMR 光谱，光谱上共振的信号位置反映样品分子的局部结构；信号强度往往与有关原子核在样品中存在的量有关。在过去 10 年中，NMR 光谱在研究溶液及固体状态材料的结构中取得了巨大的进展。尤其是高分辨率固体 NMR 技术，已能方便地研究固体高分子的化学组成、形态、构型及动力学。二维核磁共振光谱、三维和多维核磁共振光谱、多量子跃迁等 NMR 测定新技术陆续被提出并实现，这些新技术在归属复杂分子的谱线方面非常有用。

### 15.9.1　核磁共振的基本原理

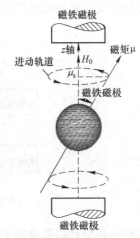

图 15-14　自旋原子核在外磁场中的进动

　　与电子相同，某些原子核也有自旋现象，因而具有一定的自旋角动量。原子核是带电粒子，如电流流过线圈会产生磁场一样，原子核自旋运动也会产生磁场，因而具有磁偶极矩，简称磁矩，以符号 $\mu$ 表示。按照经典力学的观点，将具有一定磁矩 $\mu$ 的自旋核放进外磁场 $H_0$ 中后，外磁场 $H_0$ 与磁矩 $\mu$ 之间形成一个 $\theta$ 角，并相互作用产生一个力矩，力矩要使磁矩向 $H_0$ 的方向倾斜，但由于核具有自旋，自旋产生的角动量使 $\theta$ 角维持稳定。这样原子核在自旋的同时还绕 $H_0$ 旋进，如同重力场中的陀螺一样，这种运动称为原子核绕 $H_0$ 的进动运动，如图 15-14 所示。原子核在磁场中的运动可分为原子核的自旋和原子核绕 $H_0$ 的运动。

　　原子核在外磁场中有 $(2I+1)$ 个能级。这表明在静止磁场中原子核的能量是量子化的，如图 15-15 所示。比如 $I=1/2$ 的磁核，当 $m=+1/2$ 时，$\mu_z$ 与 $H_0$ 取向相同，$E$ 值为负，原子核处于低能态 $E_1$；当 $m=-1/2$ 时，$\mu_z$ 与 $H_0$ 取向相反，$E$ 值为正，原子核处于高能态 $E_2$。

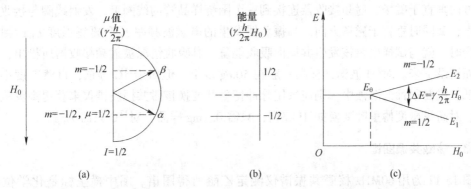

图 15-15　在外磁场中磁核（$I\neq0$）的能量 $E$ 与磁矩 $\mu$、外磁场 $H_0$ 的关系

（a）不同能态时磁矩 $\mu$ 在外磁场 $H_0$ 中的取向；（b）磁核在 $H_0$ 中的能级；（c）磁核的能量 $E$ 与磁场强度 $H_0$ 的关系

核磁共振的条件是：

$$v_0 = \frac{\gamma}{2\pi}H_0 \qquad\qquad (15\text{-}12)$$

由式(15-12)可见，某种原子共振条件（$H_0$，$v_0$）是由原子核的本性（$\gamma$）决定的。在一定强度的外磁场中，只有一种跃迁频率，每种原子核的共振频率 $v_0$ 与 $H_0$ 有关。

### 15.9.2　核磁共振波谱仪

按不同的工作方式，可分成连续波核磁共振谱仪（CW-NMR）和脉冲傅里叶核磁共振谱仪（PFT-NMR）两类。连续波核磁共振谱仪由磁铁、磁场扫描发生器、射频发生器、射频接收器及信号记录系统等组成，如图 15-16 所示。

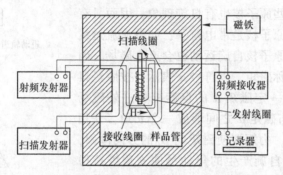

图 15-16　连续波核磁共振谱仪工作示意图

磁铁的质量和强度决定了核磁共振波谱仪的灵敏度和分辨率。灵敏度和分辨率随磁场强度的增加而增加。磁场的均匀性、稳定性及重现性必须良好。所用磁铁一般为永久磁铁、电磁铁以及超导磁铁。永久磁铁及电磁铁获得的磁场强度一般不超过 $2.4T$ 相应于氢核的共振频率为 100MHz，超导磁铁的分辨率最高，也最昂贵，其提供的磁场强度可达 $17.5T$，相当于质子的吸收频率为 750MHz。

为便于仪器测定各种原子核的核磁共振，一般以固定射频频率，改变磁场强度，采用磁场扫描（称为扫场），固定磁场强度，改变频率，采用射频频率扫描（称为扫频）。将射频发射器连接到发射线圈上，该线圈与扫描线圈垂直，然后将能量传递给样品，而射频发射方向垂直于磁场。射频接收器连接到一个围绕样品管的线圈上，发射线圈与接收圈互相垂直，又同时垂直于磁场方向。当振荡器发生的电磁波频率 $\nu_0$ 和磁场强度 $B_0$ 达到特定的组合时，就与试样中氢核发生共振而吸收能量，其吸收情况被射频接收器所检出，通过放大而记录下来。对 $^1H$ 波谱，样品一般在 50mg 以上。但对于 $^{13}C$ 等核，自然丰度小，灵敏度低，或在很稀的溶液中，则应采用脉冲傅里叶变换核磁共振波谱仪来获得高灵敏度的图谱。对高灵敏度傅里叶变换如 $^1H$ 波谱，只需 0.1mg 样品，对 $^{13}C$ 只需 1mg。

### 15.9.3　核磁共振图谱

图 15-17 为用 60MHz 核磁共振谱仪测定乙醚所得图谱。图中横坐标是化学位移用 $\delta$（或 $\tau$）表示。图中有两条曲线，下面一条是乙醚中质子共振线，上面一条阶梯形曲线为积分线。

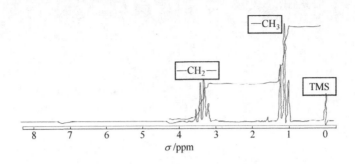

图 15-17　乙醚的核磁共振图谱

由质子共振图谱可得到吸收峰的组数信息，说明分子中化学环境不同的质子有几组，质子吸收峰出现的频率，即化学位移值，表明分子中的基团情况，峰的分裂个数及偶合常数可说明基团间的连接关系，阶梯式积分曲线的高度，表达的是各基团的质子比。

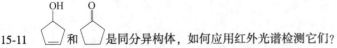

15-1　从原理上比较发射光谱法和原子吸收光谱法的异同点。

15-2　在原子吸收光度计中为什么不采用连续光源（如钨丝灯或氘灯），而在分光光度计中则需要采用连续光源？

15-3　石墨炉原子化法的工作原理是什么？与火焰原子化法相比较，有什么优缺点，为什么？

15-4　用原子吸收法测锑，用铅作内标。取 5.00mL 未知锑溶液，加入 2.00mL 4.13μg/mL 的铅溶液并稀释至 10mL，测得 $A_{Sb}/A_{Pb} = 0.808$；另取相同浓度的锑和铅溶液，$A_{Sb}/A_{Pb} = 1.31$。计算未知液中锑的质量浓度。

15-5　在有机化合物的鉴定及结构推测上，紫外吸收光谱所提供的信息具有什么特点？

15-6　下列两对异构体，能否用紫外光谱加以区别？

(1)　　　　　　(2)　　　　　　CH=CH—CO—CH₃　　　　　CH=CH—CO—CH₃

15-7　紫外及可见分光光度计与可见分光光度计比较，有什么不同之处？

15-8　产生红外吸收的条件是什么？是否所有的分子振动都会产生红外吸收光谱？

15-9　何谓基团频率，它有什么重要用途？

15-10　氯仿（CHCl₃）的红外光谱说明 C—H 伸缩振动频率为 3100cm⁻¹ 对于氘代氯仿（$C^2HCl_3$），其 $C{-}^2H$ 振动频率是否会改变？如果变化，是向高波数还是低波数位移，为什么？

15-11　　OH　　和　　O　　是同分异构体，如何应用红外光谱检测它们？

15-12　何为拉曼效应？说明拉曼光谱产生的机理及条件。

15-13　分子处于激发态后，去活化过程有哪些方式，分子荧光如何发生？

# 第三篇

# 光学金相显微分析

光学金相显微分析是指利用金相显微镜对金属和合金的组织进行观察和分析，狭义的金相分析不包括使用电子显微镜等手段进行分辨率更高的观察分析。光学金相分析开始于19世纪60年代，100多年的科学实践使它已从一般的明场观察发展成材料科学领域中的一项完整的分析技术，本篇主要内容有：

（1）介绍金相显微镜和体视显微镜的光学原理，光学透镜的像差和分辨率，像场弯曲和色差现象以及显微镜的结构、金相分析样品的制备方法，并讨论了金相组织的显示和观察。

（2）对偏振光学显微镜、干涉光分析和相衬多金相分析技术的原理和方法进行了讲述，着重对技术特点和系统工作原理进行了分析，并对所使用的条件和环境做了说明。

# 16 传统光学显微镜

在材料学研究中也经常使用传统光学显微镜，此类设备主要包括金相显微镜和体视显微镜，主要是对材料显微组织、低倍组织和断口组织等进行分析研究和表征，并能对材料显微组织的成像进行定性、定量。使用金相显微镜可得到反映和表征构成材料的相和组织组成物、晶粒（也包括可能存在的亚晶）、非金属夹杂物和某些晶体缺陷（例如位错）的数量、形貌、大小、分布、取向、空间排布状态等信息。本章讲述的内容主要是光学透镜的成像原理、显微镜的工作原理、必要的样品制备、准备和取样方法。

## 16.1　透镜的成像原理

### 16.1.1　光的折射

光在同一介质中是为直线传播，但不同介质中的传播速度不同。光从一种介质到另一种介质传播时，在两种介质界面的传播方向会突然发生变化，这就是光的折射现象，如图16-1所示。频率为 $\nu$ 的单色光在同介质中传播时其频率是固定不变的。若此单色光的波长为 $\lambda$，则它在折射率为 $n$ 的介质中传播时速度为 $V = \nu\lambda/n$。因在真空中光的折射率 $n = 1$，相应的传播速度为 $c$，故光在一般介质中的传播速度应为 $v = c/n$，$n$ 为大于 1 的正数。

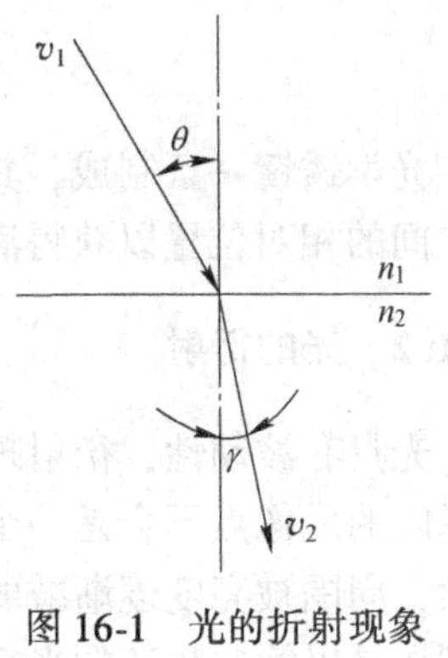

实验证明光在折射时入射光、折射光和折射界面法线三者位于同一平面内，入射角 $\theta$、折射角 $\gamma$ 与两种介质的折射率 $n_1$ 和 $n_2$ 之间满足以下关系：

$$\frac{\sin\theta}{\sin\gamma} = \frac{v_1}{v_2} = \frac{n_2}{n_1} = n_{21} \tag{16-1}$$

图 16-1　光的折射现象

因为 $V_1 = v\lambda_1$，$V_2 = v\lambda_2$，故有：

$$\frac{\sin\theta}{\sin\gamma} = \frac{\lambda_1}{\lambda_2} \tag{16-2}$$

式中　$v_1$，$v_2$，$\lambda_1$，$\lambda_2$——光在第一和第二种介质中的传播速度和波长；

$n_{21}$——相对折射率。

如果 $n_2 > n_1$，则 $n_{21}$ 大于 1 或 $\lambda_1 > \lambda_2$，这表明光在第一种介质中的传播速度大于第二种介质，此时折射光更靠近界面法线即折射角 $\gamma$ 小于入射角 $\theta$；反之则折射角大于入射角。折射是光学透镜成像的基础，利用光的折射可使平行光射入凸透镜时发生聚焦，如图16-2所示。

凸透镜是光学显微镜放大成像的主要部件，凸透镜成像时服从公式（16-3）：

$$\frac{1}{L_1} + \frac{1}{L_2} = \frac{1}{f}$$ （16-3）

图 16-3 所示为凸透镜成像原理，其中 $L_1$ 和 $L_2$ 分别为物距和像距，$F$ 为焦点，它至透镜中心的距离 $f$ 为焦距。

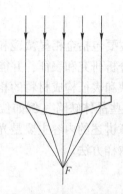

图 16-2　平行光的聚焦

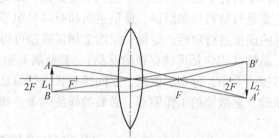

图 16-3　凸透镜成像原理

如图 16-3 所示，当物体置于 1~2 倍焦距，根据几何光学的原理，当 $1 < L_1/f < 2$ 时会形成倒立的放大实像。由几何作图的结果可知，当 $L_1/f > 2$ 时，形成倒立缩小实像；当 $L_1/f < 1$ 时，形成正立虚像。一般将像和物长度的比值，成像距和物距的比值，称为透镜的放大倍数，即：

$$M = \frac{A'B'}{AB} = \frac{L_2}{L_1}$$ （16-4）

光学透镜一旦制成，其焦距 $f$ 将固定不变，若要满足成像条件则必须改变透镜与物和像之间的相对位置以获得满足式（16-3）中 $L_1$ 和 $L_2$ 的关系。

### 16.1.2　光的衍射

光具有波动性，衍射现象的本质是光波之间的干涉。由于衍射的存在，质点通过透镜成像时的成像点不会是一个理想的几何点，而是一个有一定尺寸的光斑。光斑中间的亮度最大，周围被亮度逐渐减弱的明暗相间衍射环包围，这些光斑即为埃利（Airy）斑。通常埃利斑是以第一暗环的半径来描述其尺寸大小。

图 16-4(a)所示为物体两个点光源成像时形成的埃利斑。图中 $S_1$ 和 $S_2$ 是成像点，$S_1'$ 和 $S_2'$ 是埃利斑。16-4(b)为埃利斑的形状及其强度 $I$ 的分布，$R_0$ 为第一暗环的半径。图 16-4(a)中当两个点光源 $S_1$ 和 $S_2$ 之间距离 $r$ 较大时，相对应的埃利斑会彼此分开，此时的间距为 $R$，即可认为两个物点的像能被物镜清楚分辨出来；若两物点之间距离相互靠近，埃利斑也随之接近，当它们之间的间距 $R = R_0$ 时，两埃利斑会部分重叠。分析强度分布曲线，可发现这时两个强度曲线峰和低谷之间的相对强度差值约 19%。由于 19% 的强度差刚能被人眼所觉察，因此瑞利（Rayleigh）以此为基础提出了分辨两个埃利斑的标准：当两个埃利斑之间的间距等于第一暗环半径 $R_0$ 时，两斑之间存在的亮度差是人眼刚能分辨的极限值，因此 $R \geq R_0$ 是能够分辨相邻两个成像点的判据；若两个埃利斑之间的距离 $R < R_0$ 时，则合成强度曲线间的强度差小于 19% 或只有一个强度峰出现，此时，两个成像点不可

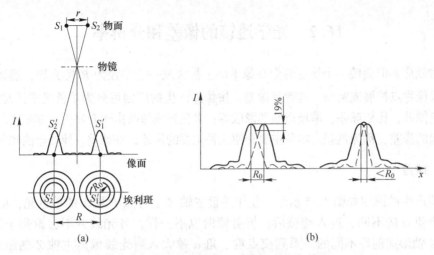

图 16-4　两个点光源透镜成像形成的埃利斑

（a）埃利斑的形成；（b）两个埃利斑的强度

分辨。

根据衍射理论并结合阿贝（Abbe）成像原理，可导出物点通过透镜后产生埃利斑半径 $R_0$ 的计算公式：

$$R_0 = \frac{0.61\lambda}{n\sin\alpha}M \tag{16-5}$$

式中　$n$——透镜靠近物体一边的介质折射率；

　　　$\lambda$——照明光的波长；

　　　$\alpha$——透镜的孔径半角；

　　　$M$——放大倍数；

$n\sin\alpha$——数值孔径，习惯上用符号 N. A 表示（Numerical Aperture 的缩写）。

$R_0$ 位于像平面上，它是由物体上的一个几何点通过透镜成像后演化成的圆斑半径，若把 $R_0$ 除以放大倍数 $M$ 就可把这个尺度折算到成像的物体上去，即：

$$r_0 = \frac{R_0}{M} = \frac{0.61\lambda}{n\sin\alpha} \tag{16-6}$$

式中　$r_0$——透镜所能分辨样品相邻两物点间的最小距离，称为由衍射效应确定的透镜分辨率。

由式（16-6）可见，照明光的波长越短，介质的折射率和透镜的孔径半角越大，$r_0$ 数值越小，相应的分辨率就越高。从技术方面来看，玻璃透镜的孔径半角可以做得很大，最大者可达 $\alpha = 75°$；若物镜的介质为松柏油的折射率 $n$ 可达 1.5 左右，此时计算出的数值孔径 N. A 约为 1.25~1.35。式（16-6）可以写成：

$$r_0 \approx \frac{1}{2}\lambda \tag{16-7}$$

式（16-7）说明由衍射效应规定的分辨率可用照明光波长的一半来估算。可见光的波长范围为 390~760nm，若用可见光中波长最短的紫光照明，则分辨率可达 200nm。

# 16.2　光学透镜的像差和分辨率

衍射效应不但会使一个物点的像在像平面上扩大成一个半径为 $R_0$ 的光斑，透镜成像时还会使成像物点扩展成圆斑，这就是像差。按像差产生的原因可分为单色光成像时的像差，称为单色像差，比如球差、像场弯曲和像散等；多色光成像时由于介质折射率随光的波长不同而引起的像差，称为色差。本节主要介绍三种主要的像差，即球差、像场弯曲和色差。

## 16.2.1　球差

球差产生的原因如图 16-5 所示。位于透镜主轴 $Z$ 上的点 $P$ 发出的单色光，由于入射的孔径半角 $\alpha$ 的不同，进入透镜后，折射倾向也不一样，各光线并不会聚焦于同一点，而会沿 $Z$ 轴形成前后不同的一系列交点群。角 $\alpha$ 越大入射光线偏离主轴 $Z$ 的距离越远，称为远轴光线；角 $\alpha$ 小的入射光线则离主轴较近，称为近轴光线。若把图 16-5 中的像平面沿 $Z$ 轴左右移动，就可得到一个最小的散焦圆斑。最小散焦斑的半径可用 $R_s$ 表示。如果把最小散焦斑折算到物平面（物体或样品）上去，则可得：

$$r_0 \approx \frac{R_s}{M} \tag{16-8}$$

$R_s$ 的物理意义与衍射规定的分辨率 $r_0$ 相似，可用 $R_s$ 的大小衡量球差。显然 $R_s$ 值较小时，透镜的分辨率就会提高。光学玻璃制成凸透镜所引起的球差可配以相同材料的凹面镜，组成透镜组进行部分校正。

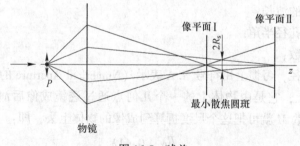

图 16-5　球差

## 16.2.2　像场弯曲

如图 16-6 所示在透镜的物理平面 $AB$ 上发出的单色光通过透镜折射后，每一个物点均能得到一个像点。由于近轴光线和远轴光线的折射程度不同，整个像平面不可能再是一个平面。近轴光线物点 $P$ 的像点位于 $P'$ 处，远轴光线物点 $A$、$B$ 的像点分别位于 $A'$ 和 $B'$ 处，图像成一曲面，这就是像场弯曲。视域越大场曲越严重，就会形成图像上各点清晰度的变化。为获得在大视场内平坦清晰的图像，常采用组合透镜对弯曲的像场进行校正。

## 16.2.3　色差

色差有轴向色差和垂轴色差两种类型。造成轴向色差的示意图如图 16-7 所示。从物

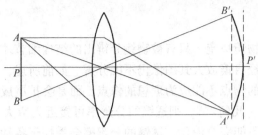

图 16-6 像场弯曲

点 $P$ 发出的多色光经透镜后，波长最短的紫光折射倾向最大，红光的折射倾向最小，这样各种颜色的光会聚焦于主轴 $Z$ 的不同位置，物点 $P$ 在像平面上得到的也不是一个像点，而是多种颜色像的汇集。如把像平面沿主轴左右移动，可以得到一个尺寸最小的散焦斑，其半径用 $R_c$ 表示。若把散焦斑半径 $R_c$ 折算到物平面上，则有：

$$r_0 = \frac{R_c}{M} \tag{16-9}$$

同样也可以用 $r_c$ 来表示轴向色差的大小，$r_c$ 变小，透镜的分辨率将提高。

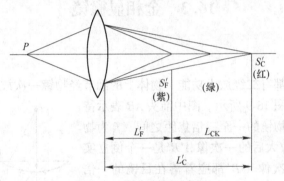

图 16-7 轴向色差示意图

形成垂轴色差的示意图如图 16-8 所示。根据折射原理，紫光和红光形成物像的高度不同，红光高而紫光低。会形成垂轴色差，这样就会在像平面上得到一个不同色调镶边的图像，这会影响到所成像的清晰度。

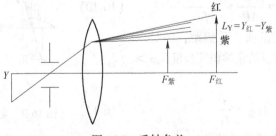

图 16-8 垂轴色差

以上介绍了单片透镜成像时存在三种主要缺陷。在实际使用过程中，显微镜中的透镜均是由透镜组成。位于最前沿的凸透镜担负着放大的作用，其后的透镜组都是为了消除各种像差而设置，这些透镜可称为校正透镜，这些透镜的设计和生产都有专门的技术。

### 16.2.4 透镜的分辨率

显微镜的分辨率由物镜决定，只有被物镜分辨出的结构细节才能被目镜进一步清晰放大，一个模糊的组织虽经目镜放大其图像仍不能分辨。如前所述，由于光学透镜成像时有像差和衍射效应，成像的物点不能成为理想的像点，而是会扩展成各种散焦斑。如散焦斑的尺寸接近于理想像点（几何点），则透镜的分辨率可接近无穷大。实际上光学透镜的缺陷只能部分得到校正而不能完全消除，透镜的分辨率会受控于各种缺陷形成的散焦斑的大小。透镜成像时，各种最小散焦斑也将在像平面重叠，透镜的分辨率会受到这些散焦斑中尺寸最大斑点的影响。如 $R_0$、$R_s$、$R_c$ 分别代表由衍射、球差和色差在像平面上形成的最小散焦斑的半径，其中 $R_0$ 的数值为最大，此时透镜的分辨率为 $r_0 = R_0/M$，可通过增加孔径半角 $\alpha$ 和介质折射率或改用较短波长的光源来减小 $R_0$ 的数值，使分辨率提高。当 $R_0$ 的数值降低到比球差（或色差）的散焦斑半径 $R_s$ 小时，继续采取同样的方法就不能再使分辨率提高，此时透镜的分辨率将由 $r_s = R_s/M$ 来决定，只有继续采取减小 $R_s$ 的方法才能使透镜的分辨率进一步提高。

## 16.3 金相显微镜

### 16.3.1 工作原理

金相显微镜一般都有二级放大功能。物体上的细节经物镜一次放大后再由目镜作第二次放大，放大原理如图 16-9 所示。图中箭头 $AB$ 表示待放大的物体，它置于物镜的一至二倍焦距之间（$f_1$ 为物镜前焦距）。经物镜放大后的一次像 $A'B'$ 是一个倒立实像。在显微镜中，一次像 $A'B'$ 都应着落在目镜的一倍焦距 $f_2$ 之内，它再经目镜放大则成为一个正立的虚像 $A''B''$。显微镜总放大倍数是物镜和目镜放大倍数的乘积。

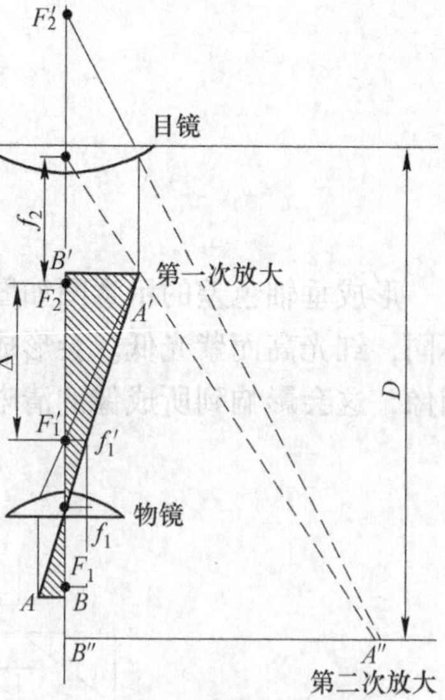

由图 16-9 中可得物镜的放大倍数为：

$$M_物 = \frac{A'B'}{AB} = \frac{s + f'_1}{f_1} \qquad (16\text{-}10)$$

式中 $f_1$，$f'_1$——物镜的前、后焦距；

$\quad\quad s$——显微镜的光学镜筒长度且 $s \gg f'_1$。

由式(16-10)可得：

$$M_物 = \frac{s}{f_1} \qquad (16\text{-}11)$$

同理，目镜的放大倍数公式为：

$$M_目 = \frac{A'B'}{AB} = \frac{D}{f_2} \qquad (16\text{-}12)$$

式中 $f_2$——目镜的前焦距；

图 16-9 金相显微镜的放大原理

$D$——人眼的明视距离，一般 $D=250\text{mm}$。

显微镜的总放大倍数公式为：

$$M = M_{物}M_{目} = \frac{s}{f_1}\frac{D}{f_2} \tag{16-13}$$

式(16-13)中，明视距离 $D$ 是一个常数，光学镜筒长度是设计显微镜时已确定的参数，可根据不同物镜和目镜的匹配来获得所需要的放大倍数。

### 16.3.2 物镜简介

#### 16.3.2.1 物镜的种类

显微镜的物镜是由多片透镜构成的透镜组，物镜可按其镜片组合主要分为下列四种：

(1) 消色差物镜（Achromat）。这是金相显微镜中构造最简单的物镜，适用于中、低倍的放大。这种透镜能校正红、绿波长区的色差 [见图 16-10(a)和(b)]，同时对黄、绿波长区的球差进行了校正，但像场弯曲现象仍然存在。由于对紫光的色差以及红、紫光的球差没有校正，因此使用时应配以黄绿滤色片只让黄绿光通过。虽说消色差物镜的构造简单，但透镜的总片数仍为 6~7 片。

(2) 复消色差物镜（Apochromatr）。这种物镜对色差的校正比较理想，可见光的全部波段范围都得到了校正 [见图 16-10(c)]。同时对紫光和绿光范围的球差亦得到了校正，但是像场弯曲仍未改变。这种物镜可进行高倍放大，并可配用任何色调的滤色片。

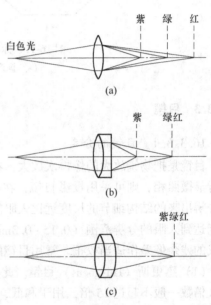

图 16-10 不同物镜对色差的校正示意图
(a) 单透镜色差未校正；(b) 消色差物镜；
(c) 复消色差物镜

(3) 平面消色差物镜（Planachromat）。对色差和球差的校正情况和消色差物镜相同，增加了对像场弯曲的校正。

(4) 平面复消色差物镜（Planapochromat）。对色差和球差的校正和复消色差物镜相同，同时增加了对像场弯曲的校正。平面复消色差物镜最适用于高倍观察和照相，但它的构造复杂透镜片的总数可多达十余片。

#### 16.3.2.2 物镜的识别

物镜的主要参数大多标在物镜的镜筒上，如图 16-11 所示。金相显微镜的物镜一般都有五种标志。

国产消色差物镜一般不标符号，复消色差和平面消色差物镜则分别标以 FC 和 PC 符号，国外生产的物镜则分别用英文名称标出，比如平面消色差为 Planachromatic，消色差为 Achromatic，复消色差为 Apochromatic 等，放大倍数以 15×、20×、32×、40×、63×等表示。数值孔径用数值直接标在镜筒上，例如 0.65 表示 N.A=0.65。机械镜筒长度指从物镜的座面到目镜顶面的距离，在镜筒上分别以毫米数刻出，比如 160mm、170mm、190mm

和∞/0。∞/0 表示这种物镜可以在任何镜筒长度下使用。介质符号的表示，干镜头一般不标符号，凡油浸物镜则标以 HI 或 oil，国产物镜则标以"油"或"Y"。

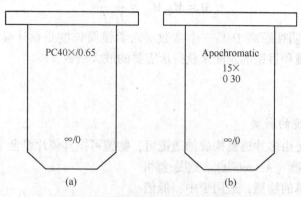

图 16-11 标在镜筒上的物镜主要参数

(a) 国产物镜；(b) 进口物镜

### 16.3.3 目镜

#### 16.3.3.1 目镜的分类

目镜是把物镜放大的像再次放大，在明视距离的位置处形成一个放大的虚像。如果要进行显微照相，则可采用投影目镜，在对焦屏（毛玻璃）上得到一个放大的实像。被物镜分辨出来的结构细节的尺度远比人眼能够分辨的距离小，因此必须通过目镜进一步放大才能达到人眼的分辨范围（0.15~0.3mm）。有些目镜除放大作用外，还可将物镜成像时造成的残余像差作适当校正。常用目镜的种类如下：

（1）惠更斯（Huygoens）目镜。此类目镜未作像差校正，或仅作部分球差校正，其放大倍数一般不超过 15 倍，用于和低、中倍的消色差物镜配合使用。

（2）冉斯登目镜（R 式或 SR 式目镜）。此类目镜对像弯曲和图像畸变校正较好，对球差也有一定程度的校正，但色差较大。它可以看成是一个凸透镜，可单独作放大镜使用。

（3）补偿目镜。这种目镜具有过度校正色差的特点，可以补偿复消色差物镜的残余色差。由于像差校正得好，它的放大倍数也可相应提高。

（4）测微目镜。在目镜中加入一片带有刻度的玻璃片，可用于金相组织的定量测定。除了上述几种目镜外，还有放大型目镜、广角目镜和双筒目镜等。

#### 16.3.3.2 放大倍数的选择

显微镜的有效放大倍数是指在保证物镜分辨率充分利用时所对应的显微镜的放大倍数。有效放大倍数 $M_{有效}$ 的计算公式为：

$$M_{有效} = \frac{r_e}{r_M} \tag{16-14}$$

式中，$r_e$ 是人眼的分辨率，人眼在明视距离（250mm）处的分辨能力统计位于 0.15 ~ 0.30mm；$r_M$ 是物镜的分辨率，也是光学显微镜的分辨率，高质量显微镜的分辨率可达到

$r_M$ = 200nm，即 0.2μm。若把 $r_e$ 定为 0.2mm，则显微镜的有效放大倍数 $M_{有效}$ = 1000 倍。

上述分析表明若显微镜的物镜放大倍数为 100 倍，其分辨率 $r_M$ = 0.2μm，比如选用 10 倍目镜其总放大倍数正好等于有效放大倍数 1000 倍。若选择小于 10 倍的目镜，则因总放大倍数减小而使原本能看清的结构细节不能被人们分辨出来，故没有充分发挥物镜 0.2μm 的分辨率；如选用的目镜放大倍数超过 10 倍，虽然总的放大倍数增大了，但物镜的分辨率并未改变，此时，小于 0.2μm 的细节仍然不能被分辨，只是被虚假地放大。因此显微镜中物镜和目镜放大倍数的合理配合是以有效放大倍数作为根据。

在实际操作过程中，可根据物镜的数值孔径 N.A 来确定有效放大倍数的大小。因 $M_{有效}$ = $r_e$ / $r_M$，若 $r_M$ 以衍射规定的分辨率 $r_0$ = 0.61λ/nsinα 为代表，而 nsinα = N.A，故：

$$M_{有效} = \frac{(0.15 - 0.3)\,N.A}{0.61\lambda} \tag{16-15}$$

在常规金相分析时大都采用黄绿光，其平均波长 λ = 550nm，代入式（16-15）得 $M_{有效}$ = (447 - 894)N.A。由于这是粗略计算，为便于记忆可把计算结果圆整为：

$$M_{有效} = (500 \sim 1000)\,N.A \tag{16-16}$$

如物镜的参数为 40×/0.65N.A，根据式（16-16），有效放大倍数为 325～650 倍之间，而目镜的放大倍数 $M_目$ 应位于 325/40～650/40，即 8～16 倍。

### 16.3.4  照明系统

金相显微镜与生物显微镜不同，金相样品不透光，必须依靠附加光源才能对样品进行分析。照明系统的功能在于能改变和调整采光方法，并能使光线的行程变化。金相显微镜的照明系统包括照明光源、光阑、滤色片和垂直照明器等。

#### 16.3.4.1  照明光源

一般使用低压钨丝灯、碳弧灯或碘钨灯等作为照明光源。小型金相显微镜都用 6～8V、15～20W 钨丝灯。大型金相显微镜除配有低压钨丝灯外还配备有碳弧灯或碘钨灯，后两种灯能达到很高的照明亮度，有利于暗场观察和照相。灯泡发出的光线可用一组透镜将光源的像聚焦并正好投射到试样表面，使整个像域都得到均匀的照射和合适的亮度。为使灯丝的聚焦像不干扰物像，可在聚光光路中插入一片毛玻璃，进一步改善照明效果，若把灯泡发出的光线通过透镜会聚到孔径光阑处，再通过一个透镜把光阑和光源的像会聚在物镜的后焦面上，此时从物镜发出的平行光束就能均匀地照射到试样表面，这种照明方式的光线利用率高、照明效果好是当今使用最广泛的金相显微镜照明方式。

#### 16.3.4.2  滤色片

由于消色差物镜不能将色差完全消除，白色光线中会有蓝、紫色光存在，使形成的物像具有色调不清晰的外形轮廓。使用滤色片可吸收波长中不需要的光线，主要作用如下有以下三点：第一是校正残余色差，消色差物镜的像差校正仅在黄、绿波长区较理想，这种物镜应和黄、绿色滤色片配合使用。第二是提高物镜的分辨率，波长愈短，物镜的分辨率愈高。若选用蓝光作光源（λ = 440nm）时，其分辨率可比黄绿光（λ = 550nm）高出 25%。由于人眼对蓝光的感觉不敏感，在观察时选用黄绿光，照相时应用蓝光以提高图像的清晰度。第三为增加衬度，根据互补色原理可选用具有组成相颜色补色的滤色片来加深组成相的色调。如组织中某一组成相为黄色，其补色为蓝色，如用蓝滤色片，则黄色组成相的色调将变为暗黑色。

### 16.3.4.3　光阑

金相显微镜一般都装有两个光阑，靠近光源的光阑为孔径光阑，视域光阑位于其后，它所处的光学位置正好使它的成像位于金相样品的表面。这一对光阑的调节对显微镜的成像质量具有重要的影响。

#### A　孔径光阑

调节孔径光阑的大小可改变成像光束的直径，即控制了进入光学系统的光通量，直接影响着物像的亮度。缩小孔径光阑可减小球差和像散，加大景深和衬度，使图像清晰。这是孔径半角减小的结果。但孔径半角的减小会造成物镜分辨率的降低，如果把孔径半角加大（即放大光阑），会出现相反的结果。此外，光阑扩张过大还会造成镜筒内部反射和闪光，使图像衬度下降。经验表明，合适的孔径光阑直径应在 3~5mm 之间。

#### B　视域光阑

通过调节视域光阑的大小能改变观察区域的范围，这对显微镜的分辨率没有影响，但可以减小镜筒内反射和闪光对成像质量的影响，增加像的衬度。视域光阑应尽量缩小，直至其大小和目镜的视域范围相同。在照相时则应调节到和图像的尺寸相当。

在操作过程中应注意，上述两种光阑的协调作用可以提高显微镜的成像质量，但不能利用它们来调整图像的亮度。如果要增加亮度，需提高光源的照明强度。

### 16.3.4.4　垂直照明器

金相显微镜的光源都位于镜筒侧面，其照射方向与主光轴正交。垂直照明器的作用是使水平方向的光束转换成垂直方向，在通过物镜后照射到金相样品的水平面。观察的目的不同，金相显微镜的照明方式也不一样。照明方式可分成明场照明和暗场照明两种，下面分别介绍此两种照明方式及它们各自配用的垂直照明器。

#### A　明场照明

明场照明使用的垂直照明器有两类，其分别为：

（1）全反射棱镜照明器，如图 16-12 所示。反射棱镜是利用其全反射的特点，将光线偏转 90°。但棱镜只能放置于镜筒的半边，如图所示只能使用镜筒左半边的光线进入物镜的孔径。当光线从试样表面反射回来时，又只能从镜筒右边进入目镜继续放大成像，这相当于物镜的有效数值孔径减小了一半，分辨率就会降低。但棱镜能将光源的全部光线转射到试样表面，可获得较大的亮度，并能增加像衬度。基于上述特点，全反射棱镜垂直照明器用于低倍和亮度较高时。

（2）平面玻璃垂直照明器，如图 16-13 所示。当入射光线照射到 45°倾角的平面玻璃表面时，一部分会透过玻璃被镜筒吸收，另一部分反射光线进入物镜，可充满物镜的孔径角，使物镜的分辨率充分发挥出来。但当光线从试样表面反射回来时，再次和平面玻璃相遇，光线的透过部可进入目镜，面反射部分又一次被镜筒吸收。在平面玻璃垂直照明器内，光线的损失很大（可达 75%~90%），形成的图像衬度也会稍差。但这种照明器的有效数值孔径不受影响，适用于高倍分析。

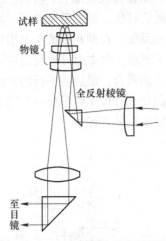

图 16-12　全反射棱镜垂直照明器

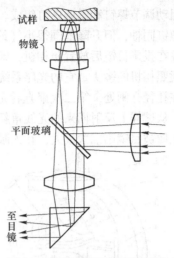

图 16-13　平面玻璃垂直照明器

### B　暗场照明

明场照明与暗场照明的区别在于，明场中入射光束进入物镜后直接照射到试样上，而暗场则是入射光束绕过物镜斜射到试样表面，由表面反射出来的光线，进入物镜成像。这个过程是使用一个环形光阑和一个曲面反射镜来完成，如图 16-14 所示。这种布置的特点是当试样表面为光滑镜面时，由于反射线高度倾斜，可使它们无法进入物镜，视场内会是黑暗的；当试样表面存在凹坑或凸出物时，反射光线倾斜程度变小，可能会进入物镜，得到具有一定亮度的像。因此暗场像特别适用于观察平滑表面上存在的细小粒子，常用于对弥散第二相和非金属夹杂物的鉴别。

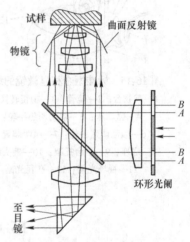

图 16-14　暗场照明光路图

## 16.3.5　设备结构

金相显微镜的型号和种类很多，按功能可分为教学型、生产型和科研型；按外形可分为台式、立式和卧式。但就主要部件及其光路系统而言都是基本相同。标准台式金相显微镜的外形结构图，如图 16-15 所示。整台显微镜分为光源、镜架、载物台、镜筒组件、光阑组件和机械调焦系统六部分组成。光源由低压钨丝灯和置于显微镜底座下的聚光镜组构成（见图 16-16 下方），光束经反光镜转向并经再次聚光后进入成像系统。镜架起着支撑整个镜体的作用，它包括底座、镜臂和平台托架三个部分。载物台用作放置样品之用，配备有能使台面在水平面内作平移运动并带有刻度的调节螺钉，以便观察分析时随时改变部位，载物台还能作 360°水平旋转。镜筒组件包括物镜及物镜转换器，物—目镜连接器和目镜及其镜筒三个部分。物镜转换器一般装有三个物镜，可进行高、中、低倍快速转换。光阑组件是孔径光阑和视域光阑，作成对布置，可联合调节以获得最理想的配合。金相显微镜的机械调焦系统由微动座、粗动调节螺钉和微调螺钉组成。粗动调节螺钉可带动镜臂大范围上下移动。微调螺钉和粗动螺钉同轴，但升降范围很小（约为 2mm），便于高倍对焦。如把目镜卸下，换上投影目镜，并在投影目镜后放置照相机，即构成显微镜的照相系统。在照相系统中投影目镜就相当于普通照相机的镜头。它的光路系统示意图如图 16-16 所示。图中由灯泡发出的光束聚光后会聚在孔径光阑处，第二次聚光后光斑将和物镜的后焦面重合，最后将平行的光束投射到试样上。从试样上反射回来的光线重新进入物镜经由平面玻璃和棱镜组形成一个倒立的放大实像，此像被目镜第二次放大，在人眼的明视距离处形成最终的虚像。

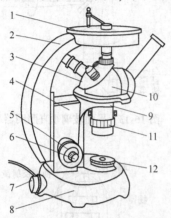

图 16-15　标准型金相显微镜的结构

1—载物台；2—镜臂；3—物镜转换器；
4—微动座；5—粗动调焦手轮；
6—微动调焦手轮；7—照明装置；
8—底座；9—平台托架；10—碗头组；
11—视场光阑；12—孔径光阑

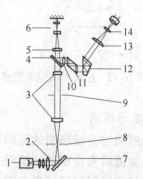

图 16-16　标准型金相显微镜的光学系统

1—灯泡；2—聚光镜组（一）；3—聚光镜组（二）；
4—半反射镜；5—辅助透镜（一）；6—物镜组；
7—反光镜；8—孔径光阑；9—视场光阑；
10—辅助透镜（二）；11，12—棱镜；
13—场镜；14—接目镜

## 16.4　金相分析方法

常规金相分析由金相试样的制备、组织的显示和组织观察三个步骤。

### 16.4.1　样品的制备

金相试样的截取部位必须具有一定的代表性，首先应考虑观察表面和取向。一般来说，金属和合金都存在不同程度的各向异性，纵横方向常会出现组织形态的差异。对某一零件来说，截取横截面作金相分析时，主要是观察其表面和中心组织的差别、表层缺陷和不同处理工艺的组织差异等；截取纵截面则主要对非金属夹杂物、晶粒的变形程度和带状组织等进行分析。对一些零件作热处理质量检验时，还须考虑零件不同部位和热处理工艺之间的关系。

截取金相试样的方法很多，主要方法如图 16-17 所示。选用何种方法，要根据具体零件的大小、性质、材质和热处理工艺等条件而定，但截取时必须保证试样观察面的组织不受到影响。切割试样的表面常常会形成变形层，这种变形层必须在后续的制备工序中将它去掉，或减小到不影响分析结果的程度。

截取试样的外形尺寸，推荐为 $\phi 12mm \times 10mm$ 的圆柱体或 $12mm \times 12mm \times 10mm$ 方块，以便于后续的磨制操作。如被检测的试样过于细小或形状特殊（如丝、细管、薄片、碎片和切屑等），在磨制时不易握持，就应采用夹持和镶嵌的方法。用夹具夹持试样最适用于表面处理的零件，夹持的方法如图 16-18 所示。夹持板可以是平板也可做成圆弧状，其材料一般是低碳钢。在夹持时为了增加牢固度有时中间还放置垫片，垫片材料应根据试样的化学成分来决定，应使垫片的电极电位比试样的电极电位高，只有这样才能在试样进行腐蚀处理时垫片不被腐蚀。垫片材料一般为铜、镍、铝和锌等。

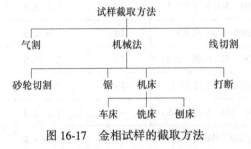

图 16-17　金相试样的截取方法

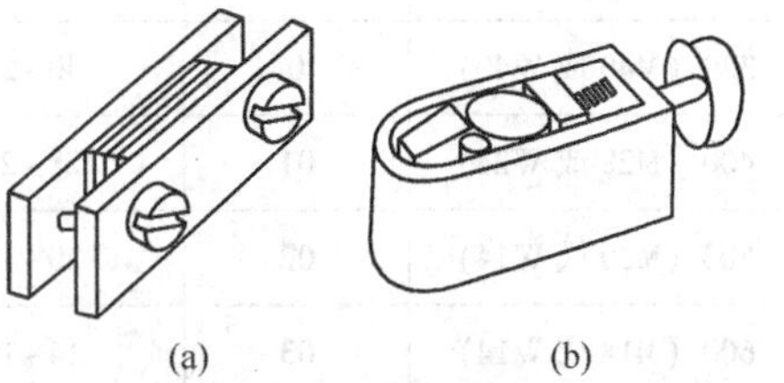

图 16-18　小试样的夹持方法
（a）片状；（b）不规则

对能承受低温的试样可使用热镶法，此法是使用热固性塑料（电木粉等）或热塑性塑料（聚乙烯聚合树脂、醋酸纤维树脂）等做镶嵌材料，在专用镶嵌机的模具内加热加压成型。加热温度在 $110 \sim 165℃$ 范围之内。电木粉镶嵌的试样不透明，较硬也不易倒角，但耐酸碱腐蚀的能力较差。聚乙烯和醋酸纤维镶嵌试样是透明或半透明，耐酸碱能力较强，但较软。

对于不能受热的试样则采用冷镶法。冷镶法是用环氧树脂加入固化剂来完成的，先将待镶试样放入圆环形的模具中，浇注凝固后再进行磨制。固化剂主要是胺类化合物（如乙二胺、二乙烯三胺等），其加入量可以调节，加量以不产生气泡为准。

磨制试样分磨光和抛光两个步骤。试样经不同粒度的金相砂纸进行多道磨光，表面的不平程度变小，变形层减小到最薄程度。图 16-19 显示出了粗磨表面经砂纸逐步细磨后表面不平程度和变形层减小的情况，手工磨光金相砂纸的规格见表 16-1。砂纸的磨粒是由天然刚玉氧化铝和氧化铁的微粒混合而成，呈灰绿色。水砂纸的磨粒是碳化硅，用塑料或非水溶性黏结剂把不同粒度的磨粒黏合在纸上，即成不同标号的水砂纸。国内生产的水砂

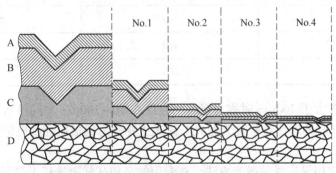

图 16-19　砂纸磨光表面变形层消除过程示意图
A—严重变形层；B—大变形层；C—轻变形层；D—原始组织；No.1~No.4—磨光道数

纸规格见表 16-2。与表 16-1 中的金相砂纸相比，其标号和规格并不相同。水砂纸磨光是将水砂纸黏附在电动机带动的圆盘上进行工作，因为有流动水的冲刷冷却，磨盘的转动速度可以较高，一般可控制在 300r/min 左右。水砂纸机械磨光的注意事项和手工磨光大致相同。

表 16-1　金相砂纸的规格

| 磨料/微粉粒度号 | 砂纸代号 | 尺寸范围/μm | 磨料/微粉粒度号 | 砂纸代号 | 尺寸范围/μm |
|---|---|---|---|---|---|
| 280 | 1 | 大于 40 | 1400 (M3.5 或 W3.5) | 07 | 3.5~3.0 |
| 320 (M40 或 W40) | 0 | 40~28 | 1600 (M3 或 W3) | 08 | 3.0~2.5 |
| 400 (M28 或 W28) | 01 | 28~20 | 1800 (M2.5 或 W2.5) | 09 | 2.5~2.0 |
| 500 (M20 或 W14) | 02 | 20~14 | 2000 (M2 或 W2) | 010 | 2.0~1.5 |
| 600 (M14 或 W14) | 03 | 14~10 | 2500 (M1.5 或 W1.5) | — | 1.5~1.0 |
| 800 (M10 或 W10) | 04 | 10~7 | 3000 (M1 或 W1) | — | 1.0~0.5 |
| 1000 (M7 或 W7) | 05 | 7~5 | 3500 (M0.5 或 W0.5) | — | 0.5~更细 |
| 1200 (M5 或 W5) | 06 | 5~3.5 | | | |

表 16-2　水砂纸的编号、粒度号和粒度尺寸

| 编　号 | 粒度号 | 粒度尺寸/μm |
|---|---|---|
| 320 | 220 | — |
| 360 | 240 | 63~50 |
| 380 | 280 | 50~40 |
| 400 | 320 | 40~28 |
| 500 | 360 | |
| 600 | 400 | 28~20 |
| 700 | 500 | |
| 800 | 600 | 20~14 |
| 900 | 700 | — |
| 1000 | 800 | — |

　　磨制所用磨粒大于 100μm 时称为粗磨，粒度在 10~100μm 之间可看成是细磨，当磨粒粒度小于 10μm 时的磨削过程称为抛光。抛光主要分为机械抛光、电解抛光和化学抛光 3 类。

　　机械抛光是使用最广泛的抛光方法，在专用的金相试样抛光机上进行。机械抛光是依靠磨粒对金属表面的磨削作用以及磨粒滚动时对金属表面的滚压作用来完成。细磨后的试样经冲洗（为避免粗磨粒带入抛光工序）后，将其磨面轻轻地置于抛光盘上进行抛光。

抛光用的织物可以用黏结剂粘在抛光盘表面，也可用套圈箍紧在抛光盘上。织物的作用是保存抛光膏，储存润滑剂，摩擦磨面。抛光膏有不同的粒度，分成 W7、W5、W3、W2、W1.5、W1.0、W0.5、W0.25 等（W7 表示最粗磨粒直径为 $7\mu m$，W0.5 为 $0.5\mu m$）。W7-W5 规格的抛光粉适用于粗抛，W1-W0.5 则用于精抛。抛光膏调入清水中，呈悬浮状（有时还可加入少量润滑油），便于不断地均匀洒在抛光盘上。抛光盘常用的转速是 $300\sim500r/min$。作抛光膏磨料的材料很多，常用的主要有氧化铝、氧化镁、氧化铬、氧化铁和金刚石粉等。

机械抛光时必须施加一定的压力，因此抛光层中总会出现金属的变形层。此外，软材料抛光时因极易出现划痕，消除划痕的抛磨即使对具有熟练技术的人员来说也是一项非常繁重的工作。电解抛光的特点是它没有机械加工，很容易获得无划痕和残余变形层的平滑金属表面。一旦确定了电解抛光的工作条件，用简单的操作步骤就可完成抛光过程。电解抛光是将试样作为阳极，其抛光面作为阴极。待抛光的表面具有一定的不平度，由于表面活性，电解液在此面上形成一层厚薄不均匀的黏性薄膜，液膜具有高电阻，故在其厚度薄的地点（相当于抛光面凸出部分）电流密度高，与之相反在液膜厚处（相当于抛光面的凹洼）电流密度则低。由此，凸出部分的金属离子将较快地溶入电解液，使抛光表面平整。但电解抛光对金属材料化学成分的不均匀性特别敏感，对具有显微偏析的某些材料就难以进行抛光，此外，对含有夹杂物的材料及两相化学性质相差极大的材料也不能获得满意的效果。

化学抛光是将抛光表面浸入化学试剂中，通过化学反应得到明亮光滑的表面。这种方法不需要复杂的机械和电解设备，只需配制合适的溶剂即可。虽然化学抛光的机制目前尚不清楚，但可以肯定的是它也是表面不等速溶解的结果。化学抛光试剂还兼有显示试样表面组织的作用，因此抛光后，试样可直接放在显微镜下分析，不必再作侵蚀处理。化学抛光在金相试样制备的领域中应用并不广泛，主要是由于真正可靠的试剂还不多。此外，它还存在着一些缺点，如抛光表面虽然光滑但往往伴有起伏，因此仅能满足低、中倍观察的要求。在高倍观察时，因物镜的景深太小，图像会出现模糊。

## 16.4.2 金相组织的显示

经抛光后多数金相试样的表面近似于镜面，在显微镜下观察时只能看到光亮的一片亮区，不能看清试样的组织，因此，要使各组成相能被识别，必进行组织的显示。常用的组织显示方法有化学侵蚀、电解侵蚀和金相组织的特殊显示法三种。

### 16.4.2.1 化学侵蚀

化学侵蚀可看成是化学溶解或电化学溶解过程。单相金属或合金侵蚀时，首先溶解的是残留于表面的变形层。当真实组织开始显露之初，各晶粒虽然具有不同的取向，但它们的表面仍能维持在同一水平面上。此时，由于晶界处原子排列的规则性差、自由能高，因而以较快的速度被溶解而形成沟槽。光线照射到试样表面时，在沟槽处发生散射，人眼在显微镜中观察到的晶界将是色调深的黑色条纹；光线照射到平坦的晶粒上时，因各晶粒反射光线的强度大致相同，故都呈均匀的白色。随着化学侵蚀时间加长，晶粒不同取向对腐蚀速度的影响就显示出来了。因最密排面的面间距最大，相邻晶面间的结合力就小。在腐蚀过程中最密排面法线方向的剥离速度较大，试样上各晶粒的自由表面不会再保持在同一水平上，它们与入射方向间的差别导致了相应晶粒在显微镜中亮度上的反差。

两相合金的侵蚀过程是电化学反应过程。电极电位较负的那个相可看成是腐蚀电池的阳极，在有腐蚀溶液的情况下，阳极不断溶解，而另一个阴极相则受到保护，不发生腐蚀作用。阳极相受腐蚀后会产生凹陷，电化学反应可使两相合金的抛光表面上出现凹坑、沟槽和台阶，勾画出它们的形态。以碳钢中的珠光体为例：每一对铁素体—渗碳体片层都可看作为一个局部微电池，其中铁素体为阳极，渗碳体是阴极。发生电极反应后，在铁素体—渗碳体界面处，铁素体一方形成较深的沟槽，而铁素体本身虽是阳极但只均匀地溶解了一个薄层，进行高倍分析时，看到的铁素体和渗碳体均呈亮白色调，渗碳体片的轮廓被一圈黑色沟槽包围，如图 16-20 所示。若进行低倍分析，则因分辨率降低，渗碳体轮廓线的一对边界会合并为一条黑色条纹。

多相合金的侵蚀原理与两相合金相同，只是在各相中电极电位最高（或负得最小）的那个相是唯一的阴极，其他相均为阳极。虽然多相合金侵蚀后也只有黑白两种色调，但不同相仍可根据形态特征区别。

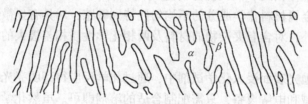

图 16-20　珠光体侵蚀示意图

### 16.4.2.2　电解侵蚀

化学侵蚀过程中虽然也发生局部电化学反应，但它不存在外加电源的作用。电解腐蚀则是将待抛光的试样浸入电解液中，并通以一定的电流将组织显出。特别是采用一般化学侵蚀法很难清晰显示出的化学稳定性较高的金属和合金组织，如不锈钢、耐热钢、热电偶材料、镍基合金、高合金钢及某些贵金属。电解腐蚀的原理和设备均和电解抛光相同，只是腐蚀所用的电流密度远比抛光时低。电解抛光时在给定电解液和操作温度的条件下，有一个保持抛光面光亮的电流密度区间，当电流密度低于这个区间的下限时，试样表面只进行电解腐蚀过程，这就是电解侵蚀电流密度很低的原因。

### 16.4.2.3　其他显示方法

其他显示方法还包括：

（1）表面氧化法。在空气中把试样的抛光表面加热，由于各晶粒的方位不同或各相间的化学稳定性不同，晶粒表面会形成厚度（或厚度和结构）不同的氧化薄膜。经光的干涉作用，晶粒在白光下呈现出不同的色彩，不同的组成相在氧化后具有不同的颜色，从而表面氧化法又称热染法。

（2）化学染色法。金属表面和化学试剂发生作用，使不同的反应产物沉积在试样表面微电池的某一个极（阳极或阴极）上，形成不同厚度的薄膜，使它们着上不同的颜色。化学试剂可分成阳极型、阴极型和络合物型三种，它们分别对阳极、阴极着色或对两个极同时着色。

（3）阳极钝化法。此法即通过阳极处理使金属和合金表面形成一层钝化薄膜。覆盖在样品表面的钝化膜的厚度和基底相的方位直接有关，不同厚度的钝化膜在一定的干涉条件下呈现出不同的颜色，由此可以借助阳极钝化处理来显示金相组织。

（4）阴极真空侵蚀法。在辉光放电的环境下，用正离子轰击试样表面，使试样表面原子有选择性地被去除，从而显示出各种组织。此法不仅可以用来显示金属材料的组织，还能用于陶瓷和半导体等材料组织的显示。

（5）气相沉积法。某些化合物可作为蒸镀材料，如 $ZnS$、$ZnSe$、$TiO_2$等。把蒸镀材料置于真空镀膜机内加热，使之蒸发，并在抛光的试样表面上沉积上一层干涉薄膜。可利用干涉膜厚度和材质的不同来鉴别物相。

### 16.4.3 金相组织分析

光学金相显微分析是指在显微镜下对金属和合金内部具有的各种组成物的形貌进行直接观察。在金属和合金中把某一化学成分和结构相同，并用界面和其他部分隔开的均匀部分称为相。若要检验相邻两个均匀部分属同相或异相时，则可从一个相通过界面到达另一部分，视其成分和结构是否发生突变来判定。如果成分和结构并未发生变化，则相邻两个组成部分仍为同一相，若成分或结构发生变化则界面两边分别是两个相。在上述定义中并未规定相的特征，因此，与组织相比它的概念是抽象的。如在分析过共晶白口铁组织时，室温下的白口铁中渗碳体具有五种不同的形态，即一次渗碳体（粗大条状）、共晶渗碳铁（共晶的基体）、二次渗碳体（网状）、共析渗碳体（片层状）和三次渗碳体（点状）。在分辨率高的显微镜下进行观察，此五种渗碳体各具有不同的特征。在保证能看清的前提下，我们就可以认为它们分别是五种组织。但是从相的角度来说，五种渗碳体为同一个相。

组织形态对材料性能的影响远超相对材料性能的影响。多年来的研究已总结出了各种组织与性能间的定量和定性关系，这些规律说明组织是性能的根据，性能是组织对外的表现。由于组织是随着成分和工艺参数而变化，在进行组织研究时应分析影响组织变化的条件。从光学金相显微镜具备的分辨能力来看，尺寸不小于 $0.15\mu m$ 的组织结构细节均属于光学金相分析的范围。由于光学金相分析简便、可靠和有效的特点，在当今的材料分析领域中非常重要。

金相分析是使用物理、冶金和加工工艺三方面的知识对试样的加工过程进行分析。物理知识包括：晶体学，相图，相变以及 X 射线衍射，电子衍射等；冶金则包括：塑变与断裂，强化与强度及各种力学性能；加工工艺包括：熔炼和凝固，冷加工，锻造，焊接和热处理等。只有具备了这些必要的基础知识，才能对分析的金相组织做出正确的判断。在分析时首先根据合金的成分，结合状态图推理判断合金中可能出现的组成相，其次根据合金的加工工艺过程，结合相变和加工条件，估计加工后各种组成相的形态，对截取典型部位的试样通过磨制、抛光并利用前面介绍的侵蚀方法制备出合乎要求的金相试样，最后在显微镜下先采用一般的明场分析，从低倍到高倍进行观察。在特殊情况下还可使用暗场、偏光、相衬和干涉等显微分析法。

## 练 习 题

16-1　用图示说明显微镜的工作原理。

16-2　叙述有效放大倍数的概念，如何合理选配物镜和目镜的放大倍数？

16-3　物镜、目镜有哪些种类和特点？

16-4　叙述明场照明和暗场照明的特点，各有什么用途？

16-5　说明标准型金相显微镜的光路系统及其结构特点。

16-6　光学显微镜的分辨率由哪些参数决定，请给出计算公式。

16-7　显示金属显微组织的方法有几种，它们各有什么特点？

16-8　光的折射和玻璃透镜聚集之间有何关系？

16-9　说明瑞利公式的物理意义及其具体应用。

# 17 先进光学显微镜技术

    偏振光金相显微镜、干涉显微分析技术和相衬金相分析在金相研究中已经有几十年的发展，随工业技术的发展，新材料不断涌现，此类先进光学显微镜的使用也越加广泛。本章在对偏振光、光的干涉现象及相衬分析等原理进行分析的基础上，介绍了偏振光金相显微镜、干涉显微镜和相衬显微镜的结构及使用特点，目的是要使读者通过学习，能更好地在科研和生产工作中使用以这三种金相显微镜为代表的先进光学显微镜。

## 17.1　金相的偏振光分析

### 17.1.1　偏振光

#### 17.1.1.1　偏振光的产生

    自然光的光波具有全部可能的振动方向，且各方向的振幅大小相等。当光波的光矢量在一个固定平面内只沿一个方向作振动时这种光称为线（或平面）偏振光。偏振光的光矢量振动方向和其传播方法所决定的平面为振动平面。

    当一束自然光入射到各向同性的介质中去时，只有一束符合折射定律的折射光。但自然光射入各向异性介质时，会发生分解成两束光的现象，这就是双折射现象。光线通过方解石时就能产生沿不同方向传播的两个光束。此两束光都是偏振光，其中一束光线在晶体内传播时遵守通常的折射定律（即无论入射线的入射方向如何，它的折射率都是不变的），称为寻常光或 o 光；另一束光线在晶体内的行进方向不遵守折射定律（当入射方向改变时，它的折射率也随之变化），称为非寻常光或 e 光。由于二者折射率不同，o 光和 e 光在同一晶体中的传播速度将不相同。此外，o 光和 e 光的频率相同，振动方向（或振动所在平面）相互垂直。

    （1）偏振棱镜。尼科尔棱镜产生偏振光的原理图如图 17-1 所示，棱镜由方解石制成。先将条状晶体的天然表面 AC、MN 分别磨成与底面 CN、AM 成 68°（原为 71°），然后按 AN 方向把晶体剖开成一对直角棱镜，再用加拿大树胶沿剖开面黏合。当一定波长范围的自然光以水平方向入射时，在界面 AC 处会分成 o 光和 e 光（o 光振动方向垂直于纸面，用黑点表示；e 光振动方向在纸面内，且和 o 光振动方向垂直，用短线段表示）。o 光根据正常折射规律以 76°的入射角射向加拿大树胶层，由于这一角度已超过了树胶与晶体对 o 光的临界角（69°），因而不能穿过树胶层而发生全反射。全反射光会被棱镜的涂黑面 CN 吸收，e 光不产生全反射而穿过树胶层，最后从棱镜的另一个端面 MN 穿出，因而得到了与晶体内 e 光相应的偏振光。此时 e 光在棱镜的 AMNC 面（主截面）内振动，棱镜的偏振轴（主截面和其正交晶面的交线）方位用双向箭头示于棱镜的截面上。用此法获得的偏振光对各色可见光的透明度都很高，且起偏均匀，但受晶体尺寸所限，不能产生较大面积的偏振光源，但成本较高，不如偏振片的使用广泛。

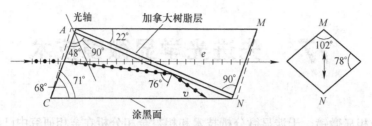

图 17-1 偏振光产生原理图 (纸面为尼科尔棱镜的主截面)

(2) 偏振片。有些晶体对 $o$ 光和 $e$ 光的吸收明显不同,比如自然光射到电气石 (属硅酸硼化物类) 的薄晶片上,经过很短的距离 $o$ 光就能被全部吸收,而 $e$ 光则可较顺利地通过,即可得到与晶体内 $e$ 光相对应的偏振光。对 $o$ 光和 $e$ 光吸收程度的差别称为晶体的两向色性。除了电气石外,有一些有机化合物的晶体也具有两向色性,也可用来制造偏振片。制造时须使特殊的有机化合物 (如疏硫酸奎宁) 晶粒按其光轴方向作定向排列,才能得到较好的两向色性效果。这种人造偏振片是用透明聚乙烯醇膜作支承膜,支承膜在拉伸状态下,涂以碘有机化合物时,即可使化合物的晶粒按拉伸方向排列起来。人造偏振片的尺寸不受限制,价格便宜,但有机物晶体带有颜色,对自然光的透过率有较明显影响。

### 17.1.1.2 偏振光的类型

(1) 线偏振光。自然光通过偏光镜 (如前述的偏振片或尼科尔棱镜) 后,得到的偏振光只有一个振动方向。在沿光的传播方向观察时,因其振幅位于一个平面内,呈一直线,这种偏振光称为线偏振光。图 17-2 示出了偏振光的产生及其鉴别过程。图中第一个偏光镜称为起偏镜,自然光起偏后形成一束振幅为 $A$ 的线偏振光,起偏镜的振动轴和水平方向呈 $\theta$ 角。图中第二个偏光镜是检偏镜,它的偏振轴位于水平位置 ($\theta = 0°$)。由于直线偏振光可分解成水平和垂直两个分偏振光,其振幅分别是 $A\cos\theta$ 和 $A\sin\theta$,故在检偏镜位置能反映出偏振光振幅随 $\theta$ 而变。当 $\theta = 0°$ 时,振幅最大,而在 90°、270° 时,振幅等于零。由于光的强度和振幅的平方成正比,因此 $\theta$ 角为 90° 和 270° 时,检偏镜中没有偏振光通过,这就是消光现象。

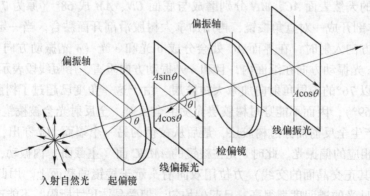

图 17-2 线偏振光的鉴别

（2）椭圆偏振光和圆偏振光。若在起偏镜和检偏镜之间插入一块具有一定方位和厚度各向异性的晶体切片，即使 $\theta$ 角呈正交，检偏镜上仍有偏振光透过，此时出现了透光的椭圆偏振和圆偏振现象。晶片称为阻波片，是进行偏振光金相分析的重要部件。

自然光射入各向异性的透明固体时会发生双折射，双折射晶体都具有一个特定方向，自然光顺着这个方向入射时，不会产生双折射现象产生，此时 $o$ 光和 $e$ 光在该方向的传播速度相同，且波阵面一致，这个方向称为晶体的光轴。当自然光垂直于光轴入射时，双折射最严重，$o$ 光和 $e$ 光速度相差最大，但传播方向一致。光线穿出晶体后，它们的速度又恢复相等，不过此时 $o$ 光和 $e$ 光之间已形成一个固定的光程差。光程差的大小取决于 $o$ 光和 $e$ 光在晶体内折射率的差别和晶体的厚度。如在双折射晶体上沿平行于光轴的方向切下一个薄片，这就是阻波片。阻波片越厚，则会使 $o$ 光和 $e$ 光的波程差越大。

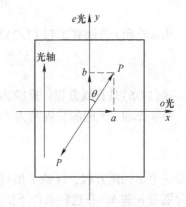

从起偏镜出射的线偏振光穿过阻波片后也会被分解成两束偏振光，即 $o$ 光和 $e$ 光。两束光具有相同的频率，振动面相互垂直且具有由阻波片造成的固定相位差。若入射偏振光的振幅为 $A$，振动方向为 $PP$，当其分解后，$o$ 光和 $e$ 光的振幅 $a$、$b$ 如图 17-3 所示。图中 $a = A\sin\theta$，$b = A\cos\theta$。由于 $o$ 光和 $e$ 光的速度不同，在传播方向上具有光程差 $\Delta l$。$\Delta l$ 和阻波片厚度 $d$ 及 $o$ 光、$e$ 光在晶体中折射率差 $n_o$ 和 $n_e$ 有关，即：

$$\Delta l = (n_o - n_e)d \tag{17-1}$$

把光程差换算成相应的相位差 $\Delta\varphi$，则：

$$\Delta\varphi = \frac{2\pi}{\lambda}\Delta l \tag{17-2}$$

图 17-3　偏振光垂直晶体光
轴入射后的分解

式中　$\lambda$——入射光波长。

$o$ 光和 $e$ 光的振幅 $a$、$b$ 随时间的变化规律可用下式表示：

$$\begin{cases} x = a\sin\omega t \\ y = b\sin(\omega t - \Delta\varphi) \end{cases} \tag{17-3}$$

式中，设 $o$ 光的初相位为零，$e$ 光落后于 $o$ 光 $\Delta\varphi$ 角。

根据式（17-3）可求得在某一瞬时 $o$ 光和 $e$ 光振幅的大小，由于两束光的振动面相互垂直，则两个相位差为 $\Delta\varphi$ 的振动合成可用下式表示。

$$\frac{x^2}{a^2} + \frac{y^2}{b^2} - 2\frac{xy}{ab}\cos\Delta\varphi = \sin^2\Delta\varphi \tag{17-4}$$

这是一个椭圆方程，描绘出从阻波片出射光线的振动特性，即合成振幅的矢量随时间而变化，其终点的投影轨迹是一个椭圆，如图 17-4 所示。图中对于每一瞬间（即光的波前位于某一位置时）只有一个具有一定大小和一定方向的振动，就光的性质而言，属于偏振光。

当阻波片的晶体材料确定后，其厚度就决定了相位差 $\Delta\varphi$ 的大小，因此可按厚度不同

做成能使 $o$ 光和 $e$ 光间产生一个波程差为 λ、(1/2)λ 和 (1/4)λ 的阻波片，即全阻波片、半阻波片和 1/4 阻波片。

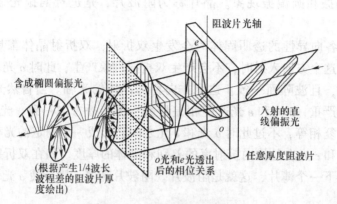

图 17-4　椭圆偏振光的形成

当 $o$ 光和 $e$ 光间有 λ 和 (1/2)λ 波程差时，相应的 $\Delta\varphi = 2\pi$ 和 π，代入式(17-4)，则得：

$$\frac{x}{a} - \frac{y}{b} = 0 \quad \text{或} \quad \frac{x}{a} + \frac{y}{b} = 0 \tag{17-5}$$

式(17-5)是直线方程，反映出通过阻波片后射出的光线为直线偏振光。

当 $o$ 光和 $e$ 光间的波程差为 (1/4)λ 时，$\Delta\varphi = (1/2)\pi$，代入式(17-4)得：

$$\frac{x^2}{a^2} + \frac{y^2}{b^2} = 1 \tag{17-6}$$

这是一个正椭圆方程，反映了出射光矢量终点描出的轨迹是一个正椭圆，正椭圆的长短半轴分别是 $a$ 和 $b$。在这种条件下能获得椭圆偏振光。

如果线偏振光入射到 (1/4)λ 阻波片上，若此偏振光的振动平面和阻波片的光轴成 $\theta = 45°$（见图 17-3 中 $PP$ 方向和光轴方向），当它分成 $o$ 光和 $e$ 光时，相应的振幅 $a$ 和 $b$ 在长度上应相等，即 $a = b = A/\sqrt{2}$。把 $\Delta\varphi = (1/4)\pi$ 和振幅相等的关系代入式(17-4)，得：

$$x^2 + y^2 = a^2 \tag{17-7}$$

式(17-7)是一个圆的方程，表明形成了圆偏振光。

### 17.1.1.3　偏振光的类别分析

#### A　线偏振光

线偏振光的鉴别原理已在图 17-2 中说明，由于它处在一个振动平面内，所以当起偏镜位置固定而转动检偏镜时，每转动 360° 可出现两次强光和两次消光。

#### B　椭圆偏振光

当起偏位置固定时，光的强度随检偏镜的位置改变而改变。当椭圆长轴与检偏镜的振动轴（振动方向），也就是透光方向一致时，光的强度最大；当椭圆短轴与检偏镜的振动轴一致时，则光的强度最小。检偏镜转动 360° 可出现两次光线强弱变化，但不发生完全消光现象。光强度的变化规律如图 17-5 所示。

#### C　圆偏振光

起偏镜位置固定后，检偏镜在 360° 范围内转动时通过的光线强度都相等。在利用偏

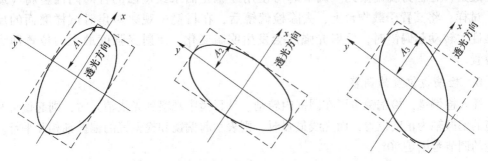

图 17-5　透光方向固定时透光强度随椭圆长短半轴位置而变化

振光做金相检验时，常需要鉴别光的偏振类型。不同状态的偏振光在对表面进行分析时会产生不同的效应，这有助于对物相进行鉴别。

### 17.1.2　偏振光金相显微镜

#### 17.1.2.1　偏振光装置

只要在金相显微镜的光路系统中加入一对偏振元件就能进行偏振光分析（见图 17-6）。在入射光路部分插入起偏镜，而在观察镜筒前方插入检偏镜。起偏镜可以是偏振片也可以是棱镜组，检偏镜则是用来鉴别金属表面反射光的偏振状态的。进行偏振光分析时要求显微镜的载物台能够和物镜主轴对中，载物台可围绕其机械中心在水平面内做 360° 转动。为了确定角度的变化，载物台应标有刻度。

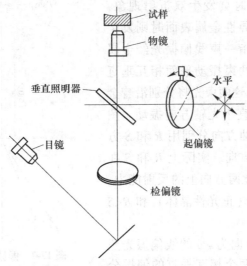

图 17-6　偏振光显微镜光路系统示意图

#### 17.1.2.2　偏振光装置的调整

**A　起偏镜位置的调整**

起偏镜装在一个可以转动的圆框中，并可进行转动调整。调整的目的是希望起偏镜的偏振平面（或偏振轴）水平，以保证经垂直照明器平面玻璃反射进入物镜的偏振光强度最大，且仍为线偏振光。调节时可使用经抛光而未经侵蚀的各向同性金属（或合金）试样，将其置于载物台上，去除检偏镜后，在目镜中观察对焦时试样磨面的反射光强度。转动起偏镜时，反射光强度会发生明暗变化，反射光强度最大的位置即为起偏位置。

**B　检偏镜位置的调整**

插入检偏镜，检偏镜也可在圆框内转动。从目镜中观察到光线消光时，则起偏镜和检偏镜的偏振轴为正交位置；而光线最强时，则表示起偏镜和检偏镜的偏振轴相互平行。检偏镜的调节范围是 90°。

**C　载物台机械中心的调整**

利用偏振光鉴别金属或非金属夹杂物时，通常要将载物台作 360° 转动。为确保观察目标不移出视野，必须将载物台的机械中心和物镜的主轴重合。可校正载物台上的调节螺钉来完成。

### 17.1.3　偏振光金相分析原理

金属材料按其结构和光学性质不同可分成各向异性和各向同性两类。凡是四方、正交、单斜、三斜、菱方、六方点阵的金属属于各向异性，而立方点阵的金属则具有各向同性的性质。在偏振光照射下，此两类金属呈现出不同的反射特征。

#### 17.1.3.1　偏振光在各向异性金属抛光表面上的反射

晶粒的位向不同，反光性质也会发生变化。这可用光矢量进行分析，如图 17-7 所示。线偏振光射入各向异性晶体时会发生双折射现象，而线偏振光照射到各向异性金属表面时则发生双反射现象。双反射是指一束线偏振光经金属抛光表面反射后会形成两束振动平面相互垂直的线偏振光 $o$ 光和 $e$ 光。这两束光将分别沿着金属晶体的光轴方向和垂直于光轴方向振动。图17-7中两线偏振光的光轴方向分别用 $R$ 和 $S$ 方向表示，其中 $R$ 为光轴方向。实际上 $R$ 和 $S$ 在数值上可看成是光束在此两方向上的反射能力。各向异性的前提是有 $R>S$（正光性晶体）和 $R<S$（负光性晶体）的差异。

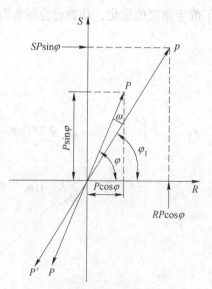

图 17-7　偏振光在各向异性金属
表面反射的光矢量分析

当振幅为 $P$、偏振方向为 $Pp$ 的线偏振光照射到晶体表面时，分成两个相互垂直的偏振分量 $P\cos\varphi$ 和 $P\sin\varphi$（$\varphi$ 为晶体光轴方向与偏振方向之间的夹角）。经反光后，此两束反射光的振幅可用矢量 $RP\cos\varphi$ 和 $SP\sin\varphi$ 来表示。若是正光性晶体，$R>S$，则由 $RP\cos\varphi$ 和 $SP\sin\varphi$ 合成后的偏振光矢量 $P'$ 不再和原来的 $P$ 矢量一致，而是顺时针方向旋转了一个 $\omega$ 角，它和晶体光轴（$R$ 轴）的夹角变成了 $\varphi_1$，$\omega = \varphi - \varphi_1$。振动平面转角 $\omega$ 的大小与 $\varphi$ 的大小直接有关。

当 $\varphi = n\pi/2$ 时 ($n = 0$，1，3，…)，因有 $R = 0$ 或 $S = 0$，故 $\omega = 0$，此时振动平面不发生转动。

当 $\varphi = \pi/4$，$(3/4)\pi$，$(5/4)\pi$ 和 $(7/4)\pi$ 时，振动平面转动最大。

$\omega$ 角的存在将造成起偏镜和检偏镜处于正交位置时，原来应该消光的情况变成了部分反射偏振光透过检偏镜，$\omega$ 角越大通过的反射光将越多。

当 $\varphi = \pi/4$、$(3/4)\pi$、$(5/4)\pi$ 和 $(7/4)\pi$ 时，因 $\omega$ 最大，会得到最强的光线。

当 $\varphi = 0$、$\pi/2$，$\pi$ 和 $(3/2)\pi$ 时，因 $\omega = 0$，会没有反射偏振光透过，此时为消光状态。

在操作时，可转动载物台，即利用转动试样来改变 $\varphi$ 角的大小，在转动 360° 时可看到四次明亮四次消光的现象。因此在正交偏振光下观察金属组织时，能够直接观察到多晶体试样中各个晶粒具有不同衬度的结果，此时试样表面不必进行侵蚀。这是由于在抛光表面上每个晶粒都有不同方向的光轴，入射线偏振光与每个晶粒光轴的夹角各不相同，因而形成不同的反差。

### 17.1.3.2　偏振光在各向同性金属表面的反射

各向同性的金属，由于每一方向上光的性质一致（见图 17-7 中 $R = S$），因此不能使反射光的振动平面旋转（$\omega = 0$）。此时，线偏振光在正交条件下反射光不能通过检偏镜，即使把样品原位旋转 360° 也不能观察到任何亮度变化。若线偏振光垂直照射到金属表面就是以上所说的情况，当垂直照射时反射光也是线偏振光。如线偏振光的入射方向稍做倾斜，则反射光中垂直于入射面（入射光与晶体表面法线组成的平面）振动的线偏振光和平行于入射面的线偏振光存在一定的相位差，且振幅也不相等，此时将按式(17-4)合成椭圆偏振光。椭圆偏振光的椭圆度取决于入射光与晶体表面法线之间的角度。利用这一现象可以分析各向同性但表面倾斜度各不相同的晶粒的形貌，不同倾斜度的晶粒具有不同的反差。进行这类分析时，应对试样的抛光表面进行深侵蚀，使不同位向的晶粒表面形成倾斜程度不同的表面。

## 17.2　金相的干涉光分析

将光的干涉原理和显微镜分析结合起来而设计成的显微镜称为干涉显微镜。干涉显微镜能显示出试样表面的微小高度变化，主要用于观察表面的微观几何形状，特别适用于对塑性变形后金属表面变形区的分析。

### 17.2.1　干涉光

干涉原理是以劈尖造成光波的干涉为基础。劈尖干涉的示意图如图 17-8 所示，图 17-8(a)中两块平面玻璃间从右边插入一厚度很小的纸片，即形成了一个空气劈尖。单色平行光线 $a$ 和 $b$ 入射到劈尖时则由劈尖上下表面造成的反射光 $g$ 将是一个干涉光。若在 $B$ 点处 $a$、$b$ 两条光线的光程差正好是半波长时，则 $g$ 光消失而出现黑色条纹；若两者的光程差为半波长的偶数倍时，则 $g$ 光为加强光会出现明亮条纹，如图 17-8(b)所示。

由于劈尖每一点的厚度是渐变的，因此一定的厚度对应着一定的亮度。每一黑条纹（或亮条纹）处的厚度是相同的，故称为等厚条纹。若相邻两个条纹（明或暗）之间的距离为 $L$，而相邻两条纹间的光程差应是一个整波长，则 $a$ 光线从劈尖上部射入经底部反射

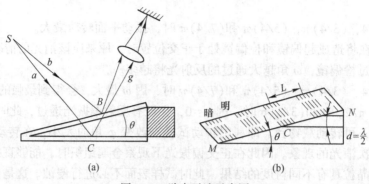

图 17-8　劈尖干涉示意图

（a）劈尖的形成；（b）等厚条纹

后再次从 $B$ 点射出时所经的光程可近似地看成 $2d$（$d$ 为对应于条纹间距处的劈厚度），即 $2d = \lambda$。由图 17-8 可知，$\sin\theta = d/L$，故：

$$L = \frac{\lambda}{2\theta} \quad （因 \theta 很小，故 \sin\theta \approx \theta） \tag{17-8}$$

由式（17-8）可见，劈尖的倾角越小，则条纹的间距越大。若用金属表面代替劈尖底部的平面玻璃时，就可以进行显微干涉表面分析。若金属表面是抛光的平整镜面，则会出现平直条纹；若该表面有微量起伏，则条纹会出现曲折；若表面具有台阶，则条纹出现相应的台阶，如图 17-9 所示。

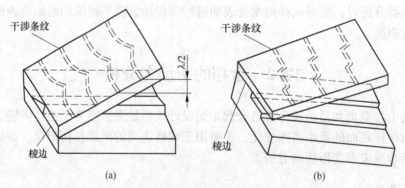

图 17-9　干涉条纹的形状与样品表面几何外形的关系

（a）表面抛光；（b）表面台阶

根据干涉条纹的测量可计算出试样表面的不平程度。图 17-10 中 $a$ 表示在显微图像上条纹的弯曲量，由于两相邻条纹的间距 $L$ 与条纹间距处的高度 $d$ 相对应，$d = (1/2)\lambda$，故有 $a : L = H : (1/2)\lambda$，即：

$$H = \frac{a\lambda}{2L} \tag{17-9}$$

式中，$H$ 为试样表面凸起部分（或台阶部分）高度，$L$ 和 $a$ 都可在显微镜中测得，因 $\lambda$ 已知。由此能精确测定金相试样表面的几何形状。

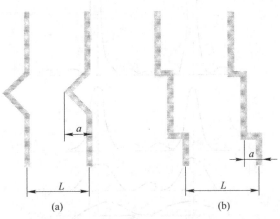

图 17-10   干涉条纹的测量

（a）表面抛光；（b）表面台阶

利用两束干涉光进行干涉成像时，干涉条纹比较粗，不能将试样表面细微的高度差反映出来，因此在实际应用过程中采用多束干涉成像。多束干涉可通过图 17-11 的原理获得，图中入射光束射向两个表面，当到达 A 点后，一部分变成反射光 1，另一部分光线折向 B 点又分成两个部分，其中反射部分通向 C 点，并在 C 点处再次发生透射（折射）和反射。在 C 点处透射的光线 2 和第一次反射光线 1 之间存在光程差 AD，故可发生干涉；在 C 点处反射的光线中有一部分通过 F 点反射后，再次透过表面并与光线 2 之间造成光程差而相互干涉。如此反复即构成多束光相干效应。如果下表面是不透光的抛光金属表面，则 B、F 等处将无 1′、2′ 等透射光产生，此时造成的多束干涉效果更好。

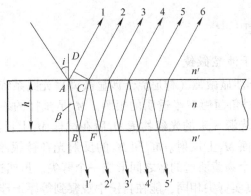

图 17-11   多光束干涉的形成

计算和实验都已证明多束光源干涉后形成的条纹比双束光细，其结果可用图 17-12 表示，图中纵坐标表示条纹的强度（亮度）。如双束光干涉（N＝2，N 为光束数），则两个强度峰平缓分布，表示相邻两条干涉线条较宽且亮度不明锐。若用多束干涉成像，可得到窄而细的亮条纹。

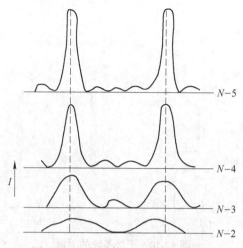

图 17-12　多光束干涉时的亮度分布

　　在多束光干涉时，干涉条纹的宽度受到干涉表面反射系数 $R$ 的影响，干涉亮条纹的宽度 $W$ 和 $R$ 之间的关系见表 17-1。表中的 $W$ 值用波长的分数表示，$R$ 越大 $W$ 越窄。$R$ 的高低由光学平面玻璃上镀膜层性质来决定，镀膜层是半透明的。如果镀膜材料具有高反射系数和低的吸收率，则 $R$ 值可达 0.94，此时干涉条纹宽度仅为入射光波波长的 1/50。在平面玻璃上镀以银或铝的薄膜可获得比较理想的效果。

**表 17-1　反射系数的条纹宽度的关系**

| $R$ | 0.04 | 0.7 | 0.8 | 0.85 | 0.9 | 0.925 | 0.94 |
|---|---|---|---|---|---|---|---|
| $W$ | $\dfrac{1}{3}$ | $\dfrac{1}{9}$ | $\dfrac{1}{14}$ | $\dfrac{1}{19}$ | $\dfrac{1}{30}$ | $\dfrac{1}{40}$ | $\dfrac{1}{50}$ |

### 17.2.2　干涉显微镜原理

#### 17.2.2.1　双光束干涉显微镜

　　图 17-13 为双光束干涉显微镜（林尼克干涉显微镜）光路系统的示意图。图中分光镜 $P_1P_2$ 由一对棱镜组成，对角面镀有半透明的银膜。$M_1$ 是试样的表面，$M_2$ 是标准反射面，$O_1$ 和 $O_2$ 是两个物镜。从光源 $S$ 来的光经物镜 $O_1$ 后在试样 $M_1$ 上反射。同一光源的光线也可以经过物镜 $O_2$ 在标准面 $M_2$ 上反射。$M_1$ 和 $M_2$ 的反射光在镀银膜处交汇，并产生干涉。调节 $M_2$ 的倾斜度可使两个物镜所造的像之间形成一个劈尖。虽然这个劈尖是成像形成的，但其产生的干涉效果和真实劈尖相同，能在目镜中观察到等厚干涉条纹。显然 $M_1$ 和 $M_2$ 之间相对位置决定了条纹的间距大小（即劈尖倾角 $\theta$ 和 $L$ 的关系）。

　　林尼克干涉显微镜在表面精密测量中的应用很普遍，但由于条纹较宽只能测定 30nm 以上的表面，此外，这种显微镜中有两个物镜，此两物镜的焦距必须完全相同，因此在制造上具有很高的要求，往往不能做到。为了改进上述缺点，可以调整显微镜的光路来达到 $M_1$ 和 $M_2$ 共用一个物镜的目的。图 17-14 是经改进的双光束干涉系统，图中将分光镜放在

物镜 $O$ 的下面，此时试样 $M_1$ 和标准面 $M_2$ 的反射光都通过同一物镜。虽然这种方法克服了要制造两个完全相同物镜的困难，但当放大倍数较高时，物镜焦距变短，分光镜无法置于物镜下，在使用中也有局限性。

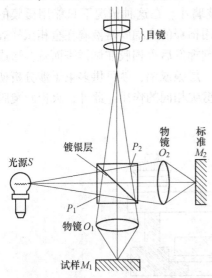

图 17-13　林尼克双光束干涉显微镜

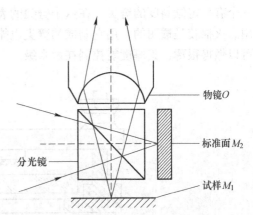

图 17-14　只用一个物镜的双光束干涉系统

### 17.2.2.2　多光束干涉显微镜

当表面起伏小于30nm时，双光束干涉显微镜的干涉条纹太宽而无法工作。多束干涉可得到细而清晰的条纹，可使用多光束干涉显微镜。如前所述，使光线在两个平行（或接近平行）的平面间多次反射，能形成多光束干涉。在多光束干涉的条件下，测量精度可达 0.1nm。

多光束干涉显微镜要求其入射光为单色平行光，并以接近垂直的角度入射到试样表面。在贴近试样表面放置标准平面玻璃片，其上必须均匀地喷镀一层金属薄膜。金属镀膜应具有高反射系数和低的吸收系数。试样表面与镀膜表面（标准面）之间的距离应尽可能小，最大不能超过入射光波波长的整数倍。

多光束干涉显微镜的光路图如图 17-15 所示。在一般的金相显微镜上只要配上单色光和标准平面玻璃（标准面），就可以做多光束干涉的分析。标准平面玻璃靠近试样表面的一面镀有半透明的银（或铝）薄膜，利用标准面和试样表面之间的多次反射可造成多光束干涉。

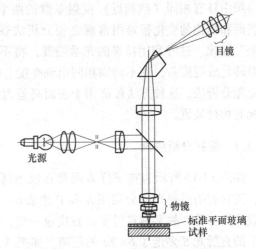

图 17-15　多光干涉显微镜的光路系统

图 17-16 是一种形成多束光干涉的试样夹具，能在倒立式金相显微镜上使用。将试样

黏附在可调节斜度的圆盘上，下方是平面玻璃，玻璃的上表面镀有金属膜。若镀有 50nm 厚的银膜，则可使反射系数达到 0.90。因为物镜的工作距离随着放大倍数增加而减小，因此在高倍观察时标准平面玻璃的厚度必须很薄。但即使使用超薄玻璃，其厚度仍有 0.17mm。若使用数值孔径很大的油镜，则不能加入玻璃片。在这种情况下只能用覆膜的办法来代替标准玻璃片。这种方法的制作步骤如下：用稀释的火棉胶溶液滴在金相试样表面，在溶液尚未凝固时先把试样稍微倾斜，溶液中溶剂挥发后火棉胶在试样表面就会形成一个有一定倾斜度的劈尖。在这个劈尖的表面再喷镀一层银或铝，就可供多束干涉分析使用。火棉胶是透明的，用它制成的劈尖也能起到空气劈尖相同的作用。此外，火棉胶覆膜可以做得很薄，其厚度能控制在微米级。

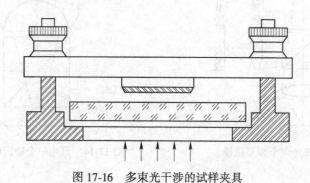

图 17-16　多束光干涉的试样夹具

## 17.3　相衬金相分析

抛光表面因发生相变而产生的浮凸，平整的表面经塑性变形后形成的表面起伏以及金相组织中具有相同（或相近）反射系数的两个相经腐蚀后会形成微小的高度差，这些试样表面和物相的变化很难用常规金相分析法观察到，此时即可使用相衬金相通过"相位反差"显出。这种利用特殊的光学装置，将不同相位的反射光发生干涉或叠加，并将相位差转化成强度差，使不同物相间出现亮度上的差别，由此来鉴别金相组织的方法称为相衬金相分析法。这种方法最适用于表面高差为 20～50nm 的组织。目前大型金相显微镜上都配有相衬装置。

### 17.3.1　相衬分析原理

如图 17-17 所示为在试样表面具有极小高度差的 A 和 B 两相。若两相的反射系数相等，则它们的反射光（分别用 S 和 P 来表示，两者振幅相等，其中 S 是入射光反射后的直线连续部分，故又称直射光）强度也一致。当光线垂直入射时，B 相上的反射光 P 比 A 相上的直射光 S 多走了 δ＝2d 的距离。如把 A、B 两相反射光的运动用振幅—光程曲线来表示，并把曲线转化成矢量图（见图 17-18），则可看到光程差 δ 相当于 P 和 S 间的相位差 φ。光程差 δ 为一个波长 λ 时，相当于相位差 φ＝2π，故有：

$$\varphi = \frac{2\pi\delta}{\lambda} = \frac{4\pi d}{\lambda}$$

$$(17\text{-}10)$$

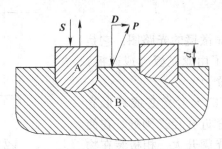

图 17-17　光在磨光金相试样表面反射时产生的光程差

由图 17-18（b）可知，**P=S+D**。**D** 是由相位差引起的，称为衍射光矢量，它的大小和方向取决于 φ 角的大小。当 Δφ 角很小时，可认为 **D** 的方向与 **S** 垂直，即 **S** 和 **D** 之间有 (1/4)λ 的光程差。

由于 **S** 和 **P** 的振幅相同，所以这两束反射光的强度是相同的。一般的金相显微镜是靠强度反差来识别组织的，故无法区别出 A 相和 B 相的形态。不能利用强度来鉴别两相，可利用反射光的相位差来造成相间的反差，这就是相衬方法的原理。

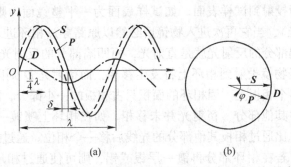

图 17-18　图 17-17 中光程差用振幅-光程曲线表示和用矢量表示
（a）振幅—光程曲线表示；（b）矢量表示

衍射光矢量 **D** 的方向是引起 **S** 和 **P** 之间差别的关键。由图 17-18（b）可看出，由于 **S** 和 **P** 之间相位差很小，**S** 和与它成 90°（π/2）的 **D** 相加后，合成的 **P**，其振幅（矢量的模）变化并不大。但若把 **S** "移相"，使它的相位会超前或滞后 π/2，则可使合成 **P** 的振幅发生较明显变化，如图 17-19 所示。图中 **S'** 和 **S"** 分别表示 **S** 相位角 φ 超前和滞后 π/2 的情况，**S** 与 **D** 位于同一直线，**D** 表达了 **P** 矢量振幅的变化。

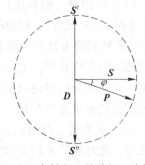

图 17-19　直射光 **S** 的移相，移相后引起反射 **P** 在长度上的变化

使相位衬度加大的另一关键是降低直射 **S** 的振幅。因为 **S** 的振幅远大于 **D**，即使进行了移位，**P** 振幅的变化仍然不够，需将 **S** 的振幅下降到和 **D** 的长度相近，只有这样才能使成像的 **S'**（**S"**）与 **P** 之间产生明显的差别以便于将 A、B 两相区分。

### 17.3.2　相衬显微镜

图 17-20 是相衬金相显微镜的光路图，它是在普通金相显微镜上增加了由遮光板（或遮板）A 和相板 B 组成的相衬装置。

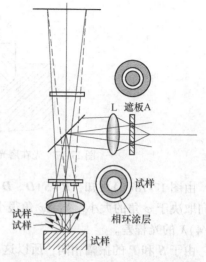

环形遮光板的作用是把入射光变成环形光束，遮板装在照明系统中靠近孔径光阑处。在使用相衬照明时，应将孔径光阑开大。相板装在物镜的后焦面处，它是一块圆形的平面玻璃，在对应于环形遮板像的狭缝圆环处，涂有两层不同物质的镀膜，它们分别起着移相和降幅的作用，这个圆环称为相环，它是相衬显微镜的主要部分。圆筒形光束进入显微镜镜筒后，可通过调节透镜 L 的位置，使环形狭缝的像正好投射到相环上。

图 17-20　相衬显微镜的光路布置图

并利用遮板的左右移动进行精确调整，使光束与环完全吻合。为克服透镜成像的缺陷，相环的尺寸可做得略大于狭缝像的尺寸。筒形光束透过相环后，经物镜投射到试样表面。如试样表面为一平整镜面，则因反射光 $S$ 仍是入射光的连续（直射光），当它再次进入物镜后必然以原路穿过相环进入目镜。如试样表面有凹凸不平，则凸起部分的反射光就是直射光，面凹陷部分的反射光 $P$ 将由 $S+D$ 两部分组成，其中 $S$ 部分经物镜投射到相环上将发生移相，而衍射光 $D$ 则因其方向和直射光不同面统计地投射到整个相板上。因相环的面积只占相板的一小部分，故可近似地认为行射光投射到相环以外的其他部分，衍射光并未移相。如在相环上喷镀一层氟化镁（$MgF_2$），可将通过镀层的光线比通过相板其他部分的光线后移一个相位。通过控制镀层厚度，就可控制相位角的大小。若在相环部分再镀一层银或铝，则可使通过相环光线的振幅明显减小，利用相环的上述两种功能就可造成提高相间衬度的效果。以下介绍形成明暗两种衬度的方法。

（1）负相衬（明衬法）。通过对氟化镁层厚度的控制，使凹陷处的直射光 $S$ 相位推迟 $\pi/2$（即 $1/4\lambda$ 光程），相位推迟后 $S$ 方向如图 17-21 中 $S''$ 所示。同时，$S''$ 的振幅因直射光 $S$ 透过相环时强度减弱而明显变小。最后合成的反射光矢量应是 $P'=S''+D$，其中衍射光 $D$ 透过相板时并未移相，故与 $S''$ 的相位相同。因减弱后的直射光 $S''$ 和衍射光 $D$ 的强度相差不远，凹陷部分的最终反射光 $P'$ 比凸出部分的反射光 $S''$ 亮度要高。这种凹陷部分比凸出部分明亮的衬度即为明衬。

（2）正相衬（暗衬法）。通过控制氟化镁层的厚度，使试样凹陷处的直射光 $S$ 相位超前 $\pi/2$，此时超前 $S$ 的方向将如图 17-22 中 $S'$ 所示。可以看出，$S'$ 和衍射矢量 $D$ 方向相反，故最后合成反射光的矢量式应是 $P'=S'-D$。由于 $S'$ 和 $D$ 的振幅相近，故 $P'$ 非常小，此时凹陷部分为暗区。

在配有专用相衬物镜的金相显微镜中，相板就安放在物镜的后焦面处。在多数金相显微镜中并没有专用的相衬物镜，而是利用现存的物镜进行分析，在这种情况下，相板就不放在物镜的后焦面上，而是移至照明器与目镜之间。中转透镜置于目镜的下方起到协调相板移位的作用。相板的位移还可使来自光源的入射光通过物镜照射到试样时不再通过相板，减小了不必要的散射炫光。

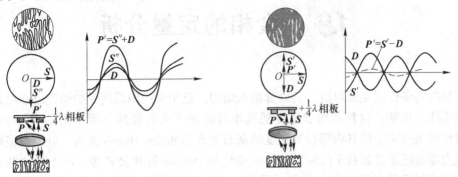

图 17-21　负相衬光矢量分析　　　　图 17-22　正相衬光矢量分析

在配有专用相衬物镜的金相显微镜中辅助透镜的作用是使通过固定遮板的环形光束大小与相环的大小一致。在更换物镜时，只需更换相应的辅助透镜，就可使环形光束投射像的大小与相环完全一致。有些金相显微镜中还配有专用透镜，当进行合轴调整时，可将其旋入光路，调焦时就可从目镜中看到环形光阑像和相环的像是否重合。合轴完毕取出透镜，这时目镜中即可看到相衬照明条件下的观察对象。

## 练 习 题

17-1　偏振光是怎么产生的？简要叙述用尼科尔棱镜和用偏振片产生偏振光的原理。

17-2　偏振光有哪几种类型，它们各具有什么特点？

17-3　简述偏振光在各向异性金属磨面上的反射现象。

17-4　偏振光在金相分析过程中主要应用在哪些方面？举例说明。

17-5　双光束干涉显微镜和多光束干涉显微镜各有哪些特点？

17-6　试述干涉显微镜的成像原理。

17-7　简述相衬分析原理。

17-8　试述正相衬和负相衬成像的特点。

# 18 金相的定量分析

材料的力学性能主要取决于其内部组织结构。近年来组织强度学的研究已总结出许多定量的规律，比如：材料的屈服强度随其本身晶粒平均直径减小而增高的 Hall-Petch 关系，材料的流变应力随其内部位错密度增高而上升的 Bailey-Hirsch 关系，以及位错线运动的切应力增量随第二相粒子间距的大小而变化的 Orowan 计算公式等。从上面这些规律来看，可以通过显微组织中面（晶界、界面）、线（位错线）和点（第二相粒子）的定量测定来建立组织参数和力学性能之间的对应关系。

显微镜下观察到的组织特征是二维的，若能把二维组织推断到三维空间就可以用平面的金相组织与真实的三维形态特征联系起来。这个问题涉及统计学、几何概率、投影几何、曲线、曲面和拓扑学理论以及微分和积分几何等方面。从事材料研究仅需理解和使用通过上述各学科导出的结论和公式，本章只对各种关系式的物理意义及其使用方法作重点叙述。

## 18.1 定量金相的基本符号

定量金相的测定对象是点数 $P$、线长度 $L$、平面面积 $A$、曲面面积 $S$、体积 $V$、测定的特征物数 $N$ 等。在这些符号中，$P$、$L$、$A$ 和 $V$ 既可表示被测量的点数、线长、面积和体积（被测量），又可表示测试时用作标准的点数、线长、面积和体积（测试量）。定量金相所测的量常用被测量与测试量的比值来描述。规定将测试量的符号写在被测量的下角标位置。例如：$V_V$ 表示在单位测试体积中被测定对象所占的体积；$S_V$ 表示单位体积中测量对象所占面积；$N_A$ 表示单位面积上被测对象的个数等，其他符号可以类推。定量金相测定时的一些基本符号见表 18-1。

表 18-1 基本符号和组合记号

| 符 号 | 组 合 记 号 |
| --- | --- |
| $P$——测试点数 | (1) $P_P = \dfrac{P}{P_T}$，$P_T$ 是测试用的总点数，$P$ 是落在被测相上的点数；<br><br>(2) $P_L = \dfrac{P}{L_T}$，单位长度测试线上的交点数；<br><br>(3) $P_A = \dfrac{P}{A_T}$，单位测试面上的点数；<br><br>(4) $P_V = \dfrac{P}{V_T}$，单位测试体积中的点数 |

| 符　号 | 组　合　记　号 |
|---|---|
| L——线元素测试线长度 | （1）$L_L = \dfrac{L}{L_T}$，单位测试长度的交截线长度；<br><br>（2）$L_A = \dfrac{L}{A_T}$，单位测试面积的交截线长度；<br><br>（3）$L_V = \dfrac{L}{V_T}$，单位测试体积的交截线长度 |
| A——交截特征物的平面面积或测试面积 | $A_A = \dfrac{A}{A_T}$，单位测试面积的被交截特征物面积 |
| S——表面积或界面积 | $S_V = \dfrac{S}{V_T}$，单位测试体积内的表面面积 |
| V——三维特征物体积或测试体积 | $V_V = \dfrac{V}{V_T}$，单位测试体积内的特征物体积 |
| N——测量对象的个数或特征物数 | （1）$N_L = \dfrac{N}{L_T}$，单位测试线长度上交截的特征物数；<br><br>（2）$N_A = \dfrac{N}{A_T}$，单位测试面积上交截的特征物数；<br><br>（3）$N_V = \dfrac{N}{V_T}$，单位测试体积内交截的特征物数 |

# 18.2　分 析 原 理

表 18-2 中列出的代表组织比例的量值，有些是可以直接测量的，如 $P_P$、$P_L$、$L_L$、$P_A$ 等；有些则必须通过计算求出，如 $V_V$、$S_V$、$L_V$ 和 $P_V$，由此导出了两类基本量之间的关系式。这些关系式分别为：

$$V_V = A_A = L_L = P_P \tag{18-1}$$

$$S_V = \frac{4}{\pi}L_A = 2P_L \quad \left(L_A = \frac{\pi}{2}P_L\right) \tag{18-2}$$

$$L_V = 2P_A \tag{18-3}$$

$$P_V = \frac{1}{2}L_V S_V = 2P_A P_L \tag{18-4}$$

表 18-2 中示出了从可测量的量推算出不可测计算量的路线表。表中带括号的量是可测量，带方框的量只能通过式（18-1）~式（18-4）进行计算。

表 18-2　可测和计算量的关系

| 量纲 | $L^0$ | $L^{-1}$ | | $L^{-2}$ | | $L^{-3}$ |
|------|-------|----------|--|----------|--|----------|
| 点 | $(P_P)$ | $(P_L)$ | $\longrightarrow$ | $(P_A)$ | $\longrightarrow$ | $\boxed{P_V}$ |
| | $\downarrow$ | $\downarrow$ | | $\downarrow$ | $\nearrow$ | |
| 线 | $(L_L)$ | $\boxed{P_A}$ | | $\boxed{L_V}$ | | |
| | $\downarrow$ | $\downarrow$ | $\nearrow$ | | | |
| 面 | $(A_A)$ | $\boxed{S_V}$ | | | | |
| | $\downarrow$ | | | | | |
| 体 | $\boxed{V_V}$ | | | | | |

　　上述四个基本公式都可以通过设计适当的模型直接证明或推导得出，现以式(18-1)为例。式中表示的 $V_V = A_A = L_L = P_P$ 表示：通过显微组织的任意截面上所选取的相的体积之比、面积之比、线长之比和点数之比均相等。图 18-1 示出的模型说明任意分布的正方形的面积、正方形与网格相截的线段长度之和以及网格落在正方形上的交点数，分别与网格总面积、网格上线段总长度以及网格上具有的交点总数之比，在数值上是相等的。由图可知，这些正方形面积之和占网格总面积的 20%，即 $A_A = 0.20$。对这些随机排列的正方形而言，其测定出的 $L_L$ 和 $P_P$ 也近似地等于 0.2，式(18-1)中的后面三项有 $A_A = L_L = P_P$。

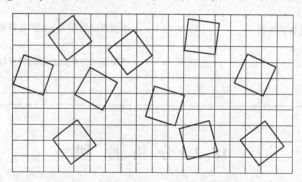

图 18-1　面积、线长和点数之比相等

　　$V_V$ 在数值上与 $A_A$ 值相等的问题。要解决这个问题使用图 18-2(a)模型求解。图中具有不规则形状的第二相 $\alpha$ 统计地分布在体积为 $V_T = l^3$ 的基体之中，第二相被一块厚度为 $\delta_x$、面积为 $A_T = l^2$ 且平行于坐标 $y$ 轴和 $z$ 轴所决定平面的薄片截取。在这个薄片内第二相的体积是 $\delta V_\alpha = l^2 \delta_x (V_V)_\alpha$，当 $\delta_x$ 非常小时，$\delta V_\alpha = A_\alpha(x) \delta_x$。这里的 $A_\alpha(x)$ 是薄片表面上 $\alpha$ 相的面积，它是薄片位置 $x$ 的函数，$A_\alpha(x)$ 随 $x$ 的变化不规则变化，如图 18-2(b)所示。当 $x$ 在 0~1 内变化时，$A_\alpha$ 的平均值 $\overline{A}_\alpha = \dfrac{1}{l} \displaystyle\int_0^l A_\alpha(x) \, \mathrm{d}x$。在极限情况下，立方体中的第二相 $\alpha$ 的总体积 $V_\alpha = \displaystyle\int_0^l \mathrm{d}V_\alpha = \displaystyle\int_0^l A_\alpha(x) \, \mathrm{d}x$。由此可得 $V_\alpha = l \overline{A}_\alpha$。

　　因 $V_V = V_\alpha / V_T = l \overline{A}_\alpha / l A_T = \overline{A}_\alpha / A_T$，又因 $\overline{A}_\alpha / A_T = \overline{A}_A$，有：

$$V_V = \overline{A}_A = A_A \qquad (18\text{-}5)$$

利用其他适当的模型同样可以导出式(18-2)~式(18-4)，本节不再赘述。

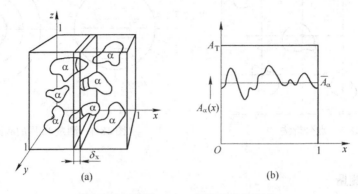

图 18-2　推导 $V_V = A_A$ 的关系式的模型

(a) 一个薄片割 α 相质点；(b) 薄片中 α 相面积的变化是薄片位置的函数

## 18.3　定量金相的测量

学习了上面讨论的基本方程就可利用由实验测定的量，求解各个不可测的计算量如 $V_V$、$S_V$、$L_V$ 和 $P_V$ 等。

### 18.3.1　$P_P$ 的测量

$P_P$ 的测量方法又称为计点法。用一套专用的网格来进行计点，网格的形式及其测量方法如图 18-3 所示。网格可以放置在目镜的光阑处，测试时应保证网格交点落在每个测试对象上的点数不大于 1，且所选网格的间距应和所测对象的间距相近。若测试点落在被测相的边界上，则以 1/2 点计算。图 18-3 中，测量用网格上的点数 $P_T = 30$，而有 $P$ 个点落在测量对象上，$P = 5.5$。

故测得：

$$P_P = \frac{5.5}{30} = 18\%$$

### 18.3.2　$P_L$ 的测量

$P_L$ 是单位长度测试线上测试线与测量对象交截的点数。测试用线可以是直线或是一组同心圆，如图 18-4 所示。被测组织可使用单线或一组已知长度的平行线条来进行测量，如图 18-4(a)所示。后者还可在被测组织具有方向性时使用，使用时利用圆外放射线（各线间夹角为 15°）来确定测量线和组织方向轴之间的夹角。用图 18-4(b)中的同心圆也可进行 $P_L$ 的测量，三个同心圆组成的测试线总长为 50cm。为减小测试误差，三个圆的半径呈算术级数（1.65cm、2.65cm、3.65cm）。用上述各种方法进行 $P_L$ 测定时，是将准备好的测试线重叠在经适当放大后的组织上（例如照片上），然后计算测试线与被测对象的交点数 $P$。已知平行或圆周测试线的总长度为 $L_T$，则 $P_L = P/L_T$。

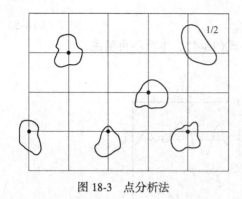

图 18-3　点分析法

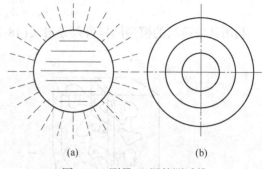

(a)　　　　　　　　　(b)

图 18-4　测量 $P_L$ 用的测试线

### 18.3.3　$P_A$ 的测量

$P_A$ 是指单位测试面积上点组织的点数。点组织一般是指晶界的三叉交点以及位错线的露头等。测试 $P_A$ 时，测试面积 $A_T$ 的形状可以任意选取，可为圆形或正方形。如测试面积的边线正好与被测点重合，则这个点以 1/2 计算。

### 18.3.4　$N_L$ 的测量

$N_L$ 是指单位长度测试线上截获的被测对象个数。测量 $N_L$ 所用的测试线和测量 $P_L$ 时所用的相同（可为直线也可是同心圆），但计数方法不同。

图 18-5 说明了三种 $N_L$ 的计数方法。图 18-5（a）是分离的第二相颗粒，$N_L = (1/2)P_L$，此时 $P_L = 7$，$N_L = 3.5$。图 18-5（b）是对于充满视域的单相组织，$N_L = P_L$，此时 $P_L = 8$，$N_L = 8$。对于不完全分开的第二相颗粒，如图 18-5（c）中第二相 β 分布在基体 α 相上，此时存在两种界面即 α-β 界面和 β-β 界面，相应的 $N_L$ 和 $P_L$ 的关系为 $(N_L)_\beta = (P_L)_{\beta-\beta} + 1/2(P_L)_{\alpha-\beta}$，式中 $(P_L)_{\beta-\beta}$ 为单位长度测试线上，β-β 相相邻的截点数，$(P_L)_{\alpha-\beta}$ 为单位长度测量线上，α-β 相相邻的截点数。图 18-5（c）的测量结果为 $(N_L)_\beta = 3 + 1/2 \times 8 = 7$。

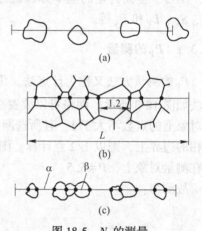

图 18-5　$N_L$ 的测量
（a）分离的第二相；（b）充满视域的单相；
（c）不完全分开的第二相

### 18.3.5　$N_A$ 的测量

$N_A$ 是单位测试面积上被测对象的个数。这些被测物可以是第二相粒子、夹杂物和单相组织的晶粒个数等。测量用的面积形状一般有方的和圆的两种。测量时把落在测试面积内的个数记作 $N_1$，把落在测试面积边界线上的个数记作 $N_2$。当用圆形测试面积时，则被测对象的个数 $N = N_1 + (1/2)N_2$；当用方形测试面积时，则被测试对象的个数 $N = N_1 + (1/2)N_2 - 1$，式中减去 1 是考虑到正方形角上的被测对象只能以 1/4 面积计算。

### 18.3.6 $L_L$ 的测量

$L_L$ 是指单位测试长度上测试对象所占的长度。这种测量方法是在目镜中放入有线刻度的测微尺，在显微镜下直接测量；也可以利用载物台上的刻度对测量对象的长度进行对比测量。例如在载物台移动 $L_T$ 距离范围时测出被测物所占距离为 $L$，则 $L_L = L/L_T$。

### 18.3.7 $A_A$ 的测量

$A_A$ 是单位测试面积上被测对象所占的面积，通常采用两种方法：第一种方法是用求积仪在组织照片上求出每块被测组织的面积 $A_1$，把各块面积加合得 $\sum A_1$，则 $A_A = \sum A_1/A_T$；第二种方法是称重法，此法是把每块被测组织剪下，并把它们合起来称重，得到重量为 $G$，把 $G$ 与相应整体组织图的重量 $G_T$ 相比，则 $A_A = G/G_T$。上述人工法测量 $A_A$ 既烦琐也不精确，一般情况下会采用自动图像分析仪对 $A_A$ 进行测量。

## 18.4 定量金相应用举例

### 18.4.1 晶粒大小的测定

晶粒大小可用晶粒直径和晶粒度来表示。由于晶粒的外形不可能是一个球体，故常用平均截线长度来表示晶粒直径。平均截线长度是指随机截取三维物体时，在物体内截线长度的平均值，记作 $L_3$。当测量次数足够多时，在二维平面上截取的平均截线长度 $L_2$ 可认为和 $L_3$ 相等。对于单相晶粒，其平均截线长度可用下式表示：

$$L_2 = \frac{L_T}{N} = \frac{1}{N_L} = \frac{1}{P_L} \tag{18-6}$$

若在显微照片上测量，则：

$$L_2 = \frac{L_T}{PM} \tag{18-7}$$

式中　$L_T$——测试线的总长度；

$P$——测试线与晶界总交点数；

$M$——显微组织的放大倍数。

也可用晶粒度来表示晶粒大小。此时根据晶粒度定义，其计算式为：

$$N_A = 2^{G-1}$$

式中　$N_A$——放大 100 倍下每平方英寸视域面积内的平均晶粒数；

$G$——晶粒度级别。

把上式两边取对数，得：

$$\lg N_A = \lg 2^{G-1} = (G-1)\lg 2 = G\lg 2 - \lg 2$$

化简后，得：

$$G = \frac{\lg N_A}{\lg 2} + 1 \tag{18-8}$$

由此可利用求得的 $N_A$ 值评出晶粒的级别。

### 18.4.2　第二相粒子特征参数的测定

#### 18.4.2.1　平均自由程 λ

平均自由程是指在截面上沿任意方向从一个第二相颗粒的边缘到达相邻颗粒边缘距离的平均值，如图 18-6 所示。在具有不连续分布第二相粒子 α 的显微组织中，任意测试线上平均有 $(L_L)_α$ 的长度份额坐落在粒子上，另有 $1 - (L_L)_α$ 的长度份额坐落在基体相上。由于第二相被基体所隔开，所以从统计的角度来看，在单位测试线上遇到的第二相数目与遇到基体的数目相等，即 $(N_L)_α = (N_L)_M = N_L$，其和 $(N_L)_M$ 分别是单位长度测试线上截到 α 相和基体的个数。由此平均自由程的计算式可写成：

$$\lambda = \frac{1 - (L_L)_α}{N_L} = \frac{1 - (A_A)_α}{N_L} = \frac{1 - (P_P)_α}{N_L} \tag{18-9}$$

λ 一般是在二维平面上测定，当测定次数足够多时，平面上的平均自由程和空间的平均自由程在数值上接近相等。

#### 18.4.2.2　平均粒子间距 $(t)$

平均粒子间距是指相邻粒子中心距离的平均值，如图 18-6 所示。显然

$$t = \frac{1}{(N_L)_α} \tag{18-10}$$

式中　$(N_L)_α$——单位长度测试线上截到第二相粒子的个数。

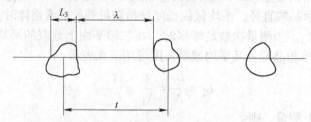

图 18-6　第二相粒子的平均自由程和平均粒子间距

#### 18.4.2.3　第二相粒子的平均截线长度 $(L_3)$

由图 18-6 可知，$(L_3)_α = t - \lambda$，用式(18-9)和式(18-10)代入后得：

$$(L_3)_α = \frac{(L_L)_α}{(N_L)_α} = 2\frac{(P_P)_α}{(P_L)_α} \tag{18-11}$$

### 18.4.3　线长度

线长度是指试样表面的晶界长度，孪晶界长度和片状析出物的长度。对于单相组织，求单位截面内晶界线长度可用下式计算：

$$L_A = \frac{\pi}{2} P_L = \frac{\pi}{2} N_L \tag{18-12}$$

对于分布在基体上的第二相（α 相）粒子的周界长度可用式(18-13)计算，即：

$$(L_A)_α = \frac{\pi}{2} P_L = \pi N_L \tag{18-13}$$

图18-7是测定片状石墨平均长度 $L_C$ 及周边长度 $L_S$ 的实际例子。采用平行线组作测试线，图中测试线的条数为 $n$，每条线的长度为 $l$，平行线的间距为 $d$。在测试面积内测得石墨的片数为 $N$，则石墨片的平均长度为：

$$L_C = \frac{L_A}{N_A}$$

根据式（18-12），得：

$$L_A = \frac{\pi}{2} P_L = \frac{\pi}{2} \frac{P}{L_T} = \frac{\pi}{2} \frac{P}{nl}$$

而

$$N_A = \frac{N}{nld}$$

所以

$$L_C = \frac{L_A}{N_A} = \frac{\pi}{2} \frac{P}{nl} \frac{nld}{N} = \frac{\pi}{2} \frac{Pd}{N}$$

测量是在照片上进行的，考虑到照片经过放大 $M$ 倍，故：

$$L_C = \frac{\pi}{2} \frac{Pd}{NM} \tag{18-14}$$

图18-7中，$d = 5\text{mm}$，测定的石墨片数 $N = 10$，平行线条与石墨片的交点数 $P = 21$，放大倍数 $M = 250$，则：

$$L_C = \frac{3.14 \times 21 \times 5}{2 \times 10 \times 250} = 0.066(\text{mm})$$

在计算单位面积内石墨片的周边长度 $L_S$ 时，同样可用式（18-14），只要把测试线与石墨片的交点数改成测试线与石墨片周边的交点数即可，此时 $P = 41$，故：

$$L_S = \frac{3.14 \times 41 \times 5}{2 \times 10 \times 250} = 0.129(\text{mm})$$

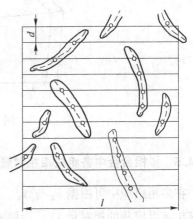

图18-7 片状石墨平均长度和周长测定

### 18.4.4 片层组织中各种特征参数的测量

#### 18.4.4.1 片层的平均间距（$t$）

片层的平均间距是图18-8中 $t$ 所指的距离，它是指任意方向截线上相邻片层（同一相）中心间的平均距离，故：

$$t = \frac{1}{N_L} \tag{18-15}$$

图中 $t_0$ 为空间相邻两片层（同一相）中心间的真实距离。需要注意的是，$t_0$ 箭头的方位和片层垂直，而 $t$ 则是任意交角。从体视学关系得出：

$$t_0 = \frac{1}{2} t \tag{18-16}$$

#### 18.4.4.2 平均自由程（$\lambda$）

平均自由程是指在任意截线上相对量少的一相相邻边缘的平均距离。图18-8中 $\alpha$ 相相对量较少，故其平均自由程为：

$$\lambda_\alpha = \frac{(V_V)_\beta}{(N_L)_\beta} = (V_V)_\beta t \tag{18-17}$$

设以 $(\lambda_0)_\alpha$ 表示 $\alpha$ 相在空间的真实平均自由程，同样按体视学关系可得：

$$(\lambda_0)_\alpha = \frac{1}{2}\lambda_\alpha \tag{18-18}$$

### 18.4.4.3　片层内界面 $S_V$

由基本公式 $S_V = 2P_L$，对双相组织 $P_L = 2N_L$，故：

$$S_V = 4N_L = \frac{4}{t} \tag{18-19}$$

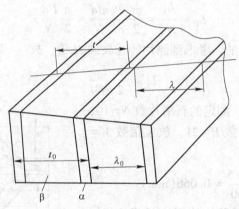

图 18-8　片层状组织参数

### 18.4.5　多相合金中各组成相相对量的测定

在多相组织中可根据 $V_V$ 与 $A_A$、$L_L$ 和 $P_P$ 的关系，只要测出待测定相的 $P_P$、$L_L$ 或 $A_A$ 即可求出该组成相的相对量 $V_V$。当然 $L_L$ 和 $P_P$ 的测定远比 $A_A$ 简单，故只需用截线法和计点法即可求解各组成相的相对量。

## 18.5　定量金相测试时的误差

为进行定量金相的计算，每一可测定量的确定都是以一定次数的测量结果为基础。经验指出，要对一个试样做出可信的分析结果，通常应该进行 $25 \sim 100$ 个视场的测量。将测得数据的平均值进行计算，找出标准偏差。若标准偏差以 $\sigma$ 表示，标准误差用 $E$ 表示，$n$ 为测量次数，根据误差计算规则，有：

$$E = \frac{\sigma}{\sqrt{n}} \tag{18-20}$$

以计点法为例，在对某一试样测量 $n$ 次后的点数平均值为 $\overline{P}$，而其中任一次点的测定值为 $P$，则：

$$P = \overline{P} \pm E = \overline{P} \pm \frac{\sigma}{\sqrt{n}} \tag{18-21}$$

从式(18-21)中可以看出，标准偏差 $\sigma$ 越小，则 $P$ 和 $\overline{P}$ 越接近，当然测量次数越多，标准误差也就越小。因此 $\sigma$ 值的大小和测量次数是控制误差大小的关键。表 18-3 给出了计算标准偏差 $\sigma$ 的一些计算公式。

**表 18-3　标准偏差 $\sigma$ 的计算公式**

| 待测量 | 测量方法 | 计算公式 | 说　　明 |
|---|---|---|---|
| $V_V$ | 计点法 | $\sigma_{P_P} = \left[ P_P(1 - P_P)\dfrac{1}{P_T} \right]^{\frac{1}{2}}$ | $\sigma_{P_P}$ 为测量 $P_P$ 的标准偏差 |
| $V_V$ | 截线法 | $\sigma_{L_L} = L_L(1 - L_L)\left(\dfrac{2}{N}\right)^{\frac{1}{2}}$ | $\sigma_{L_L}$ 为测量 $L_L$ 的标准偏差 |
| $P_L$ | 计点法 | $\sigma_{P_L} = P_L b\sqrt{\dfrac{1}{P}}$ | $\sigma_{P_L}$ 为测量 $P_L$ 的标准偏差；$b$ 为常数，$b = 0.6 \sim 1.1$ |
| $P_A$ | 计点法 | $\sigma_{P_A} = P_A b\sqrt{\dfrac{1}{P}}$ | $\sigma_{P_A}$ 为测量 $P_A$ 的标准偏差；$b$ 为常数，$b \approx 1$ |
| $\overline{L}$ | 截线法 | $\sigma_{\overline{L}} = \overline{L} b\sqrt{\dfrac{1}{N}}$ | $\sigma_{\overline{L}}$ 为测量 $\overline{L}$ 的标准偏差；$b$ 为实验常数，对单相晶粒 $b \approx 0.7$ |

# 18.6　图像分析仪定量金相分析

用电子束或光束在金相试样表面上进行扫描，信号接收器同步接收来自试样表面的信号，这些信号通过调制转换成电脉冲信号。电脉冲的高度和试样表面的灰度成比例，由此可以描出一幅反映试样表面物相参数的图像。把各物像参数进行数据处理，即可获得定量金相中各项被测量的确切数据，这就是图像分析仪定量金相分析原理。图 18-9 是图像分析仪定量过程的示意图，图中示出了两相组织经逐行扫描后扫出的一组曲线，其中脉冲高度差反映了基体和第二相粒子之间的灰度差，由此可以对不同物相进行鉴别。脉冲在行扫描线上持续时间的长短可反映粒子尺寸的大小和分布。如果把各脉冲持续时间按长度分类，即可得到合金中第二相粒子的数目 $N$ 与粒子的分布曲线；如果把第二相持续时间线段之和与总时间（行扫描线的总长度）进行对比，则可求得被测试量 $L_L$。此外，行扫描线上相界面处形成的交点数就是被测试量 $P_L$，据此可通过基本公式的运算求得 $V_V$、$S_V$ 和 $A_A$ 的值。

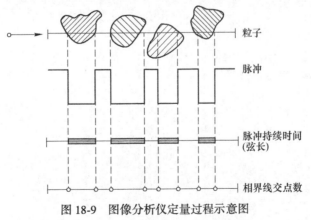

图 18-9　图像分析仪定量过程示意图

一般图像分析仪具有面积测量、周界测量和物相特征测量等多种功能，目前已广泛应用在科研和生产中。

## 练 习 题

18-1 定量金相学中四个基本方程如何表示，它们说明了什么关系？

18-2 如何测量并计算晶粒度？

18-3 第二相颗粒的特征参数如何确定？

18-4 论述 $P_P$、$P_L$、$P_A$、$N_L$、$N_A$、$L_L$ 和 $A_A$ 的测量方法。

18-5 单位截面内晶界线长度如何计算？

18-6 多相合金中各组成相对含量如何测定？

18-7 片层组织中有哪几种特征参数，如何测量？

18-8 定量金相的测量对象是哪些？

18-9 晶粒直径一般如何表示？

18-10 试推算晶粒度级别 $G$ 的表达式。

# 附　录

## 附录1　物理常数

| | |
|---|---|
| 元电荷 $e$ | $1.602×10^{-19}\,C$ |
| 电子 $E$ 静止质量 | $9.10904×10^{-28}\,g$<br>$9.109×10^{-31}\,kg$ |
| 原子质量常数 mu | $1.66042×10^{-24}\,kg$<br>$1.660×10^{-27}\,kg$ |
| 光速 $c$ | $2.997925×10^{10}\,cm/s$<br>$2.998×10^{8}\,m/s$ |
| 普朗克常量 $h$ | $6.626×10^{34}\,J·s$ |
| 玻耳兹曼常数 $k$ | $1.380×10^{-23}\,J/K$ |
| 阿伏伽德罗常数 $N_A$ | $6.022×10^{23}\,mol^{-1}$ |

## 附录2　特征 X 射线的波长和能量表

| 元素 | | $k_{\alpha_1}$ | | $k_{\beta_1}$ | | $L_{\alpha_1}$ | | $M_{\alpha_1}$ | |
|---|---|---|---|---|---|---|---|---|---|
| Z | 符号 | $A$/nm | $E$/keV | $A$/nm | $E$/keV | $A$/nm | $E$/keV | $A$/nm | $E$/keV |
| 4 | Be | 11.400 | 0.109 | | | | | | |
| 5 | B | 6.76 | 0.183 | | | | | | |
| 6 | C | 4.47 | 0.277 | | | | | | |
| 7 | N | 3.16 | 0.392 | | | | | | |
| 8 | O | 2.362 | 0.525 | | | | | | |
| 9 | F | 1.832 | 0.677 | | | | | | |
| 10 | Ne | 1.461 | 0.849 | 1.445 | 0.858 | | | | |
| 11 | Na | 1.191 | 1.041 | 1.158 | 1.071 | | | | |
| 12 | Mg | 0.989 | 1.254 | 0.952 | 1.032 | | | | |
| 13 | Al | 0.8339 | 1.487 | 0.796 | 1.557 | | | | |
| 14 | Si | 0.1125 | 1.740 | 0.675 | 1.836 | | | | |
| 15 | P | 0.6157 | 2.014 | 0.5796 | 2.139 | | | | |
| 16 | S | 0.5372 | 2.308 | 0.5032 | 2.464 | | | | |
| 17 | Cl | 0.4728 | 2.622 | 0.4403 | 2.816 | | | | |
| 18 | Ar | 0.4192 | 2.958 | 0.3886 | 3.191 | | | | |
| 19 | K | 0.3741 | 3.314 | 0.3454 | 3.590 | | | | |
| 20 | Ca | 0.3358 | 3.692 | 0.3090 | 4.103 | | | | |

| 元素 | | $k_{\alpha_1}$ | | $k_{\beta_1}$ | | $L_{\alpha_1}$ | | $M_{\alpha_1}$ | |
|---|---|---|---|---|---|---|---|---|---|
| Z | 符号 | A/nm | E/keV | A/nm | E/keV | A/nm | E/keV | A/nm | E/keV |
| 21 | Sc | 0.3031 | 4.091 | 0.2780 | 4.461 | | | | |
| 22 | Ti | 0.2749 | 4.511 | 0.2514 | 4.932 | 2.742 | 0.452 | | |
| 23 | V | 0.2504 | 4.952 | 0.2284 | 5.427 | 2.425 | 0.511 | | |
| 24 | Cr | 0.2290 | 5.415 | 0.2085 | 5.947 | 2.140 | 0.573 | | |
| 25 | Mn | 0.2102 | 5.899 | 0.1910 | 6.490 | 1.945 | 0.1537 | | |
| 26 | Fe | 0.1936 | 6.404 | 0.1757 | 7.058 | 1.759 | 0.705 | | |
| 27 | Co | 0.1789 | 6.980 | 0.1621 | 7.649 | 1.597 | 0.776 | | |
| 28 | Ni | 0.1658 | 7.478 | 0.1500 | 8.265 | 1.456 | 0.852 | | |
| 29 | Cu | 0.1541 | 8.048 | 0.1392 | 8.905 | 1.334 | 0.930 | | |
| 30 | Zn | 0.1435 | 8.639 | 0.1295 | 9.572 | 1.225 | 1.012 | | |
| 31 | Ga | 0.1340 | 9.252 | 0.1208 | 10.26 | 1.129 | 1.098 | | |
| 32 | Ge | 0.1254 | 9.886 | 0.1129 | 10.98 | 1.044 | 1.188 | | |
| 33 | As | 0.1177 | 10.53 | 0.1057 | 11.72 | 0.9671 | 1.282 | | |
| 34 | Se | 0.1106 | 11.21 | 0.0992 | 12.49 | 0.8990 | 1.379 | | |
| 35 | Br | 0.1041 | 11.91 | 0.0933 | 11.29 | 0.8375 | 1.480 | | |
| 36 | Kr | | | | | 0.7817 | 1.586 | | |
| 37 | Rb | | | | | 0.7318 | 1.694 | | |
| 38 | Sr | | | | | 0.6863 | 1.807 | | |
| 39 | Y | | | | | 0.6449 | 1.923 | | |
| 40 | Zr | | | | | 0.6071 | 2.042 | | |
| 41 | Nb | | | | | 0.5724 | 2.166 | | |
| 42 | Mo | | | | | 0.5407 | 2.293 | | |
| 43 | Tc | | | | | 0.5115 | 2.424 | | |
| 44 | Ru | | | | | 0.4846 | 2.559 | | |
| 45 | Rh | | | | | 0.4597 | 2.697 | | |
| 46 | Pd | | | | | 0.4368 | 2.839 | | |
| 47 | Ag | | | | | 0.4154 | 2.984 | | |
| 48 | Cd | | | | | 0.3956 | 3.134 | | |
| 49 | In | | | | | 0.3772 | 3.287 | | |
| 50 | Sn | | | | | 0.3600 | 3.444 | | |
| 51 | Sb | | | | | 0.3439 | 3.605 | | |
| 52 | Te | | | | | 0.3289 | 3.769 | | |
| 53 | I | | | | | 0.3149 | 3.938 | | |
| 54 | Xe | | | | | 0.3017 | 4.110 | | |
| 55 | Cs | | | | | 0.2892 | 4.287 | | |

| 元素 | | $k_{\alpha_1}$ | | $k_{\beta_1}$ | | $L_{\alpha_1}$ | | $M_{\alpha_1}$ | |
|---|---|---|---|---|---|---|---|---|---|
| Z | 符号 | A/nm | E/keV | A/nm | E/keV | A/nm | E/keV | A/nm | E/keV |
| 56 | Ba | | | | | 0.2776 | 4.466 | | |
| 57 | La | | | | | 0.2666 | 4.651 | | |
| 58 | Ce | | | | | 0.2562 | 4.840 | | |
| 59 | Pr | | | | | 0.2463 | 5.034 | | |
| 60 | Nd | | | | | 0.2370 | 5.230 | | |
| 61 | Pm | | | | | 0.2282 | 5.433 | | |
| 62 | Sm | | | | | 0.2200 | 5.636 | 1.147 | 1.081 |
| 63 | Eu | | | | | 0.1212 | 5.846 | 1.096 | 1.131 |
| 64 | Gd | | | | | 0.2047 | 6.057 | 1.046 | 1.185 |
| 65 | Tb | | | | | 0.1977 | 6.273 | 1.000 | 1.240 |
| 66 | Dy | | | | | 0.1909 | 6.495 | 0.9590 | 1.293 |
| 67 | Ho | | | | | 0.1845 | 6.720 | 0.9200 | 1.347 |
| 68 | Er | | | | | 0.1784 | 6.949 | 0.8820 | 1.405 |
| 69 | Tm | | | | | 0.1727 | 7.180 | 0.8480 | 1.462 |
| 70 | Yh | | | | | 0.1672 | 7.416 | 0.8149 | 1.521 |
| 71 | Lu | | | | | 0.1620 | 7.656 | 0.7840 | 1.581 |
| 72 | Hf | | | | | 0.1570 | 7.899 | 0.7539 | 1.645 |
| 73 | Ta | | | | | 0.1522 | 8.146 | 0.7252 | 1.710 |
| 74 | W | | | | | 0.1476 | 8.398 | 0.6983 | 1.775 |
| 75 | Re | | | | | 0.1433 | 8.653 | 0.6729 | 1.843 |
| 76 | Os | | | | | 0.1391 | 8.912 | 0.6490 | 1.910 |
| 77 | Ir | | | | | 0.1351 | 9.175 | 0.6262 | 1.980 |
| 78 | Pt | | | | | 0.1313 | 9.442 | 0.6047 | 2.051 |
| 79 | Au | | | | | 0.1276 | 9.713 | 0.5840 | 2.123 |
| 80 | Hg | | | | | 0.1240 | 9.989 | 0.5645 | 2.196 |
| 81 | TI | | | | | 0.1207 | 10.27 | 0.5460 | 2.271 |
| 82 | Pb | | | | | 0.1175 | 10.55 | 0.5286 | 2.346 |
| 83 | Bi | | | | | 0.1144 | 10.84 | 0.5118 | 2.423 |
| 84 | Po | | | | | 0.1114 | 11.13 | | |
| 85 | At | | | | | 0.1085 | 11.43 | | |
| 86 | Rn | | | | | 0.1057 | 11.73 | | |
| 87 | Fr | | | | | 0.1030 | 12.03 | | |
| 88 | Ra | | | | | 0.1005 | 12.34 | | |
| 89 | Ac | | | | | 0.0980 | 12.65 | | |
| 90 | Th | | | | | 0.0956 | 12.97 | 0.4138 | 2.996 |
| 91 | Pa | | | | | 0.0933 | 13.29 | 0.4022 | 3.082 |
| 92 | U | | | | | 0.0911 | 13.61 | 0.3910 | 3.171 |

## 附录 3　原子散射因数 $f$

| 轻原子或离子 | $\lambda^{-1}\sin\theta/\mathrm{nm}^{-1}$ | | | | | | | | | | | | |
|---|---|---|---|---|---|---|---|---|---|---|---|---|---|
| | 0.0 | 1.0 | 2.0 | 3.0 | 4.0 | 5.0 | 6.0 | 7.0 | 8.0 | 9.0 | 10.0 | 11.0 | 12.0 |
| B | 5.0 | 3.5 | 2.4 | 1.9 | 1.7 | 1.5 | 1.4 | 1.2 | 1.2 | 1.0 | 0.9 | 6.7 | — |
| C | 6.0 | 4.6 | 3.0 | 2.2 | 1.9 | 1.7 | 1.6 | 1.4 | 1.3 | 1.16 | 1.0 | 0.9 | — |
| N | 7.0 | 5.8 | 4.2 | 3.0 | 2.3 | 1.9 | 1.65 | 1.54 | 1.49 | 1.39 | 1.29 | 1.17 | — |
| Mg | 12.0 | 10.5 | 8.6 | 7.25 | 5.95 | 4.8 | 3.85 | 3.15 | 2.55 | 2.2 | 2.0 | 1.8 | |
| Al | 13.0 | 11.0 | 8.05 | 7.75 | 6.6 | 5.5 | 4.5 | 3.7 | 3.1 | 2.65 | 2.3 | 2.0 | — |
| Si | 14.0 | 11.35 | 9.4 | 8.2 | 7.15 | 6.1 | 5.1 | 4.2 | 3.4 | 2.95 | 2.6 | 2.3 | — |
| P | 15.0 | 12.4 | 10.0 | 8.45 | 7.45 | 6.5 | 5.65 | 4.8 | 4.05 | 3.4 | 3.0 | 2.6 | — |
| S | 16.0 | 13.6 | 10.7 | 8.95 | 7.85 | 6.85 | 6.0 | 5.25 | 4.5 | 3.9 | 3.35 | 2.9 | — |
| Ti | 22 | 19.3 | 15.7 | 12.8 | 10.9 | 9.5 | 8.2 | 7.2 | 6.3 | 5.6 | 5.0 | 4.6 | 4.2 |
| V | 23 | 20.2 | 16.6 | 13.5 | 11.5 | 10.1 | 8.7 | 7.6 | 6.7 | 5.9 | 5.3 | 4.9 | 4.4 |
| Cr | 24 | 21.1 | 17.4 | 14.2 | 12.1 | 10.6 | 9.2 | 8.0 | 7.1 | 6.3 | 5.7 | 5.1 | 4.6 |
| Mn | 25 | 22.1 | 18.2 | 14.9 | 12.7 | 11.1 | 9.7 | 8.4 | 7.5 | 6.6 | 6.0 | 5.4 | 4.9 |
| Fe | 26 | 23.1 | 18.9 | 15.6 | 13.3 | 11.6 | 10.2 | 8.9 | 7.9 | 7.0 | 6.3 | 5.7 | 5.2 |
| Co | 27 | 24.1 | 19.8 | 16.4 | 14.0 | 12.1 | 10.7 | 9.3 | 8.3 | 7.3 | 6.7 | 6.0 | 5.5 |
| Ni | 28 | 25.0 | 20.7 | 17.2 | 14.6 | 12.7 | 11.2 | 9.8 | 8.7 | 7.7 | 7.0 | 6.3 | 5.8 |
| Cu | 29 | 25.9 | 21.6 | 17.9 | 15.2 | 13.3 | 11.7 | 10.2 | 9.1 | 8.1 | 7.3 | 6.6 | 6.0 |
| Zn | 30 | 26.8 | 22.4 | 18.6 | 15.8 | 13.9 | 12.2 | 10.7 | 9.6 | 8.5 | 7.6 | 6.9 | 6.3 |
| Ca | 31 | 27.8 | 23.3 | 19.3 | 16.5 | 14.5 | 12.7 | 11.2 | 10.0 | 8.9 | 7.9 | 7.3 | 6.7 |
| Ce | 32 | 28.8 | 24.1 | 20.0 | 17.1 | 15.0 | 13.2 | 11.6 | 10.4 | 9.3 | 8.3 | 7.6 | 7.0 |
| Nb | 41 | 37.3 | 31.7 | 26.8 | 22.8 | 20.2 | 18.1 | 16.0 | 14.3 | 12.8 | 11.6 | 10.6 | 9.7 |
| Mo | 42 | 38.2 | 32.6 | 27.6 | 23.5 | 20.3 | 18.6 | 16.5 | 14.8 | 13.2 | 12.0 | 10.9 | 10.0 |
| Rh | 45 | 41.0 | 35.1 | 29.9 | 25.4 | 22.5 | 20.2 | 18.0 | 16.1 | 14.5 | 13.1 | 12.0 | 11.0 |
| Pd | 46 | 41.9 | 56.0 | 30.7 | 26.2 | 23.1 | 20.8 | 18.5 | 16.6 | 14.9 | 13.6 | 12.3 | 11.3 |
| Ag | 47 | 42.8 | 36.9 | 31.5 | 26.9 | 23.8 | 21.3 | 19.0 | 17.1 | 15.3 | 14.0 | 12.7 | 11.7 |
| Cd | 48 | 34.7 | 37.7 | 32.2 | 27.5 | 24.4 | 21.8 | 19.6 | 17.6 | 15.7 | 14.3 | 13.0 | 12.0 |
| In | 49 | 44.7 | 38.6 | 33.0 | 28.1 | 25.0 | 22.4 | 20.1 | 18.0 | 16.2 | 14.7 | 13.4 | 12.3 |
| Sn | 50 | 45.7 | 39.5 | 33.8 | 28.7 | 25.6 | 22.9 | 20.6 | 18.5 | 17.0 | 15.1 | 13.7 | 12.7 |
| Sb | 51 | 46.7 | 40.4 | 34.6 | 29.5 | 26.3 | 23.5 | 21.1 | 19.0 | 17.0 | 15.5 | 14.1 | 13.0 |
| La | 57 | 52.6 | 45.6 | 39.3 | 33.8 | 28.8 | 26.9 | 24.3 | 21.9 | 19.7 | 17.0 | 16.4 | 15.0 |
| Ta | 73 | 67.8 | 59.5 | 52.0 | 45.3 | 39.9 | 36.2 | 32.9 | 29.8 | 27.1 | 24.7 | 22.6 | 20.9 |
| W | 74 | 68.8 | 60.4 | 52.8 | 46.1 | 40.5 | 39.8 | 33.5 | 30.4 | 27.6 | 25.2 | 23.0 | 21.3 |
| Pt | 78 | 72.6 | 64.0 | 56.2 | 48.9 | 43.1 | 39.2 | 35.6 | 32.5 | 29.3 | 27.0 | 24.7 | 22.7 |
| Pb | 82 | 76.5 | 67.5 | 59.5 | 51.9 | 45.7 | 41.6 | 37.9 | 34.6 | 31.5 | 28.8 | 26.4 | 24.5 |

## 附录4　质量吸收系数 $\mu_1/\rho$

| 元素 | 原子序数 | 密度 $\rho$ /g·cm$^{-3}$ | 质量吸收系数/cm$^2$·g$^{-1}$ | | | | |
|------|---------|------------------------|------------------------|------|------|------|------|
| | | | Mo-$K_\alpha$ $\lambda=$ 0.07107nm | Cu-$K_\alpha$ $\lambda=$ 0.15418nm | Co-$K_\alpha$ $\lambda=$ 0.17903nm | Fe-$K_\alpha$ $\lambda=$ 0.19373nm | Cr-$K_\alpha$ $\lambda=$ 0.22909nm |
| B | 5 | 2.3 | 0.45 | 3.06 | 4.67 | 5.80 | 9.37 |
| C | 6 | 2.22（石墨） | 0.70 | 5.50 | 8.05 | 10.73 | 17.9 |
| N | 7 | 1.1649×10$^{-3}$ | 1.10 | 8.51 | 13.6 | 17.3 | 27.7 |
| O | 8 | 1.3318×10$^{-3}$ | 1.50 | 12.7 | 20.2 | 25.2 | 40.1 |
| Mg | 12 | 1.74 | 4.38 | 40.6 | 60.0 | 75.7 | 120.1 |
| Al | 13 | 2.70 | 5.30 | 48.7 | 73.4 | 92.8 | 149 |
| Si | 14 | 2.33 | 6.70 | 60.3 | 94.1 | 116.3 | 192 |
| P | 15 | 1.82（黄） | 7.98 | 73.0 | 113 | 141.1 | 223 |
| S | 16 | 2.07（黄） | 10.03 | 91.3 | 139 | 175 | 273 |
| Ti | 22 | 4.54 | 23.7 | 204 | 304 | 377 | 603 |
| V | 23 | 6.0 | 26.5 | 227 | 339 | 4.22 | 77.3 |
| Cr | 24 | 7.19 | 30.4 | 259 | 392 | 490 | 99.9 |
| Mn | 25 | 7.43 | 33.5 | 284 | 431 | 63.6 | 99.4 |
| Fe | 26 | 7.87 | 38.3 | 324 | 59.5 | 72.8 | 114.6 |
| Co | 27 | 8.9 | 41.6 | 354 | 65.9 | 80.6 | 125.8 |
| Ni | 28 | 8.90 | 47.4 | 49.2 | 75.8 | 93.1 | 145 |
| Cu | 29 | 8.96 | 49.7 | 52.7 | 79.8 | 98.8 | 154 |
| Zn | 30 | 7.13 | 54.8 | 59.0 | 88.5 | 109.4 | 169 |
| Ca | 31 | 5.91 | 57.3 | 63.3 | 94.3 | 116.5 | 179 |
| Ce | 32 | 5.36 | 63.4 | 69.4 | 104 | 128.4 | 196 |
| Zr | 40 | 6.5 | 17.2 | 143 | 211 | 260 | 391 |
| Nb | 41 | 8.57 | 18.7 | 153 | 225 | 279 | 415 |
| Mo | 42 | 10.2 | 20.2 | 164 | 242 | 299 | 439 |
| Rh | 45 | 12.44 | 25.3 | 198 | 293 | 361 | 522 |
| Pd | 46 | 12.0 | 26.7 | 207 | 308 | 376 | 545 |
| Ae | 47 | 10.49 | 28.6 | 223 | 332 | 402 | 585 |
| Cd | 48 | 8.65 | 29.9 | 234 | 352 | 417 | 608 |
| Sn | 50 | 7.30 | 33.3 | 265 | 382 | 457 | 681 |
| Sb | 51 | 6.62 | 35.3 | 284 | 404 | 482 | 727 |
| Ba | 56 | 3.5 | 45.2 | 359 | 501 | 599 | 819 |
| La | 57 | 6.19 | 47.9 | 378 | — | 632 | 218 |
| Ta | 73 | 16.6 | 100.7 | 164 | 246 | 505 | 440 |
| W | 74 | 19.3 | 105.4 | 171 | 250 | 320 | 456 |
| Ir | 77 | 22.5 | 117.9 | 194 | 292 | 362 | 498 |
| Au | 79 | 19.32 | 128 | 214 | 317 | 390 | 537 |
| Pb | 82 | 11.34 | 141 | 241 | 354 | 429 | 585 |

## 附录5　立方系晶面间夹角

| $[HKL]$ | $\{hkl\}$ | $HKL$ 与 $hkl$ 晶面（或晶向）间夹角的数值/(°) | | | | | | | |
|---------|-----------|--------|--------|--------|--------|--------|---|---|---|
| 100 | 100 | 0 | 90 | | | | | | |
| | 110 | 45 | 90 | | | | | | |
| | 111 | 54.73 | | | | | | | |
| | 210 | 26.57 | 64.43 | 90 | | | | | |
| | 211 | 35.27 | 65.90 | | | | | | |
| | 221 | 48.19 | 70.53 | | | | | | |
| | 310 | 18.44 | 71.56 | 90 | | | | | |
| | 311 | 25.24 | 72.45 | | | | | | |
| | 320 | 33.69 | 56.31 | 90 | | | | | |
| | 521 | 56.70 | 57.69 | 74.50 | | | | | |
| | 322 | 43.31 | 60.98 | | | | | | |
| | 410 | 14.03 | 75.97 | 90 | | | | | |
| | 411 | 19.47 | 76.37 | | | | | | |
| 110 | 110 | 0 | 60 | 90 | | | | | |
| | 111 | 35.27 | 90 | | | | | | |
| | 210 | 18.44 | 50.77 | 71.56 | | | | | |
| | 211 | 30 | 54.73 | 73.22 | 90 | | | | |
| | 221 | 19.47 | 45 | 73.37 | 90 | | | | |
| | 310 | 26.57 | 47.87 | 63.33 | 77.08 | | | | |
| | 311 | 31.48 | 64.76 | 90 | | | | | |
| | 320 | 11.31 | 53.96 | 66.91 | 78.69 | | | | |
| | 321 | 19.11 | 40.89 | 55.46 | 67.79 | 79.11 | | | |
| | 322 | 30.97 | 46.69 | 80.13 | 90 | | | | |
| | 410 | 30.97 | 46.69 | 59.03 | 80.13 | | | | |
| | 411 | 33.55 | 60 | 79.53 | 90 | | | | |
| | 331 | 13.27 | 49.56 | 71.07 | 90 | | | | |
| 111 | 111 | 0 | 70.53 | | | | | | |
| | 210 | 39.23 | 73.04 | | | | | | |
| | 211 | 19.47 | 61.87 | 90 | | | | | |
| | 221 | 15.81 | 54.73 | 78.90 | | | | | |
| | 310 | 43.10 | 68.58 | | | | | | |
| | 311 | 29.50 | 58.32 | 79.98 | | | | | |
| | 320 | 36.81 | 80.79 | | | | | | |
| | 321 | 22.21 | 51.89 | 72.02 | 90 | | | | |
| | 322 | 11.42 | 65.16 | 81.95 | | | | | |
| | 410 | 45.57 | 65.16 | | | | | | |
| | 411 | 35.27 | 57.02 | 74.21 | | | | | |
| | 331 | 21.99 | 48.53 | 82.39 | | | | | |

| [H K L] | {h k l} | HKL 与 hkl 晶面（或晶向）间夹角的数值/(°) | | | | | | | | | |
|---|---|---|---|---|---|---|---|---|---|---|---|
| 210 | 210 | 0 | 36.87 | 53.13 | 66.42 | 78.46 | 90 | | | | |
| | 211 | 24.09 | 43.09 | 56.79 | 79.43 | 90 | | | | | |
| | 221 | 26.57 | 41.81 | 53.40 | 63.43 | 72.65 | 90 | | | | |
| | 310 | 8.13 | 31.95 | 45 | 64.90 | 73.57 | 81.87 | | | | |
| | 311 | 19.29 | 47.61 | 66.14 | 81.25 | | | | | | |
| | 320 | 7.12 | 29.75 | 41.91 | 60.25 | 68.15 | 75.64 | 82.88 | | | |
| | 321 | 17.02 | 31.21 | 53.50 | 61.44 | 68.99 | 83.13 | 90 | | | |
| | 322 | 29.80 | 40.60 | 49.40 | 64.29 | 77.47 | 83.77 | | | | |
| | 410 | 12.53 | 29.80 | 40.60 | 49.40 | 64.29 | 77.47 | 83.77 | | | |
| | 411 | 18.45 | 42.45 | 50.57 | 71.57 | 77.83 | 83.95 | | | | |
| | 331 | 22.57 | 44.10 | 59.14 | 72.07 | 84.11 | | | | | |
| 211 | 211 | 0 | 33.56 | 48.19 | 60 | 70.53 | 80.41 | | | | |
| | 221 | 17.72 | 35.26 | 47.12 | 65.90 | 74.21 | 92.18 | | | | |
| | 310 | 25.35 | 49.80 | 58.91 | 75.04 | 82.59 | | | | | |
| | 311 | 10.02 | 42.39 | 60.50 | 75.75 | 90 | | | | | |
| | 320 | 25.07 | 37.57 | 55.52 | 63.07 | 83.50 | | | | | |
| | 321 | 10.90 | 29.21 | 40.20 | 49.11 | 56.94 | 70.89 | 77.40 | 83.74 | 90 | |
| | 322 | 8.05 | 26.98 | 53.55 | 60.33 | 72.72 | 78.58 | 84.32 | | | |
| | 410 | 26.98 | 43.13 | 53.55 | 60.33 | 72.72 | 78.58 | | | | |
| | 411 | 15.80 | 39.67 | 47.66 | 54.73 | 61.24 | 73.22 | 84.48 | | | |
| | 331 | 20.51 | 41.47 | 68.00 | 79 .20 | | | | | | |
| 221 | 221 | 0 | 27.27 | 38.94 | 63.61 | 83.62 | 90 | | | | |
| | 310 | 32.51 | 42.45 | 58.19 | 65.06 | 83.95 | | | | | |
| | 311 | 25.24 | 45.29 | 59.83 | 72.45 | 84.23 | | | | | |
| | 320 | 22.41 | 42.30 | 49.67 | 68.30 | 79.34 | 84.70 | | | | |
| | 321 | 11.49 | 27.02 | 36.70 | 57.69 | 63.55 | 74.50 | 79.74 | 84.89 | | |
| | 322 | 14.04 | 27.21 | 49.70 | 66.16 | 71.13 | 75.96 | 90 | | | |
| | 410 | 36.06 | 43.31 | 55.53 | 60.98 | 80.69 | | | | | |
| | 411 | 30.20 | 45 | 51.06 | 56.64 | 66.87 | 71.68 | 90 | | | |
| | 331 | 6.21 | 32.73 | 57.64 | 67.52 | 85.61 | | | | | |
| 310 | 310 | 0 | 25.84 | 36.86 | 53.13 | 72.54 | 84.26 | 90 | | | |
| | 311 | 17.55 | 40.29 | 55.10 | 67.58 | 79.01 | 90 | | | | |
| | 320 | 15.25 | 37.87 | 52.13 | 58.25 | 74.76 | 79.90 | | | | |
| | 321 | 21.62 | 32.31 | 40.48 | 47.46 | 53.73 | 59.53 | 65.00 | 75.31 | 85.15 | 90 |
| | 322 | 32.47 | 46.35 | 52.15 | 57.53 | 72.13 | 76.70 | | | | |
| | 410 | 4.40 | 23.02 | 32.47 | 57.53 | 72.13 | 76.70 | 85.60 | | | |
| | 411 | 14.31 | 34.93 | 58.55 | 72.65 | 81.43 | 85.73 | | | | |

| [HKL] | {hkl} | HKL与hkl晶面（或晶向）间夹角的数值/(°) | | | | | | | | | |
|---|---|---|---|---|---|---|---|---|---|---|---|
| 311 | 311 | 0 | 35.10 | 50.48 | 62.97 | 84.78 | | | | | |
| | 320 | 23.09 | 41.18 | 54.17 | 65.28 | 75.47 | 85.20 | | | | |
| | 321 | 14.77 | 36.31 | 49.86 | 61.08 | 71.20 | 80.73 | | | | |
| | 322 | 18.08 | 36.45 | 48.84 | 59.21 | 68.55 | 85.81 | | | | |
| | 410 | 18.08 | 36.45 | 59.21 | 68.55 | 77.33 | 85.81 | | | | |
| | 411 | 5.77 | 31.48 | 44.72 | 55.35 | 64.76 | 81.83 | 90.00 | | | |
| | 331 | 25.95 | 40.46 | 51.50 | 61.04 | 69.77 | 78.02 | | | | |
| 320 | 320 | 0 | 22.62 | 46.19 | 62.51 | 67.38 | 72.08 | 90.00 | | | |
| | 321 | 15.30 | 27.19 | 35.38 | 48.15 | 53.63 | 58.74 | 68.25 | 77.15 | 85.75 | 90.00 |
| | 322 | 29.02 | 36.18 | 47.73 | 70.35 | 82.27 | 90.00 | | | | |
| | 410 | 19.65 | 36.18 | 47.73 | 70.35 | 82.27 | 90.00 | | | | |
| | 411 | 23.77 | 44.02 | 49.18 | 70.92 | 86.25 | | | | | |
| | 331 | 17.37 | 45.83 | 55.07 | 63.55 | 79.00 | | | | | |
| 321 | 321 | 0 | 21.79 | 31.00 | 38.21 | 44.42 | 50.00 | 60 | 64.62 | 73.40 | 85.90 |
| | 322 | 13.52 | 24.84 | 32.58 | 44.52 | 49.59 | 63.02 | 71.08 | 78.19 | 82.55 | 86.28 |
| | 410 | 24.84 | 32.58 | 44.52 | 59.00 | 54.31 | 63.02 | 67.11 | 71.08 | 32.55 | 86.28 |
| | 411 | 19.11 | 35.02 | 40.89 | 46.14 | 50.95 | 55.46 | 67.79 | 71.64 | 13.11 | 86.39 |
| | 331 | 11.18 | 30.87 | 42.63 | 52.18 | 60.63 | 68.42 | 75.80 | 82.95 | 90.00 | |
| 322 | 322 | 0 | 19.75 | 58.03 | 61.93 | 76.39 | 86.63 | | | | |
| | 410 | 34.56 | 49.68 | 53.97 | 69.33 | 72.90 | | | | | |
| | 411 | 23.85 | 42.00 | 46.99 | 59.04 | 62.78 | 66.41 | 80.13 | | | |
| | 331 | 18.93 | 33.42 | 43.97 | 59.95 | 73.85 | 80.39 | 86.81 | | | |
| 410 | 410 | 0 | 19.75 | 28.07 | 61.93 | 76.39 | 86.63 | 90.00 | | | |
| | 411 | 13.63 | 30.96 | 62.78 | 73.39 | 80.13 | 90 | | | | |
| | 331 | 33.42 | 43.67 | 52.26 | 59.95 | 67.08 | 86.81 | | | | |
| 411 | 411 | 0 | 27.27 | 38.94 | 60.00 | 67.12 | 86.82 | | | | |
| | 331 | 30.10 | 40.80 | 57.27 | 64.37 | 77.51 | 83.79 | | | | |
| 331 | 331 | 0 | 26.52 | 37.86 | 61.73 | 80.91 | 86.98 | | | | |

## 附录6　立方与六方晶体可能出现的反射

| 立　方 | | | | | 六　方 | |
|---|---|---|---|---|---|---|
| $h^2+k^2+l^2$ | hkl | | | | $h^2+hk+k^2$ | hk |
| | 简单立方 | 面心立方 | 体心立方 | 金刚石立方 | | |
| 1 | 100 | | | | 1 | 10 |
| 2 | 110 | | 110 | | 2 | |
| 3 | 111 | 111 | | 111 | 3 | 11 |
| 4 | 200 | 200 | 200 | | 4 | 20 |
| 5 | 210 | | | | 5 | |
| 6 | 211 | | 211 | | 6 | |
| 7 | | | | | 7 | 21 |
| 8 | 220 | 220 | 220 | 220 | 8 | |
| 9 | 300, 221 | | | | 9 | 30 |
| 10 | 310 | | 310 | | 10 | |
| 11 | 311 | 311 | | 311 | 11 | |
| 12 | 222 | 222 | 222 | | 12 | 22 |
| 13 | 320 | | | | 13 | 31 |
| 14 | 321 | | 321 | | 14 | |
| 15 | | | | | 15 | |
| 16 | 400 | 400 | 400 | 400 | 16 | 40 |
| 17 | 410, 322 | | | | 17 | |
| 18 | 411, 330 | | 411, 330 | | 18 | |
| 19 | 331 | 331 | | 331 | 19 | 32 |
| 20 | 420 | 420 | 420 | | 20 | |
| 21 | 421 | | | | 21 | 41 |
| 22 | 332 | | 332 | | 22 | |
| 23 | | | | | 23 | |
| 24 | 422 | 422 | 422 | 422 | 24 | |
| 25 | 500, 430 | | | | 25 | 50 |
| 26 | 510, 431 | | 510, 431 | | 26 | |
| 27 | 511, 333 | 511, 333 | | 511, 333 | 27 | 33 |
| 28 | | | | | 28 | 42 |
| 29 | 520, 432 | | | | 29 | |
| 30 | 521 | | 321 | | 30 | |
| 31 | | | | | 31 | 51 |
| 32 | 440 | 440 | 440 | 440 | 32 | |
| 33 | 522, 441 | | | | 33 | |
| 34 | 530, 433 | | 530, 433 | | 34 | |
| 35 | 331 | 531 | | 531 | 35 | |
| 36 | 600, 442 | 600, 442 | 600, 442 | | 36 | 60 |
| 37 | 610 | | | | 37 | 43 |
| 38 | 611, 532 | | 611, 532 | | 38 | |
| 39 | | | | | 39 | 52 |
| 40 | 620 | 620 | 620 | 620 | 40 | |

## 附录7　各种点阵的结构因数 $F_{HKL}^2$

| 点阵类型 | 简单点阵 | 底心点阵 | 体心立方点阵 | 面心立方点阵 | 密排六方点阵 |
|---|---|---|---|---|---|
| 结构因数 $F_{HKL}^2$ | $f^2$ | $H+K=$ 偶数时，$4f^2$<br><br>$H+K=$ 奇数时，$0$ | $H+K+L=$ 偶数时，$4f^2$<br><br>$H+K+L=$ 奇数时，$0$ | $H$、$K$、$L$ 为同性数时，$16f^2$<br><br>$H$、$K$、$L$ 为异性数时，$0$ | $H+2K=3n$（$n$ 为整数），$L=$ 奇数时，$0$<br>$H+2K=3n$，$L=$ 偶数时，$4f^2$<br>$H+2K=3n+1$，$L=$ 奇数时，$3f^2$<br>$H+2K=3n+1$，$L=$ 偶数时，$f^2$ |

## 附录8　粉末法的多重性因数 $P_{hkl}$

| 晶系指数 | $h00$ | $0k0$ | $00l$ | $hhh$ | $hh0$ | $hk0$ | $0kl$ | $h0l$ | $hhl$ | $hkl$ |
|---|---|---|---|---|---|---|---|---|---|---|
| 立方晶系 | | 6 | | 8 | 12 | | 24① | | 24 | 48① |
| 六方和菱方晶系 | 6 | | 2 | | 6 | 12① | 12① | | 12① | 24① |
| 正方晶系 | | 4 | 2 | | 4 | 8① | | 8 | 8 | 16① |
| 斜方晶系 | 2 | 2 | 2 | | | 4 | 4 | 4 | | 8 |
| 单斜晶系 | 2 | 2 | 2 | | | 4 | 4 | 2 | | 4 |
| 三斜晶系 | 2 | 2 | 2 | | | 2 | 2 | 2 | | 2 |

①系指通常的多重性因数，在某些晶体中具有此种指数的两簇晶面，其晶面间距相同，但结构因数不同，因而每簇晶面多重性因数应为上列数值的一半。

## 附录9　角因数 $\dfrac{1+\cos^2 2\theta}{\sin^2\theta\cos\theta}$

| $\theta/(°)$ | 0.0 | 0.1 | 0.2 | 0.3 | 0.4 | 0.5 | 0.6 | 0.7 | 0.8 | 0 9 |
|---|---|---|---|---|---|---|---|---|---|---|
| 2 | 1639 | 1486 | 1354 | 1239 | 1138 | 1048 | 968.9 | 898.3 | 835.1 | 778.4 |
| 3 | 727.2 | 680.9 | 638.15 | 600.5 | 565.6 | 533.6 | 504.3 | 477.3 | 452.3 | 429.3 |
| 4 | 408.0 | 388.2 | 369.9 | 352.7 | 336.8 | 321.9 | 308.0 | 294.9 | 282.6 | 271.1 |
| 5 | 260.3 | 250.1 | 240.5 | 231.4 | 22.9 | 214.7 | 207.1 | 199.8 | 192.9 | 186.3 |
| 6 | 180.1 | 174.2 | 168.5 | 163.1 | 158.0 | 153.1 | 148.4 | 144.0 | 139.7 | 135.6 |

| θ/(°) | 0.0 | 0.1 | 0.2 | 0.3 | 0.4 | 0.5 | 0.6 | 0.7 | 0.8 | 0 9 |
|---|---|---|---|---|---|---|---|---|---|---|
| 7 | 131.7 | 128.0 | 124.4 | 120.9 | 117.6 | 114.4 | 111.4 | 108.5 | 105.6 | 102.9 |
| 8 | 100.3 | 97.80 | 95.37 | 93.03 | 90.78 | 88.60 | 86.51 | 84.48 | 82.52 | 80.63 |
| 9 | 78.79 | 77.02 | 75.31 | 73.66 | 72.05 | 70.49 | 68.99 | 67.53 | 66.12 | 64.74 |
| 10 | 63.41 | 62.12 | 60.8 | 59.65 | 58.46 | 57.32 | 56.20 | 55.11 | 54.06 | 53.03 |
| 11 | 52.04 | 51.06 | 50.12 | 49.19 | 48.30 | 47.43 | 46.58 | 45.75 | 44.94 | 44.16 |
| 12 | 43.39 | 42.64 | 41.91 | 41.20 | 40.50 | 39.82 | 39.16 | 38.51 | 37.88 | 37.27 |
| 13 | 36.67 | 36.08 | 35.50 | 34.94 | 34.39 | 33.85 | 33.33 | 32.31 | 32.31 | 31.82 |
| 14 | 31.34 | 30.87 | 30.41 | 29.96 | 29.51 | 29.08 | 28.66 | 28.24 | 27.83 | 27.44 |
| 15 | 27.05 | 26.66 | 26.29 | 25.92 | 25.56 | 25.21 | 24.86 | 24.52 | 24.19 | 23.86 |
| 16 | 23.54 | 23.23 | 22.92 | 22.61 | 22.32 | 22.02 | 21.74 | 21.46 | 21.18 | 20.91 |
| 17 | 20.64 | 20.38 | 20.12 | 19.87 | 19.62 | 19.38 | 19.14 | 18.90 | 18.67 | 18.44 |
| 18 | 18.22 | 18.00 | 17.78 | 17.57 | 17.36 | 17.15 | 16.95 | 16.75 | 16.56 | 16.38 |
| 19 | 16.17 | 15.99 | 15.80 | 15.62 | 15.45 | 15.27 | 15.10 | 14.93 | 14.76 | 14.60 |
| 20 | 14.44 | 14.28 | 14.12 | 13.97 | 13.81 | 13.66 | 13.52 | 13.37 | 13.23 | 13.09 |
| 21 | 12.95 | 12.34 | 12.68 | 12.54 | 11 41 | 12.28 | 12.15 | 12.03 | 11.91 | 11.78 |
| 22 | 11.66 | 11.54 | 11.43 | 11.31 | 11.20 | 11.09 | 10.98 | 10.87 | 10.76 | 10.65 |
| 23 | 10.55 | 10.45 | 10.35 | 10.24 | 10.15 | 10.05 | 9.951 | 9.857 | 9.763 | 9.671 |
| 24 | 9.579 | 9.489 | 9.400 | 9.313 | 9.226 | 9.141 | 9.057 | 8.973 | 8.891 | 8.819 |
| 25 | 8.730 | 8.651 | 7.915 | 8.496 | 8.420 | 8.345 | 8.271 | 8.198 | 8.126 | 8.054 |
| 26 | 7.984 | 7.915 | 7.266 | 7.778 | 7.711 | 7.645 | 7.580 | 7.515 | 7.452 | 7.389 |
| 27 | 7.327 | 7.266 | 7.205 | 7.145 | 7.086 | 7.027 | 6.969 | 6.912 | 6.856 | 6.800 |
| 28 | 6.745 | 6.692 | 6.637 | 6.584 | 6.532 | 6.480 | 6.429 | 6.379 | 6.329 | 6.279 |
| 29 | 6.230 | 6.183 | 6.135 | 6.088 | 6.042 | 5.995 | 5.950 | 5.905 | 5.861 | 5.817 |
| 30 | 5.774 | 5.731 | 5.688 | 5.647 | 5.605 | 5.564 | 5.524 | 5.484 | 5.445 | 5.406 |
| 31 | 5.367 | 5.329 | 5.292 | 5.254 | 5.218 | 5.181 | 5.145 | 5.110 | 5.075 | 5.049 |
| 32 | 5.006 | 4.972 | 4.939 | 4.906 | 4.873 | 4.841 | 4.809 | 4 777 | 4.746 | 4.715 |
| 33 | 4.685 | 4.655 | 4.625 | 4.959 | 4.566 | 4.538 | 4.509 | 4.481 | 4.453 | 4.426 |
| 34 | 4.399 | 4.372 | 4.346 | 4.320 | 4.204 | 4.268 | 4.243 | 4.218 | 4.193 | 4.169 |
| 35 | 4.145 | 4.121 | 4.097 | 4.040 | 4.052 | 4.029 | 4.006 | 3.984 | 3.962 | 3.941 |
| 36 | 3.919 | 3.898 | 3.077 | 3.857 | 3.836 | 3.816 | 3.797 | 3.777 | 3.758 | 3.739 |
| 37 | 3.720 | 3.701 | 3.683 | 3.665 | 3.647 | 3.629 | 3.612 | 3.594 | 3.577 | 3.561 |
| 38 | 3.544 | 3.527 | 3.513 | 3.497 | 3.481 | 3.465 | 3.449 | 3 434 | 3.419 | 3.404 |
| 39 | 3.389 | 3.175 | 3.361 | 3.347 | 3.333 | 3.320 | 3.306 | 3.293 | 3.280 | 3.268 |
| 40 | 3.255 | 3.242 | 3.230 | 3.218 | 3.206 | 3.194 | 3.183 | 3.171 | 3.160 | 3.149 |
| 41 | 3.138 | 3.127 | 3.117 | 3.106 | 3.096 | 3.086 | 3.076 | 3.067 | 3.057 | 3.048 |
| 42 | 3.038 | 3.029 | 3.020 | 3.012 | 3.003 | 2.994 | 2.986 | 2.978 | 2.970 | 2.962 |

| $\theta/(°)$ | 0.0 | 0.1 | 0.2 | 0.3 | 0.4 | 0.5 | 0.6 | 0.7 | 0.8 | 0 9 |
|---|---|---|---|---|---|---|---|---|---|---|
| 43 | 2.954 | 2.946 | 2.939 | 2.932 | 2.925 | 2.918 | 2.911 | 2.904 | 2 897 | 2.891 |
| 44 | 2.884 | 2.876 | 2.872 | 2.866 | 2.860 | 2.855 | 2.849 | 2.844 | 2.838 | 2.833 |
| 45 | 2.828 | 2.824 | 2.819 | 2.814 | 2.810 | 2.805 | 2.801 | 2.797 | 2.793 | 2.789 |
| 46 | 2.785 | 2.782 | 2.778 | 2.775 | 2.772 | 2.769 | 2.766 | 2.763 | 2.760 | 2.757 |
| 47 | 2.755 | 2.752 | 2.750 | 2.748 | 2.746 | 2.744 | 2.742 | 2.740 | 2.738 | 2.737 |
| 48 | 2.736 | 2.735 | 2.733 | 2.732 | 2.731 | 2.730 | 2.730 | 2.729 | 2.729 | 2.738 |
| 49 | 2.728 | 2.728 | 2.728 | 2.728 | 2.728 | 2.728 | 2.729 | 2.729 | 2 730 | 2.730 |
| 50 | 2.731 | 2.732 | 2.733 | 2.734 | 2.735 | 2.737 | 2.738 | 2.740 | 2.741 | 2.743 |
| 51 | 2.745 | 2.747 | 2.749 | 2.751 | 2.753 | 2.755 | 2.758 | 2.760 | 2.763 | 2.766 |
| 52 | 2.769 | 2.772 | 2.775 | 2.778 | 2.782 | 2.785 | 2.788 | 2.792 | 2.795 | 2.799 |
| 53 | 2.803 | 2.807 | 2.811 | 2.815 | 2.820 | 2.824 | 2.828 | 2.833 | 2.838 | 2.843 |
| 54 | 2.848 | 2.853 | 2.838 | 2.863 | 2.868 | 2.874 | 2.879 | 2.885 | 2.890 | 2.896 |
| 55 | 2.902 | 2.908 | 2.914 | 2.921 | 2.927 | 2.933 | 2.940 | 2.946 | 2.953 | 2.960 |
| 56 | 2.967 | 2.974 | 2.981 | 2.988 | 2.996 | 3.004 | 3.011 | 3.019 | 3.026 | 3.034 |
| 57 | 3.042 | 3.050 | 3.059 | 3.067 | 3.075 | 3.084 | 3.092 | 3.101 | 3.110 | 3.119 |
| 58 | 3.128 | 3.137 | 3.147 | 3.156 | 3.166 | 3.175 | 3.185 | 3.195 | 3.205 | 3.215 |
| 59 | 3.225 | 3.235 | 3.246 | 3.256 | 3.267 | 3.278 | 3.289 | 3.300 | 3.311 | 3.322 |
| 60 | 3.333 | 3.345 | 3.336 | 3.368 | 3.380 | 3.392 | 3.404 | 3.416 | 3.429 | 3.441 |
| 61 | 3.454 | 3.466 | 3.479 | 3.492 | 3.505 | 3.518 | 3.532 | 3.545 | 3.559 | 3.573 |
| 62 | 3.587 | 3.601 | 3.615 | 3.629 | 3.643 | 3.658 | 3.873 | 3.688 | 3.703 | 3.718 |
| 63 | 3.733 | 3.749 | 3.764 | 3.780 | 3.796 | 3.812 | 3.828 | 3.844 | 3.861 | 3.878 |
| 64 | 3.894 | 3.911 | 3.928 | 3.946 | 3.963 | 3.980 | 3.998 | 4.016 | 4.034 | 4.052 |
| 65 | 4.071 | 4.090 | 4.108 | 4.127 | 4.147 | 4.166 | 4.185 | 4.205 | 4.225 | 4.245 |
| 66 | 4.265 | 4.285 | 4.306 | 4.327 | 4.348 | 4.369 | 4.390 | 4.412 | 4.434 | 4.456 |
| 67 | 4.478 | 4.500 | 4.523 | 4.346 | 4.569 | 4.592 | 4.616 | 4.640 | 4.664 | 4.688 |
| 68 | 4.712 | 4.737 | 4.762 | 4.787 | 4.812 | 4.838 | 4.864 | 4.890 | 4.916 | 4.943 |
| 69 | 4.970 | 4.997 | 5.024 | 5.052 | 5.080 | 5.109 | 5.137 | 5.166 | 5.195 | 5.224 |
| 70 | 5.254 | 5.254 | 5.315 | 5.345 | 5.376 | 5.408 | 5.440 | 5.471 | 5.504 | 5.536 |
| 71 | 5.569 | 5.602 | 5.636 | 5.670 | 5.705 | 5.740 | 5.775 | 3.810 | 5.846 | 5.883 |
| 72 | 5.919 | 5.956 | 5.994 | 6.032 | 6.071 | 6.109 | 6.149 | 6.189 | 6.229 | 6.270 |
| 73 | 6.311 | 6.352 | 6.394 | 6.437 | 6.480 | 6.524 | 6.568 | 6.613 | 6.638 | 6.703 |
| 74 | 6.750 | 6.797 | 6.844 | 6.892 | 6.941 | 6.991 | 7.041 | 7.091 | 7.142 | 7.194 |
| 75 | 7.247 | 7.300 | 7.354 | 7.409 | 7.465 | 7.521 | 7.578 | 7.636 | 7.694 | 7.753 |
| 76 | 7.813 | 7.874 | 7.936 | 7.999 | 8.063 | 8.128 | 8.193 | 8.259 | 8.327 | 8.395 |
| 77 | 8.465 | 8.536 | 8.607 | 8.680 | 8.754 | 8.829 | 8.905 | 8.982 | 9.061 | 9.142 |
| 78 | 9.223 | 9.305 | 9.389 | 9.474 | 9.561 | 9.649 | 9.739 | 9.831 | 9.924 | 10.02 |

| $\theta/(°)$ | 0.0 | 0.1 | 0.2 | 0.3 | 0.4 | 0.5 | 0.6 | 0.7 | 0.8 | 0 9 |
|---|---|---|---|---|---|---|---|---|---|---|
| 79 | 10. 12 | 10. 21 | 10. 31 | 10. 41 | 10. 52 | 10. 62 | 10. 73 | 10. 84 | 10. 95 | 11. 06 |
| 80 | 11. 18 | 11. 30 | 11. 42 | 11. 54 | 11. 67 | 11. 80 | 11. 93 | 12. 06 | 12. 20 | 12. 34 |
| 81 | 12. 48 | 12. 63 | 12. 78 | 12. 93 | 13. 08 | 13. 24 | 13. 40 | 13. 57 | 13. 74 | 13. 92 |
| 82 | 14. 10 | 14. 28 | 14. 47 | 14. 66 | 14. 86 | 15. 07 | 15. 28 | 15. 49 | 15. 71 | 15. 94 |
| 83 | 16. 17 | 16. 41 | 16. 66 | 16. 91 | 17. 17 | 17. 44 | 17. 72 | 18. 01 | 18. 31 | 18. 61 |
| 84 | 18. 93 | 19. 25 | 19. 59 | 19. 94 | 20. 30 | 20. 68 | 23. 07 | 21. 47 | 21. 89 | 22. 32 |
| 85 | 22. 77 | 23. 24 | 23. 73 | 24. 24 | 24. 78 | 23. 34 | 25. 92 | 26. 52 | 27. 16 | 27. 83 |
| 86 | 28. 53 | 29. 27 | 30. 04 | 30. 86 | 31. 73 | 32. 64 | 33. 60 | 34. 63 | 35. 72 | 36. 88 |
| 87 | 38. 11 | 39. 43 | 40. 84 | 42. 36 | 44. 00 | 45. 76 | 47. 68 | 49. 76 | 52. 02 | 54. 50 |

## 附录 10　某些物质的特征温度 $e$

| 物质 | $e/K$ | 物质 | $e/K$ | 物质 | $e/K$ | 物质 | $e/K$ |
|---|---|---|---|---|---|---|---|
| Ag | 210 | Cr | 485 | Nu | 202 | Tl | 96 |
| Al | 400 | Cu | 320 | Ni | 375 | W | 310 |
| Au | 175 | Fe | 453 | Pb | 88 | Zn | 235 |
| Bi | 100 | Ir | 285 | Pd | 275 | 金刚石 | 2000 |
| Ca | 230 | K | 126 | Pi | 230 | | |
| Cd | 168 | Mg | 320 | Sn（白） | 130 | | |
| Co | 410 | Mo | 380 | Ta | 245 | | |

## 附录 11　德拜函数 $\dfrac{\phi(x)}{x}+\dfrac{1}{4}$

| $x$ | $\dfrac{\phi(x)}{x}+\dfrac{1}{4}$ | $x$ | $\dfrac{\phi(x)}{x}+\dfrac{1}{4}$ |
|---|---|---|---|
| 0. 0 | — | 3. 0 | 0. 411 |
| 0. 2 | 5. 005 | 4. 0 | 0. 347 |
| 0. 4 | 2. 510 | 5. 0 | 0. 3412 |
| 0. 6 | 1. 683 | 6. 0 | 0. 2952 |
| 0. 8 | 1. 273 | 7. 0 | 0. 2834 |
| 1. 0 | 1. 028 | 8. 0 | 0. 2756 |
| 1. 2 | 0. 867 | 9. 0 | 0. 2703 |
| 1. 4 | 0. 733 | 10 | 0. 2664 |
| 1. 6 | 0. 663 | 12 | 0. 2614 |
| 1. 8 | 0. 604 | 14 | 0. 25814 |
| 2. 0 | 0. 554 | 16 | 0. 25644 |
| 2. 5 | 0. 466 | 20 | 0. 25411 |

## 附录 12　应力测定常数

| 材料 | 点阵类型 | 点阵常数 $A$ | $E/10^3\mathrm{MPa}$ | $\nu$ | rad. | $(h\,k\,l)$ | $2\theta/(°)$ | $K$ /MPa $\cdot$ $(°)^{-1}$ |
|---|---|---|---|---|---|---|---|---|
| z-Fe | BCC | 2.8664 | 206~216 | 0.28~0.3 | CrK | (2 1 1) | 156.08 | −297.23 |
| | | | | | CoK | (3 1 0) | 161.35 | −230.4 |
| (Aualerrite) | FCC | 3.656 | 192.1 | 0.28 | CrK | (3 1 1) | 149.6 | −355.35 |
| | | | | | MnK | (3 1 1) | 154.8 | −292.73 |
| Al | FCC | 4.049 | 68.9 | 0.345 | CrK | (2 2 2) | 156.7 | −92.12 |
| | | | | | CoK | (4 2 0) | 162.1 | −30.36 |
| | | | | | CoK | (3 3 1) | 148.7 | −125.24 |
| | | | | | CuK | (3 3 3) | 164.0 | −62.82 |
| Cu | FCC | 3.6153 | 127.2 | 0.364 | CrK | (3 1 1) | 146.5 | −245.0 |
| | | | | | CoK | (4 0 0) | 163.5 | −118.0 |
| | | | | | CuK | (4 2 0) | 144.7 | −258.92 |
| Cu-Ni | FCC | 3.595 | 129.9 | 0.333 | CoK | (4 0 0) | 158.4 | −162.19 |
| WC | HCP | a2.91 c2.84 | 523.7 | 0.22 | CoK | (1 2 1) | 162.5 | −466.0 |
| | | | | | CoK | (3 0 1) | 146.76 | −1118.18 |
| Ti | HCP | a2.9504 c4.6831 | 113.4 | 0.321 | CoK | (1 1 4) | 154.2 | −171.60 |
| | | | | | CoK | (2 1 1) | 142.2 | −256.47 |
| Ni | FCC | 3.5238 | 207.8 | 0.31 | CrK | (3 1 1) | 157.7 | −273.22 |
| | | | | | CuK | (4 2 0) | 155.6 | −289.39 |
| Ag | FCC | 4.0856 | 81.1 | 0.367 | CrK | (2 2 2) | 152.1 | −128.48 |
| | | | | | CoK | (3 3 1) | 145.1 | −162.68 |
| | | | | | CoK | (4 2 0) | 156.4 | −108.09 |
| Cr | BCC | 2.8845 | — | | CrK | (2 1 1) | 153.0 | — |
| | | | | | CoK | (3 1 0) | 157.5 | — |
| Si | diamond | 5.4282 | — | | CoK | (5 3 1) | 154.1 | — |

## 附录 13　$\dfrac{1}{2}\left(\dfrac{\cos^2\theta}{\sin\theta}+\dfrac{\cos^2\theta}{\theta}\right)$ 的数值

| $\theta/(°)$ | 0.0 | 0.1 | 0.2 | 0.3 | 0.4 | 0.5 | 0.6 | 0.7 | 0.8 | 0.9 |
|---|---|---|---|---|---|---|---|---|---|---|
| 10 | 5.372 | 5.513 | 5.456 | 5.400 | 5.345 | 5.291 | 5.237 | 5.185 | 5.134 | 5.084 |
| 1 | 5.034 | 4.986 | 4.939 | 4.892 | 4.846 | 4.800 | 4.756 | 4.712 | 4.669 | 4.627 |
| 2 | 4.585 | 4.544 | 4.504 | 4.464 | 4.425 | 4.386 | 4.348 | 4.311 | 4.274 | 4.238 |
| 3 | 4.202 | 4.167 | 4.133 | 4.098 | 4.065 | 4.032 | 3.999 | 3.967 | 3.935 | 3.903 |
| 4 | 3.872 | 3.842 | 3.812 | 3.782 | 3.753 | 3.724 | 3.695 | 3.667 | 3.639 | 3.612 |
| 5 | 3.584 | 3.558 | 3.531 | 3.505 | 3.479 | 3.454 | 3.429 | 3.404 | 3.379 | 3.355 |
| 6 | 3.331 | 3.307 | 3.284 | 3.260 | 3.237 | 3.215 | 3.192 | 3.170 | 3.148 | 3.127 |

| $\theta/(°)$ | 0.0 | 0.1 | 0.2 | 0.3 | 0.4 | 0.5 | 0.6 | 0.7 | 0.8 | 0.9 |
|---|---|---|---|---|---|---|---|---|---|---|
| 7 | 3.105 | 3.084 | 3.063 | 3.042 | 3.022 | 3.001 | 2.981 | 2.962 | 2.942 | 2.922 |
| 8 | 2.903 | 2.884 | 2.865 | 2.847 | 2.828 | 2.810 | 2.792 | 2.774 | 2.756 | 2.738 |
| 9 | 2.721 | 2.704 | 2.687 | 2.670 | 2.653 | 2.636 | 2.620 | 2.604 | 2.588 | 2.572 |
| 20 | 2.556 | 2.540 | 2.525 | 2.509 | 2.494 | 2.479 | 2.464 | 2.449 | 2.434 | 2.420 |
| 1 | 2.405 | 2.391 | 2.376 | 2.362 | 2.348 | 2.335 | 2.321 | 2.307 | 2.294 | 2.280 |
| 2 | 2.267 | 2.254 | 2.241 | 2.228 | 2.215 | 2.202 | 2.189 | 2.177 | 2.164 | 2.152 |
| 3 | 2.140 | 2.128 | 2.116 | 2.104 | 2.092 | 2.080 | 2.068 | 2.056 | 2.045 | 2.034 |
| 4 | 2.022 | 2.011 | 2.000 | 1.980 | 1978 | 1.967 | 1.956 | 1.945 | 1.914 | 1.924 |
| 5 | 1.913 | 1.903 | 1.892 | 1.882 | 1.872 | 1.861 | 1.851 | 1.841 | 1.831 | 1.821 |
| 6 | 1.812 | 1.802 | 1.792 | 1.782 | 1.773 | 1.763 | 1.754 | 1.745 | 1.735 | 1.726 |
| 7 | 1.717 | 1.708 | 1.699 | 1.690 | 1.681 | 1.672 | 1.663 | 1.654 | 1.645 | 1.637 |
| 8 | 1.628 | 1.619 | 1.611 | 1.602 | 1.594 | 1.586 | 1.577 | 1.569 | 1.561 | 1.553 |
| 9 | 1.545 | 1.537 | 1.529 | 1.521 | 1.513 | 1.505 | 1.497 | 1.489 | 1.482 | 1.474 |
| 30 | 1.466 | 1.459 | 1.451 | 1.444 | 1.456 | 1.429 | 1.421 | 1.414 | 1.407 | 1.400 |
| 1 | 1.392 | 1.385 | 1.378 | 1.371 | 1.364 | 1.357 | 1.350 | 1.343 | 1.336 | 1.329 |
| 2 | 1.323 | 1.316 | 1.309 | 1.302 | 1.296 | 1.289 | 1.282 | 1.276 | 1.269 | 1.263 |
| 3 | 1.256 | 1.250 | 1.244 | 1.237 | 1.231 | 1.225 | 1.218 | 1.212 | 1.206 | 1.200 |
| 4 | 1.194 | 1.188 | 1.382 | 1.176 | 1.170 | 1.164 | 1.158 | 1.152 | 1.146 | 1.140 |
| 5 | 1.134 | 1.128 | 1.123 | 1.117 | 1.117 | 1.106 | 1.100 | 1.094 | 1.088 | 1.083 |
| 6 | 1.078 | 1.072 | 1.067 | 1.061 | 1.056 | 1.050 | 1.045 | 1.040 | 1.034 | 1.029 |
| 7 | 1.024 | 1.019 | 1.013 | 1.008 | 1.003 | 0.998 | 0.993 | 0.988 | 0.982 | 0.977 |
| 8 | 0.972 | 0.967 | 0.962 | 0.958 | 0.953 | 0.948 | 0.943 | 0.938 | 0.933 | 0.928 |
| 9 | 0.924 | 0.919 | 0.914 | 0.909 | 0.905 | 0.900 | 0.895 | 0.891 | 0.886 | 0.881 |
| 40 | 0.877 | 0.872 | 0.868 | 0.863 | 0.859 | 0.854 | 0.850 | 0.845 | 0.841 | 0.837 |
| 1 | 0.832 | 0.828 | 0.823 | 0.819 | 0.815 | 0.810 | 0.806 | 0.802 | 0.798 | 0.794 |
| 2 | 0.789 | 0.785 | 0.781 | 0.777 | 0.773 | 0.769 | 0.765 | 0.761 | 0.757 | 0.753 |
| 3 | 0.749 | 0.745 | 0.741 | 0.737 | 0.733 | 0.729 | 0.725 | 0.721 | 0.717 | 0.713 |
| 4 | 0.709 | 0.706 | 0.702 | 0.698 | 0.694 | 0.690 | 0.687 | 0.683 | 0.679 | 0.676 |
| 5 | 0.672 | 0.668 | 0.665 | 0.661 | 0.657 | 0.654 | 0.650 | 0.647 | 0.643 | 0.640 |
| 6 | 0.636 | 0.632 | 0.629 | 0.625 | 0.622 | 0.619 | 0.615 | 0.612 | 0.608 | 0.605 |
| 7 | 0.602 | 0.598 | 0.595 | 0.591 | 0.588 | 0.585 | 0.582 | 0.578 | 0.575 | 0.572 |
| 8 | 0.569 | 0.565 | 0.562 | 0.559 | 0.556 | 0.553 | 9.549 | 0.546 | 0.543 | 0.540 |
| 9 | 0.537 | 0.534 | 0.531 | 0.528 | 0.525 | 0.522 | 0.518 | 0.515 | 0.512 | 0.509 |
| 50 | 0.506 | 0.504 | 0.501 | 0.498 | 0.495 | 0.492 | 0.489 | 0.486 | 0.483 | 0.480 |
| 1 | 0.477 | 0.474 | 0.472 | 0.469 | 0.466 | 0.463 | 0.460 | 0.458 | 0.455 | 0.452 |
| 2 | 0.449 | 0.447 | 0.444 | 0.441 | 0.439 | 0.436 | 0.433 | 0.430 | 0.428 | 0.425 |

| $\theta/(°)$ | 0.0 | 0.1 | 0.2 | 0.3 | 0.4 | 0.5 | 0.6 | 0.7 | 0.8 | 0.9 |
|---|---|---|---|---|---|---|---|---|---|---|
| 3 | 0.423 | 0.420 | 0.417 | 0.415 | 0.412 | 0.410 | 0.407 | 0.404 | 0.442 | 0.389 |
| 4 | 0.397 | 0.394 | 0.392 | 0.389 | 0.387 | 0.384 | 0.382 | 0.379 | 0.377 | 0.375 |
| 5 | 0.372 | 0.370 | 0.367 | 0.365 | 0.363 | 0.360 | 0.358 | 0.356 | 0.353 | 0.351 |
| 6 | 0.349 | 0.346 | 0.344 | 0.342 | 0.339 | 0.337 | 0.335 | 0.333 | 0.330 | 0.328 |
| 7 | 0.326 | 0.324 | 0.322 | 0.319 | 0.317 | 0.315 | 0.313 | 0.311 | 0.309 | 0.306 |
| 8 | 0.304 | 0.302 | 0.300 | 0.298 | 0.296 | 0.294 | 0.292 | 0.290 | 0.288 | 0.286 |
| 9 | 0.284 | 0.282 | 0.280 | 0.278 | 0.276 | 0.274 | 0.272 | 0.270 | 0.268 | 0.266 |
| 60 | 0.264 | 0.262 | 0.260 | 0.258 | 0.256 | 0.254 | 0.252 | 0.250 | 0.249 | 0.247 |
| 1 | 0.245 | 0.243 | 0.241 | 0.239 | 0.237 | 0.236 | 0.234 | 0.232 | 0.230 | 0.229 |
| 2 | 0.227 | 0.225 | 0.223 | 0.221 | 0.220 | 0.218 | 0.216 | 0.215 | 0.213 | 0.211 |
| 3 | 0.209 | 0.208 | 0.206 | 0.204 | 0.203 | 0.201 | 0.199 | 0.198 | 0.196 | 0.195 |
| 4 | 0.193 | 0.191 | 0.190 | 0.188 | 0.187 | 0.185 | 0.184 | 0.182 | 0.180 | 0.179 |
| 5 | 0.177 | 0.176 | 0.174 | 0.173 | 0.171 | 0.170 | 0.168 | 0.167 | 0.165 | 0.184 |
| 6 | 0.162 | 0.161 | 0.160 | 0.158 | 0.157 | 0.155 | 0.154 | 0.152 | 0.151 | 0.150 |
| 7 | 0.148 | 0.147 | 0.146 | 0.144 | 0.143 | 0.141 | 0.140 | 0.139 | 0.138 | 0.136 |
| 8 | 0.135 | 0.134 | 0.132 | 0.131 | 0.130 | 0.128 | 0.127 | 0.126 | 0.125 | 0.123 |
| 9 | 0.122 | 0.121 | 0.120 | 0.119 | 0.517 | 0.116 | 0.115 | 0.114 | 0.112 | 0.111 |
| 70 | 0.110 | 0.109 | 0.108 | 0.107 | 0.106 | 0.104 | 0.103 | 0.102 | 0.101 | 0.100 |
| 1 | 0.099 | 0.098 | 0.097 | 0.096 | 0.095 | 0.094 | 0.092 | 0.091 | 0.090 | 0.089 |
| 2 | 0.088 | 0.087 | 0.086 | 0.085 | 0.084 | 0.083 | 0.082 | 0.081 | 0.080 | 0.079 |
| 3 | 0.078 | 0.077 | 0.076 | 0.075 | 0.075 | 0.074 | 0.073 | 0.072 | 0.071 | 0.070 |
| 4 | 0.069 | 0.068 | 0.067 | 0.066 | 0.065 | 0.065 | 0.064 | 0.063 | 0.062 | 0.061 |
| 5 | 0.060 | 0.059 | 0.059 | 0.038 | 0.057 | 0.056 | 0.055 | 0.055 | 0.054 | 0.053 |
| 6 | 0.052 | 0.052 | 0.051 | 0.050 | 0.049 | 0.048 | 0.048 | 0.047 | 0.046 | 0.045 |
| 7 | 0.045 | 0.044 | 0.043 | 0.043 | 0.042 | 0.041 | 0.041 | 0.040 | 0.039 | 0.039 |
| 8 | 0.038 | 0.037 | 0.037 | 0.036 | 0.035 | 0.035 | 0.034 | 0.034 | 0.033 | 0.032 |
| 9 | 0.032 | 0.031 | 0.031 | 0.030 | 0.029 | 0.029 | 0.028 | 0.028 | 0.027 | 0.027 |
| 80 | 0.026 | 0.026 | 0.025 | 0.025 | 0.024 | 0.023 | 0.023 | 0.023 | 0.022 | 0.022 |
| 1 | 0.021 | 0.021 | 0.020 | 0.020 | 0.019 | 0.019 | 0.018 | 0 018 | 0.017 | 0.017 |
| 2 | 0.017 | 0.016 | 0.016 | 0.015 | 0.015 | 0.015 | 0.014 | 0.014 | 0.013 | 0.013 |
| 3 | 0.013 | 0.012 | 0.012 | 0.012 | 0.011 | 0.011 | 0.010 | 0.010 | 0.010 | 0.010 |
| 4 | 0.009 | 0.009 | 0.009 | 0.006 | 0.008 | 0.003 | 0.007 | 0.007 | 0.007 | 0.007 |
| 5 | 0.006 | 0.006 | 0.006 | 0.006 | 0.005 | 0.005 | 0.005 | 0.005 | 0.005 | 0.004 |
| 6 | 0.004 | 0.004 | 0.004 | 0.003 | 0.003 | 0.003 | 0.003 | 0.003 | 0.003 | 0.002 |
| 7 | 0.002 | 0.002 | 0.002 | 0.002 | 0.002 | 0.002 | 0.001 | 0.001 | 0.001 | 0.001 |
| 8 | 0.001 | 0.001 | 0.001 | 0.001 | 0.001 | 0.001 | 0.001 | 0.000 | 0.000 | 0.000 |

## 参 考 文 献

[1] 郭立伟，朱艳，戴鸿滨．现代材料分析测试方法［M］．北京：北京大学出版社，2014.

[2] 杨玉林，范瑞清，张立珠，等．材料测试技术与分析方法［M］．哈尔滨：哈尔滨工业大学出版社，2014.

[3] 朱和国，杜宇雷，赵军．材料现代分析技术［M］．北京：国防工业出版社，2012.

[4] 管学茂，王庆良，王庆平，等．现代材料分析测试技术［M］．徐州：中国矿业大学出版社，2013.

[5] 杜希文，原续波．材料分析方法［M］．天津：天津大学出版社，2014.

[6] 李晓娜．材料微观结构分析原理与方法［M］．大连：大连理工大学出版社，2014.

[7] 周玉．材料分析方法［M］．北京：机械工业出版社，2011.

[8] 谈育煦，胡志忠．材料研究方法［M］．北京：机械工业出版社，2004.

[9] 刘庆锁．材料现代测试分析方法［M］．北京：清华大学出版社，2014.

[10] 左演声，陈文哲，梁伟．材料现代分析方法［M］．北京：北京工业大学出版社，2000.

[11] 高步红，徐莉，孙海军，等．原子力显微镜在木材科学研究中的进展［J］．江苏林业科技，2018，45(1)：54-57.

[12] 高翔，朱紫瑞．原子力显微镜在锂离子电池研究中的应用［J］．储能科学与技术，2019，8(1)：75-82.

[13] 刘晶如，李银成，俞强．原子力显微镜在高分子物理实验教学中的应用［J］．电子显微学报，2016，35(2)：186-190.

[14] 李鹏，裘晓辉，邵永健．原子力显微镜及样品表面性质的测试方法［P］．中国专利：CN110095637A，2019-08-06.

[15] 周娴玮．原子力显微镜成像与纳米操作控制的研究［D］．天津：南开大学，2009.

[16] 孙洪文，魏万通，李嘉成，等．一种原子力显微镜探针及其制备方法［P］．中国专利：CN108017881A，2018-05-11.

[17] 郭志峰．阳极氧化法制 $TiO_2$ 纳米管的场发射扫描电镜和原子力显微镜测试比较研究［J］．安徽师范大学学报（自然科学版），2018，41(5)：454-458.

[18] 王晓东．新景矿无烟煤纳米级孔隙结构特征的原子力显微镜研究［J］．煤矿安全，2019，50(8)：32-35.

[19] 王莹，孙艳丽，何珊，等．扫描电子显微镜和原子力显微镜对于酵母表面形貌观察的比较分析［J］．电子显微学报，2018，37(2)：178-182.

[20] 秦春．基于多重扫描器的原子力显微镜系统研制［D］．杭州：浙江大学，2017.

[21] 侯玉斌．高精密扫描隧道显微镜及原子力显微镜研制［D］．合肥：中国科学技术大学，2009.

[22] 王征飞．单层及有限层石墨体系的扫描隧道显微镜图像模拟与纳米电子器件的理论研究［D］．合肥：中国科学技术大学，2008.

[23] 王旭明，陆英．表面分析技术新进展及在矿物工程研究中的应用–原子力显微镜［J］．贵州大学学报（自然科学版），2018，35(6)：1-12.

[24] Shuai Liu, Jin Peng, Li Chen, et al. In-situ STM and AFM studies on electrochemical interfaces in imidazolium-based ionic liquids［J］. Electrochimica Acta, 2019, 309.

[25] Amir Farokh Payam, Oliver Payton, Mahmoud Mostafavi, et al. Development of Fatigue Testing System for in-situ Observation by AFM & SEM. 2019, 300.

[26] 马晓军，马丽艳．原子力显微镜在膜技术中的应用［J］．天津科技大学学报，2018，33(4)：1-6，73.

[27] 刘小进．原子力显微镜控制电路及其信号完整性研究［D］．沈阳：沈阳理工大学，2013.

[28] 张贵华，江海涛，吴波，等. 退火温度对纯钛 TA1 织构及各向异性的影响 [J]. 中南大学学报（自然科学版），2019, 50(4)：806-813.

[29] 余煌，顾家琳，刘庆. EBSD 测定钛合金中氢化物的取向关系 [J]. 理化检验（物理分册），2006 (6)：285-288，291.

[30] 庞年斌，韩明，陈晶，等. EBSD 花样的图像畸变及其修正 [J]. 电子显微学报，2010, 29(1)：673-677.

[31] 邓江宁，吴楠，王新丽. EBSD 探究脉冲电流作用对 AZ31 镁合金微观结构的影响 [J]. 材料与冶金学报，2019, 18(1)：75-78.

[32] 房尚强. EBSD 系统中的花样标定与应力分析问题研究 [D]. 合肥：中国科学技术大学，2019.

[33] 文九巴，戎咏华，陈世朴，等. Link-OPAL 系统中断口解理面取向的电子背散射衍射测定方法[J]. 电子显微学报，1998(6)：77-80.

[34] 周善民，陈同彩，张武. T3 铜的电子背散射衍射（EBSD）花样分析 [J]. 电子显微学报，2005 (4)：285.

[35] 王俊忠. 半导体材料和器件的微结构与微区应力的 EBSD 研究 [D]. 北京：北京工业大学，2007.

[36] 王疆. 电子背散射衍射（EBSD）技术在材料领域的应用 [D]. 杭州：浙江大学，2006.

[37] 何立晖，聂小武，张洪，等. 电子背散射衍射技术在材料科学研究中的应用 [J]. 现代制造工程，2010(7)：10-12，38.

[38] 张希顺，刘安生，邵贝羚，等. 电子背散射衍射系统的研制和改进 [J]. 电子显微学报，2001(4)：263-269.

[39] 贾雨海. 电子背散射衍射在金属材料中的应用 [D]. 镇江：江苏科技大学，2008.

[40] 孙丽虹，刘安生，邵贝羚，等. 电子背散射衍射装置及数据处理系统 [J]. 中国体视学与图像分析，2005(4)：253-256.

[41] 李子夫，邓运来，张臻，等. 挤压比对 Al-0.68Mg-0.60Si 合金组织和性能的影响 [J]. 材料工程，2019(10)：60-67.

[42] 孙丽虹，刘安生，邵贝羚，等. 扫描电镜电子背散射衍射系统的研制 [J]. 现代仪器，2000(6)：36-38，40.

[43] 龚沿东. 电子探针（EPMA）简介 [J]. 电子显微学报，2010, 29(6)：578-580.

[44] 孙宜强，张萍，许竹桃. 电子探针波谱仪分析方法及其在钢铁冶金领域的应用 [J]. 电子显微学报，2013, 32(6)：525-529.

[45] 肖育雄，黎晏彰，丁竑瑞，等. 湖南新宁崀山丹霞红层天然半导体矿物的矿物学特征研究 [J]. 北京大学学报（自然科学版），2019, 55(5)：915-924.

[46] 贾彦彦，赵同新，李哲夫. 微束分析仪器在金属材料研究中的应用 [J]. 电子显微学报，2017, 36 (3)：293-299.

[47] 黄栋梁. 扫描电子显微镜下碳纳米管振动特性检测及调控研究 [D]. 苏州：苏州大学，2018.

[48] 童超. 场发射枪透射电子显微镜主体镜筒的设计分析 [D]. 北京：北京交通大学，2011.

[49] 聂安民. 高分辨透射电镜下多场耦合加载原位实验研究 [D]. 杭州：浙江大学，2012.

[50] 石宝琴. 纳米孪晶铜颗粒的原位透射电子显微镜研究 [D]. 鄂尔多斯：内蒙古工业大学，2013.

[51] 阮瞩. 扫描电子显微镜中二次电子成像机制和分辨率的 Monte Carlo 模拟 [D]. 合肥：中国科学技术大学，2015.

[52] 彭喜英. 透射电镜数字化及图像处理分析 [D]. 武汉：华中科技大学，2004.

[53] 王宇博. 氧化锌和锌纳米结构生长机理的原位液体透射电子显微镜研究 [D]. 武汉：华中科技大学，2018.

[54] 董靖. 桌面扫描电子显微镜高压控制系统设计 [D]. 南京：南京师范大学，2015.

[55] 仲淑彬，周环，郑遗凡.X 射线光电子能谱法半定量分析铜锰氧化物中的铜和锰 [J]. 理化检验（化学分册），2015, 51(10)：1460-1464.

[56] 陈兰花，盛道鹏.X 射线光电子能谱分析（XPS）表征技术研究及其应用 [J]. 教育现代化，2018, 5(1)：180-182, 192.

[57] 张成毅，张美英.X 射线光电子能谱分析技术 [J]. 中国战略新兴产业，2018（34）：189, 191.

[58] 向诗银，杨水金.X 射线光电子能谱在材料研究中的应用 [J]. 湖北师范大学学报（自然科学版），2017, 37(1)：88-92, 105.

[59] 孙博文，余红雨，钱东金，等.X 射线光电子能谱中的分峰处理 [J]. 大学化学，2017, 32(8)：53-59.

[60] 程红娟，张胜男，练小正，等.$\beta$-$Ga_2O_3$体单晶 X 射线光电子能谱分析 [J]. 人工晶体学报，2019, 48(1)：8-12.

[61] 张莉.关于环境催化研究中 X 射线光电子能谱的应用研究 [J]. 化工管理，2018(36)：151-152.

[62] 闫雄伯，魏俊俊，陈良贤，等.基于 X 射线光电子能谱定量分析金刚石自支撑膜高温石墨化 [J]. 表面技术，2019, 48(5)：139-146.

[63] 周文义.缺陷型二维材料（$TiO_2$、$MoS_2$）的电化学传感机制研究 [D]. 合肥：中国科学技术大学，2018.

[64] 许育俊，杨立瑞.先进技术 X 射线安检设备发展现状 [J]. 中国安防，2013(7)：39-44.

[65] 吴文杰.X 射线多道能谱分析技术研究 [D]. 西安：西安石油大学，2018.

[66] 刘永强.小角度 XRD 的实现及应用 [D]. 杭州：杭州电子科技大学，2014.

[67] 杨刚.X 射线探测技术研究 [D]. 西安：西安石油大学，2017.

[68] 孔德军.基于 XRD 的涂层残余应力理论分析与实验研究 [D]. 镇江：江苏大学，2007.

[69] 葛威锋.低温扫描隧道显微镜的研制与应用 [D]. 合肥：中国科学技术大学，2018.

[70] 秦春.基于多重扫描器的原子力显微镜系统研制 [D]. 杭州：浙江大学，2017.

[71] 刘小进.原子力显微镜控制电路及其信号完整性研究 [D]. 沈阳：沈阳理工大学，2013.

[72] 房尚强.EBSD 系统中的花样标定与应力分析问题研究 [D]. 合肥：中国科学技术大学，2019.

[73] 黄永烽，黄文婷，刘文宝，等.锌离子电池正极材料 $V_2O_5$ 的储能机理和容量衰减原因 [J]. 高等学校化学学报，2020, 41(8)：1859-1865.

# 冶金工业出版社部分图书推荐

| 书　名 | 作　者 | 定价（元） |
|---|---|---|
| 冶金专业英语（第3版） | 侯向东 | 49.00 |
| 电弧炉炼钢生产（第2版） | 董中奇　王　杨　张保玉 | 49.00 |
| 转炉炼钢操作与控制（第2版） | 李　荣　史学红 | 58.00 |
| 金属塑性变形技术应用 | 孙　颖　张慧云　郑留伟　赵晓青 | 49.00 |
| 自动检测和过程控制（第5版） | 刘玉长　黄学章　宋彦坡 | 59.00 |
| 新编金工实习（数字资源版） | 韦健毫 | 36.00 |
| 化学分析技术（第2版） | 乔仙蓉 | 46.00 |
| 冶金工程专业英语 | 孙立根 | 36.00 |
| 连铸设计原理 | 孙立根 | 39.00 |
| 金属塑性成形理论（第2版） | 徐　春　阳　辉　张　弛 | 49.00 |
| 金属压力加工原理（第2版） | 魏立群 | 48.00 |
| 现代冶金工艺学——有色金属冶金卷 | 王兆文　谢　锋 | 68.00 |
| 有色金属冶金实验 | 王　伟　谢　锋 | 28.00 |
| 轧钢生产典型案例——热轧与冷轧带钢生产 | 杨卫东 | 39.00 |
| Introduction of Metallurgy 冶金概论 | 宫　娜 | 59.00 |
| The Technology of Secondary Refining 炉外精炼技术 | 张志超 | 56.00 |
| Steelmaking Technology 炼钢生产技术 | 李秀娟 | 49.00 |
| Continuous Casting Technology 连铸生产技术 | 于万松 | 58.00 |
| CNC Machining Technology 数控加工技术 | 王晓霞 | 59.00 |
| 烧结生产与操作 | 刘燕霞　冯二莲 | 48.00 |
| 钢铁厂实用安全技术 | 吕国成　包丽明 | 43.00 |
| 炉外精炼技术（第2版） | 张士宪　赵晓萍　关　昕 | 56.00 |
| 湿法冶金设备 | 黄　卉　张凤霞 | 31.00 |
| 炼钢设备维护（第2版） | 时彦林 | 39.00 |
| 炼钢生产技术 | 韩立浩　黄伟青　李跃华 | 42.00 |
| 轧钢加热技术 | 戚翠芬　张树海　张志旺 | 48.00 |
| 金属矿地下开采（第3版） | 陈国山　刘洪学 | 59.00 |
| 矿山地质技术（第2版） | 刘洪学　陈国山 | 59.00 |
| 智能生产线技术及应用 | 尹凌鹏　刘俊杰　李雨健 | 49.00 |
| 机械制图 | 孙如军　李　泽　孙　莉　张维友 | 49.00 |
| SolidWorks 实用教程30例 | 陈智琴 | 29.00 |
| 机械工程安装与管理——BIM技术应用 | 邓祥伟　张德操 | 39.00 |
| 化工设计课程设计 | 郭文瑶　朱　晟 | 39.00 |
| 化工原理实验 | 辛志玲　朱　晟　张　萍 | 33.00 |
| 能源化工专业生产实习教程 | 张　萍　辛志玲　朱　晟 | 46.00 |
| 物理性污染控制实验 | 张　庆 | 29.00 |
| 现代企业管理（第3版） | 李　鹰　李宗妮 | 49.00 |